Springer-Lehrbuch

Bernhard Eschermann

# Funktionaler Entwurf digitaler Schaltungen

Methoden und CAD-Techniken

Mit 185 Abbildungen und 24 Tabellen

Springer-Verlag

Berlin  Heidelberg  New York
London  Paris  Tokyo
Hong Kong  Barcelona
Budapest

Dr. Bernhard Eschermann
ABB Management AG
Forschungszentrum
Abteilung Computer Science (CRBC)
CH-5405 Baden-Dättwil, Schweiz

ISBN-13: 978-3-540-56788-2    e-ISBN-13: 978-3-642-95710-9
DOI: 10.1007/978-3-642-95710-9

Die Deutsche Bibliothek - CIP-Einheitsaufnahme
Eschermann, Bernhard: Funktionaler Entwurf digitaler Schaltungen: Methoden und CAD-
Techniken; mit 24 Tabellen / Bernhard Eschermann. – Berlin; Heidelberg; New York;
London; Paris; Tokyo; Hong Kong; Barcelona; Budapest: Springer, 1993
(Springer-Lehrbuch)



Umschlaggestaltung: Struve & Partner, Heidelberg
Satz: Reproduktionsfertige Vorlage vom Autor
Druck- und Bindearbeiten: Weihert-Druck GmbH, Darmstadt
45/3140 - 5 4 3 2 1 0 – Gedruckt auf säurefreiem Papier

# Vorwort

Das zum Entwurf komplexer Schaltungen benötigte Wissen ist in einem steten Wandel begriffen. Waren noch vor einigen Jahren detaillierte Kenntnisse über die physikalischen Grundlagen der Realisierungstechnologie notwendig, so reichen heute für viele Zwecke Grundkenntnisse aus. Kenntnisse über Methoden und Werkzeuge des *funktionalen* Entwurfs und ihren Einfluß auf die Realisierung gewinnen dagegen zunehmend an Bedeutung. Hier liegt daher der Schwerpunkt des vorliegenden Buches, das zusätzlich aber eine Brücke von der funktionalen zur physikalischen Ebene schlägt, um damit eine größere Transparenz des Zusammenspiels verschiedener Teilaufgaben beim Entwurf zu erreichen. Im Hintergrund der Stoffauswahl steht als Entwurfsaufgabe die Umformung der Funktionsbeschreibung einer digitalen Schaltung in eine Implementierung, die mit einer vorgegebenen Zielstruktur und -technologie effizient realisiert werden kann.

Nach der Einführung allgemeiner Grundbegriffe und Randbedingungen des Entwurfs im ersten Kapitel werden im zweiten Kapitel die wichtigsten Zielstrukturen vorgestellt. Als Schaltkreistechnologie wird exemplarisch CMOS eingeführt. Auf der Basis theoretischer Grundlagen, die in Kapitel 3 dargestellt werden, führen die Kernkapitel 4 bis 6 dann in Methoden des Logik-, Steuerwerks- und Datenpfadentwurfs und die dabei verwendeten Werkzeuge ein. Auf Querverbindungen zur Simulation, zur Verifikation und zum Test wird gleichfalls eingegangen. Dieser Aufbau von unten nach oben (*bottom up*) ist im folgenden Diagramm veranschaulicht. Durch ihn kann einerseits immer auf bekanntem Wissen aufgesetzt werden, andererseits wird die Gefahr reduziert, den Bezug zur tatsächlichen Schaltungsrealisierung zu verlieren.

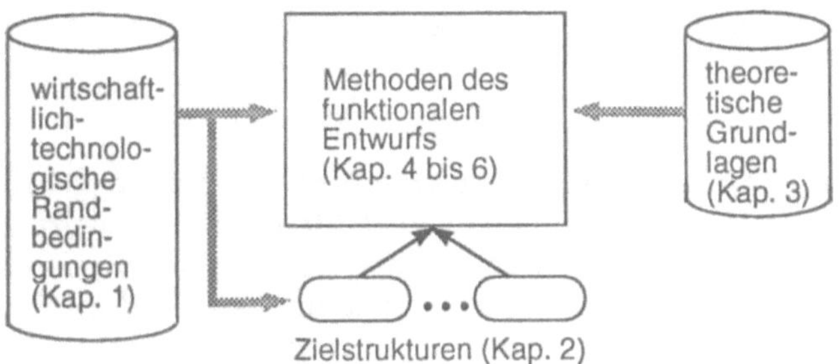

Die grundlegenden Methoden werden jeweils ausführlich dargestellt und mit Beispielen illustriert. Entwurfswerkzeuge werden bewußt nicht auf ihre Ein-/Ausgabefunktionalität reduziert, sondern zusammen mit dem notwendigen theoretischen Hintergrund erläutert, um eine bessere Einschätzung ihrer Anwendbarkeit und ihrer Grenzen zu ermöglichen. Mit Hilfe von Übungsaufgaben am Ende jedes Kapitels kann das Verständnis überprüft und erweitert werden. Die Einführung der in der Literatur üblichen Formalismen und umfassende Quellenangaben ermöglichen eine eigenständige weitergehende Auseinandersetzung mit den behandelten Themengebieten.

Bilder, Tabellen, Beispiele, Definitionen und Sätze sind für jedes Kapitel separat durchnumeriert. Beispiele werden durch das Zeichen „•", Beweise durch „♦" abgeschlossen. Die Beweise von Sätzen wurden dann aufgenommen, wenn sie zur Vertiefung des Stoffes oder zum Verständnis beitragen; sonst wird auf eine Quelle verwiesen. Nach Möglichkeit werden deutsche Bezeichnungen benutzt; die entsprechenden in der internationalen Fachliteratur verwendeten englischen Ausdrücke werden, falls nötig, bei der Einführung eines Begriffs in Klammern hinzugefügt. Das Literaturverzeichnis ist kapitelweise untergliedert, die Literaturstellen jedes Kapitels sind alphabetisch sortiert.

Das Buch wendet sich in erster Linie an Studierende der Elektrotechnik und Informatik, die ihr Wissen auf dem Gebiet des Hardware-Entwurfs erweitern wollen. Auch Schaltungsentwerfer, die sich über die Arbeitsweise von Entwurfswerkzeugen informieren möchten, und Entwickler von Entwurfswerkzeugen, die einen Überblick über Ansätze zur Entwurfsautomatisierung auf Logik- und Register-Transfer-Ebene gewinnen wollen, können Nutzen daraus ziehen. Es entstand auf der Basis von Vorlesungen über „VLSI-Entwurfsmethodik" und „Entwurfsautomatisierung für integrierte Schaltungen", die ich an den Universitäten Karlsruhe und Siegen für Studentinnen und Studenten der Elektrotechnik und Informatik nach dem Vordiplom gehalten habe. Die üblicherweise im Vordiplom *beider* Fachgebiete behandelten Grundlagen werden deshalb als bekannt vorausgesetzt. Um jedoch die unterschiedlichen fachlichen Voraussetzungen der Hörerkreise zu berücksichtigen, wurde Wert auf eine breite Fundierung des über solche Grundkenntnisse hinausgehenden Wissens gelegt. Dadurch können später behandelte Probleme häufig auf einen relativ kleinen Fundus vorher eingeführter Standardprobleme zurückgeführt werden. Bei entsprechenden Vorkenntnissen reicht es aus, die Grundlagenkapitel zunächst nur zu überfliegen und dann später nach Bedarf einzelne Abschnitte nachzulesen.

Zu großem Dank für sein Interesse an der Ausarbeitung des Themengebietes bin ich Herrn Prof. Dr.-Ing. D. Schmid vom Institut für Rechnerentwurf und Fehlertoleranz der Universität Karlsruhe verpflichtet. Ohne seine Unterstützung wäre dieser Text nicht entstanden. Gleichfalls zu danken habe ich Herrn

Prof. Dr.-Ing. H. Wojtkowiak vom Institut für Technische Informatik der Universität -GH- Siegen.

Das Manuskript gewann sehr an Qualität durch die kritischen Anmerkungen und Verbesserungsvorschläge von Frau Dipl.-Ing. M. Warnecke, die sich bereitfand, die mühevolle und zeitaufwendige Aufgabe des Lesens der Erstkorrektur zu übernehmen. Für weitere Anmerkungen danke ich herzlich Herrn Dr. T. Kropf. Die Hörer meiner Vorlesungen trugen durch manche unbequeme Frage gleichfalls zur Überarbeitung und Verbesserung des Manuskripts bei.

Den Herren F. Schelling und B. Klimmek danke ich für ihre Unterstützung bei der Anfertigung der Zeichnungen und Tabellen. Schließlich gilt mein Dank dem Springer-Verlag, insbesondere Herrn Dr. H. Wössner, für die ausgezeichnete Zusammenarbeit.

Baden, Mai 1993 Bernhard Eschermann

# Inhaltsverzeichnis

# 1 Einleitung

## 1.1 Entwicklung der Integrationstechnik

Integrierte Schaltungen (ICs, *integrated circuits*) gewinnen eine immer größere Bedeutung. Eine wichtige Ursache stellt die wachsende *Integrationsdichte* solcher Schaltungen dar. Die Entwicklung begann in den sechziger Jahren mit Schaltungen in SSI-Technologie (*small scale integration*), die nur eine geringe Anzahl von Gatterfunktionen auf einem Halbleiterplättchen (Chip) realisierten (vgl. Bild 1.1). Darauf folgten MSI- (*medium scale integration*), LSI- (*large scale integration*) und VLSI-Schaltungen (*very large scale integration*), die um Größenordnungen höhere Gatteranzahlen aufweisen. Schaltungen sehr fortgeschrittener Technologien mit Integrationsdichten von mehr als einer Million Gatterfunktionen pro Chip werden teilweise auch mit dem Begriff ULSI (*ultra large scale integration*) charakterisiert.

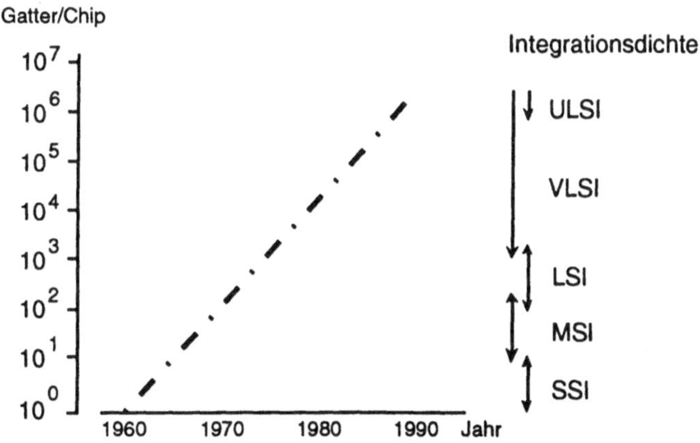


*Bild 1.1:* Generationen von Integrationstechnologien

Die starke Erhöhung der Integrationsdichte – um den Faktor 2 in jeweils weniger als zwei Jahren – beruht auf dem Fortschritt in zwei unterschiedlichen

Gebieten. Zum einen gelang es, immer feinere Strukturen zu produzieren,
zum anderen konnten bei immer größeren Chipflächen akzeptable Ausbeuten
funktionsfähiger Chips erzielt werden. Bild 1.2 illustriert diese Entwicklung
am Beispiel dynamischer Speicherbausteine [Hofm 89]. Zur Zeit üblich sind
Chips mit 4 Mbit Speicherkapazität. Nach heutigem Kenntnisstand soll eine
technologische Grenze bei Strukturbreiten von 0,3 µm erreicht werden, der Anstieg der Integrationsdichte würde dann bei $10^8$ bis $10^9$ Gattern pro Chip ab-
flachen [Fair 90, Wein 90].

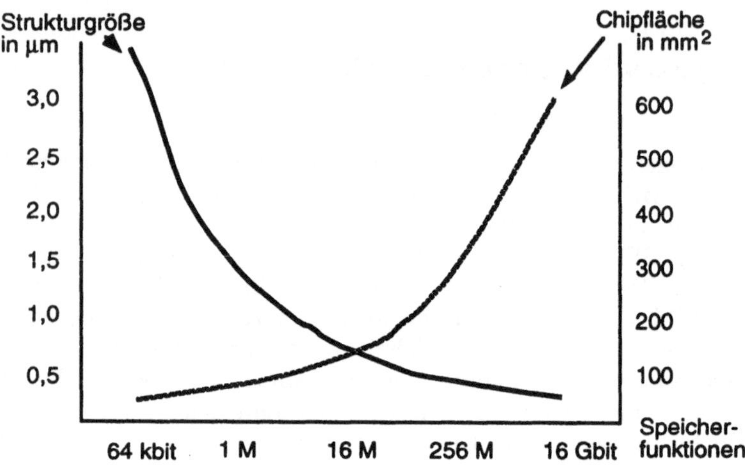


*Bild 1.2:* Entwicklung von Strukturgrößen und Chipflächen

Die Erhöhung der Integrationsdichte führt dazu, daß immer mehr Funktionen
auf einem Chip vereinigt werden können; viele Schaltungen, zu deren Realisierung vorher viele Bauteile nötig waren, können auf einem einzigen Chip
integriert werden. Der Preis pro Funktion sinkt damit genauso wie der Leistungsverbrauch, und größere Systeme können auf kleinerem Raum unterge-
bracht werden. Durch die Reduktion der Anzahl von Verbindungen zwischen
Bauteilen und die Miniaturisierung einzelner Schaltelemente verkleinern sich
zudem die zu treibenden Lasten, wodurch die Verarbeitungsgeschwindigkeit
erhöht werden kann. Weiterhin fällt die relative Ausfallrate pro Gatterfunktion, und die Zuverlässigkeit steigt an [Wein 90], da z. B. externe Verbindungen
zwischen verschiedenen Bauteilen fehleranfälliger sind als interne Verbindungen innerhalb einer integrierten Schaltung.

Eine solche Synergie positiver Effekte bei einer Technologie führt dazu, daß diese für neue Anwendungen interessant wird. Dementsprechend soll die Bedeutung der Elektronik in den nächsten Jahren weiter zunehmen, gleichzeitig
werden aber auch die anderen in Bild 1.3 dargestellten Branchen immer stärker durch die Mikroelektronik beeinflußt [Wein 90].

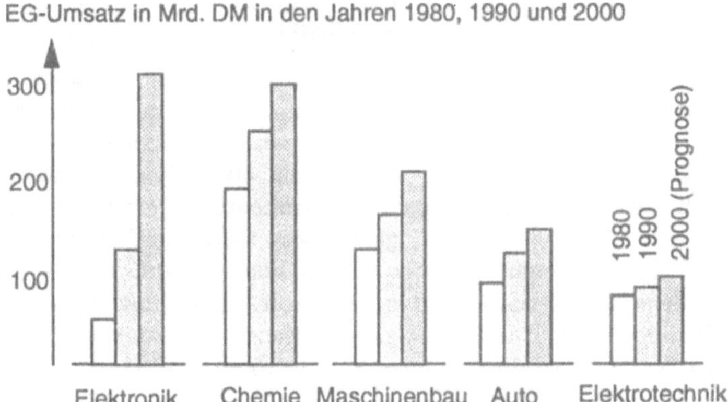



*Bild 1.3:* Zunehmende Bedeutung der Elektronik

Je nach Anwendung unterscheiden sich die Anforderungen an Bausteine der Mikroelektronik erheblich. Am einen Ende des Spektrums finden sich Massenprodukte wie Chips für Quarzuhren oder Speicherbausteine, bei denen eine starke Konkurrenz und optimierte Fertigungstechnologien zu sehr geringen Preisen führen. Am anderen Ende des Spektrums stehen spezielle Anwendungen wie Supercomputer oder Schaltungen für die Raumfahrt, bei denen auch höhere Preise akzeptiert werden können. Diesem Spektrum entspricht eine große Anzahl verschiedener Realisierungsstrukturen bei integrierten Schaltungen, die man vereinfacht in die Kategorien *Standard-ICs* (StICs) und *anwendungsspezifische ICs* (ASICs) unterteilen kann.

Standard-ICs werden durch den IC-Hersteller nicht nur gefertigt, sondern auch entworfen. Typische Beispiele hierfür stellen Speicherbausteine und Mikroprozessoren dar. Bei ASICs entwirft der Anwender einer integrierten Schaltung diese selbst. Die Kosten beider Arten integrierter Schaltungen lassen sich in fixe Kosten (fK) und variable Kosten (vK) aufteilen, wobei z. B. die Entwurfskosten fixe stückzahlunabhängige Kosten darstellen, während die Fertigungs- und Testkosten bei jedem gefertigten Chip anfallen. Stark vereinfacht werden die Chipstückkosten SK in Abhängigkeit von der gefertigten Stückzahl Z durch Gleichung 1.1 gegeben:

$$SK = \frac{fK}{Z} + vK. \tag{1.1}$$

Bei Standardschaltungen mit großen Stückzahlen dürfen die Entwurfskosten sehr hoch liegen, wenn dadurch eine Optimierung des Entwurf möglich wird, die zu geringeren Fertigungs- oder Testkosten führt. Da Standardschaltungen auf Vorrat produziert werden können, läßt sich ein System aus Standardschaltungen im allgemeinen schneller realisieren als ein System, das ASICs ent-

hält, die erst noch gefertigt werden müssen. Zudem ist die Flexibilität einer
Schaltung aus Standardbausteinen nach Entwicklungsende größer, sei es um
Fehler zu beseitigen oder um eine modifizierte Spezifikation zu realisieren.

Auf der anderen Seite können mit ASICs durch eine geschickte anwendungsspezifische Integration von Schaltelementen auf einem oder mehreren Chips
spezielle Funktionen eventuell mit weniger Komponenten realisiert werden.
Entsprechende ASICs können damit alle Vorteile, die auch durch Erhöhung
der Integrationsdichte entstehen (geringere Systemkosten, geringerer Leistungsverbrauch, höhere Geschwindigkeit, geringeres Gewicht/Volumen, höhere Zuverlässigkeit) für sich beanspruchen. Dazu kommt, daß ASICs eine
größere Nachbausicherheit und damit einen besseren Know-how-Schutz ermöglichen als Schaltungen aus Standard-ICs. Aus diesen Gründen steigt der
Anteil von ASICs am Weltumsatz integrierter Schaltungen stetig an [ICE 91]
(siehe Bild 1.4).

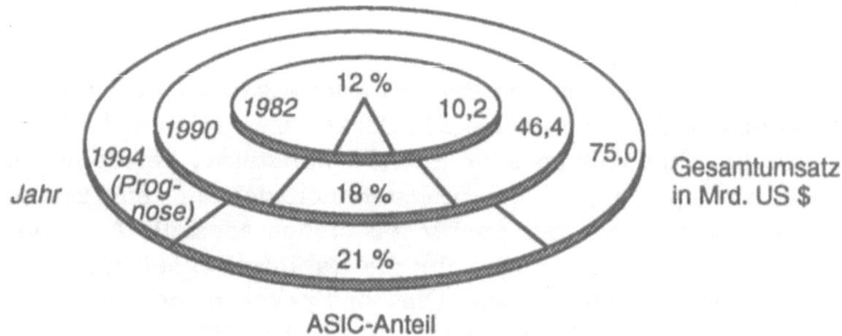


*Bild 1.4:* Anteil von ASICs am Weltumsatz integrierter Schaltungen

## 1.2  Motivation der Entwurfsautomatisierung

Der Entwurf von ASICs durch den Anwender bringt verschiedene Nachteile
mit sich. So können die Entwurfskosten nicht auf hohe Stückzahlen umgelegt
werden, und eine Verlängerung der Entwurfszeit ist möglicherweise inakzeptabel. Zudem erfordert der Entwurf integrierter Schaltungen zum Teil erhebli-
ches Wissen über Schaltungstechnik und technologische Randbedingungen,
die beim Anwender nicht immer vorhanden sind. Auch bei Standardschaltungen besteht durch einen zunehmenden Kostendruck und die starke Abhängigkeit des Produkterfolgs vom Zeitpunkt des Markteintritts die Notwendigkeit eines möglichst schnellen und kostengünstigen Entwurfs.

Bild 1.5 veranschaulicht exemplarisch die Vorgänge bei der Neueinführung
eines Produkts. Der erste Anbieter kann als Monopolist den Preis relativ hoch

festsetzen. In dieser Zeit wird trotz geringer Stückzahlen und großer Fertigungskosten ein hoher Deckungsbeitrag – d. h. ein die variablen Kosten übersteigender Preis – erzielt. Im weiteren Verlauf kann dieser Anbieter die Fertigungskosten durch technologische Optimierungen senken. Dies und die Konkurrenz weiterer Anbieter führen zum Sinken des Preises. Ein Anbieter, der infolge zu langer Entwurfszeiten erst später in den Markt eintritt, kann nur noch geringe Deckungsbeiträge erwirtschaften, die unter Umständen nicht mehr zur Deckung der fixen Kosten ausreichen [Levi 92].

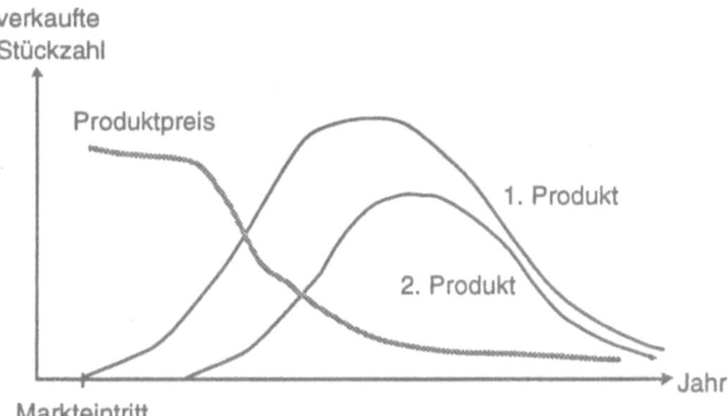


*Bild 1.5:* Abhängigkeit des Produkterfolgs vom Zeitpunkt der Markteinführung

Zusätzlich erschwert die wachsende Integrationsdichte den Entwurf. War es vor wenigen Jahren für die verfügbare Technologie noch ausreichend, Schaltungen mit zehntausend Transistoren realisieren zu können, müssen mittlerweilen Schaltungen mit Millionen Transistoren beherrscht werden. Dies ist ohne Werkzeuge zur Entwurfsunterstützung (CAD-Werkzeuge) nicht mehr möglich. Eine bessere Strukturierung und Automatisierung des Entwurfs hilft auch gegen hohe Entwurfskosten und lange Entwurfszeiten. Am Beispiel der verschiedenen Generationen von Intel-Prozessoren läßt sich diese Entwicklung gut nachvollziehen (Bild 1.6). Während bei dem 8-Bit-Mikroprozessor 8080 im Jahre 1974 noch jeder der ca. 5 500 Transistoren einzeln optimiert wurde, um die Chipfläche so weit wie möglich zu reduzieren und damit die Produktionskosten zu senken, gewannen im Verlauf der Jahre die Entwurfskosten und Entwurfszeiten immer größeres Gewicht. Der 32-Bit-Mikroprozessor i486 aus dem Jahre 1989 enthält ca. 1,2 Millionen Transistoren und wurde sehr strukturiert mit Hilfe von Entwurfswerkzeugen entworfen [GIKN 89].

8080 (1974)                              80286 (1982)

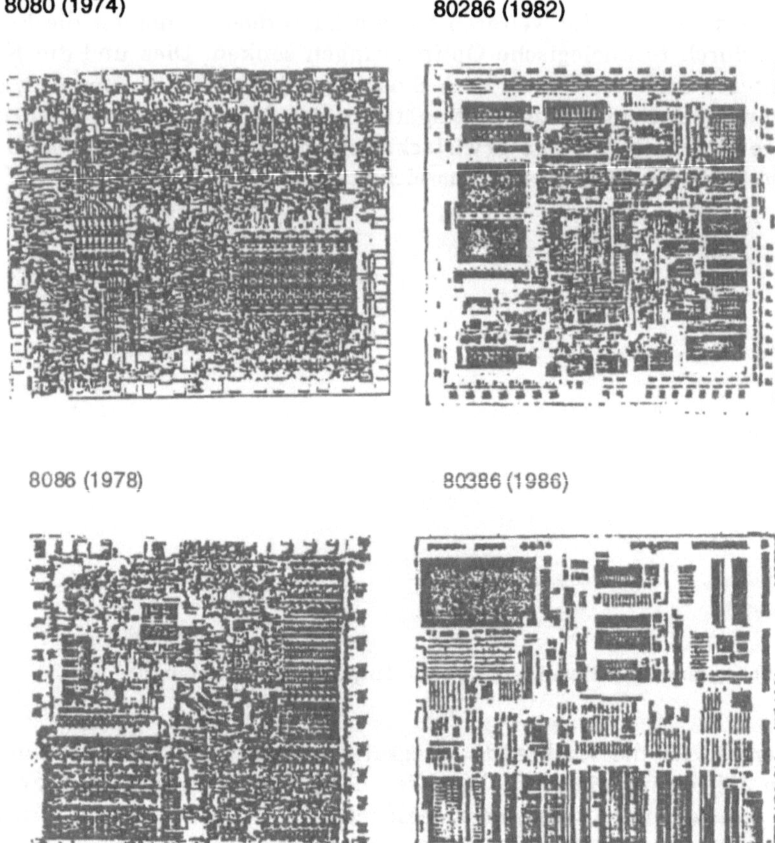

8086 (1978)                              80386 (1986)

*Bild 1.6:* Chip-Photographien verschiedener Generationen von Prozessoren

Auch bei anwendungsspezifischen Schaltungen zeigt sich die Tendenz zu größerer Regularität und Entwurfsautomatisierung. Bild 1.7 illustriert die Aufteilung des ASIC-Marktes auf verschiedene ASIC-Typen [Elek 91]. Diese werden
in Kapitel 2 noch näher erläutert; hier reicht es aus, den Anteil von *Vollkunden-ICs*, die ähnlich wie der Intel 8080 volloptimiert entworfen werden, mit
dem der anderen ASICs zu vergleichen. Es wird deutlich, daß die strukturiert
und mit Hilfe von Automatisierungswerkzeugen entworfenen ASIC-Typen
(Standardzell-ICs, Gate-Arrays und programmierbare Schaltungen) ihren
Anteil deutlich steigerten. Vergleicht man statt des Umsatzes die Anzahl be-
gonnener Entwürfe, wird ihr Anteil noch höher [Höff 91], da pro Vollkunden-
Entwurf aufgrund der höheren Stückzahlen im allgemeinen ein größerer Um-
satz erzielt wird.

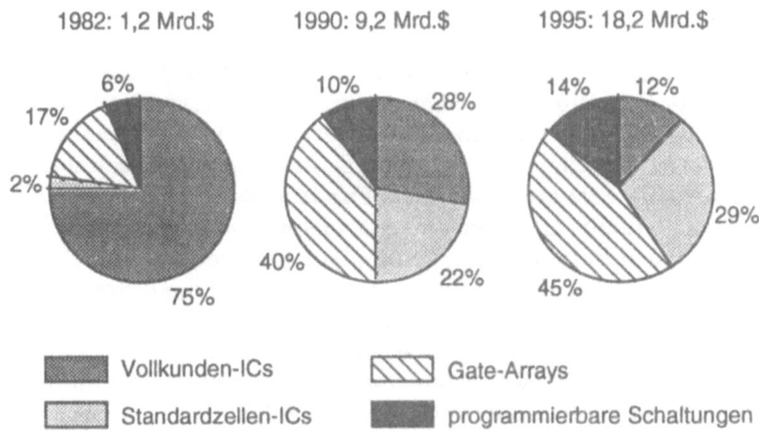


*Bild 1.7:* Aufteilung des ASIC-Umsatzes nach ASIC-Typen

Idealisiert läßt sich der Einfluß einer Regularisierung des Entwurfs und der Anwendung von CAD-Werkzeugen wie in Bild 1.8 darstellen. Zu berücksichtigen ist dabei allerdings, daß ein strukturierter Entwurf mit Hilfe von CAD-Werkzeugen im allgemeinen zu einer größeren Schaltungsfläche und damit zu höheren Produktionskosten führt. Während dieser Nachteil in der Anfangszeit der Integrationstechnik nur geringen Vorteilen bei den Entwurfskosten gegenüberstand, öffnet sich die Schere zugunsten der Entwurfsautomatisierung bei wachsenden Integrationsdichten immer weiter.

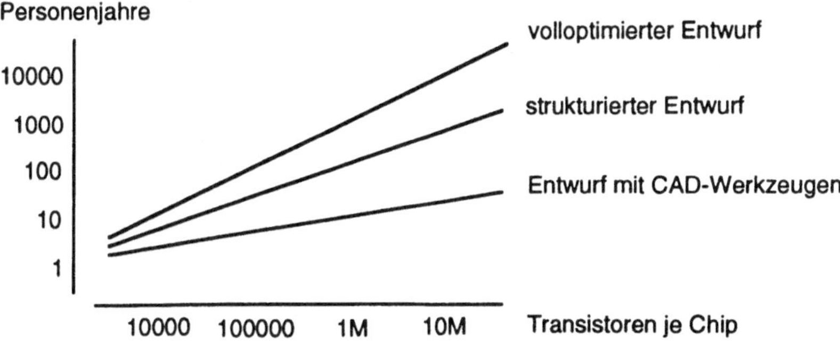


*Bild 1.8:* Einfluß der Entwurfsautomatisierung auf die IC-Entwurfszeit

## 1.3  Entwurfsaufgaben

Aufgabe des Schaltungsentwurfs ist es, eine Schaltungs*spezifikation* in eine
überprüfbar korrekte Schaltungs*implementierung* umzusetzen. Die Spezifikation beschreibt die gewünschte *Funktion* der Schaltung, d. h. die Erzeugung gewisser Ausgaben A als Reaktion auf Eingaben E. Als Ergebnis der Implementierung erhält man eine *Struktur*, die diese Funktion erfüllt. Da die Umsetzung im allgemeinen nicht in einem Schritt möglich ist, erhält man eine
Hierarchie von Teilspezifikationen und Teilimplementierungen (Bild 1.9). Dabei werden jeweils elementarere Teilfunktionen zu einer komplexeren Funktion zusammengesetzt. Die Teilfunktionen selbst dienen wiederum als Spezifikation für die Implementierung auf der nächstniedrigen Ebene. In der Implementierung auf niedrigster Ebene treten nur noch bekannte Teilfunktionen
auf, die z. B. einer Bausteinbibliothek entnommen werden.

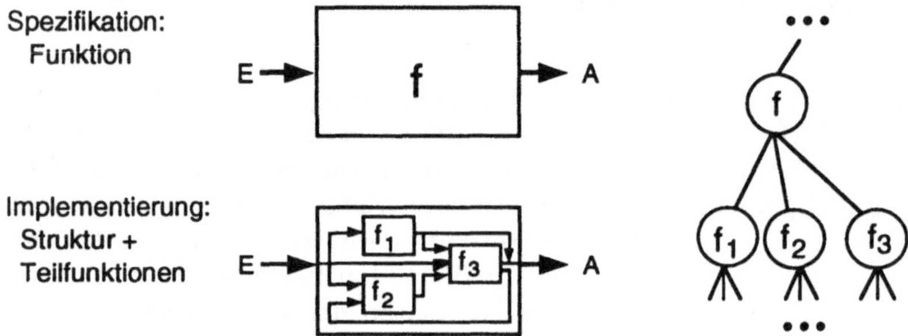


*Bild 1.9:* Spezifikation und Implementierung

Häufig entsprechen die Hierarchieebenen des Entwurfs den üblichen *Beschreibungsebenen*, die sich im Laufe der Zeit zur Darstellung digitaler Schaltungen und Systeme herausbildeten. Auf der Systemebene stellen die Funktionsblöcke z. B. Prozessoren und Speicher dar, auf der Architekturebene werden Datenpfade und Steuerwerke miteinander verbunden, auf der Register-
Transfer-Ebene Bausteine wie Zähler, Register, Multiplexer oder arithmetisch-
logische Einheiten und auf der Logikebene Flipflops und Gatter. Als tiefere
Ebenen seien hier die elektrische Ebene (Transistoren, Kondensatoren) und die
physikalische Ebene (dotierte Halbleiterflächen) erwähnt.

Davon zu unterscheiden sind die unterschiedlichen Beschreibungsformen von
Bausteinen auf einer gewissen Beschreibungsebene. Diese werden im folgenden mit dem Begriff *Sichten* bezeichnet (vgl. [RoCa 89]). So kann ein Prozessor
auf der Register-Transfer-Ebene in funktionaler Sichtweise durch die Beschreibung der Abläufe einzelner Befehle, in der strukturellen Sicht durch die

Angabe eines Blockdiagramms und in der geometrischen Sicht durch die Anordnung der Blöcke auf dem Chip (*Floorplan*) beschrieben werden (Bild 1.10).

Verhalten: Beschreibung des Befehlssatzes eines Prozessors.

    JNZ Marke: Springe zu Marke, wenn Akku ≠ 0.

Struktur: Blockdiagramm des Prozessors

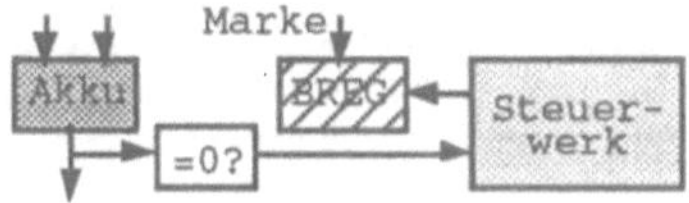


Geometrie: Anordnung der Blöcke auf Chip (Floorplan)

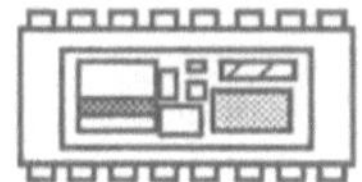

*Bild 1.10:* Darstellung mit verschiedenen Sichten

Aus funktionaler Sicht kann das Verhalten in Form von Ein-/Ausgabebeziehungen beschrieben werden, die angeben, *was* passiert. *Wie* dieses Verhalten implementiert wird, geht aus der strukturellen Sicht hervor. So läßt sich die Zusammenschaltung von Moduln in Form von Netzlisten beschrieben. In der geometrischen Sicht interessiert der genaue Ort auf einem Chip, *wo* z. B. ein Modul plaziert ist. Die Grenzen zwischen verschiedenen Beschreibungsebenen und Sichten sind nicht immer ganz eindeutig.

Da die Ebene und die Sicht einer Beschreibung voneinander unabhängig sind, können sie beliebig miteinander kombiniert werden. Das Ergebnis dieser Kombination ist in der Matrix von Bild 1.11a auf der folgenden Seite veranschaulicht. Eine andere Darstellungsform bietet ein *Y-Diagramm* [Gajs 88], wie es Bild 1.11b zeigt. Beim Entwurf bewegt man sich in der in Bild 1.11a dargestellten Matrix von der linken oberen in die rechte untere Ecke.

Der Begriff *Entwurf* ist sehr allgemein, er kann sowohl den Prozeß der Umsetzung einer Spezifikation in eine Implementierung bezeichnen als auch das Ergebnis dieser Umsetzung. Spezifischer sind die Begriffe *Konstruktion* für die Erzeugung einer Implementierung aus der Spezifikation auf der nächsthöheren Hierarchieebene [HöNS 86] und *Synthese* für eine automatisierte Konstruktion.

Um als Ergebnis des Entwurfs eine überprüfbar korrekte Implementierung zu erhalten und Entwurfsfehler zu erkennen, ist außer der Konstruktion ein Vergleich der Spezifikation und der Implementierung notwendig. Allgemein wird ein solcher Vergleich als *Validierung* bezeichnet. Der speziellere Begriff *Verifikation* charakterisiert den formalen Beweis, daß die Implementierung eine vorgegebene Spezifikation erfüllt. Beschränkt man sich auf eine Überprüfung

| Sicht / Ebene | Funktion / Verhalten | Struktur | Topologie / Geometrie |
|---|---|---|---|
| System | Leistungsan-forderungen | Netzwerk | System-partitionierung |
| Architektur | Algorithmen | Block-schaltbild | Floorplan |
| Register-Transfer | Datenfluß, Steuerfluß | RT-Diagramm | plazierte Standard- / Makro-zellen |
| Logik | boolesche Gleichungen | Logiknetzliste, *Schematic* | |
| elektrisch | Differential-gleichungen | elektr. Schaltbild | symbolisches Layout |
| physikalisch | partielle DGL | Dotierungs-profile | Layout |

a)

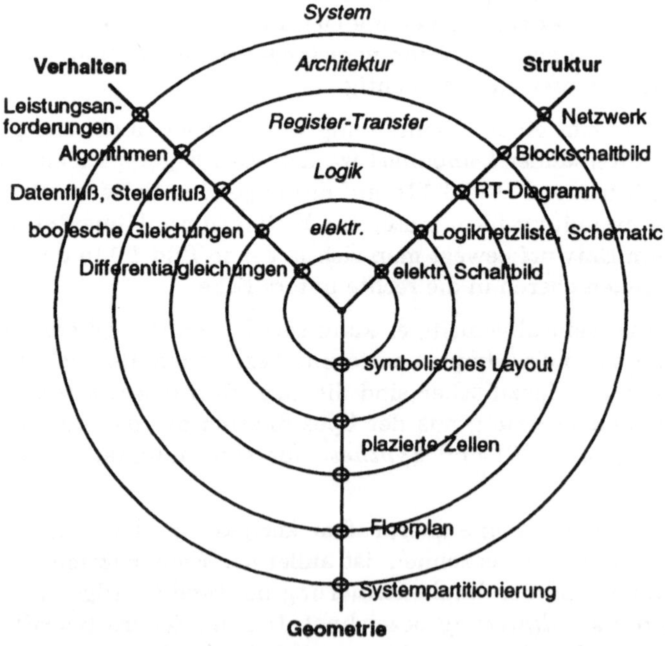

b)



*Bild 1.11:* Kombination von Beschreibungsebenen und Sichten

der Äquivalenz von Spezifikation und Implementierung für eine Menge von Testfällen, entspricht dies einer Validierung durch *Simulation*. Eine Simulation kann nur die Existenz von Fehlern, nicht aber die Abwesenheit von Fehlern zeigen, es sei denn, die Menge der Testfälle entspricht der Menge aller möglichen Eingaben.

Manchmal ist notwendig, für eine gegebene Implementierung eine Spezifikation zu erzeugen, z. B. um eine Verifikation durch Vergleich der gegebenen Spezifikation mit der extrahierten Spezifikation zu ermöglichen. Dies wird dann als *Extraktion* oder *Rückübersetzung* bezeichnet. Eine weitere Überprüfung der Implementierung ist auch nach beendeter Fertigung einer Schaltung nötig, um Fertigungsfehler zu erkennen. Für diese Überprüfung hat sich der Begriff (Fertigungs-)*Test* eingebürgert. Den Zusammenhang der verschiedenen Entwurfsaufgaben veranschaulicht Bild 1.12.

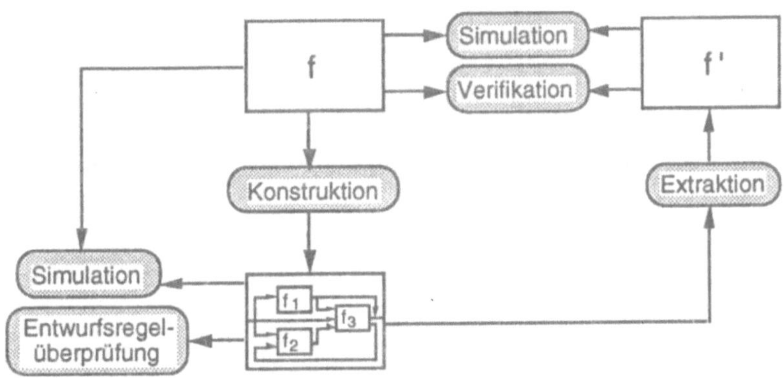


*Bild 1.12:* Zusammenwirken der verschiedenen Entwurfsaufgaben

Die Synthese, d. h. die automatisierte Konstruktion, ermöglicht es, die Eingabespezifikation auf einer höheren Abstraktionsebene zu formulieren und die folgenden Verfeinerungsschritte, die zu einem schwer zu überblickenden Detailreichtum führen, einem Rechner zu überlassen. Dadurch soll die Entwurfszeit verkürzt, die durch menschliche Entwerfer zu bewältigende Komplexität von Entwürfen erhöht und die Validierung vereinfacht werden. Durch die Eingabespezifikation entsteht automatisch eine Dokumentation des Entwurfs auf höherer Ebene. Dadurch, daß die Spezifikationen relativ technologieunabhängig formuliert werden können, werden ASICs auch für Nutzer verfügbar, die nicht über detaillierte Kenntnisse der IC-Technologie verfügen.

Die Hoffnung, daß bei einer Konstruktion durch Synthese alle Validierungsschritte wegfallen könnten, da die automatisierte Konstruktion fehlerfrei abliefe, wird jedoch nicht erfüllt. Einerseits können Software- und Hardware-Fehler nicht mit genügender Sicherheit ausgeschlossen werden, andererseits sind die

Eingabespezifikationen der Synthese manchmal fehlerhaft, häufiger jedoch
unvollständig, so daß eine Implementierung, die die gegebene Eingabespezifikation erfüllt, nicht auch unbedingt der ursprünglich informell festgelegten Spezifikation genügt.

Ein Vorteil der Synthese ist ihre Flexibilität. Wird die Spezifikation geändert,
ist dies auf einer höheren Abstraktionsebene sehr viel einfacher zu berücksichtigen. Soll die Realisierungstechnologie des Entwurfs verändert werden, kann
die Spezifikation unverändert bleiben, ausgehend von ihr müssen nur an die
neue Zieltechnologie angepaßte Syntheseverfahren verwendet werden. Durch
das Experimentieren mit unterschiedlichen Optionen der Synthesewerkzeuge
kann ein größerer Bereich des Entwurfsraums und damit ein größeres Opti-
mierungspotential ausgeschöpft werden, ohne die Entwurfszeit drastisch zu
erhöhen.

Bevor eine sinnvolle Optimierung des Entwurfs möglich ist, muß das Ziel der
Optimierung definiert werden. Bild 1.13 stellt dar, wie komplex die Zusammenhänge zwischen verschiedenen Entwurfsparametern und Gütekriterien sind.
Im allgemeinen wird man bei festgelegter Funktion einen Kompromiß zwischen der Minimierung von Chipfläche und Leistungsaufnahme und der Ma-
ximierung von Geschwindigkeit und Testbarkeit finden müssen, der zu trag-
baren Chip- und Verpackungskosten und hinreichender Zuverlässigkeit führt.

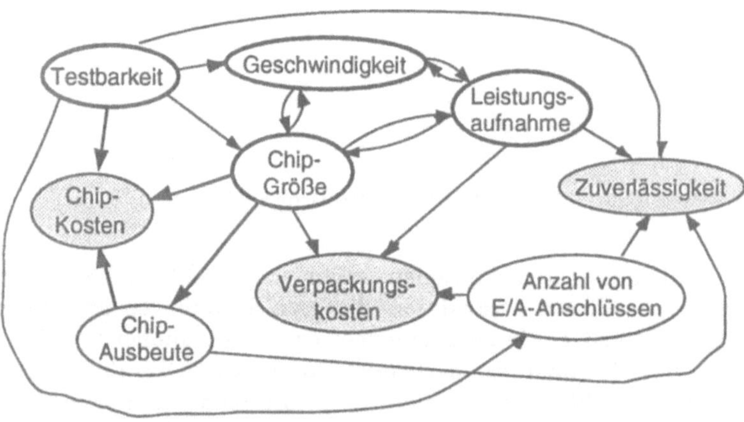


*Bild 1.13:* Optimierungsziele bei integrierten Schaltungen

Der Entwurfsablauf für eine integrierte Schaltung ist beispielhaft in Bild 1.14
veranschaulicht (vgl. [HöNS 86]). Ausgehend von einer formalen Beschreibung
der Schaltungsfunktion wird zunächst die Blockstruktur der Schaltung auf
Register-Transfer-(RT-)Ebene konstruiert und durch Simulation mit der Spezifikation verglichen. Anschließend werden die Blöcke der RT-Struktur während
des Logikentwurfs auf Gatter und Flipflops abgebildet. Unter Umständen sind

noch Modifikationen der Schaltungsstruktur nötig, um einen kostengünstigen Test zu ermöglichen (*Design for Testability*). Die Validierung dieses Entwurfsschrittes ist durch Logiksimulation oder eine formale Verifikation möglich. Die Logikstruktur muß anschließend noch auf die gewünschte Schaltkreis-Zielstruktur abgebildet werden. Nachdem die genaue Struktur der Schaltung bekannt ist, können die notwendigen Stimuli für den Test der gefertigten Schaltungen generiert werden. Ist die Schaltung zu fertigen, sind außerdem die geometrischen Vorgaben für die Fertigung zu erzeugen (*Layout*); kann die Schaltung durch Programmierung einer Standardschaltung realisiert werden, sind die Programmierdaten zu generieren. Ein abschließender Validierungsschritt ist nötig, um die korrekte Funktion der Schaltung für die gewählte Zielstruktur zu überprüfen.

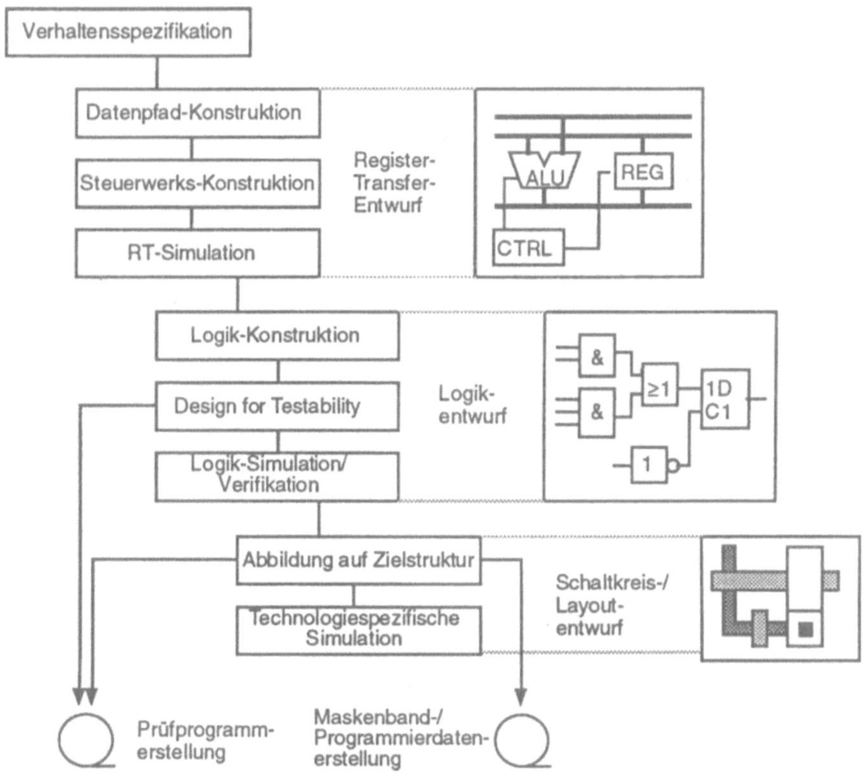


*Bild 1.14:* Beispielhafter Entwurfsablauf bei integrierten Schaltungen

Während der Entwurf, wie in Bild 1.14 dargestellt, im allgemeinen *top-down* durchgeführt wird, ist die Darstellung im folgenden *bottom-up* aufgebaut, was den Vorteil besitzt, daß jeweils auf bekanntem Wissen aufgesetzt werden kann.

Kapitel 2 stellt geläufige Zielstrukturen zur Realisierung integrierter Schaltungen zusammen und führt damit gleichzeitig Grundkenntnisse des Schaltkreis- und Layoutentwurfs ein. Kapitel 3 faßt die theoretischen Grundlagen, die zum Verständnis der später folgenden Entwurfsmethoden und Algorithmen nötig sind, kurz zusammen. Kapitel 4 behandelt Werkzeuge zur Logikkonstruktion, -simulation und -verifikation und beschränkt sich dabei auf kombinatorische Schaltungen, während Kapitel 5 Methoden und Werkzeuge zum Entwurf sequentieller Schaltungen in Form von Steuerwerken vorstellt. Kapitel 6 stellt abschließend verschiedene neuere Entwicklungen auf dem Gebiet des Entwurfs von Datenpfaden, der Schaltungsspezifikation mit Hardware-Beschreibungssprachen und des Entwurfs mit integrierten Entwurfsumgebungen zusammen.

# 2 Zielstrukturen und -technologien

## 2.1 Realisierungsalternativen

Zur Realisierung einer bestimmten logischen Funktion mit Hilfe von integrierten Schaltungen gibt es etliche Möglichkeiten. Dieser Abschnitt soll vor der detaillierten Behandlung einzelner Alternativen einen groben Überblick darüber geben, welche Halbleitertechnologien und Realisierungsstrukturen zur Verfügung stehen, wie aus integrierten Schaltungen größere Funktionseinheiten zusammengesetzt werden können und welche Vor- und Nachteile diese Möglichkeiten haben.

### 2.1.1 Halbleitertechnologien

Die meisten der heute gefertigten integrierten Schaltungen verwenden als Grundmaterial Silizium, nur ein kleinerer Anteil wird unter Verwendung von Galliumarsenid hergestellt. Galliumarsenid-ICs sind im allgemeinen *spannungsgesteuert*, d. h. die als Schaltelemente verwendeten Transistoren werden durch unterschiedlich hohe Spannungspegel umgeschaltet. Silizium-ICs lassen sich nochmals in spannungsgesteuerte und stromgesteuerte Schaltungen unterteilen (Bild 2.1), je nachdem ob sie als aktive Elemente Feldeffekttransistoren oder Bipolartransistoren verwenden.

Silizium-Feldeffekttransistoren werden häufig auch als MOS-Transistoren bezeichnet, da sie am Anfang ihrer Entwicklung durch die Kombination von Schichten aus Metall, (Siliziumdi-)Oxid und (monokristallinem) Silizium realisiert wurden. Inzwischen wird statt Metall allerdings im allgemeinen polykristallines Silizium (Polysilizium) verwendet. nMOS- und pMOS-Schaltungen unterscheiden sich in der Art der für die MOS-Transistoren verwendeten Siliziumschicht, CMOS-Schaltungen enthalten beide Transistorarten. BiCMOS-Schaltungen nutzen sowohl Bipolar- als auch MOS-Transistoren. Einzelheiten dieser Technologien können speziellen Lehrbüchern (z. B. [HoJa 87, Alma 89]) entnommen werden.

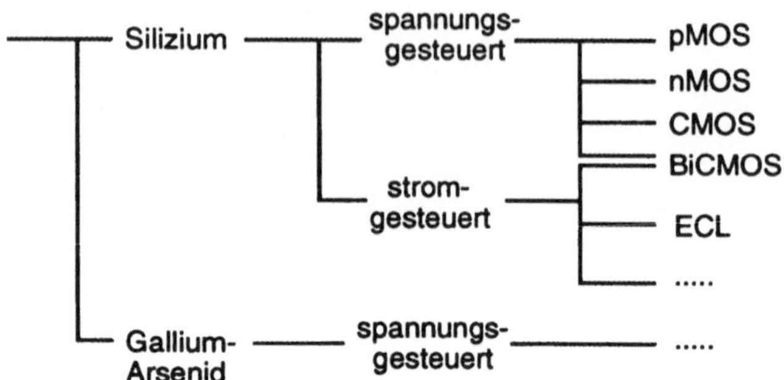

*Bild 2.1:* Familien von Halbleitertechnologien

Tabelle 2.1 vergleicht wesentliche Charakteristika der wichtigsten Technologien. Mit MOS-Schaltungen lassen sich hohe Integrationsdichten erzielen; Bipolarschaltungen, z. B. in ECL-Technologie (*emitter coupled logic*), ermöglichen im Vergleich hierzu größere Geschwindigkeiten und das Treiben größerer Lasten an den Schaltungsausgängen. Die steigende Anzahl von Bauelementen pro Chip führt zu wachsenden Problemen bei der Abführung der erzeugten Wärme, CMOS-Schaltungen haben hier den Vorteil eines besonders geringen Leistungsverbrauchs. Bei BiCMOS-Schaltungen können je nach Schaltungsteil die Vorzüge von bipolaren und von CMOS-Transistoren ausgenutzt werden, allerdings muß dieser Vorteil mit einer komplexeren Fertigungstechnologie bezahlt werden. Galliumarsenid-Schaltungen werden vor allen für Spezialzwecke eingesetzt, bei denen es auf eine sehr hohe Geschwindigkeit ankommt und niedrige Integrationsdichten und hohe Kosten in Kauf genommen werden können.

*Tabelle 2.1:* Eigenschaften verschiedener Halbleitertechnologien

| Technologie | Integrationsdichte | Geschwindigkeit | Leistungsverbrauch | Treiberleistung |
|---|---|---|---|---|
| nMOS | sehr hoch | niedrig | mittel | sehr niedrig |
| CMOS | hoch | niedrig | sehr niedrig | niedrig |
| BiCMOS | hoch | niedrig-mittel | niedrig | hoch |
| ECL | mittel | hoch | hoch | hoch |

Im folgenden reicht es aus, die Technologie nur exemplarisch in die Betrachtungen einzubeziehen; durchgehend werden dazu CMOS-Schaltungen verwendet. Die notwendigen Vorkenntnisse stellt der folgende Abschnitt zur Verfügung.

## 2.1.2   Grundlagen der CMOS-Technik

Zur Erklärung der Funktionsweise von CMOS-Schaltungen können je nach
Genauigkeitsanforderungen sehr unterschiedliche Modelle verwendet werden.
Für die folgende Darstellung reicht ein sehr einfaches, stark idealisiertes Modell aus; für genauere Modelle sei auf Lehrbücher wie [HoJa 87, WeEs 85, RoCa
89] verwiesen. Es wird stets positive Logik verwendet, d. h. hohes Potential repräsentiert den booleschen Wert „1", niedriges Potential den booleschen Wert
„0". Ein Transistor stellt im folgenden einen Schalter dar, der zwei Anschlüsse
D (Drain) und S (Source) miteinander verbindet oder voneinander trennt, je
nachdem, ob ein Eingang G (Gate) auf hohem oder niedrigem Potential liegt.
Die MOS-Technologie stellt zwei Transistortypen zur Verfügung (Bild 2.2):
nMOS-Transistoren verbinden Source und Drain, wenn am Gate eine „1" anliegt, pMOS-Transistoren, wenn am Gate eine „0" anliegt.

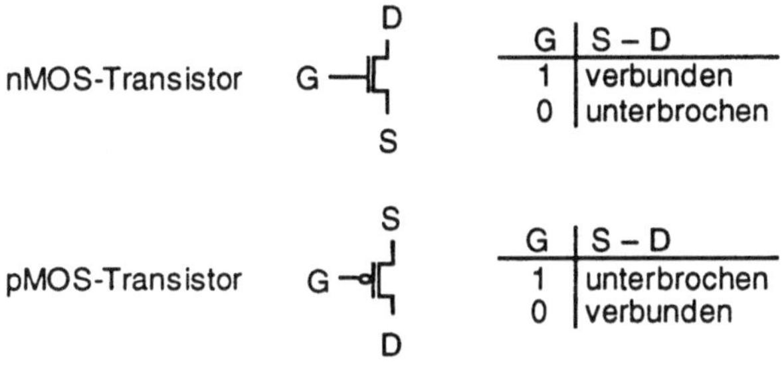

|  |  | G | S – D |
|---|---|---|---|
| nMOS-Transistor | | 1 | verbunden |
| | | 0 | unterbrochen |

| | | G | S – D |
|---|---|---|---|
| pMOS-Transistor | | 1 | unterbrochen |
| | | 0 | verbunden |

*Bild 2.2:* Schaltermodelle für nMOS- und pMOS-Transistoren

Ein Inverter kann durch die Zusammenschaltung eines nMOS-Transistors
mit einem pMOS-Transistor gemäß Bild 2.3 realisiert werden. Liegt am Gate
beider Transistoren eine „0", sperrt der nMOS-Transistor und der pMOS-Transistor leitet. Dadurch wird das hohe Potential der Versorgungsspannung
(VDD) an den Ausgang durchgeschaltet. Liegt an den Gates stattdessen eine
„1", leitet der nMOS-Transistor, während der pMOS-Transistor sperrt. Nun
wird das niedrige Bezugspotential (GND) zum Ausgang durchgeschaltet. Die
Bezeichnung CMOS (*complementary MOS*) für eine solche Schaltung charakterisiert das komplementäre Verhalten von pMOS- und nMOS-Transistoren.

Grundlage dieser Funktionsweise ist die Existenz unterschiedlich *dotierter*
Schichten im Halbleiter-Grundmaterial. Durch die Dotierung können sowohl
Zonen geschaffen werden, in denen ein Überschuß negativer Ladungsträger
vorhanden ist (n-Dotierung), als auch Zonen, in denen ein Defizit an negativen
Ladungsträgern besteht (p-Dotierung). Informationen zur Dotierung durch die
Diffusion verschiedener chemischer Elemente in das Halbleiter-Grundmateri-
al hinein findet man zum Beispiel in [WeEs 85, RoCa 89].

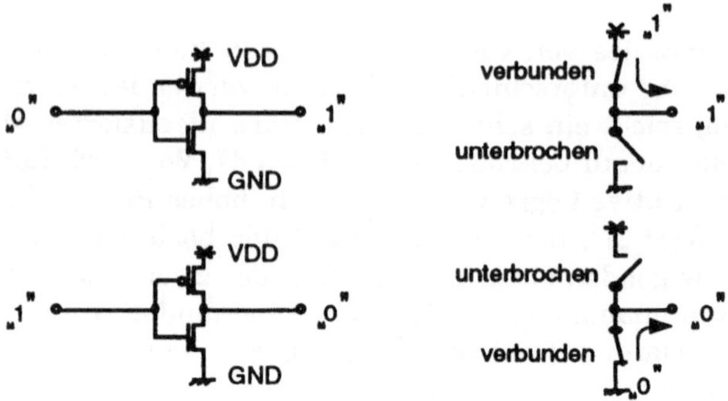



*Bild 2.3:* Grundprinzip eines CMOS-Inverters

Für einen nMOS-Transistor werden in positiv dotiertes Silizium (p-Substrat)
zwei negativ dotierte Silizium-Inseln eindiffundiert, an die Source und Drain
angeschlossen werden. Eine Polysilizium-Schicht über einer dünnen Silizium-
dioxid-Isolationsschicht bildet den Gate-Anschluß (Bild 2.4a). Auf diese Art
entsteht zwischen dem Gate und dem Substrat ein Kondensator. Legt man am
Gate hohes Potential an, werden negative Ladungsträger im Substrat in Richtung des Gates gezogen, und es entsteht ein durchgängig negativ geladener
*Kanal*, in dem ein Strom fließen kann (Bild 2.4b). Lädt man das Gate stattdessen negativ auf, werden die negativen Ladungsträger vom Gate abgestoßen
und es entstehen zwei gegensätzlich gerichtete pn-Übergänge, die den Stromfluß unterbinden (Bild 2.4c). Bei pMOS-Transistoren erhält man durch Vertauschen der Dotierungsgebiete das entgegengesetzte Verhalten.

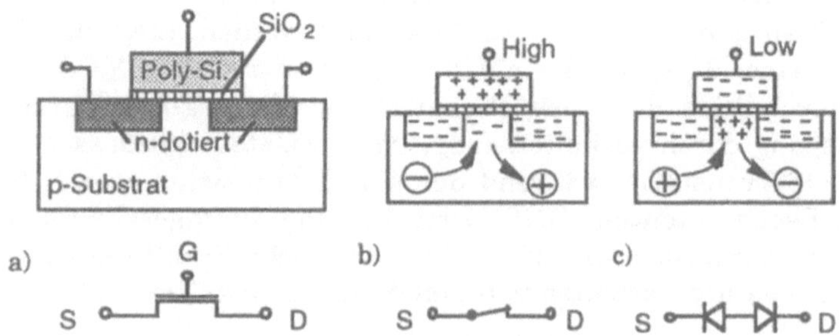



*Bild 2.4:* Funktionsweise eines nMOS-Transistors

Bei der Fertigung werden die verschiedenen Materialschichten (Dotierungsgebiete, Siliziumdioxid, Polysilizium) nacheinander durch verschiedene che-
misch-physikalische Mechanismen, z. B. durch Diffusion, aufgebracht (vgl.
[WeEs 85, RoCa 89]). Die Ausdehnung jeder einzelnen Schicht wird dabei

durch photolithographische Belichtung über eine sogenannte Fertigungs-
*maske* oder durch einen entsprechend gesteuerten Elektronenstrahl festgelegt.
Am Schluß der Fertigung werden die dadurch geschaffenen Transistoren
durch Metalleitungen aus Aluminium miteinander verbunden. Auch die genaue Geometrie dieser Metallschichten wird durch Belichtung festgelegt.

### 2.1.3 Fertigungsstrukturen

Wie bereits in Abschnitt 1.1 angedeutet, lassen sich integrierte Schaltungen in
die Kategorien Standard-ICs und anwendungsspezifische ICs unterteilen.
Allerdings ist diese Unterteilung nicht eindeutig, je nach Sichtweise ergeben
sich unterschiedliche Einordnungen. Für den Entwurf und die Fertigung von
ICs sind andere Kriterien wichtig als für den Vertrieb.

*Standard-ICs* werden vom IC-Hersteller entworfen, sind universell einsetzbar
und können in großen Stückzahlen vorgefertigt werden. Beispiele hierfür sind
Mikroprozessoren und Speicherbausteine. Der Entwurf eines *Vollkunden-ICs*
liegt dagegen voll in der Verantwortung des Anwenders, er wird danach auch
nur von diesem Anwender verwendet. Die Fertigung von Standard- und Vollkunden-ICs beim IC-Hersteller unterscheidet sich kaum, in beiden Fällen
unterliegt die Dimensionierung, Plazierung und Verbindung von Bauelementen keinen Einschränkungen, und sämtliche Fertigungsschritte müssen entwurfsspezifisch parametrisiert werden.

Bei *Standardzellen-* und *Makrozellen-ICs* werden die Freiheitsgrade gegenüber Vollkunden-ICs dadurch eingeschränkt, daß nur vorentworfene standardisierte Teilschaltungen verwendet werden können. Da die Teilschaltungen
aber immer noch kundenspezifisch auf dem Chip plaziert werden, sind wie
beim Vollkundenentwurf sämtliche Fertigungsschritte entwurfsspezifisch. Bei
*Gate-Array-* und *Sea-of-Gates-ICs* wird eine regelmäßige Anordnung von
Transistoren auf dem Chip vorgefertigt. Die dazu notwendigen Fertigungsschritte können wie bei Standard-ICs[*] anwendungsunabhängig optimiert werden. Der anwendungsspezifische Entwurf beschränkt sich hier auf die Festlegung der individuellen Verdrahtung der Transistoren (Metallschichten), die
dann beim IC-Hersteller durchgeführt wird.

Bei anwenderprogrammierbaren Bausteinen ist eine vollständige Standardi-
sierung der Fertigung möglich. Ähnlich wie bei Standard-ICs liefert die Fertigung hier universelle Bausteine, die erst durch eine vom Anwender durchzuführende Programmierung auf eine Anwendung festgelegt werden. Die Bausteine enthalten vorgegebene Logik- und Verbindungselemente, die z. B. durch
das Laden von 0-/1-Mustern oder das Aufschmelzen von Sicherungen personalisiert werden.

---

[*] Man beachte den Unterschied zwischen Standard-ICs und Standardzellen-ICs.

Einen Überblick über die verschiedenen Fertigungsstrukturen, die im folgenden teilweise detaillierter behandelt werden, gibt Bild 2.5. Der folgende Abschnitt 2.2 führt in das Vorgehen beim Vollkunden-Entwurf ein. Standardzellen-, Makrozellen-, Gate-Array- und Sea-of-Gates-Schaltungen sind unter dem Oberbegriff „anwendungsspezifische Entwürfe" Thema des Abschnitts 2.3. Abschließend stellt Abschnitt 2.4 verschiedene Arten anwenderprogrammierbarer Schaltungen – programmierbare Speicher (PROMs), programmierbare logische Felder (PLDs) und programmierbare Logikbausteine (PGAs) – vor.

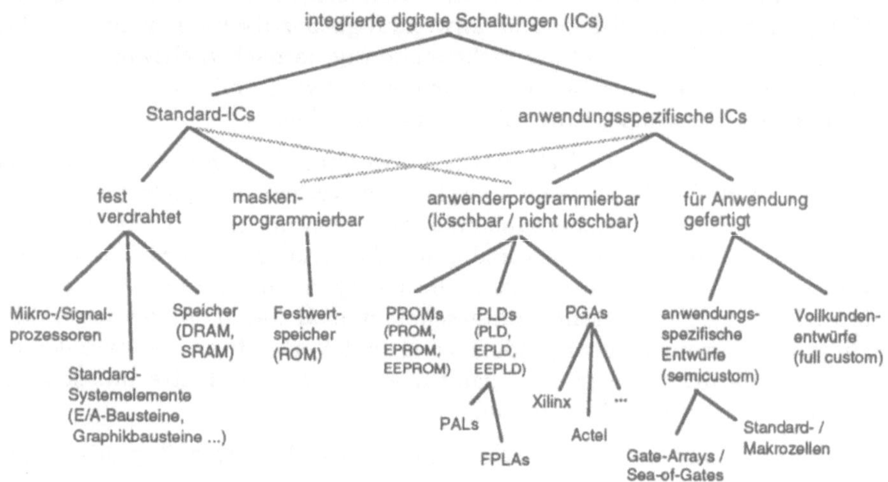


*Bild 2.5:* **Klassifikation integrierter Schaltungen**

Wesentliche Kriterien bei der Auswahl einer Fertigungsstruktur sind in Tabelle 2.2 zusammengefaßt [vgl. KeMe 89, SiEi 90, RoCa 89]. Während der Entwurfs- und Fertigungsaufwand von links nach rechts abnimmt, nimmt die erreichbare Chipkomplexität von rechts nach links zu. Dementsprechend ist der Vollkundenentwurf vor allem für komplexe Anwendungen mit hohen Stückzahlen geeignet, während programmierbare Bausteine den Markt für kleinere und weniger zahlreich benötigte Schaltungen abdecken. Gate-Array- und Standardzellen-Schaltungen empfehlen sich für das mittlere Spektrum. Unabhängig davon muß die Zeitdauer bis zur Verfügbarkeit der Schaltungen bewertet werden. Programmierbare Schaltungen können bevorratet und in sehr kurzer Zeit programmiert werden, während Vollkundenschaltungen am anderen Ende des Spektrums eine lange Vorlaufphase für die Fertigung benötigen.

*Tabelle 2.2:* Kriterien zur Auswahl einer Fertigungsstruktur

| | Vollkunden-IC | Standard-zellen-IC | Gate-Array | programmier-bare Schaltung |
|---|---|---|---|---|
| Entwick-lungszeit | 1-2 Jahre | 5-50 Wochen | 4-20 Wochen | 1-3 Wochen |
| Entwurfs-änderungen | schlecht möglich | mittel | gut | sehr gut möglich |
| individueller Fertigungs-aufwand | komplette Fertigung | komplette Fertigung | Verdrahtung | keiner |
| ereichbare Komplexität | >200.000 Gatter | 10.000-200.000 Gatter | 1.000-50.000 Gatter | 100-10.000 Gatter |
| Chip-Größe, E/A-Anzahl | flexibel | flexibel | fest | fest |
| Funktions-blöcke | individuell optimiert | Zellbibliothek/Modulgenerator | | fest vorgegeben |
| Verdrahtung | flexibel | flexibles Raster | festes Raster | vorgegebene Leitungen |

### 2.1.4 Systemintegration

#### 2.1.4.1 Aufteilung in Komponenten

Häufig besteht ein zu realisierendes System nicht nur aus einem IC. Ausgehend von einer Spezifikation der Anforderungen (Systemfunktion, Strukturvorgaben, Schnittstellenspezifikation, technologisch-wirtschaftliche Randbedingungen) muß eine Kombination elektronischer und nicht-elektronischer Komponenten gefunden werden, die diese erfüllt. Elektronische Komponenten können Schaltungen aus diskreten Bauteilen, Standardschaltungen, anwendungsspezifische oder programmierbare Schaltungen darstellen. Die einzelnen Komponenten müssen dann auf geeigneten Trägern, z. B. Leiterplatten, zusammengeführt werden. Nach dem Entwurf aller Systembestandteile ist eine sukzessive Integration nötig, in der Fehler sowohl der Einzelkomponenten als auch Fehler der Zusammenschaltung von Komponenten erkannt werden.

Im folgenden beschränken wir uns auf die Verwendung von digitalen integrierten Schaltungen. Die wesentlichen Entwurfsschritte sind vereinfacht in Bild 2.6 dargestellt [HöNS 86]. Zunächst wird die Systemfunktion in Teilfunktionen zerlegt, die jeweils durch ein Modul, z. B. eine Leiterplatte, zu realisieren sind. Die Aufgaben müssen dann weiter partitioniert werden, bis die resultierenden Teilaufgaben von einzelnen integrierten Schaltungen wahrgenommen werden können. Daraufhin können die Schaltungen und die Trägerele-

mente zur physikalischen Verbindung der Schaltungen und Moduln entworfen werden.

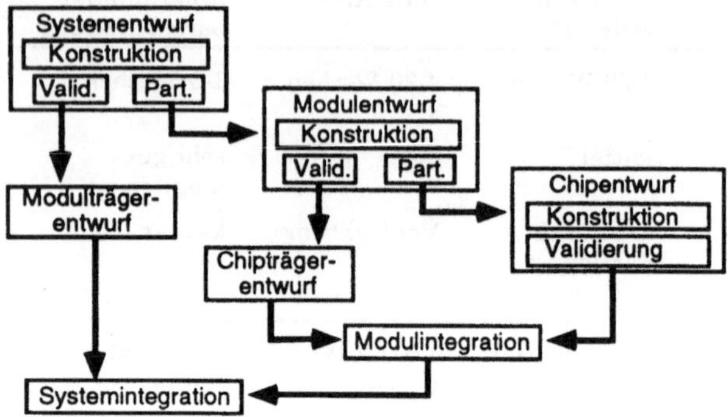


*Bild 2.6:* Schritte des Systementwurfs

Ausschlaggebend für die Partitionierung ist im allgemeinen die Anzahl der
zwischen den einzelnen Teilschaltungen auszutauschenden Kommunika-
tionssignale. Eine größere Anzahl von Verbindungen, d. h. von Ein-/Ausgabe-
anschlüssen der Teilschaltungen, führt gleichzeitig zu höheren Kosten, einer
geringeren Geschwindigkeit und einer geringeren Zuverlässigkeit (Bild 2.7)
[Holl 87].

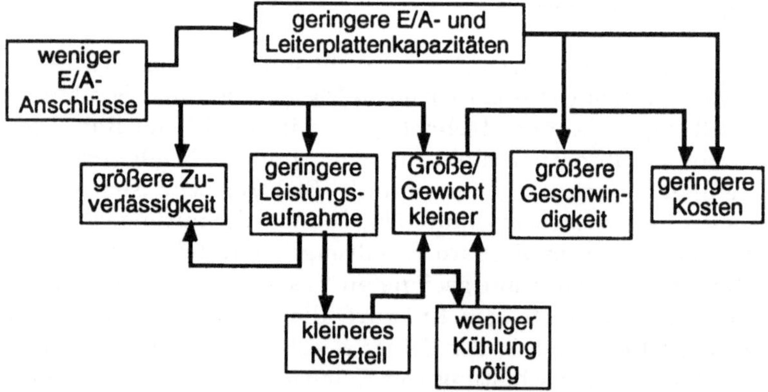


*Bild 2.7:* Bedeutung der Anzahl von Verbindungen zwischen Moduln/ICs

Die Reduzierung externer Verbindungen bietet neben den in Abschnitt 1.1 er-
läuterten Gründen eine weitere Motivation zur Erhöhung der Integrationsdichte. Die Anzahl externer Anschlüsse nimmt im Mittel weniger stark zu als
die Anzahl der auf einem Baustein vereinigten Bauelemente. Als grobe Nähe-

rung prognostiziert die Regel von Rent folgenden Zusammenhang zwischen
der Anzahl b von Bauelementen, der Anzahl p von Anschlüssen pro Element
und dem Schätzwert P für die Gesamtanzahl externer Anschlüsse [LaRu 71]:

$$P = p \cdot b^k. \tag{2.1}$$

Der Exponent k wird empirisch ermittelt und liegt je nach Schaltungsart zwischen 0,5 und 0,7.

*Beispiel 2.1:* Bei k = 0,5 benötigen zwei Chips, die je 1000 Bauelemente mit 2 Eingängen und einem Ausgang enthalten, jeweils etwa 95 Pins. Gelingt es, die
2000 Bauelemente beider Chips auf einem Chip unterzubringen, sind nur etwa 134 externe Verbindungen zu erwarten, 28 Verbindungen sind zu internen Verbindungen geworden (Bild 2.8).

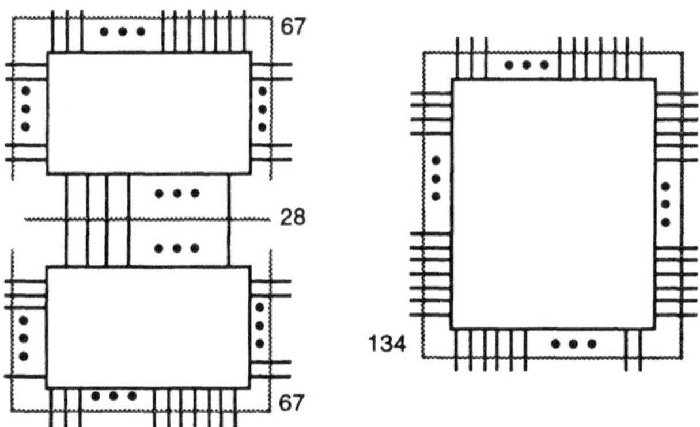

*Bild 2.8:* Einsparung externer Verbindungen durch höhere Integrationsdichte

### 2.1.4.2 *Verbindung der Komponenten*

Die Möglichkeit der Zusammenfassung mehrerer Schaltungen zu einem Chip
wird durch den jeweiligen Stand der Integrationdichte beschränkt. Für die
Verbindung mehrerer integrierter Schaltungen gibt es die drei Möglichkeiten
der Montage auf Leiterplatten (*printed circuit board*, PCB), der Verbindung zu
Multi-Chip-Moduln (MCMs) und der Wafer-Integration (*wafer scale integration*, WSI). Bei der Montage auf Leiterplatten werden die Einzelchips in Gehäuse verpackt, die dann auf einen Kunststoffträger (Leiterplatte) geklebt oder ge-
lötet werden. Die Verbindung zwischen den Chips erfolgt durch mehrere
Schichten von Verbindungsleitungen auf der Leiterplatte. Bei Multi-Chip-Moduln verzichtet man auf die Verpackung der Chips in ein eigenes Gehäuse, sie
werden stattdessen direkt auf einem Keramik- oder Siliziumträger befestigt.
Die Verbindung der Chips erfordert ebenfalls mehrere Schichten von Leitungen, die vorher in einer geeigneten Technologie auf den Träger aufgebracht
wurden (vgl. [Sham 91]).

MCMs bieten neben der größeren Packungsdichte auch den Vorteil geringerer Lastkapazitäten an den Chipausgängen und ermöglichen damit eine größere Geschwindigkeit. PCBs sind demgegenüber einfacher zu fertigen und zu testen, zur Bestückung werden keine speziellen ICs benötigt, und die Wärmeabfuhr ist aufgrund der Verteilung von Chips auf eine größere Fläche weniger problematisch. Die Verwendung von ICs in Gehäusen erleichtert zudem die Wartung und Reparatur.

Bei der Wafer-Integration werden zusammen auf einer Silizium-Scheibe (*Wafer*) produzierte Chips nicht auseinandergeschnitten und unabhängig voneinander verwendet, sondern auf dem Wafer durch Leitungen zwischen den Chips verbunden. Nachteilig ist dabei ein Effekt, der auch einer beliebigen Erhöhung der Integrationsdichte durch Erhöhung der Chipgröße entgegensteht. Bild 2.9 zeigt einen Wafer, der einmal in 16 Einzelchips, ein anderes Mal in vier Einzelchips unterteilt wurde. Die Punkte symbolisieren Defekte auf dem Wafer, die zu einer fehlerhaften Funktion des betroffenen Chips führen. Während im ersten Fall zehn der 16 Chips funktionsfähig sind (62,5 %), ist im zweiten Fall nur ein Chip verwendbar (25 %). Bei der Wafer-Integration kann ein einziger Fehler die Funktionsfähigkeit des gesamten Wafers beeinträchtigen, so daß hier noch geringere Ausbeuten zu erwarten sind.

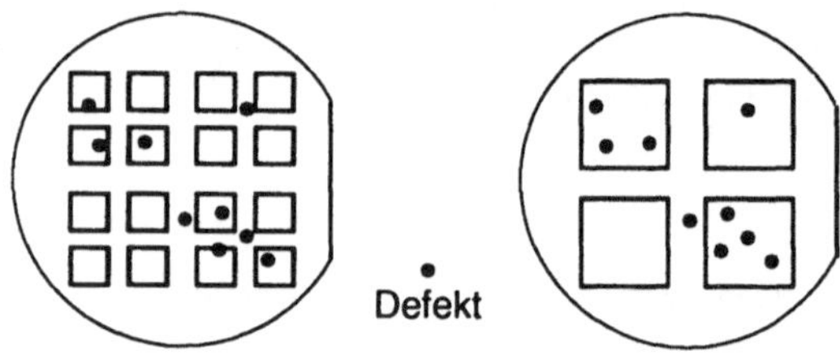


*Bild 2.9:* Verminderung der Ausbeute bei wachsender Chipfläche

Häufig wird die Abhängigkeit der Ausbeute Y von der aktiven Chipfläche A durch ein Poisson-Modell approximiert [TeHo 89], das von Defekten ausgeht, die über die Chipfläche zufällig verteilt sind. Mit der Anzahl $\lambda$ von Defekten pro Flächeneinheit und einem Proportionalitätsfaktor $Y_0$ erhält man

$$Y = Y_0\, e^{-\lambda A}. \tag{2.2}$$

Um die mit wachsender Fläche sinkende Ausbeute zu kompensieren, werden auf dem Wafer zusätzliche Schaltungsteile integriert, die bei Bedarf Fehler in anderen Schaltungsteilen kompensieren können (*Redundanz*) [TeHo 89]. Berücksichtigt man, daß Defekte im allgemeinen ungleichmäßig verteilt sind, sind solche Fehlertoleranzmaßnahmen allerdings weniger effektiv als nach Gleichung 2.2 zu vermuten [Stap 89].

Weiterhin beeinträchtigen lange Verbindungsleitungen mit relativ hohen Widerständen und Kapazitäten die Kommunikation zwischen verschiedenen

Schaltungsbestandteilen. Bei WSI-Schaltungen ist es auch nicht möglich, einzelne Schaltungsbestandteile in unterschiedlichen Technologien zu fertigen, um unterschiedlichen Anforderungen gerecht zu werden. Noch schwieriger als bei MCMs gestalten sich die Spannungsversorgung, die Wärmeabführung, der Test und die Reparatur. Zur Zeit bieten WSI-Schaltungen daher nur für wenige Nischenprodukte eine vorteilhafte Alternative.


## 2.2 Vollkunden-Entwürfe


### 2.2.1 Einführung in den Layoutentwurf

Betrachtet man den (etwas vereinfachten) dreidimensionalen Aufbau eines CMOS-Inverters genauer (Bild 2.10a, vgl. [Maly 87]), erkennt man neben dem nMOS-Transistor links den entsprechenden pMOS-Transistor rechts. Um für den pMOS-Transistor das geeignete n-dotierte Substrat zu schaffen, wurde in das p-Substrat ein n-dotiertes Gebiet, die n-Wanne, eindiffundiert. Die stark p-dotierten *Kanalstopper* dienen zur Trennung der beiden Transistoren. Die beiden Gates des Inverter-Eingangs wurden durch eine Leitung aus Polysilizium verbunden, die beiden in der Mitte liegenden Drain-Anschlüsse der Transistoren durch eine Metalleitung. Hier befindet sich der Inverter-Ausgang. Die Metalleitungen an den Source-Anschlüssen dienen zum Anschluß an GND (links) und VDD (rechts). Der Nichtleiter Siliziumdioxid ($SiO_2$) isoliert verschiedene Schichten elektrisch voneinander.

Für die Fertigung einer integrierten Schaltung ist es wesentlich, die Lage und Größe der verschiedenen Schichten zu kennen. Eine zweidimensionale Darstellung der verschiedenen Schichten, aus denen die Fertigungsvorgaben abgeleitet werden können, heißt *Layout*. Es ähnelt einer Sicht auf die integrierte Schaltung von oben (Bild 2.10b), wobei Siliziumdioxid-Schichten nicht dargestellt werden, da sie automatisch aus den anderen Schichten abzuleiten sind. Zur Vereinfachung erscheinen deshalb auch Wannen und Kanalstopper häufig nicht im Layout. Verbindungen zwischen den verschiedenen Schichten erfordern ein Fehlen der Siliziumdioxid-Isolation zwischen den Schichten, dies wird im Layout durch sogenannte Kontaktlöcher dargestellt. Ein weiterer Unterschied zwischen Layout und gefertigter Struktur ist im Kanalbereich der Transistoren zu erkennen. Obwohl in der gefertigten Struktur keine durchdiffundierte Verbindung zwischen Source und Drain bestehen darf, ist die Diffusionsschicht im Layout nicht als unterbrochen zu erkennen. Hierdurch sind Transistoren im Layout sehr leicht durch die übereinanderliegenden Diffusions- und Polysiliziumschichten zu identifizieren. Für die Fertigung ist die fehlende Unterbrechung der Diffusionsbereiche ohnehin im allgemeinen nicht von Bedeutung, da die Diffusionsbereiche erst nach der Abschirmung von Kanalbereichen durch Polysilizium gefertigt werden.

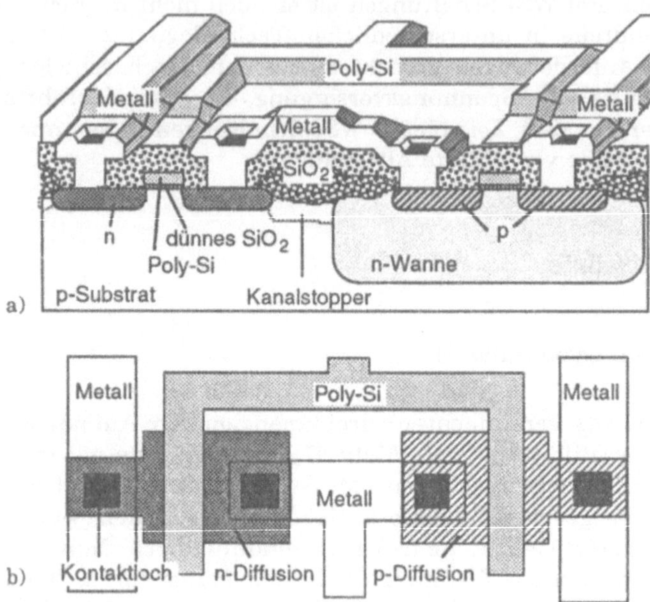


*Bild 2.10:* Dreidimensionale Struktur und Layout eines CMOS-Inverters

Im weiteren werden die unterschiedlichen Schichten (*Layers*) im Layout
durch unterschiedliche Schraffuren dargestellt. Eine Übersicht darüber gibt
Bild 2.11. Da unterschiedliche Schraffuren auf den ersten Blick schwierig zu
unterscheiden sind, verwendet man für den Entwurf häufiger unterschiedliche Farben. Eine übliche Zuordnung von Farbcodes zu Schichten ist in Bild
2.11 enthalten. Für die folgenden Layout-Bilder mag es hilfreich sein, die einzelnen Schichten mit den entsprechenden Farben zu markieren.

| Schicht-bezeichnung | Funktion | Schraffur | Farbcode |
|---|---|---|---|
| n-Diffusion | nMOS-Source/-Drain | | grün |
| p-Diffusion | pMOS-Source/-Drain | | gelb |
| Polysilizium | Gates | | rot |
| Metall 1 | 1.Verdrahtungsschicht | | hellblau |
| Metall 2 | 2.Verdrahtungsschicht | | dunkelblau |
| Kontaktlöcher | Verbindung zwischen Schichten | | schwarz |

*Bild 2.11:* Darstellung unterschiedlicher Schichten im Layout

Zusammengefaßt ergeben sich für CMOS-Layouts folgende Möglichkeiten: Verbindungen können in n-Diffusion, p-Diffusion, Polysilizium, und in Metall ausgeführt werden, wobei allerdings der größere Widerstand von Polysilizium- und Diffusionsleitungen zu berücksichtigen ist. Verbindungslose Überkreuzungen sind zwischen einer Polysilizium- bzw. Diffusionsschicht und einer Metallschicht sowie zwischen verschiedenen Metallschichten möglich. Eine Überkreuzung zwischen einer Polysilizium- und einer Diffusionsschicht ergibt einen Transistor.

Da beim Vollkundenentwurf alle Fertigungsschritte anwendungsspezifisch durchgeführt werden, muß ein Layout mit der genauen geometrischen Spezifikation einer Schaltung erstellt werden. Dazu ist es notwendig, die Minimalbreiten von Leitungen, Mindestabstände zwischen Leitungen, die Mindestgrößen von Kontaktlöchern, die notwendige Überlappung bei Transistorgebieten und ähnliche *Entwurfsregeln* einzuhalten. Diese Entwurfsregeln stellen sicher, daß nach der mit Ungenauigkeiten behafteten Fertigung im Layout elektrisch verbundene Bereiche verbunden bleiben, voneinander isolierte Bereiche isoliert bleiben und die Größenverhältnisse von Transistoren nicht zu stark von den Größenverhältnissen im Layout abweichen. Um von solchen fertigungsprozeßspezifischen Details unabhängig zu werden, kann man den Entwurf auch auf einer abstrakteren Ebene durchführen.

Anstatt die genaue Geometrie anzugeben, reicht es aus, die Topologie der Schaltung mit Verbindungen und Überkreuzungen zu spezifizieren. Dieses *symbolische Layout* kann dann mit Hilfe eines Programms zur Layoutkompaktierung bzw. -adaption, das die Entwurfsregeln automatisch berücksichtigt, in das endgültige Layout umgesetzt werden [Hsue 81]. Bild 2.12 stellt für ein einfaches Beispiel, den bereits bekannten CMOS-Inverter, den Unterschied zwischen Layout und symbolischem Layout dar. Allerdings können im symbolischen Layout spezielle Größenvorgaben für bestimmte Gebiete, z. B. die Breite und Länge von Transistor-Kanälen, oder andere spezielle Anforderungen nur durch zusätzliche Spezifikationen berücksichtigt werden.

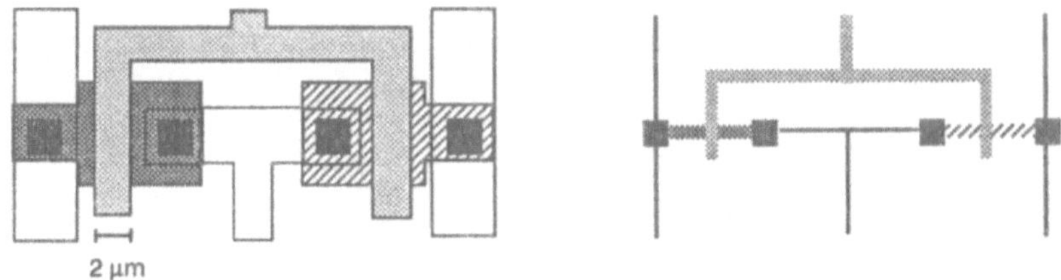


*Bild 2.12:* Layout und symbolisches Layout eines CMOS-Inverters

## 2.2.2  Statisches CMOS

### 2.2.2.1  Grundprinzipien

Wie schon am Beispiel des Inverters veranschaulicht, gibt es bei idealen
CMOS-Schaltungen abgesehen von Umschaltzeitpunkten keine leitende Verbindung zwischen unterschiedlichen Versorgungspotentialen. Das Grundprinzip solcher statischer CMOS-Schaltungen wird in Bild 2.13 verdeutlicht.
Die beiden n- und p-Netzwerke enthalten jeweils eine Zusammenschaltung
von nMOS- und pMOS-Transistoren, die eine bestimmte Funktionalität des
Netzwerks bedingen. Die beiden Netzwerke müssen zueinander *komplementär*
sein, d. h. wenn ein Netzwerk leitet muß das andere sperren und umgekehrt.

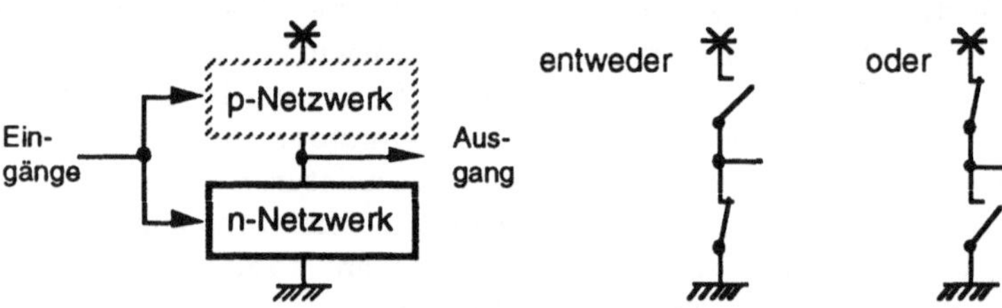


*Bild 2.13:* Grundprinzip statischer CMOS-Schaltungen

Einen wichtigen Spezialfall von Netzwerken bilden Serien-/Parallelnetze, aus
denen die Funktion leicht ablesbar ist und für die das komplementäre Netz
leicht hergeleitet werden kann.

*Definition 2.1:* Ein *Serien-/Parallelnetz* (SPN) ist rekursiv definiert durch a) ein
   Transistor ist ein SPN, b) eine Serienschaltung von SPNs ist ein SPN, c) eine
   Parallelschaltung von SPNs ist ein SPN.

*Beispiel 2.2:* Die Transistoren x1 und x2 in Bild 2.14a sind nach Definition 2.1 a)
   SPNs. Daher ist auch die Serienschaltung von x1 und x2 zu x nach b) ein
   SPN, wie auch nach c) die Parallelschaltung von y1 und y2 zu y. Weiter ist
   auch die Serienschaltung von x und y und letzlich die Parallelschaltung von
   z mit x und y ein SPN.

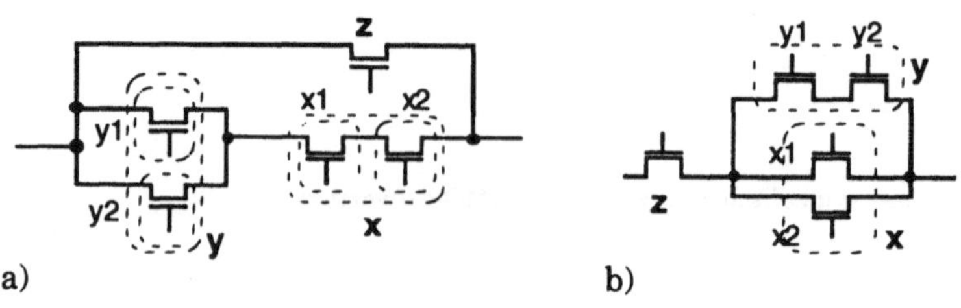


*Bild 2.14: Beispiel zu Serien-/Parallelnetzen*

*Definition 2.2:* Die *duale Schaltung* einer Serien-/Parallelschaltung erhält man durch Vertauschung aller Serien- durch Parallelschaltungen und umgekehrt.

*Satz 2.1:* Die duale Schaltung einer dualen Schaltung ergibt wieder die Ausgangsschaltung.

Der Beweis von Satz 2.1 folgt direkt aus der Definition der Dualität. Die zur Schaltung in Bild 2.14a duale Schaltung ist in Bild 2.14b veranschaulicht. Durch eine duale Schaltung kann leicht das zu einem n-Netz komplementäre p-Netz gefunden werden und umgekehrt.

*Satz 2.2:* Sind zwei Serien-/Parallelnetze zueinander dual, sind die entsprechenden n- und p-Netze zueinander komplementär.

Beweis: Der Beweis wird durch Induktion über die Struktur geführt:

a) Induktionsanfang: Ein nMOS-Transistor und ein pMOS-Transistor sind zueinander komplementär (Bild 2.7).

b) Induktionsschritt: Die Serienschaltung zweier Netze ist komplementär zur Parallelschaltung der dualen Netze (Bild 2.15). Mit Satz 2.1 folgt dann auch, daß die Parallelschaltung zweier Netze komplementär zur Serienschaltung der dualen Netze ist.

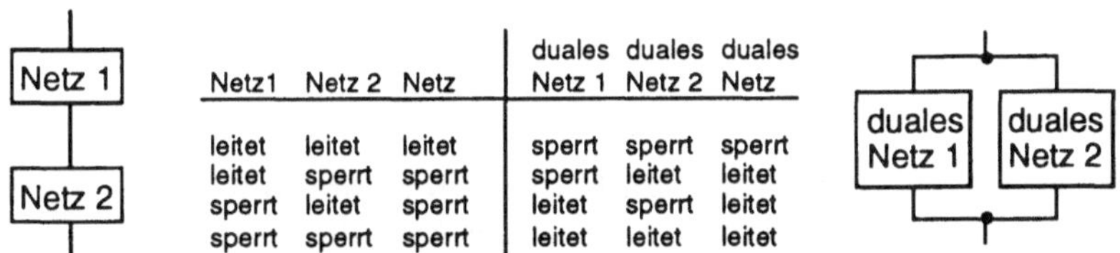

*Bild 2.15:* Komplementarität und Dualität ♦

## 2.2.2.2 *Grundschaltungen*

Betrachtet man die Funktionalität von CMOS-Gattern, erkennt man, daß einer Serienschaltung im n-Netz eine UND-Verknüpfung, einer Parallelschaltung eine ODER-Verknüpfung entspricht. Am Ausgang wird das erzeugte Signal invertiert. Beliebige Funktionen $y = f(x_1, \dots x_n)$ können daher durch CMOS-Serien-/Parallelnetze wie folgt realisiert werden:

a) Transformiere $\bar{y}$ in eine beliebige Form, in der nur noch Variablensymbole $x_i$, $\bar{x}_i$, Klammerpaare und UND- und ODER-Operationen vorkommen.

b) Erzeuge das n-Netzwerk. Erzeuge für jedes Variablensymbol $x_i$ bzw. $\bar{x}_i$ einen nMOS-Transistor*, schließe an das Gate das jeweilige Variablensym-

---

* Es wird angenommen, daß alle Variablen sowohl bejaht als auch negiert als Eingaben zur Verfügung stehen.

bol an. Schalte die Transistoren in Serie, wenn die entsprechenden Variablensymbole durch UND, und parallel, wenn sie durch ODER verknüpft
werden; verfahre für Teilausdrücke bzw. -netze entsprechend.

c)   Erzeuge das zum n-Netz duale p-Netz.

d)   Verbinde n- und p-Netz entsprechend Bild 2.13.

Solche Realisierungen werden im folgenden als *Komplexgatter* bezeichnet.
*Einfache Gatter* erhält man, indem man in einem Netz entweder nur Serien-
oder nur Parallelschaltungen zuläßt. Die einfachsten Gatter sind NOR- und
NAND-Gatter mit zwei Eingängen, die im n-Netz zwei parallel bzw. in Serie
geschaltete Transistoren enthalten. Häufig verwendet werden auch AOI-
(AND-OR-INVERT) bzw. OAI-Gatter (*Mischgatter*), die in einem Netz eine Se-
rien- und eine Parallelschaltung enthalten (Bild 2.16).

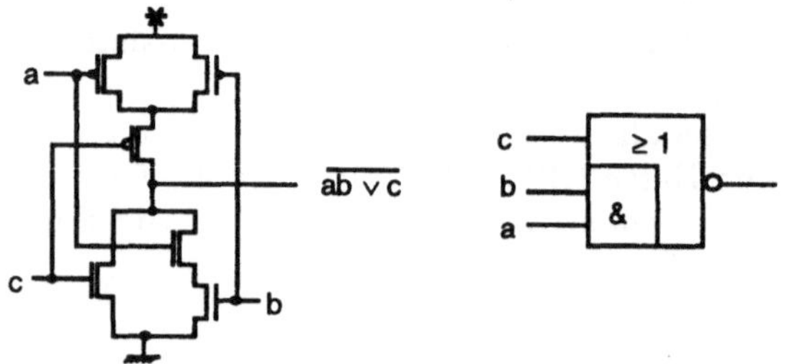


*Bild 2.16:* AND-OR-INVERT-Gatter

Nicht immer ist ein komplementäres Verhalten von n- und p-Netz erwünscht,
so im Fall von Tristate-Schaltungen (z. B. für den Anschluß einer Komponente
an einen Bus), die auch so betrieben werden sollen, daß n- und p-Netz gleichzeitig gesperrt sind. Dies läßt sich einfach dadurch realisieren, daß ein Freiga-
be-Signal negiert an einen p-Transistor in Serie zum p-Netz und nicht negiert
an einen n-Transistor in Serie zum n-Netz geschaltet wird (Bild 2.17).

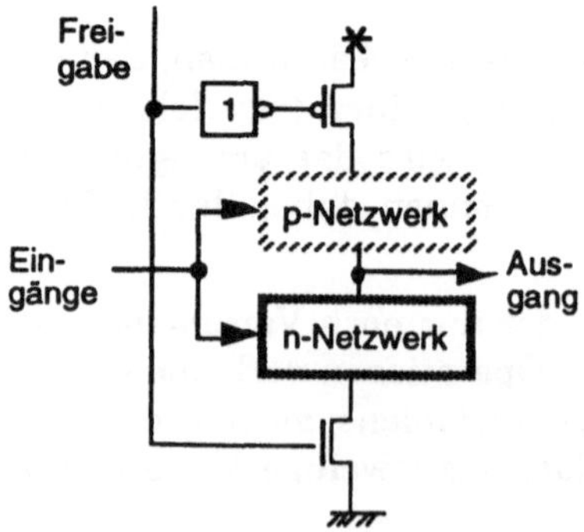


*Bild 2.17:* Tristate-Gatter

### 2.2.2.3  Elektrische Eigenschaften

Im bisherigen Modell wurde von den elektrischen Eigenschaften der Transistoren weitestgehend abstrahiert. Ein etwas realitätsnäheres Modell stellt Bild 2.18 dar. Statt durch ideale geöffnete und einen geschlossene Schalter werden die komplementären n- und p-Netze nun durch Widerstände $R_n$ und $R_p$ charakterisiert. Leitet das n-Netz, ist der Widerstand $R_n$ klein, der Widerstand $R_p$ groß und umgekehrt. Die Lastkapazität $C_{Last}$ steht für die Kapazitäten der an den Ausgang angeschlossenen Verbindungsleitungen und Gates.

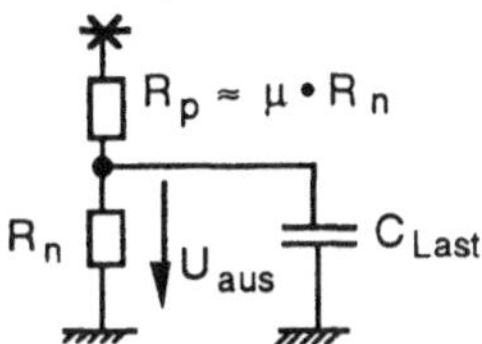

*Bild 2.18:* Genauere Modellierung eines CMOS-Gatters

Zu betrachten sei der Übergang des Gatters von 1 nach 0. Zum Zeitpunkt t = 0 liege der Ausgang auf hohem Potential $U_{aus}(0)$ = VDD, das p-Netz leitet. Nun ändere sich die Eingangsbelegung so, daß das n-Netz leitet und das p-Netz sperrt. Es gelte $R_p = \mu R_n$. Dann erhält man den Spannungsverlauf

$$U_{aus}(t) = \text{VDD} \left(1 - \frac{1}{1+\mu}\right) e^{-t/\tau} + \frac{\text{VDD}}{1+\mu} \qquad (2.3)$$

$$\text{mit} \quad \tau = \frac{\mu}{1+\mu} R_n C_{Last} ,$$

die Ausgangsspannung fällt also asymptotisch gegen den Grenzwert $\frac{\text{VDD}}{1+\mu}$ ab, die Zeitkonstante des Abfalls ist $\tau$. Ähnliche Beziehungen können für den Übergang von 0 nach 1 hergeleitet werden.

Aus Beziehung 2.3 ergeben sich mehrere wichtige Schlußfolgerungen. Damit der Endwert der Spannung genügend nahe bei GND liegt, um als 0 erkannt werden zu können, ist ein großer Wert für $\mu$, d. h. ein großer Unterschied der beiden Widerstände $R_n$ und $R_p$ nötig. Außerdem sollte der Widerstand im leitenden Netz $R_n$ genügend klein sein, um nicht zu großen Verzögerungszeiten $\tau$ zu führen. Da der Widerstand im leitenden Netz mit der Anzahl in Serie geschalteter Transistoren zunimmt, sind Gatter mit zu hoher Eingangsanzahl (z. B. größer vier) zu vermeiden. Dies verhindert den Einsatz zu großer Komplexgatter. Da aus physikalischen Gründen der Widerstand eines pMOS-Transistors größer als der eines nMOS-Transistors gleicher Größe ist, sind Serienschaltungen im n-Netz (und komplementäre Parallelschaltungen im p-Netz) günstiger als umgekehrt. Als Basiselemente sind NAND-Gatter NOR-Gattern daher vorzuziehen. Um bei großen Lasten $C_{Last}$ eine genügende Geschwindigkeit zu erreichen, müssen nach dem Gatter eventuell zusätzliche Inverter als Treiberstufen eingefügt werden; eine andere Möglichkeit besteht darin, den Widerstand des leitenden Netzes durch eine Vergrößerung der Breite von Schalttransistoren zu reduzieren.

### 2.2.3  Switch-Logik und Speicherelemente

Eine Verschaltung der Transistoren gemäß Bild 2.13, bei der Eingänge nur an Gates angeschlossen werden, stellt nicht die einzige Möglichkeit dar, Funktionen zu realisieren. Geht man zu dem einfachen Schaltermodell von Bild 2.2 zurück, kann man auch Gate- und Source-Anschluß als Eingang und Drain-Anschluß als Ausgang benutzen. Bei einem nMOS-Transistor wird bei der Beschaltung des Gates mit 1 der Source-Wert zu Drain durchgeschaltet, sonst ist der Ausgang undefiniert. Analoges gilt für pMOS-Transistoren. In dieser Weise eingesetzte Transistoren werden als *Pass-Transistoren* bezeichnet. Mit ihnen lassen sich leicht z. B. Multiplexer-Strukturen realisieren: Bild 2.19 zeigt die Pass-Transistor-Realisierung eines 2:1-Multiplexers. Liegt der Steuereingang S auf 1 wird der obere Eingang $D_1$ auf den Ausgang A durchgeschaltet, im komplementären Fall der untere Eingang $D_0$.

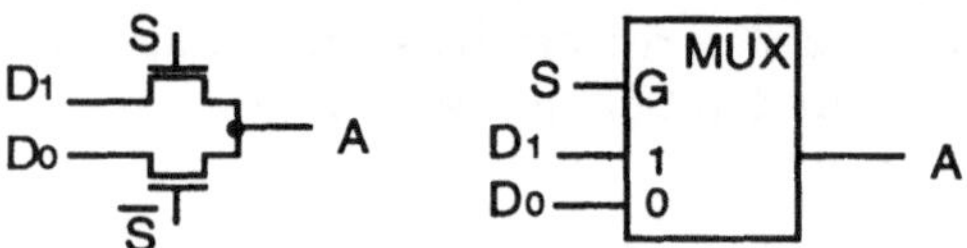

*Bild 2.19:* Pass-Transistor-Realisierung eines 2:1-Multiplexers

Der Vorteil solcher Realisierungen wird an einem 4:1-Multiplexer deutlicher. Während bei einer statischen CMOS-Realisierung mindestens 24 Transistoren notwendig wären, kommt man in einer Pass-Transistor-Realisierung mit 8 Transistoren aus, die zudem in ein sehr flächeneffizientes Layout umgesetzt werden können (Bild 2.20).

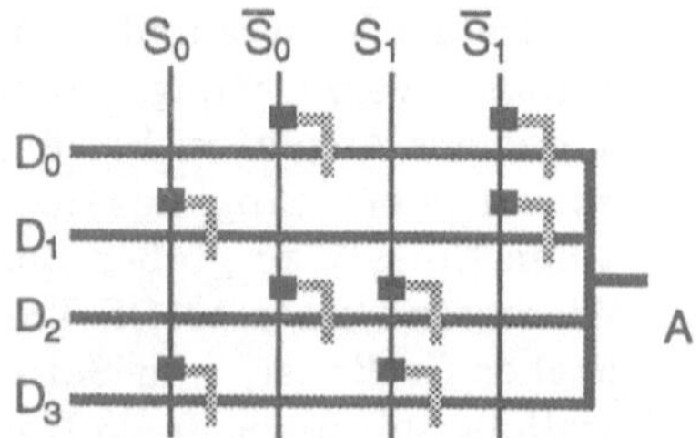

*Bild 2.20:* Symbolisches Layout eines 4:1-Multiplexers in Pass-Transistor-Realisierung

Allerdings ist beim Entwurf solcher Pass-Transistor-Schaltungen eine gewisse Vorsicht geboten. So liegt die am Ausgang eines nMOS-Transistors maximal erreichbare Spannung um die sogenannte Schwellenspannung $U_T$ unterhalb der Versorgungsspannung VDD. Unter Umständen wird dadurch ein sicheres Durchschalten von Transistoren verhindert, die von dem Pass-Transistor über ein Gate angesteuert werden (Bild 2.21a). Bei mehreren in Serie geschalteten Pass-Transistoren steigt die Verzögerungszeit $\tau_i$ quadratisch mit wachsender Transistoranzahl an [MeCo 80], so daß bei größeren Schaltungen Geschwindigkeitseinbußen erwartet werden müssen (Bild 2.21b). Aus diesen Gründen werden komplexere Logikschaltungen aus Pass-Transistoren selten eingesetzt.

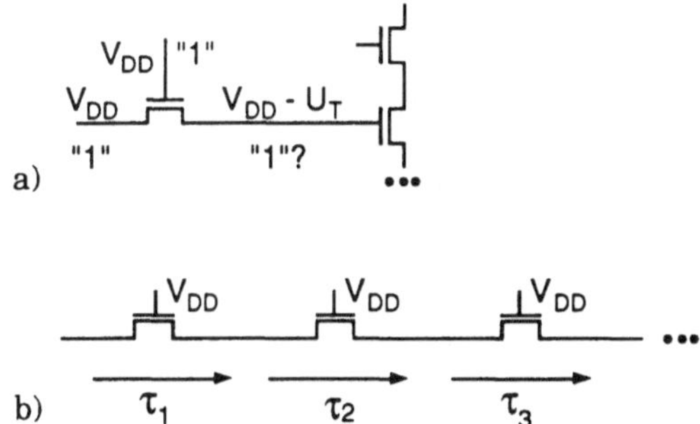


*Bild 2.21:* Probleme bei der Zusammenschaltung von Pass-Transistoren

Das Problem der abfallenden Schwellenspannung läßt sich vermeiden, indem ein nMOS- und ein pMOS-Pass-Transistor zu einem *Transfer-Gatter* parallelgeschaltet werden (Bild 2.22). Während der nMOS-Transistor sicherstellt, daß eine am Eingang anliegende Null ungehindert an den Ausgang weitergeleitet wird, sichert der pMOS-Transistor die Weiterleitung der Eins. Dafür benötigen Transfer-Gatter sehr viel mehr Layout-Fläche: Die Transistoranzahl ist doppelt so groß, zur Realisierung der pMOS-Transistoren wird eine eigene n-Wanne benötigt und sämtliche Steuerleitungen sind sowohl bejaht als auch komplementiert nötig. Transfer-Gatter werden häufig durch das ebenfalls in Bild 2.22 angegebene Symbol dargestellt; sie müssen stets mit komplementären Steuersignalen S und S̄ angesteuert werden. In den folgenden Bildern wird zur Vereinfachung im allgemeinen darauf verzichtet, den komplementären Steuereingang anzugeben.

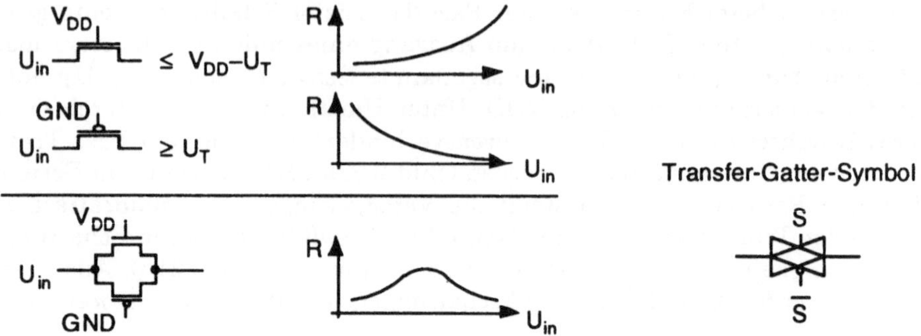


*Bild 2.22*: Gegenüberstellung von Pass-Transistoren und Transfer-Gattern

Transfer-Gatter spielen eine große Rolle bei der Realisierung von Speicherelementen. Übliche *statische Speicherelemente* enthalten als Grundbaustein zwei über Kreuz verkoppelte NOR- oder NAND-Gatter (Bild 2.23). Beim Aktivieren des Taktsignals Clock wird der augenblickliche Inhalt der Rückkopplungsschleife durch den Eingabewert D überschrieben. Ist Clock inaktiv, wirken sich Änderungen des Eingangssignals aufgrund der gesperrten Transfer-Gatter nicht auf die Rückkopplungsschleife aus. Das Speicherelement in Bild 2.23, bei dem die Eingabe während der gesamten Dauer des 1-Pegels von Clock übernommen wird, heißt D-*Latch*. Ein D-*Flipflop* ist nur während der (theoretisch infinitesimal kurzen) 0-1-Flanke von Clock sensibilisiert. Es kann z. B. durch die Reihenschaltung zweier Latches realisiert werden, wobei das erste Latch (Master-Latch) durch das negierte Taktsignal $\overline{\text{Clock}}$ und das zweite Latch (Slave-Latch) durch das Taktsignal Clock gesteuert wird.

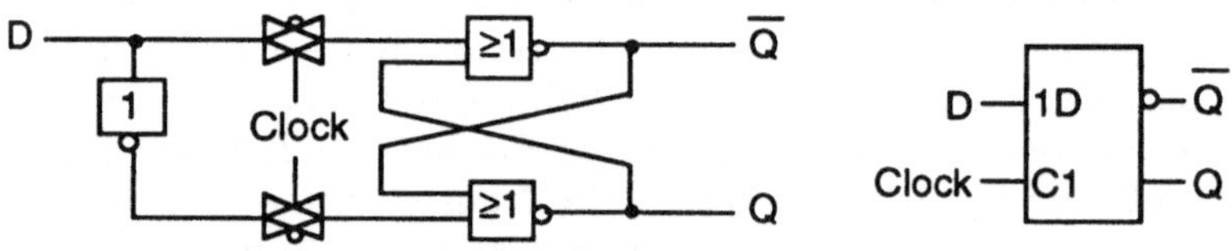


*Bild 2.23*: Statisches D-Latch

Mit Hilfe von Transfer-Gattern können Latches in CMOS-Technologie aber auch effizienter implementiert werden. In Bild 2.24 wird der Inhalt des Latches in den Gate-Kapazitäten der beiden Inverter gespeichert. Während des 0-Pegels von Clock wird der Wert in der Rückkopplungsschleife immer wieder aufgefrischt. Während des 1-Pegels von Clock wird die Rückkopplung unterbrochen und ein neuer Wert vom Eingang eingelesen.

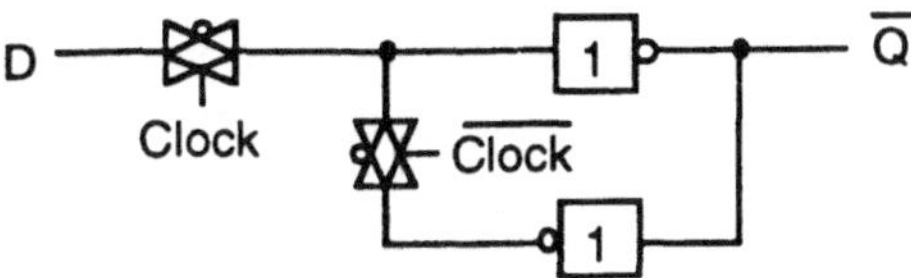


*Bild 2.24:* Einfaches CMOS-D-Latch

Statische Speicherelemente behalten den Inhalt der inneren Rückkopplungsschleife unabhängig von der Frequenz des Taktsignals bei, erfordern jedoch
viel Fläche. *Dynamische Speicherelemente* benötigen weniger Platz, stellen für
eine sichere Funktion allerdings auch Bedingungen an die Taktfrequenz. Das
einfachste dynamische Latch besteht lediglich aus einem Kondensator, z. B.
einer Gate-Kapazität, der während der 1-Phase des Taktsignals geladen oder
entladen wird und diese Ladung während der 0-Phase des Taktsignals hält
(Bild 2.25). Leckströme führen allerdings dazu, daß die Ladung mit der Zeit
abfließt. Soll ein Wert über längere Zeit gespeichert werden, muß die Ladung
daher häufiger wiederaufgefrischt werden.

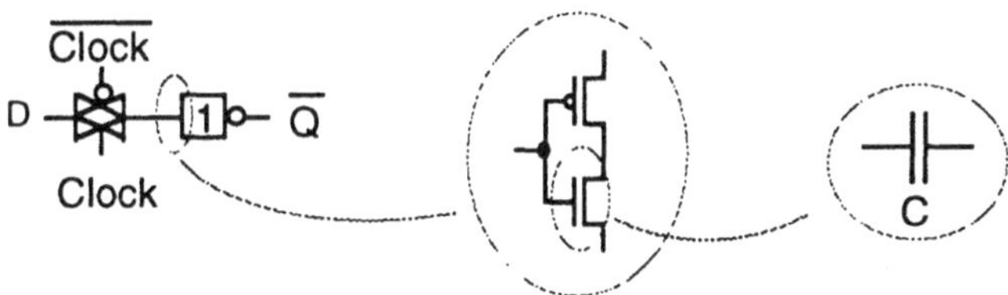


*Bild 2.25:* Dynamisches D-Latch

## 2.2.4 CMOS-Alternativen

Statische CMOS-Schaltungen benötigen eine relativ große Fläche, zum einen
durch die Notwendigkeit der räumlichen Trennung von n- und p-Gebieten,
zum anderen durch den Anschluß jedes zu verarbeitenden Signals an die
Gates *zweier* komplementärer Transistoren. Da pMOS-Transistoren bei gleicher Dimensionierung einen größeren Widerstand als nMOS-Transistoren haben, wird die Schaltung entweder durch das p-Netz verlangsamt oder durch eine größere Kanalbreite der pMOS-Transistoren weiter vergrößert. Im zweiten
Fall würde allerdings auch die für die Betriebsgeschwindigkeit in Gleichung
2.3 verantwortliche Lastkapazität, die wegen des notwendigen Anschlusses jedes Signals an zwei Transistoren schon hoch ist, weiter erhöht. In diesem Abschnitt sollen daher andere Schaltkreistechniken untersucht werden, die zu
schnelleren bzw. kompakteren CMOS-Schaltungen führen.

Bei *Pseudo-nMOS-Schaltungen* wird zwar eine CMOS-Technologie verwendet,
d. h. es werden Transistoren beider Polaritäten genutzt, man verzichtet aber
auf eine komplementäre Ansteuerung des Ausgangs und verwendet ähnlich
wie bei nMOS-Schaltungen im Zweig zwischen Versorgungsspannung und
Ausgang nur einen als Widerstand geschalteten Lasttransistor (Bild 2.26). Da
die Eingänge hier nur an einen Transistor angeschlossen werden müssen, reduzieren sich die benötigte Fläche und die Lastkapazität im Vergleich zu
statischen CMOS-Schaltungen. Allerdings erfordert die Einstellung des Last-
widerstands R eine spezielle Dimensionierung des pMOS-Lasttransistors, die
1-0- und 0-1-Wechsel werden unsymmetrisch, und bei Ausgabe einer 0 fließt
dauerhaft ein Strom von VDD nach GND, d. h. es wird statische Verlustleistung verbraucht.

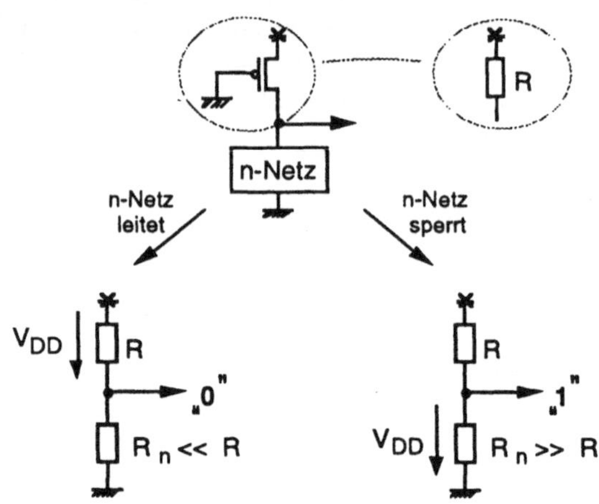


*Bild 2.26:* Prinzip einer Pseudo-nMOS-Schaltung

Bei *dynamischen CMOS-Schaltungen* wird der Lasttransistor durch einen pe-
riodisch durchschaltenden bzw. gesperrten Transistor ersetzt. Das Grundprinzip veranschaulicht Bild 2.27. Während einer Vorladephase ① (*Precharging*)
wird die am Ausgang des Gatters wirksame Lastkapazität über den leitenden
pMOS-Vorladetransistor auf Versorgungsspannung aufgeladen. In der folgenden Auswertephase (Auswertetransistor leitet) bestimmt die Eingangsbelegung am n-Netz, ob die Lastkapazität entladen wird und sich damit ein
Funktionswert 0 einstellt (②), oder ob die Ladung erhalten bleibt (③). Auch bei
dynamischen CMOS-Schaltungen müssen Eingänge nur an einen Transistor
angeschlossen werden, es entsteht keine statische Verlustleistung und die
Geschwindigkeit der Schaltung wird durch das n-Netz bestimmt. Die Ausgabe
der Schaltung ist jeweils nur zwischen dem Abschluß der Auswertung des n-
Netzes und dem Beginn der Vorladephase gültig.

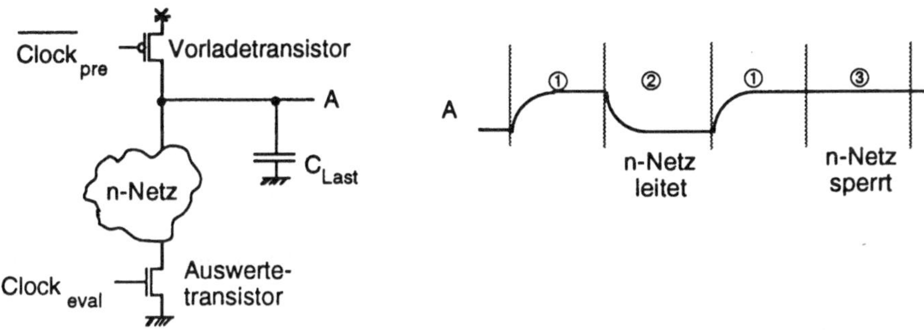


*Bild 2.27:* Prinzip dynamischer CMOS-Schaltungen

Allerdings ist zur Ansteuerung der Vorlade- und Auswertetransistoren ein *nichtüberlappender Zweiphasentakt* nötig (Bild 2.28). Bei ihm wechseln sich die 1-Pegel zweier Taktsignale Clock1 (Zeitspanne $T_1$) und Clock2 (Zeitspanne $T_3$) ab, dazwischen liegen Phasen ($T_2$ und $T_4$), in denen beide Taktsignale den Wert 0 haben. Die 1-Pegel beider Taktsignale dürfen sich nicht überlappen, um eine gleichzeitige Aktivierung von Vorlade- und Auswertetransistoren zu verhindern. In Bild 2.27 könnte der Vorladetakt $\text{Clock}_{\text{pre}}$ durch Clock1 und der Auswertetakt $\text{Clock}_{\text{eval}}$ durch Clock2 geliefert werden.

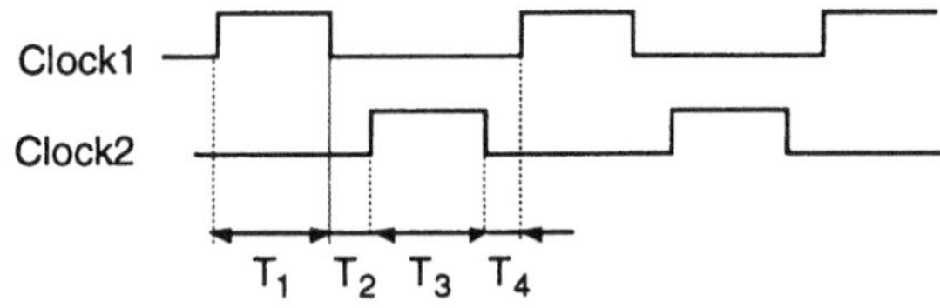


*Bild 2.28:* Nichtüberlappender Zweiphasentakt

Beim Entwurf dynamischer CMOS-Schaltungen ist darauf zu achten, daß die am Ende der Vorladephase gespeicherte Ladung in der Auswertephase nicht fälschlicherweise verloren geht. Ein Problem stellt dabei der Effekt der Ladungsumverteilung (*charge sharing*) dar. Die Spannung am Ausgang sei nach Ende des Vorladens $U_0$, im n-Netz werde durch die Eingabebelegung kein Pfad nach GND durchgeschaltet. Allerdings können im Bereich des n-Netzes durchaus einzelne mit dem Ausgang verbundene Transistoren durchschalten, wodurch ein Teil der Ladung von $C_{\text{Last}}$ in parasitäre Source-Drain-Kapazitäten $C_{\text{par}}$ im n-Netz abgezogen wird. Vernachlässigt man den Widerstand durchgeschalteter Transistoren, wird die Ausgangsspannung auf

$$U_1 = \frac{C_{\text{Last}}}{C_{\text{Last}} + C_{\text{par}}} U_0 \qquad\qquad (2.4)$$

reduziert, sie muß groß genug sein, um noch als hoher Spannungspegel erkennbar zu sein. Hasards in Gattereingaben können auch dazu führen, daß das n-Netz zwischenzeitlich durchschaltet, so daß die Vorladung ganz verloren geht.

Die direkte Kaskadierung von gemäß Bild 2.28 realisierten Schaltungen stellt ein weiteres Problem dar. Da am Anfang der Auswertephase vorgeladene Gatterausgänge auf dem logischen Wert 1 liegen, kann in folgenden Gattern das n-Netz durchgeschaltet und die Ladung am Ausgang von Folgegattern fälschlicherweise abgeleitet werden. Eine Kaskadierung ist möglich, wenn am Ausgang jedes dynamischen CMOS-Gatters ein Inverter (in statischer Logik) hinzugefügt wird, da in diesem Fall der nMOS-Transistor einer nachfolgenden Stufe nur dann durchschaltet, wenn der Ausgang der treibenden Stufe zum Ende der Auswertephase tatsächlich entladen ist. Diese Form der Kaskadierung wird mit dem Begriff *Domino-Logik* bezeichnet [KrLL 82], da die Auswertephasen der einzelnen Stufen wie beim Fallen von Domino-Steinen aufeinander folgen. Auf diese Weise sind jedoch nur nichtinvertierende Funktionen realisierbar, der zusätzliche Inverter erhöht außerdem die Fläche und reduziert die Geschwindigkeit.

Bei der *NORA-Logik* (NO RAces) [GoDe 83] werden dynamische CMOS-Schaltungen kaskadiert, indem abwechselnd n- und p-Netze zur Funktionsrealisierung verwendet werden. Während Clock = 0 werden sämtliche Stufen vorgeladen; in Stufen mit n-Netz auf den Wert 1, in Stufen mit p-Netz auf den Wert 0. Dadurch sind die Netze der jeweils nachfolgenden Stufen sicher gesperrt. Bei Clock = 1 ändert sich – sofern die Eingaben stabil anliegen – jedes Ausgangssignal maximal einmal, d. h. alle Ausgaben sind frei von Hasards. Im Gegensatz zu anderen dynamischen Schaltungen wird nur ein Taktsignal benötigt. Durch die Einbeziehung der langsameren p-Netze reduziert sich allerdings die Geschwindigkeit. Beliebige Verbindungen von Gattern sind aufgrund der Forderung nach alternierenden n- und p-Netzen nicht möglich.

Die Charakteristika der verschiedenen CMOS-Alternativen sind in Tabelle 2.3 zusammengestellt (vgl. auch [RoCa 89]). Für alle Schaltungstechniken ist die Anzahl der Transistoren bei gegebener Gattereingangszahl N aufgeführt. Die Transistoranzahl wirkt sich auf die Schaltungsfläche und die für die Schaltgeschwindigkeit wichtige Lastkapazität eines Gattereingangs aus. Auch die Existenz von pMOS-Schalttransistoren und Vorladephasen beeinflußt die Schaltgeschwindigkeit. Statischer Stromfluß führt zur Dissipation statischer Verlustleistung. Es zeigt sich, daß keine CMOS-Schaltungstechnik nur Vorteile besitzt, die günstigste Technik hängt von den Anforderungen der zu implementierenden Schaltung ab.

*Tabelle 2.3:* Vergleich von CMOS-Schaltungstechniken

| Schaltungs-technik | Anzahl Transistoren | pMOS-Schalter | Vorlade-takte | statischer Stromfluß | besondere Probleme |
|---|---|---|---|---|---|
| stat. CMOS | 2N | ja | 0 | nein | |
| Pseudo-nMOS | N+1 | nein | 0 | ja | Dimensionie-rung |
| dynam. CMOS | N+2 | nein | 2 | nein | Kaskadierung |
| Domino-CMOS | N+4 | nein | 2 | nein | Negation |
| NORA-CMOS | N+2 | ja | 1 | nein | Verbindung bel. Gatter |

## 2.2.5 Reguläre Layout-Strukturen

Aufgrund der Komplexität des Layout-Entwurfs ist es vorteilhaft, vorentworfene Teilschaltungen zu verwenden. Stehen zum Beispiel für Inverter und
NAND-Gatter mit zwei Eingängen in statischer CMOS-Technologie Schaltbil-
der gemäß Abschnitt 2.2.2 und Layouts gemäß Abschnitt 2.2.1 zur Verfügung,
kann man diese Gatter, wie in Bild 2.29 veranschaulicht, zu einer Standard-
zell-Schaltung zusammensetzen. Die vorentworfenen Gatter werden in Reihen
angeordnet und durch Metalleitungen, die zwischen den einzelnen Reihen
verlaufen, verbunden (vgl. Abschnitt 2.3.1).

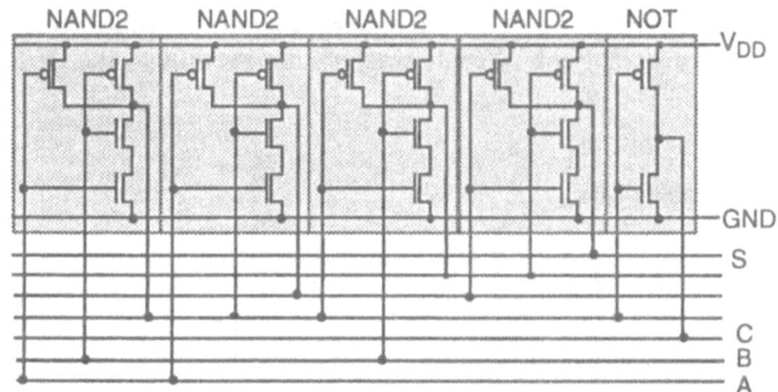


*Bild 2.29:* Zusammenschaltung vorentworfener Teilschaltungen

Durch diese Trennung von Verdrahtungsfläche und funktionaler Fläche wird
der Entwurf allgemeiner Schaltungen stark vereinfacht. Für spezielle Schaltungstypen gibt es jedoch Methoden, um durch eine geschicktere Zusammenfassung von Verdrahtungs- und Funktionsfläche ein sehr viel flächeneffizienteres Layout zu erhalten. So können Speicherfelder durch die Anordnung von
Speicherzellen in einer Matrix günstig realisiert werden (vgl. Abschnitt 2.4.1).

Zunächst sollen jedoch programmierbare logische Felder (PLAs, *programmable logic arrays*) näher betrachtet werden. PLAs erlauben die Realisierung
zweistufiger UND-/ODER-Strukturen mit mehreren Ausgaben. Die Realisierung einer Funktion mit n Eingaben und m Ausgaben in einer Pseudo-nMOS-
Struktur ist in Bild 2.30a veranschaulicht, wobei die Lasttransistoren (*Pullups*)
jeweils durch ein Widerstandssymbol ersetzt wurden. Die Struktur läßt sich in
zwei Felder unterteilen, die jeweils eine NOR-Verknüpfung durchführen. Im
ersten NOR-Feld links werden bestimmte Eingangsvariablen $x_i$ bzw. $\bar{x}_i$ zu sogenannten *Produkttermen* $p_k$ verknüpft, z. B. $x_1$ und $x_n$ zu $p_1$. Im zweiten
NOR-Feld werden in gleicher Weise aus den Produkttermen die Ausgangsvariablen gebildet. An den Ein- und Ausgängen des PLAs befinden sich invertierende Treiber.

*Beispiel 2.3:* Die erste Ausgabe im Beispiel von Bild 2.30a ergibt sich zu

$$y_1 = \overline{p_1 \veebar p_2} \;\; = p_1 \vee p_2 \quad \text{mit} \quad p_1 = \overline{x_1 \veebar x_n} = \bar{x}_1\,\bar{x}_n \quad \text{und} \quad p_2 = \bar{\bar{x}}_1 = x_1 \quad \text{also}$$

$$y_1 = \bar{x}_1\,\bar{x}_n \vee x_1.$$

Es wird eine zweistufige Form realisiert, wobei das erste NOR-Feld („UND-
Matrix") eine UND-Verknüpfung der Eingangsleitungen zu Produkttermen
bewirkt und das zweite NOR-Feld („ODER-Matrix") die Produktterme ODER-
verknüpft.                                                                        •

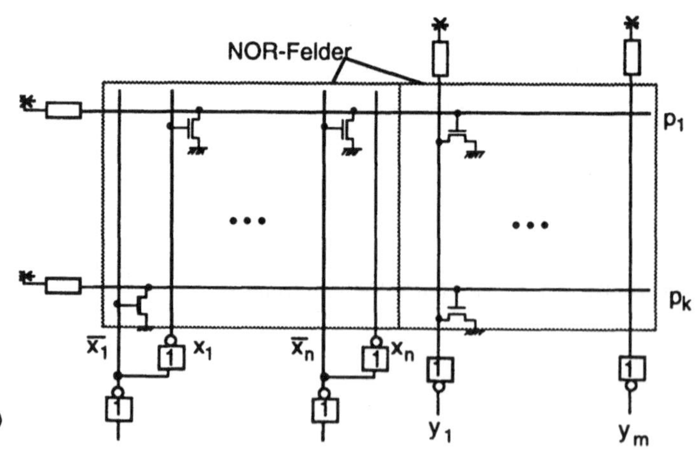


*Bild 2.30:* PLA in Pseudo-nMOS-Technik

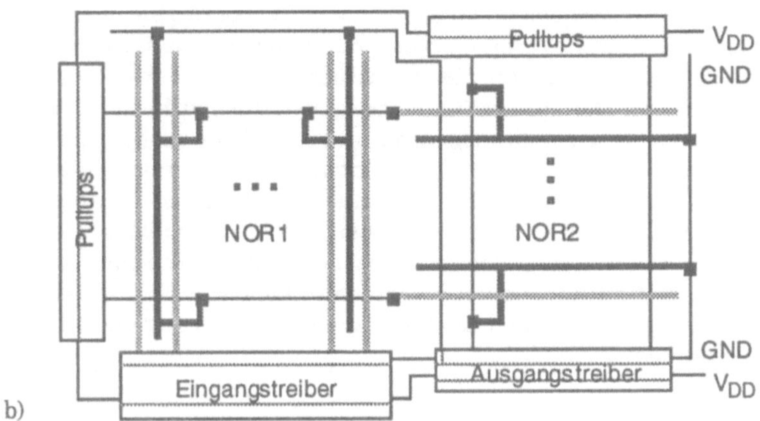


*Bild 2.30 (Fortsetzung)*

Bild 2.30b zeigt für dasselbe PLA die Grundstruktur des symbolischen Layouts. Innerhalb der beiden NOR-Felder kommt man mit einer sehr kleinen Anzahl von Basiszellen aus, mit deren Hilfe das gesamte Layout zusammengesetzt werden kann. Diese Basiszellen sind in Bild 2.31 veranschaulicht. Daneben benötigt man noch spezielle Zellen z. B. für die Verbindung der beiden NOR-Felder, für die Treiber oder für die Lasttransistoren. Die Fläche von PLAs wächst näherungsweise proportional zu $(2n + m) \cdot k$, wenn n die Anzahl der Eingänge, m die Anzahl der Ausgänge und k die Anzahl der Produktterme ist. PLA-ähnliche Strukturen (*XPLAs*) können auch für zweistufige UND-/XOR-Schaltungen erzeugt werden [FrEs 91].

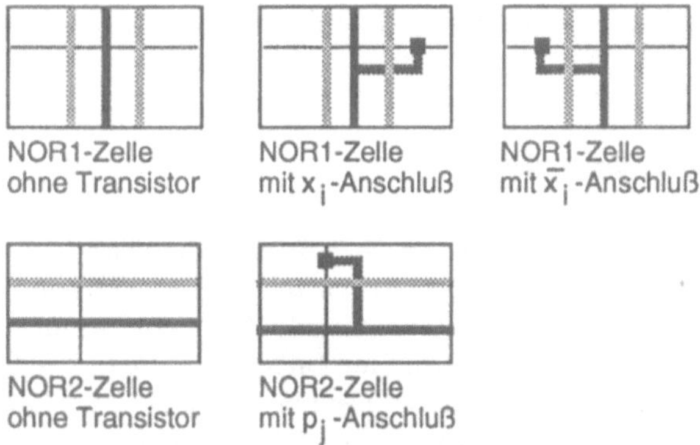


*Bild 2.31:* Grundzellen der PLA-NOR-Felder

Weinberger-Arrays stellen eine weitere reguläre Layoutstruktur dar [Wein 67]. Sie erlauben die Realisierung verschalteter NOR-Gatter mit Widerstandslast,

z. B. in Pseudo-nMOS-Technologie. Grundelement ist das in Bild 2.32a dargestellte verteilte NOR-Gatter. Verbindungen und Transistorkanäle verlaufen in
horizontaler Richtung, Gates und die Anschlüsse zu den Versorgungsspannungen senkrecht dazu. Die auf der linken Seite verlaufende Verbindung nach
GND kann über beliebig viele Transistoren an die auf der rechten Seite verlaufende Ausgangsleitung angeschlossen werden. Diese ist über einen Lasttransistor mit VDD verbunden und kann an einer beliebigen Stelle an eine der
horizontal verlaufenden Metall-Verbindungsleitungen angeschlossen werden.
Legt man mehrere dieser Grundelemente nebeneinander, kann man beliebige
auch mehrstufige und rückgekoppelte Verschaltungen von NOR-Gattern erhalten. Bild 2.32b zeigt als Beispiel die Weinberger-Realisierung eines mit dem
Taktsignal C getakteten D-Latches.

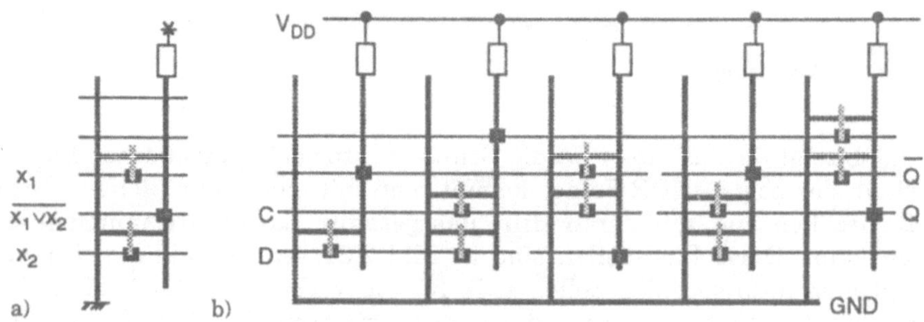


*Bild 2.32:* Grundelement und Beispiel eines Weinberger-Arrays

Diese und weitere reguläre Layout-Strukturen für spezielle Funktionsdarstel-
lungen (vgl. [WeEs 85]) können durch Modulgeneratoren unter Verwendung
einer Bibliothek von Grundzellen automatisch aus einer vorgegebenen Funktionsrepräsentation erzeugt werden.

### 2.2.6  Allgemeines zum Vollkunden-Entwurf

Gegeben sei eine beliebige Logikschaltung, die in ein Layout umzuwandeln ist.
Die prinzipiellen Möglichkeiten sind in Bild 2.33 dargestellt. Beim Vollkunden-
Entwurf ist es möglich, jeden Layout-Bestandteil individuell zu entwerfen und
zu optimieren. Dem steht ein sehr großer manueller Entwurfsaufwand entge-
gen. Die Anpassung eines Layouts an eine neue Technologie oder auch neue
Prozeßparameter und Entwurfsregeln ist schwierig. Mit Hilfe des symbolischen Layouts können einige dieser Probleme reduziert werden, zum Preis
einer Einschränkung der Freiheitsgrade des Entwurfs. Ein substantiell geringerer Entwurfsaufwand erfordert einen Entwurf mit regelmäßigen Layout-
strukturen und den Einsatz von Modulgeneratoren. Allerdings schränkt dies
die Freiheitsgrade der Realisierung stark ein, z. B. für eine PLA-Realisierung

auf zweistufige Formen. Ist dies nicht erwünscht, muß auf standardisierte anwendungsspezifische Entwurfsverfahren, wie sie im nächsten Abschnitt behandelt werden, zurückgegriffen werden.

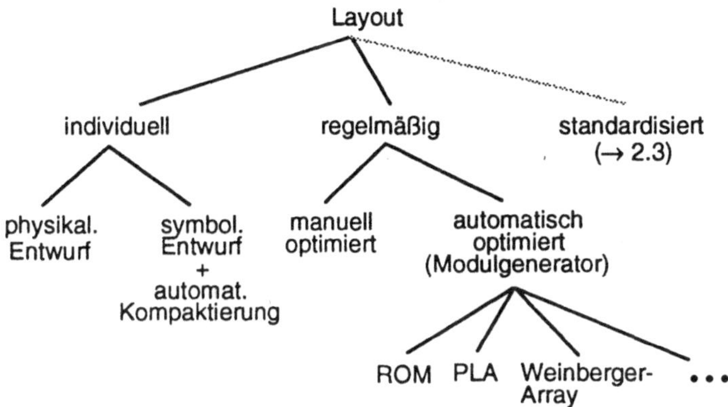


*Bild 2.33:* Möglichkeiten der Layout-Erstellung

## 2.3 Anwendungsspezifische Entwürfe

### 2.3.1 Standardzellen

#### 2.3.1.1 *Grundstrukturen*

Die Komplexität der optimierten Umsetzung einer allgemeinen Logikschaltung in ein Layout kann dadurch reduziert werden, daß das Layout für die Grundbausteine der Logikschaltung vorentworfen wird und diese Grundzellen nur noch anwendungsspezifisch angeordnet und miteinander verbunden werden. Um die automatische Plazierung und Verdrahtung der Zellen zu vereinfachen, folgen die Zellen einer standardisierten Grundstruktur. Sämtliche *Standardzellen* einer bestimmten Zellbibliothek sind gleich hoch und besitzen ihre Anschlüsse auf der gleichen Seite. Auch die Anschlüsse für die Versorgungsspannungen VDD und GND sind standardisiert. Lediglich die Breite und der Inhalt der Zellen variiert je nach Funktionalität. Eine mögliche Grundstruktur von Standardzellen zeigt Bild 2.34a.

Bild 2.34b illustriert die Anordnung von Standardzellen in Reihen. Jede Zelle wird durch diese Anordnung automatisch mit den Versorgungsspannungen verbunden. Die Anschlüsse der Zellen zeigen in Richtung der Verdrahtungskanäle, die zur Aufnahme von Verbindungsleitungen dienen. Je nach der benötigten Anzahl solcher Leitungen können die Verdrahtungskanäle unterschiedlich hoch sein. Während die Optimierung im Kleinen bei der Erstellung

des Layouts der einzelnen Standardzellen dem Entwerfer der Zellbibliothek obliegt, übernehmen Programme die Optimierung im Großen, d. h. die Plazierung und Verdrahtung der Zellen im Gesamtlayout, die anwendungsspezifisch vorzunehmen ist.

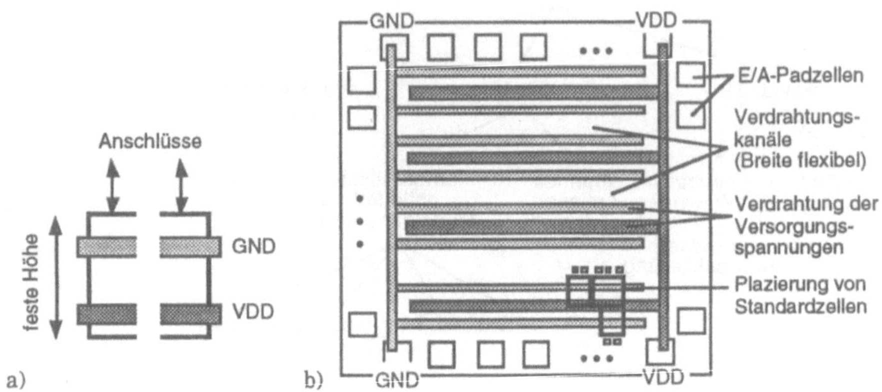


*Bild 2.34:* Grundstruktur von Standardzell-Layouts

In vielen Standardzell-Systemen werden Alternativen zu der in Bild 2.34b
dargestellten Grundstruktur verwendet. So können Doppelzellen benutzt werden, die sich über zwei benachbarte Zellreihen erstrecken und damit bei dop-
pelter Zellhöhe mehr Flexibilität bei der Realisierung komplexer Funktionen
bieten. Statt der Rücken an Rücken (*back to back*) liegenden Zellreihen sind
auch Einzelreihen mit Zellen, die Anschlüsse an beiden Seiten besitzen (*dual
entry*), möglich.

Bild 2.35 zeigt die Schritte beim Entwurf eines Standardzellen-Bibliotheksele-
mentes. Gegeben seien die Grundstruktur der CMOS-Standardzelle von Bild
2.35a mit drei über die Zelle verlaufenden Versorgungsleitungen und einem n-
Wannen-Bereich für die pMOS-Transistoren sowie gewisse Abstände zwischen
den Versorgungsspannungen und die Zellhöhe. Gesucht sei eine Standardzelle, die zwei Eingänge in statischer CMOS-Technologie UND-verknüpft. Ziel ist
es, eine Anordnung auf möglichst kleiner Fläche (Standardzellen-Breite) mit
kurzen Verbindungen zwischen Transistoren zu finden, um Schaltungen mit
maximaler Ausbeute und Geschwindigkeit realisieren zu können. Zeichnet
man das Transistorschaltbild entsprechend der geforderten Topologie von Bild
2.35a um, erhält man die Anordnung in Bild 2.35b. Ein symbolisches Layout dafür zeigt Bild 2.35c. Um zum Zellenlayout zu kommen, müssen nun noch die
Entwurfsregeln und die genauen Abmessungen der Struktur von Bild 2.35a berücksichtigt werden; eventuell muß zur Erreichung bestimmter Treiberstärken die Dimensionierung einiger Transistoren anders festgelegt werden, als es
die in den Entwurfsregeln vorgegebenen Mindestabmessungen nahelegen.

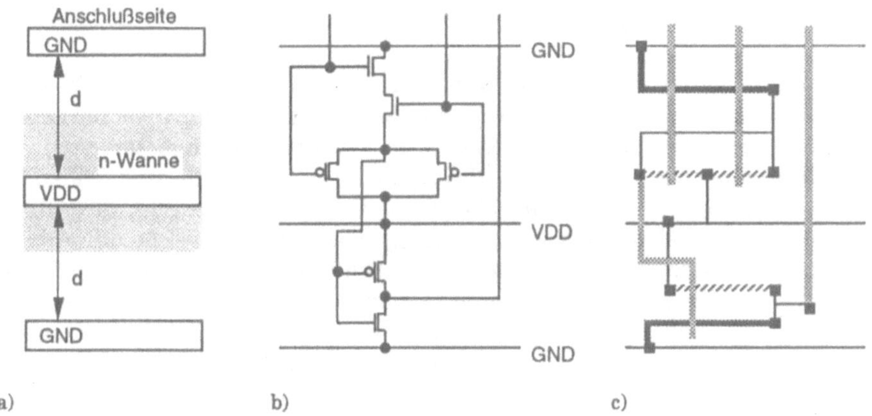



*Bild 2.35:* Schritte beim Erstellen eines Standardzell-Layouts

Die Verdrahtung der Zellen im Verdrahtungskanal erfordert zwei Verdrahtungsebenen. Wird ·in Bild 2.34b für Verbindungen in horizontaler Richtung eine Ebene und für Verbindungen in vertikaler Richtung die andere Ebene verwendet, können beliebige Verbindungstopologien realisiert werden, wenn die Höhe des Verdrahtungskanals nicht beschränkt ist. Für die Verdrahtung zwischen verschiedenen Kanälen sind hingegen besondere Vorkehrungen zu treffen. Stehen zwei Metallisierungsebenen zur Verfügung und wird davon eine für die Realisierung der Standardzellen nicht benötigt, kann diese zur Verdrahtung über Zellen verwendet werden. Lassen diejenigen Bereiche innerhalb von Zellen, in denen die zweite Metallisierungsebene nicht benötigt wird, genügend Platz für die Durchführung einer Verbindung, können auch diese genutzt werden. Ist dies nicht der Fall, müssen Durchführungszellen ohne logische Funktion (*feedthroughs*) eingefügt werden, die zwischen funktionalen Zellen den Platz für Verbindungen über Zellreihen hinweg schaffen.

Bild 2.36 veranschaulicht die Umsetzung einer kleinen Logikschaltung in ein Standardzellen-Layout. Es ist die Aufgabe der Layoutsynthesewerkzeuge, eine günstige Plazierung der Zellen und eine Verdrahtungsstruktur so auszuwählen, daß die Höhe der notwendigen Verdrahtungskanäle minimiert wird.

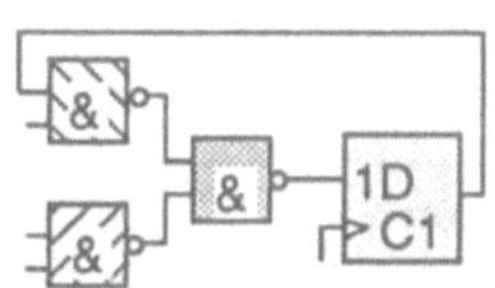


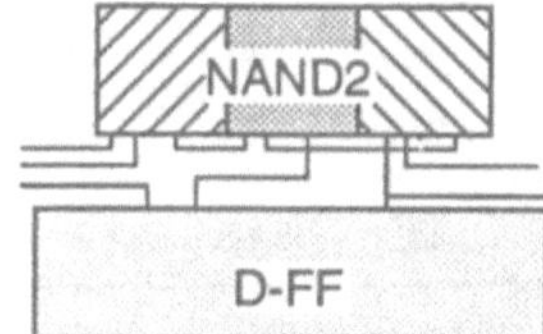


*Bild 2.36:* Umsetzung einer Logikschaltung in ein Standardzellen-Layout

### 2.3.1.2  Zellbibliotheken

In einer Zellbibliothek sind im allgemeinen einfache Gatter (NAND, NOR, UND, ODER, XOR) mit verschiedenen Eingangsanzahlen, invertierende und nichtinvertierende Treiber verschiedener Stärken, Mischgatter (AOI, OAI), Multiplexer und Decoder, arithmetische Elemente wie Halb- und Volladdierer, Latches, Flipflops und Ein-/Ausgabezellen verfügbar. Eine Standardzellbibliothek kann damit ähnlich wie ein Katalog diskreter Logik-Bausteine benutzt werden. Für jede Standardzelle enthält die Bibliothek eine detaillierte Beschreibung, die das Datenblatt bei diskreten Bausteinen ersetzt. Hier wird das logische (Schaltzeichen, Funktionstabelle), das zeitliche (Zeitdiagramme) und das elektrische Verhalten (Lastfaktoren, Eingangskapazitäten) beschrieben. Zusätzlich findet man die geometrischen Angaben wie die Breite der Zelle, die Position der Anschlüsse und die Anschlußbezeichnungen, die in der Grundstruktur entsprechend Bild 2.34a noch nicht festgelegt sind. Eine schematische Schaltungsstruktur auf Gatter- oder Transistorebene verdeutlicht den inneren Aufbau der Zelle, Beschreibungen der Zelle in verschiedenen Simulationssprachen können bei der Logik- oder Schaltkreissimulation, der Laufzeit-Analyse oder der Fehlersimulation eingesetzt werden.

Die Größe bzw. Breite einer Zelle hängt von der Anzahl in ihr enthaltener Transistoren und deren Verbindungstopologie ab. In Zellbibliotheken wird häufig auch die Anzahl äquivalenter Gatter einer Zelle angegeben. Diese Zahl steht für das Verhältnis der Transistoranzahl zur Transistoranzahl eines NAND-Gatters mit zwei Eingängen (bei CMOS vier Transistoren). Tabelle 2.4 verdeutlicht für eine Beispiel-Bibliothek [SIEM 87] die Größenverhältnisse für NAND-Gatter mit zwei bis acht Eingängen. Um mehr als vier nMOS-Transistoren in Reihe zu vermeiden (vgl. Abschnitt 2.2.2.3), werden Gatter mit fünf Eingängen aus drei kleineren Gattern zusammengesetzt, sie enthalten daher erheblich mehr Transistoren (16 Transistoren entsprechend vier äquivalenten Gattern) als Gatter mit vier Eingängen (acht Transistoren entsprechend zwei äquivalenten Gattern). Dies wirkt sich jedoch nicht in gleichem Maße auf die Fläche aus.

*Tabelle 2.4:* Abmessungen und Transistoranzahlen unterschiedlicher NAND-Gatter

| NAND-Eingänge | 2 | 3 | 4 | 5 | 6 | 7 | 8 |
|---|---|---|---|---|---|---|---|
| Breite (in μm) | 56 | 70 | 70 | 84 | 98 | 112 | 126 |
| Höhe (in μm) | 255 | 255 | 255 | 255 | 255 | 255 | 255 |
| äquivalente Gatter | 1 | 1,5 | 2 | 4 | 4,5 | 5 | 5,5 |

Zellen größerer Breite bieten mehr Freiheitsgrade für die Anordnung der Transistoren und die manuelle Optimierung innerhalb der Zelle. Größere in der Bibliothek vorhandene Zellen sind daher im allgemeinen aus Einzelzellen zusammengesetzten Zellgruppen vorzuziehen. So benötigt z. B. eine Multiplexer-Zelle erheblich weniger Platz als die Zusammenschaltung eines Inverters mit drei NAND-Zellen; zudem ist bei der größeren Zelle keine Verdrahtung im Verdrahtungskanal notwendig. Tabelle 2.5 verdeutlicht die Größenverhältnisse verschiedener Zellen in der bereits in Tabelle 2.4 benutzten Beispiel-Bibliothek [SIEM 87].

*Tabelle 2.5:* Abmessungen und Transistoranzahlen verschiedener Zellen

| Zelle | äquiv. Gatter | rel. Breite | rel. Höhe |
|---|---|---|---|
| NOT | 0,5 | 1 | 1 |
| NAND 2 | 1 | 1 | 1 |
| AND 2 | 1,5 | 1,25 | 1 |
| Latch | 3 | 2 | 1 |
| D-FF mit P/C | 8,5 | 4 | 1 |
| JK-FF mit CLEAR | 10 | 4,5 | 1 |
| Zählerzelle (ladbar) | 12,5 | 5,5 | 1 |
| Pad-Zelle | ./. | 5 | 2 |

### 2.3.1.3  Zeitverhalten

Das Zeitverhalten der Zellen wird im allgemeinen durch Zeitdiagramme spezifiziert. Bei Gattern wird die Zeitdauer zwischen einer Eingangs- und einer Ausgangsänderung angegeben, wobei die Verzögerungszeit $t_{dLH}$ für die Änderung des Ausgangs von 0 nach 1 von der Verzögerungszeit $t_{dHL}$ für die Änderung von 1 nach 0 abweichen kann. Eine genauere Analyse würde zusätzlich musterabhängige Verzögerungszeiten erfordern, da z. B. die Entladung der Lastkapazität eines Gatters schneller beendet wird, wenn mehrere parallele Pfade des n-Netzes geöffnet sind, als wenn nur ein Pfad durchschaltet. Bei Flipflops sind Setup- und Hold-Zeiten spezifiziert, die ein Eingangssignal vor und nach dem Taktwechsel mindestens stabil anliegen muß, um eine sichere Funktion des Flipflops zu gewährleisten. Minimale Pulsbreiten für Takt- und Rücksetzsignale geben zudem an, wie lange diese mindestens auf 0 bzw. 1 liegen müssen.

Die angegebenen Verzögerungszeiten werden durch entwurfsabhängige und entwurfsunabhängige Faktoren beeinflußt. Entwurfsunabhängige Faktoren sind z. B. Prozeßvariationen, Temperatureinflüsse oder Schwankungen der Versorgungsspannung. Prozeßvariationen können unter anderem ungleichmäßige Dotierungen der n- oder p-Bereiche auf einem Wafer oder eine Veränderung der Breiten und Längen von Transistorkanälen bewirken. Manche dieser Effekte erhöhen die Verzögerungszeit, andere reduzieren sie. Bei steigender Temperatur sinkt die Beweglichkeit von Ladungsträgern, wodurch die

Gatterlaufzeiten erhöht werden. Bei einem höheren Versorgungsspannungs-
niveau wird die Schwellenspannung der Transistoren früher überschritten, so
daß die Gatterlaufzeit reduziert wird. Häufig werden diese entwurfsunabhängigen Einflußfaktoren durch die Angabe minimaler, typischer und maximaler
Verzögerungszeiten im Standardzell-Katalog berücksichtigt.

Entwurfsabhängig ist die Größe der Ausgangskapazität $C_{Last}$, die nach Gleichung 2.3 die Verzögerungszeit gleichfalls beeinflußt. Die Ausgangslast setzt
sich aus der Eingangskapazität angeschlossener Gatter und der durch die
Verbindungsleitungen bedingten Last zusammen. Verbindungsleitungen der
Breite w können als Reihenschaltung sehr kurzer Leitungsstücke der Länge
$\Delta\ell$ mit dem Widerstand $\Delta R$ und der Kapazität $\Delta C$ modelliert werden (Bild 2.37)

$$\Delta R = K_R \cdot \frac{\Delta\ell}{w} \;;\quad \Delta C = K_C \cdot \Delta\ell \cdot w, \tag{2.5}$$

wobei $K_R$ und $K_C$ vom Leitungsmaterial abhängige Proportionalitätsfaktoren
darstellen. Dieses verteilte RC-Glied führt zu Verzögerungen, die quadratisch
mit der Länge der Leitung zunehmen* [WeEs 85].

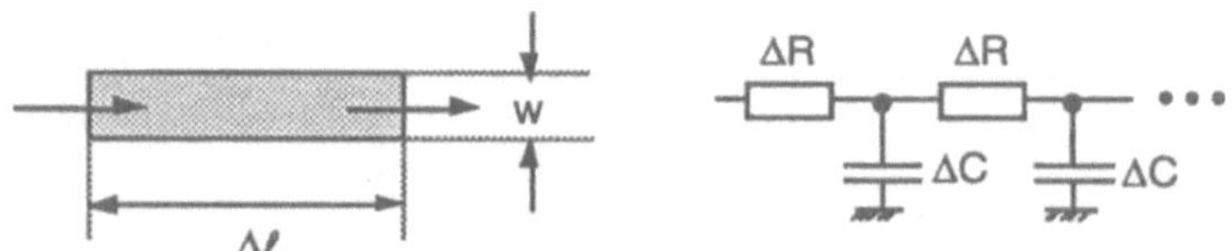

*Bild 2.37:* Modellierung von Verbindungsleitungen

Bei Metalleitungen kann der Widerstand $\Delta R$ im allgemeinen vernachlässigt
werden, so daß hier wie bei angeschlossenen Gattern nur die kapazitive Last
$C_{Verdrahtung}$ zu berücksichtigen ist. Wie aus Gleichung 2.3 zu erkennen, steigt
die Laufzeit mit zunehmender Lastkapazität $C_{Last}$ an. Für die Angabe der typi-
schen Verzögerungszeit $t_d^{(typ)}$ im Zellkatalog wird der Anschluß einer „typi-
schen" Last $C_{Last}^{(typ)}$, z. B. $1{,}5 \cdot C_{Gatter}$, vorausgesetzt. Ist die tatsächliche Last

$$C_{Last} = C_{Verdrahtung} + \sum_{\text{angesch. Gatter}} C_{Gatter} \tag{2.6a}$$

bekannt, kann die resultierende Verzögerung daraus mit Hilfe eines gegebenen Proportionalitätsfaktors m berechnet werden [SIEM 87]

$$t_d(C_{Last}) = t_d^{(typ)} + m \cdot (C_{Last} - C_{Last}^{(typ)}). \tag{2.6b}$$

---

* Ähnlich kann die Serienschaltung von Pass-Transistoren in Bild 2.21 modelliert
  werden, wodurch sich dort ein quadratischer Anstieg der Verzögerungszeit mit der
  Anzahl in Serie geschalteter Transistoren ergibt.

## 2.3.2  Makrozellen

Standardzellen erlauben eine weitgehend automatisierte Realisierung beliebiger Zusammenschaltungen von Gattern und Flipflops. Allerdings können aufgrund der standardisierten Zellhöhe nur relativ elementare Grundfunktionen in flächeneffiziente Bibliothekszellen umgesetzt werden. Komplexe Funktionen können daher nicht als Bibliothekszellen realisiert werden. Die aufwendige Verdrahtung über Verdrahtungskanäle, selbst wenn die zu verbindenden Zellen direkte Nachbarn sind, wurde bereits in Bild 2.29 verdeutlicht. Zur Lösung dieser Probleme kann man *Makrozellen* in ein Standardzell-Layout einbeziehen.

Makrozellen entsprechen rechteckigen Layoutbereichen beliebiger Breite und Höhe. Sie erlauben es daher, mit Hilfe von Modulgeneratoren erzeugte spezielle Layoutstrukturen wie Speicher oder PLAs, vorentworfene größere Strukturen wie Mikroprozessor-Kerne, parametrisierbare Zellen wie arithmetisch-logische Einheiten (ALUs) beliebiger Bitbreite oder auch manuell vorentworfene analoge Schaltungsteile in gleicher Weise in das Layout einzubeziehen. Eine hierarchische Zusammenfassung von Standardzell-Blöcken zu Makrozellen ist gleichfalls möglich.

Die verschiedenen Arten von Makrozellen lassen sich bezüglich der Flexibilität ihrer Parametrisierung klassifizieren:

- Standardzellen oder vorentworfene Analogzellen sind nicht parametrisierbar und bilden den unflexibelsten Grenzfall.
- Einfach parametrisierbare Zellen bieten die Möglichkeit, einen Parameter festzulegen. So kann bei Treibern die Treiberstärke oder bei Registern die Bitbreite vorgegeben werden.
- Bei mehrfach parametrisierbaren Zellen können mehrere Parameter eingestellt werden, um die Geometrie der Zelle zu beeinflussen. So kann bei Speicherblöcken der Adreßumfang und die Wortbreite vorgegeben werden.
- Funktional parametrisierbare Zellen wie PLAs erlauben zudem die Vorgabe einer bestimmten logischen Funktion.
- Am flexibelsten sind symbolisch parametrisierbare Zellen. So kann man sich vorstellen, verschiedene spezifische Eigenschaften eines Mikroprozessorkerns einzustellen.

Da die volle Entwurfsinformation bei parametrisierbaren Makros erst nach Abschluß der Makrogenerierung verfügbar ist, fehlen in einer Makrobibliothek gewisse Angaben, die bei Standardzellen enthalten sind. So ist zum Beispiel die Verzögerung durch ein PLA erst nach dessen Generierung bekannt. Anstelle der genauen Angaben werden häufig Formeln angegeben, die aus den einzugebenden Parametern einen Schätzwert berechnen.

Durch die Einbeziehung von Makrozellen wird die Aufgabe der Plazierungs- und Verdrahtungswerkzeuge erschwert. Eine Makrozelle inmitten eines Standardzell-Layouts blockiert die kreuzungsfreie regelmäßige Verdrahtung der

Spannungsversorgungen in Bild 2.34b, sie blockiert außerdem ähnlich wie eine
ununterbrochene Reihe von Standardzellen ohne Durchführungszellen die
Verdrahtung anderer Signale. Ähnlich wie beim Standardzellen-Layout gibt es
mehrere Möglichkeiten, diese Blockierungen aufzulösen. So können Bereiche
innerhalb der Makrozellen, in denen nicht alle Metallisierungsebenen genutzt
sind, als Verdrahtungskanäle definiert werden. Die kammartige Verteilung
der Versorgungsspannungen kann durch eine flexiblere Baumstruktur
ersetzt werden (Bild 2.38a). Für häufig verwendete Signale bietet sich statt der
Punkt-zu-Punkt-Verbindungen eine Busstruktur an. Die Layoutfläche für
diese Verbindungsstruktur kann ähnlich wie die Fläche für Makrozellen während der Plazierung bereits berücksichtigt werden (Bild 2.38b).

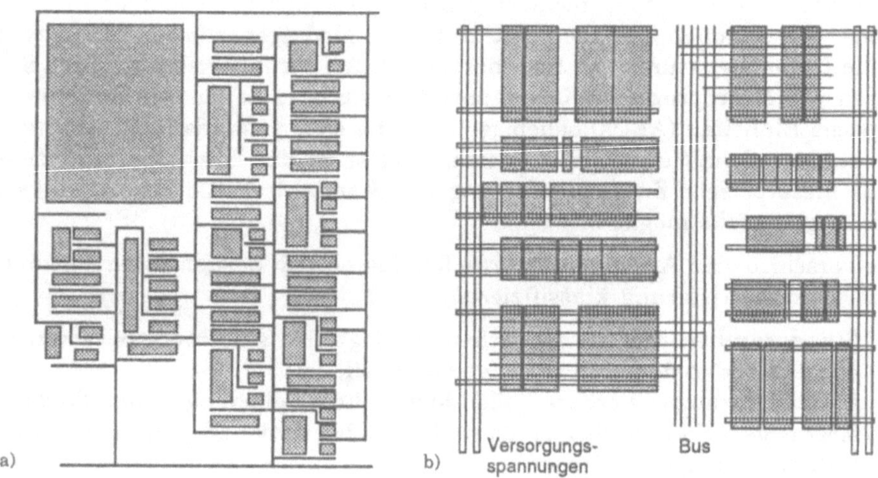


*Bild 2.38:* Verdrahtung von Makrozellen

Makrozellen eignen sich gut zur Layouterzeugung für Datenpfade. Datenpfadelemente wie Register oder arithmetisch-logische Schaltungen mit einer Bitbreite von n können aus n nebeneinander plazierten 1-Bit-Grundelementen zusammengesetzt und dann als Makroblock in das Layout eingesetzt werden. Dabei ist darauf zu achten, daß die Geometrie verschiedener Datenpfadelemente
aufeinander abgestimmt ist. Bild 2.39a zeigt das Ergebnis eines getrennten flä-
chenoptimierten Entwurfs zweier Elemente E1 und E2, z. B. eines 8-Bit-Regi-
sters und einer 8-Bit-ALU, wobei das Element mit der komplexeren Funktion
E2 mehr Fläche benötigt. Durch die notwendige Anpassung der Anschlußbrei-
ten bei der Verbindung von E1 und E2 geht viel Fläche für die Verdrahtung
verloren. Würde das Element E1 weniger flächeneffizient, dafür aber abgestimmt auf E2 entworfen, könnte eine Verbindung ohne weitere Verdrahtung
(*by abutment*) realisiert werden (Bild 2.39b), die Gesamtfläche der Schaltung
wäre erheblich geringer als im ersten Fall.

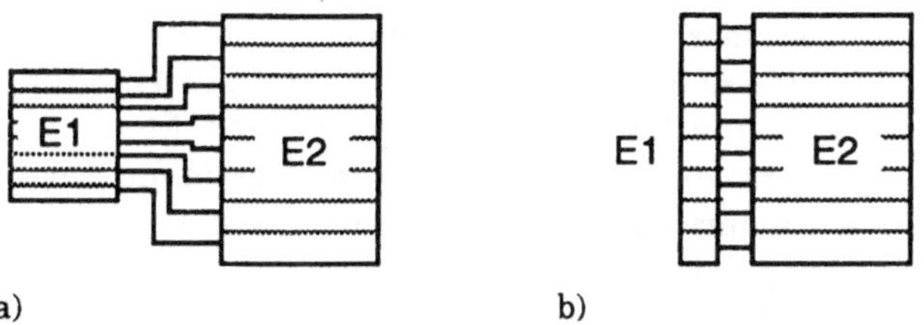

*Bild 2.39:* Gemeinsame Optimierung von Datenpfad-Makrozellen

### 2.3.3   Gate-Arrays und Sea-of-Gates

Während Standard-/Makrozellschaltungen vollständig anwendungsspezifisch
gefertigt werden, sind bei Gate-Arrays alle Schichten bis auf die Metallschichten vorgefertigt. Die Funktion eines Gate-Arrays wird dann vollständig durch
die Metallagen-Verdrahtung bestimmt. Dadurch können die Fertigungszeiten
stark verkürzt werden. Ein vorgefertigter Gate-Array-*Master* enthält eine Anordnung von Kernzellen, die durch die Verdrahtung innerhalb der Zellen auf
eine bestimmte Funktion festgelegt und durch die Verdrahtung zwischen den
Zellen verbunden werden. Das stark vereinfachte Bild 2.40 veranschaulicht verschiedene Möglichkeiten  zur Anordnung der Kernzellen. Während bei CMOS-
Schaltungen Streifen von Kernzellen mit dazwischenliegenden Verdrahtungskanälen realisiert werden, die an eine Standardzellenstruktur erinnern,
sind die Kernzellen bei ECL-Schaltungen inselförmig angeordnet, um eine
gleichmäßigere Verteilung der entstehenden höheren Verlustleistung über die
Chipfläche zu erreichen. Die Verdrahtungsbereiche sind im Gegensatz zu
Standardzellschaltungen von fester Größe, da sie nicht anwendungsspezifisch
gefertigt werden.

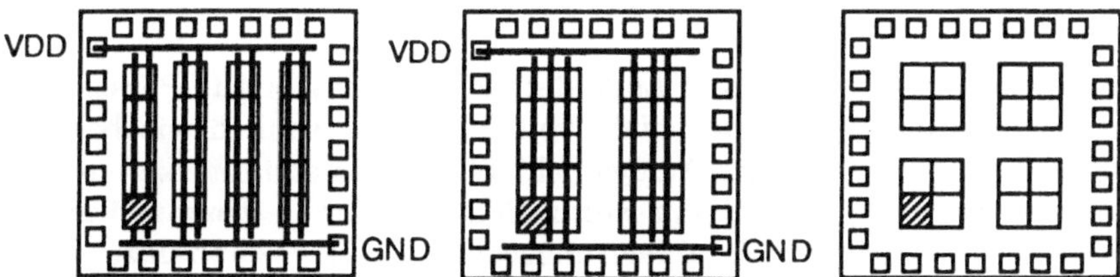

*Bild 2.40:* Gate-Array-Grundstrukturen

Die einzelnen Kernzellen enthalten zur Realisierung von Transistoren vorgefertigte Dotierungs- und Polysiliziumschichten. Bild 2.41a veranschaulicht das
Layout der Kernzelle eines CMOS-Gate-Arrays, Bild 2.41b das zugehörige symbolische Layout. Links ist umrandet der n-dotierte, rechts der p-dotierte Be-

reich zu erkennen. Die horizontal über die dotierten Gebiete verlaufenden Polysiliziumleitungen dienen als Gate-Anschlüsse, die durch Metallverbindungen mit Metalleitungen im Verdrahtungskanal verbunden werden können. Zusätzliche horizontale Polysilizium-Leitungen in den Kanalbereichen (in Bild 2.41 nicht gezeigt) können als Querverbindungen (*underpasses*) ausgenutzt werden. In vertikaler Richtung können zwischen die Kontaktlöcher der dotierten Bereiche bei der Personalisierung des Masters Metalleitungen für die Versorgungsspannungen GND (links) und VDD (rechts) eingefügt werden. Bild 2.41d zeigt als Beispiel-Personalisierung mit einer Metallebene ein NAND-Gatter. Die zwei pMOS-Transistoren werden parallelgeschaltet, indem sie beide an VDD angeschlossen werden. Ihr gemeinsamer Drain-Anschluß wird mit dem Ausgang und einem nMOS-Transistor verbunden. Der Source-Anschluß des anderen in Serie geschalteten nMOS-Transistors ist an GND angeschlossen. Bild 2.41c verdeutlicht diese Sachverhalte im entsprechenden Transistorschaltbild.

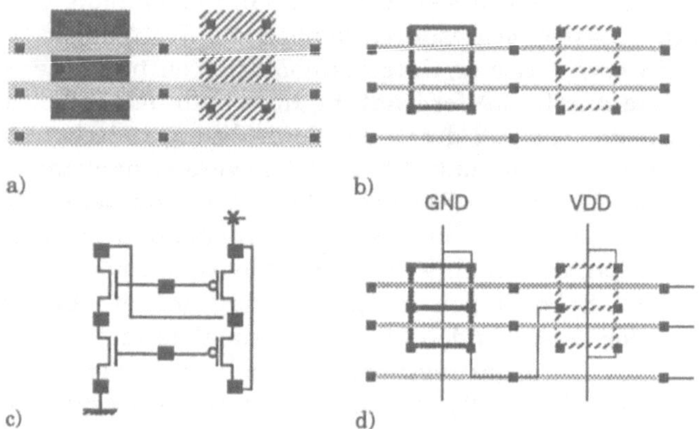


*Bild 2.41:* Gate-Array-Kernzelle und Beispiel-Personalisierung

Für den Anwender ist die genaue Lage der Metalleitungen zur Personalisierung des Masters im allgemeinen nicht von Interesse. Ähnlich wie bei Standardzellen werden auch für Gate-Arrays Zellbibliotheken erstellt. Sie enthalten die Metallisierung einer Anzahl von Kernzellen, um eine bestimmte Funktion zu realisieren. So könnte die Metallisierungsebene von Bild 2.41b dazu dienen, eine NAND-Zelle mit zwei Eingängen zu definieren. Diese vorentworfenen Makros können dann vom Anwender auf dem Transistorfeld „plaziert" und verdrahtet werden. Die Plazierung entspricht eigentlich ebenfalls einer Verdrahtung, sie wird entsprechend der Vorgabe in der Makrobeschreibung vorgenommen. Die Schaltung aus Bild 2.36 könnte in einer Gate-Array-Realisierung zum Beispiel wie in Bild 2.42 aussehen, wobei die Zellenbereiche Verdrahtungsmakros aus einer Bibliothek entsprechen.

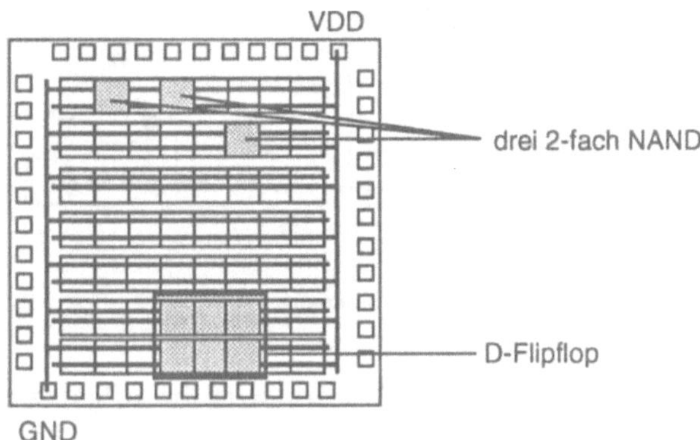


*Bild 2.42:* Zellenbasierter Entwurf bei Gate-Arrays

Gate-Array-Makros unterscheiden sich von Standardzellen nicht nur darin, daß lediglich die Metallisierungsebenen spezifiziert werden müssen. Standardzellen sind zwar bezüglich der Zellhöhe starr, ihre Breite kann jedoch wie die genaue Plazierung und Dimensionierung der Transistoren flexibel festgelegt werden. Bei Gate-Arrays sind die Größen und Abstände der Transistoren voneinander durch den Master fest vorgegeben, frei festzulegen ist nur noch die Anordnung der zur Realisierung eines Makros verwendeten Kernzellen.

Aufgrund der technologischen Möglichkeiten, mehrere Metallisierungsebenen zu realisieren, kann man auf die bei Gate-Arrays notwendigen festen Verdrahtungsbereiche zunehmend verzichten. Bei *Sea-of-Gates*-Schaltungen sind die Transistor-Kernzellen gleichmäßig matrixförmig über die gesamte Chipoberfläche verteilt. Zur Verdrahtung wird der Bereich oberhalb ungenutzter Kernzellen verwendet; damit kann die Chipfläche flexibel zwischen Transistor- und Verdrahtungsfläche aufgeteilt werden. Die lückenlose Aufeinanderfolge von Kernzellen erlaubt es zudem, reguläre Strukturen wie Speichermatrizen flächeneffizient in eine Sea-of-Gates-Schaltung zu integrieren, wenn die Kernzelle entsprechend konzipiert wird. Eine ähnliche Philosophie liegt *Gate-Forest*-Schaltungen [BeKH 88] zugrunde.

*Beispiel 2.4:* Bild 2.43a zeigt ein Beispiel für eine Sea-of-Gates-Kernzelle, Bild 2.43b die Verdrahtung zur Realisierung einer Speicherzelle. Ihre Funktion kann in Bild 2.43c nachvollzogen werden. Der nMOS-Passtransistor links dient zum Anschluß der Speicherzelle an den Schreib-/Lese-Bus. Die Verbindung wird aktiviert (A = 1), wenn das dargestellte Speicherelement adressiert ist. Die beiden nach rechts folgenden Transistorpaare entsprechen einem Tristate-Treiber, der über den ganz rechts plazierten Inverter rückgekoppelt ist. Wird das Signal W aktiviert (W = 1), kann bei Adressierung der Zelle (A = 1) ein neuer Inhalt vom Schreib-/Lese-Bus übernommen werden, sonst bleibt der augenblickliche Inhalt in der Rückkopplungsschleife erhalten.

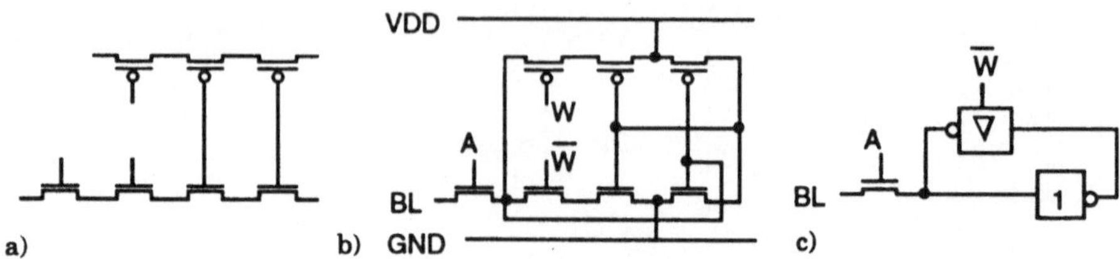

*Bild 2.43:* Sea-of-Gates-Kernzelle und Beispiel-Personalisierung

Die Größe von Gate-Array- und Sea-of-Gates-Mastern wird im allgemeinen
durch die Anzahl äquivalenter Gatter charakterisiert. Die Transistoranzahl
bei CMOS-Mastern ist analog zu den Angaben bei CMOS-Standardzellen etwa
viermal so groß. Von diesen Transistoren können je nach Größe des Masters
und der Verdrahtungstopologie allerdings nur ca. 70-95% bei Gate-Arrays und
25-70% bei Sea-of-Gates ausgenutzt werden. Die Geschwindigkeitsangaben in
Datenblättern beziehen sich häufig auf die maximale Kipp-Frequenz (*toggle
frequency*) eines Flipflops ohne weitere Beschaltung; zur Ermittlung der tatsächlich nutzbaren Betriebsfrequenz müssen noch die Gatterlaufzeiten berücksichtigt werden (vgl. Abschnitt 4.5.3). 1992 sind CMOS-Sea-of-Gates mit ca.
250 000 äquivalenten Gattern und Kipp-Frequenzen bis 200 MHz verfügbar,
ECL-Gate-Arrays erreichen Kipp-Frequenzen bis 500 MHz, hier können aber
maximal 30 000 Gatter integriert werden [JEE 92].

## 2.3.4  Allgemeines zum ASIC-Entwurf

Bild 2.44 faßt das Vorgehen beim Entwurf der vorgestellten anwendungsspezifischen Schaltungen zusammen. Die Schaltung wird zunächst durch den Entwerfer unter Ausnutzung der verfügbaren Grundzellen mit Hilfe eines graphischen Editors in maschinenlesbare Form umgesetzt. Werkzeuge zur Logiksimulation ermöglichen es, das Verhalten der eingegebenen Schaltung für bestimmte vorzugebende Eingabemuster nachzuvollziehen und damit die Rich-
tigkeit des Entwurfs zu validieren. Mit Hilfe eines Testmustergenerators können Eingabemuster erzeugt werden, die eine möglichst große Menge von Ferti-
gungsfehlern abdecken; die durch die Testmustermenge erkennbaren Fehler
können mit einem Fehlersimulator bestimmt werden. Entspricht der Entwurf
der Spezifikation und wird durch die Testmuster eine genügend große Fehler-
überdeckung erreicht, können die Zellen plaziert und verdrahtet werden (vgl.
[KuOh 90, Leng 90]. Danach steht die Länge und Art von Verbindungsleitungen fest, die zu einer genaueren Analyse der Laufzeiten benötigt wird (vgl.
Gleichung 2.6). Entspricht die Schaltungsgeschwindigkeit den Vorgaben, kann
der Entwurf zur Fertigung freigegeben werden.

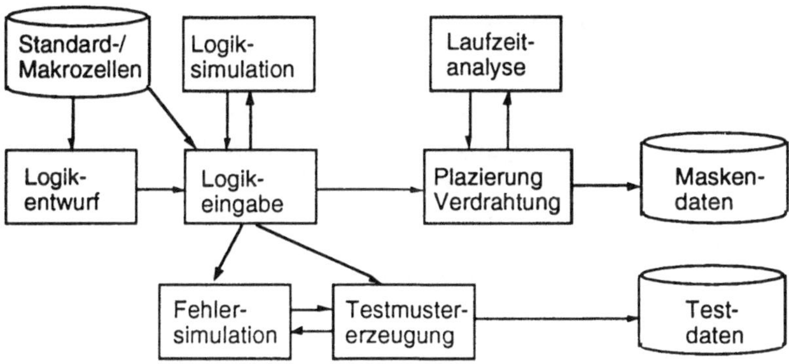


*Bild 2.44:* Ablauf beim anwendungsspezifischen Schaltungsentwurf

Unterschiede zwischen den einzelnen ASIC-Typen ergeben sich durch die Fertigung. Bei Gate-Arrays und Sea-of-Gates ist man auf die Auswahl eines verfügbaren vorgefertigten Masters eingeschränkt, bei Standard-/Makrozellenschaltungen entsprechen Größe und Anschlußanzahl der gefertigten Schaltung genau den Erfordernissen. Bei größeren Serien führt dies zu niedrigeren Stückkosten. Dafür ist bei Gate-Arrays und Sea-of-Gates nur noch eine kleine Anzahl von Fertigungsschritten zur Metallisierung der Master nötig, die Schaltungsmuster können in zwei bis drei Wochen verfügbar sein. Bei Standard-/Makrozellschaltungen müssen dagegen wie beim Vollkundenentwurf alle Fertigungsschritte anwendungsspezifisch durchgeführt werden, bis zur Auslieferung der ersten Schaltungsmuster vergehen mindestens ein bis zwei Monate.

Tabelle 2.6 stellt verschiedene Typen anwendungsspezifischer Schaltungen eines Herstellers zusammen [SIEM 92]. Angegeben ist jeweils der größte verfügbare Baustein eines Typs. Der Leistungsverbrauch bei CMOS-Schaltungen wurde für eine Taktfrequenz von 25 MHz berechnet; dabei wurde angenommen, daß 50 % der ausgenutzten Gatter ihren Zustand ändern.

*Tabelle 2.6:* Vergleich kommerziell verfügbarer anwendungsspezifischer Schaltungen

| Baustein | Standardzellen | Sea-of-Gates | Gate-Array |
|---|---|---|---|
| Technologie | CMOS 0,8 µm | CMOS 1 µm | bipolar |
| Gatteranzahl (nutzbar) | 100 000 | 60 000 | 6 500 |
| E/A-Pads | 340 | 360 | 164 |
| Verzögerung/Gatter | 280 ps | 380 ps | 130 ps |
| Leistungsverbrauch | 4,5 W | 2,6 W | 10 W |

## 2.4  Anwenderprogrammierbare Schaltungen

Während die in den vorhergehenden Abschnitten behandelten Schaltungen jeweils anwendungsspezifische Fertigungsschritte erfordern, können die im folgenden behandelten Bausteine vollständig anwendungsunabhängig gefertigt werden, ihre Personalisierung erfordert lediglich eine Programmierung durch den Benutzer. Weitere Informationen zu Details solcher Bausteine können z. B. [Auer 90, PeHo 91] entnommen werden.

### 2.4.1  Speicherbausteine

Bild 2.45 veranschaulicht die logische Grundstruktur üblicher Speicherbausteine. Von den gespeicherten $2^n \cdot m$ Bits stehen jeweils m Bits (ein *Wort*) an den Ausgängen des Bausteins parallel zur Verfügung, die Auswahl zwischen den $2^n$ möglichen Worten erfolgt über die n Adreßleitungen. Durch die Programmierung der $2^n \cdot m$ Speicherzellen mit Nullen und Einsen können beliebige boolesche Funktionen mit n Eingängen und m Ausgängen realisiert werden. Die Speichermatrix entspricht den m Ausgabespalten der Funktionstabelle für die $2^n$ möglichen Null-Eins-Kombinationen der n Eingangssignale.

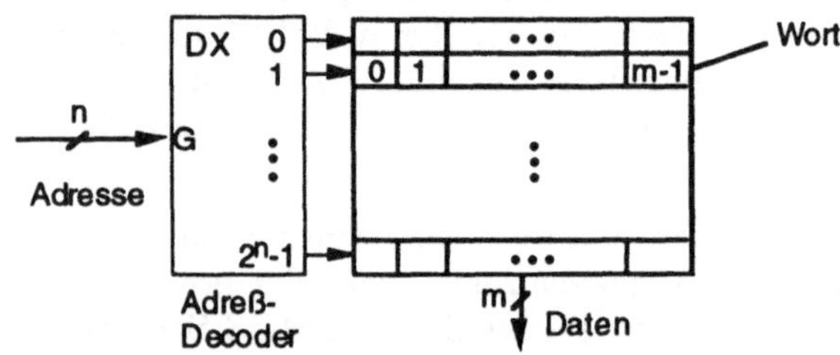


*Bild 2.45:* Grundstruktur von Speicherbausteinen

Bild 2.45 enthält nur ein unidirektionales Signal „Daten" zum Auslesen des Speicherinhalts. Zur Programmierung ist es jedoch notwendig, den Inhalt des Speicherbausteins zunächst einmal festzulegen. Abhängig von der Art der Programmierung lassen sich verschiedene Typen von Speicherbausteinen unterscheiden:

- Die Programmierung von Nur-Lese-Speichern (ROMs, *read-only memories*) erfordert eine besondere Betriebsart*, bei der eine gegenüber dem Normalbetrieb erhöhte Versorgungsspannung benutzt wird. Bei PROMs (*pro-*

---

* Bei maskenprogrammierbaren ROMs wird die Programmierung im Gegensatz zu den beschriebenen elektrisch programmierbaren ROMs bereits während der Herstellung vorgenommen. Sie gehören daher nicht zu den „anwenderprogrammierbaren" Schaltungen.

*grammable ROMs*) werden in den einzelnen Speicherzellen selektiv Sicherungen durchgebrannt, die Programmierung kann danach nicht mehr rückgängig gemacht werden. Der Inhalt von EPROMs (*erasable PROMs*) ist dagegen mit ultraviolettem Licht zu löschen, EEPROMs (*electrically erasable PROMs*) können elektrisch gelöscht und neu programmiert werden. Löschbare PROM-Zellen können mit Hilfe von *Floating-Gates* realisiert werden (Bild 2.46). Beim Anlegen einer erhöhten Spannung an Gate und Drain können energiereiche Elektronen die dünne Siliziumdioxid-Isolierschicht zwischen Source-/Kanalbereich und Floating-Gate überwinden. Diese Ladungen werden solange gespeichert, bis sie beim Löschen oder Neuprogrammieren abfließen können.

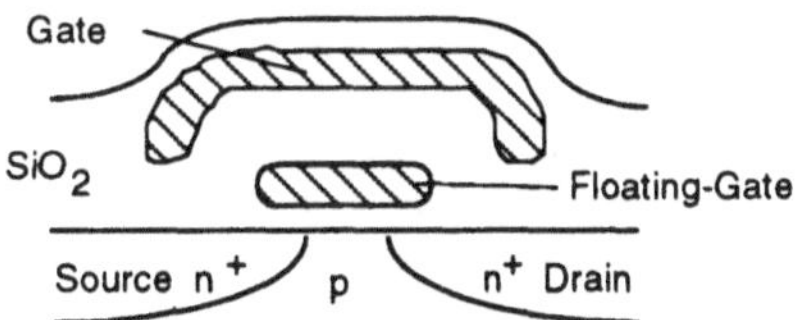


*Bild 2.46:* Löschbare PROM-Zelle

- Der Inhalt von Schreib-/Lesespeichern (RAMs, *random-access memories*) kann auch während des Normalbetriebs verändert werden. Ihr Inhalt geht bei Abschalten der Versorgungsspannung verloren. Statische Speicher (SRAMs) sind aus statischen, dynamische (DRAMs) aus dynamischen Speicherelementen aufgebaut (vgl. Abschnitt 2.2.3). Damit erlauben DRAMs eine höhere Anzahl von Speicherzellen pro Chip, allerdings muß der Inhalt der Speicherkapazitäten in bestimmten Abständen wiederaufgefrischt werden.

## 2.4.2  Programmierbare logische Felder (PLDs)

### 2.4.2.1  PALs und PLAs

Programmierbare logische Felder (PLDs, *programmable logic devices*) bestehen ähnlich wie Speicherbausteine aus einer programmierbaren Matrix von Grundzellen. Um die in der Matrix realisierte Funktionalität einfach darstellen zu können, verwenden wir in diesem Abschnitt spezielle Symbole, die in Bild 2.47 veranschaulicht werden. Zum Verständnis sei an die PLA-Strukturen von Abschnitt 2.2.5 erinnert. War dort eine Eingangsleitung mit einem Transistor an eine Produkttermleitung angeschlossen, wurde die entsprechende Eingabevariable mit den anderen angeschlossenen Eingabevariablen UND-verknüpft. Ähnliches wird in der Symbolik von Bild 2.47a durch den Anschluß einer Eingabeleitung an eine Produkttermleitung ausgedrückt, entsprechendes gilt für die ODER-Verknüpfung in Bild 2.47b. Im Gegensatz zu den in

Abschnitt 2.2.5 behandelten PLAs in Vollkundenschaltungen werden die
Anschlüsse bei PLDs nicht bei der Fertigung sondern durch Programmierung
geschaffen oder beseitigt. Die Technologie zur Programmierung ähnelt der bei
PROM-Bausteinen, d. h. der Inhalt von PLDs bleibt bei Unterbrechung der
Spannungsversorgung erhalten. EPLDs (*erasable PLDs*) können wie EPROMs
zusätzlich auch gelöscht und neuprogrammiert werden.

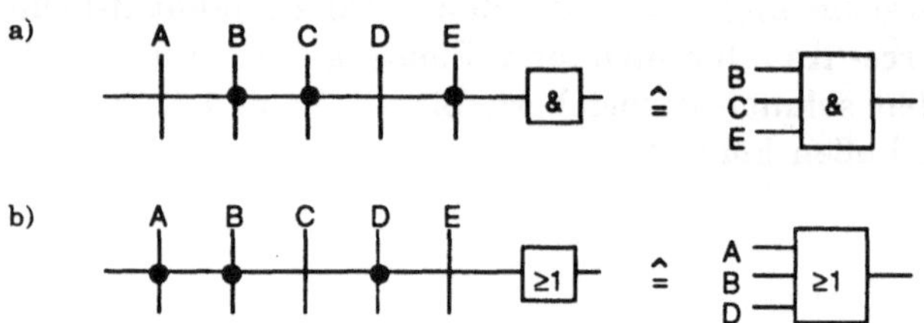


*Bild 2.47:* Darstellung von UND- und ODER-Verknüpfungen in logischen Feldern

Bild 2.48 stellt ein beliebiges logisches Feld ohne Programmierung in der Notation von Bild 2.47 dar. Aus den Eingangsvariablen links unten wird zunächst
ein invertiertes und ein nichtinvertiertes Signal gewonnen, das in die UND-
Matrix hineingeführt wird. Hier können beliebige Signale miteinander zu
Produkttermen  konjunktiv verknüpft werden. Die Ausgabesignale werden in
der ODER-Matrix durch disjunktive Verknüpfung der Produktterme erzeugt.

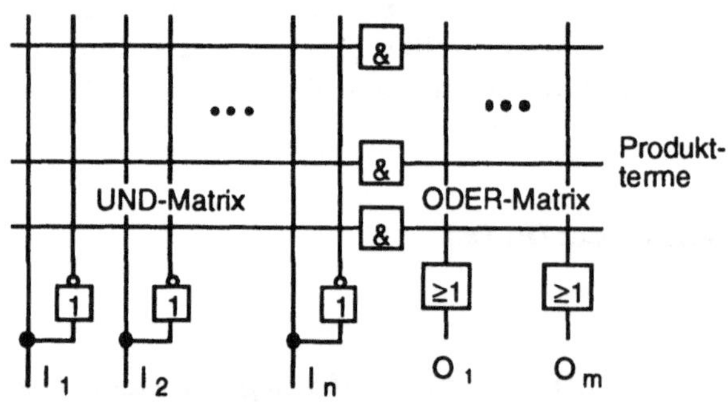


*Bild 2.48:* Struktur logischer Felder

Bei Speicherbausteinen werden aus den n Eingabesignalen im Eingangsdeco-
der von Bild 2.45 alle $2^n$ möglichen Produktterme erzeugt, dieser entspricht
also dem UND-Feld von Bild 2.48. In der Darstellung von Bild 2.48 würde bei
PROMs durch die Programmierung der Inhalt des ODER-Feldes festgelegt. Bei
PLAs können beide Felder frei programmiert werden; im Gegensatz zu Vollkundenschaltungen ist jedoch bei anwenderprogrammierbaren PLAs (FPLAs,

*field programmable logic arrays*) die Anzahl der verfügbaren Ein- und Ausgabesignale sowie der Produktterme fest vorgegeben. Elektrisch löschbare FPLAs werden auch unter dem Namen GAL (*generic array logic*) angeboten. PALs (*programmable array logic*) als dritte Schaltungsart erlauben die Programmierung des UND-Feldes, während das ODER-Feld fest vorgegeben ist. In der Grundform sind die Produktterme so auf die Ausgabevariablen aufgeteilt, daß jeder Produktterm nur für eine Ausgabe verwendet wird (Bild 2.49). Da nur ein programmierbares Feld durchlaufen werden muß, sind die Verzögerungszeiten bei PAL-Schaltungen kleiner als bei FPLA-Schaltungen.

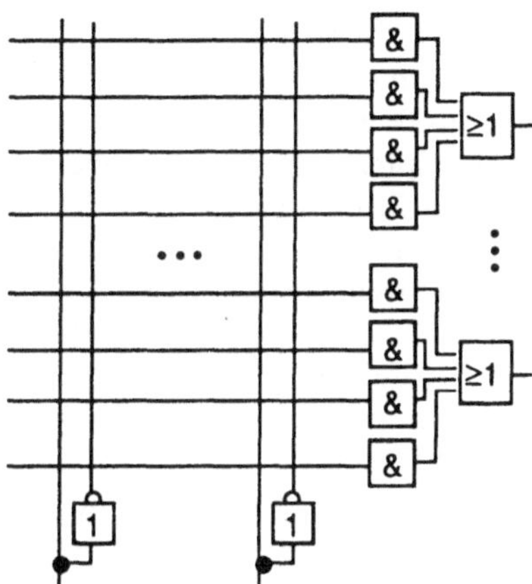

*Bild 2.49:* PAL-Grundstruktur

Die Komplexität des zur Realisierung einer bestimmten Funktion benötigten Bausteines hängt bei PROMs nur von der Anzahl der Ein- und Ausgaben der Funktion ab, bei FPLAs zusätzlich von der Gesamtanzahl gemeinsam genutzter Produktterme und bei PALs von der Maximalanzahl der Produktterme, die für eine Ausgabevariable benötigt werden. Kommerziell verfügbare PLDs besitzen jedoch eine größere Flexibilität als die beschriebenen Grundformen, so daß diese Aussagen nur von beschränkter praktischer Gültigkeit sind. Die folgenden Abschnitte gehen auf die wesentlichen Unterschiede kommerzieller Bausteine zur PLA-/PAL-Grundform näher ein.

### 2.4.2.2 Ausgangszellen

In der bisher beschriebenen Form können externe Anschlüsse entweder als Eingabe des UND-Feldes oder direkt als Ausgabe des ODER-Feldes benutzt werden. Eine größere Flexibilität erreicht man durch programmierbare Ausgangsmakros. Bild 2.50 illustriert eine relativ komplexe Ausgangszelle. Die Verbindung „vom ODER-Ausgang" wäre in Bild 2.49 rechts an ein ODER-Gatter angeschlossen, während die Verbindung „zum UND-Feld" auf einen

nicht mit einem Eingangspin verbundenen vertikal verlaufenden Anschluß
des UND-Feldes geführt würde. Folgende Funktionen sind realisierbar:

- Die Programmierung des XOR-Gatters am Ausgang des ODER-Feldes erlaubt es, das Ausgangssignal unverändert durchzulassen (CP = 0) oder zu
  komplementieren (CP = 1). Dadurch wird es möglich, in der UND-/ODER-
  Struktur statt der Funktion die negierte Funktion zu realisieren. Im Ergebnis entspricht dies der unter Umständen günstigeren Realisierung
  einer konjunktiven statt einer disjunktiven Form.

- Der durch das Programmierbit CS gesteuerte Multiplexer erlaubt es, das
  erzeugte Ausgangssignal direkt nach außen zu geben (CS = 0) oder aber
  zunächst in einem Flipflop zwischenzuspeichern (CS = 1).

- Mit Hilfe des durch OE gesteuerten Treibers kann der Ausgang völlig deaktiviert und der Chipanschluß als Eingabe umkonfiguriert werden. Der
  durch die zwei FB-Signale programmierte Multiplexer (FB = 3) führt diese
  Eingabe zum UND-Feld, das Ausgabesignal des Multiplexers wird dort als
  zusätzliche Eingabe benutzt. Möchte man auf die zusätzliche Eingabe zum
  UND-Feld verzichten, wird stattdessen eine „0" durchgeschaltet (FB = 0). Eine weitere Verwendung des Multiplexers besteht darin, eine Ausgabe des
  UND-/ODER-Feldes wieder zum UND-/ODER-Feld zurückzuführen und
  damit eine vierstufige Logikstruktur zu realisieren (FB = 2). Dabei ist darauf zu achten, daß die Verzögerungszeit nicht zu groß wird. Schließlich
  kann die zusätzliche Eingabe des UND-Feldes zur Rückführung von Flip-
  flop-Ausgängen dienen (FB = 1), um sequentielle Schaltungen zu realisieren (vgl. Kapitel 5).

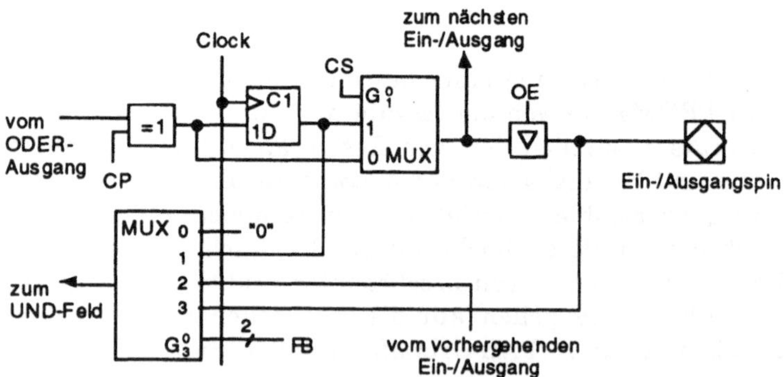


*Bild 2.50:* Beispiel für ein PLD-Ausgangsmakro

*Beispiel 2.5:* Es sei die Funktion

$$y = x_1 \vee x_2 \vee x_3 \vee x_4 \vee x_5 \vee x_6 \vee x_7 \vee x_8 \vee x_9$$

mit einem PAL zu realisieren. Die direkte Realisierung würde neun Produktterme erfordern, in die jeweils nur eine Eingabevariable eingeht. Realisiert man die negierte Funktion

$$\overline{y} = \overline{x}_1 \wedge \overline{x}_2 \wedge \overline{x}_3 \wedge \overline{x}_4 \wedge \overline{x}_5 \wedge \overline{x}_6 \wedge \overline{x}_7 \wedge \overline{x}_8 \wedge \overline{x}_9 \,,$$

kommt man mit einem Produktterm aus.

Andere Ausgangszellen erlauben eine noch größere Flexibilität der Personalisierung. Ist das Aktivierungssignal OE des Treibers durch das UND-/ODER-Feld beeinflußbar, kann ein Tristate-Ausgang realisiert werden. Wird eine zweite Rückkopplungsleitung zum UND-Feld zur Verfügung gestellt, kann bei Benutzung des Chipanschlusses als Eingang die Ausgabe des logischen Feldes trotzdem genutzt werden. Unter Umständen kann das Speicherelement der Ausgangszelle durch Programmierung nach Bedarf konfiguriert werden (Latch bzw. Flipflop vom D-, T-, RS- oder JK-Typ). Zusätzlich können in dem logischen Feld Setz- und Rücksetzsignale sowie asynchrone Taktsignale für die Speicherelemente erzeugt werden.

### 2.4.2.3  Flexibilisierung der Produkttermnutzung

Die Grundform von PALs verwendet jeden Produktterm nur zur Erzeugung einer Ausgabe, die Maximalanzahl der Produktterme pro Ausgabe ist fest und für alle Ausgaben ·identisch. Auch wenn nur für eine Ausgabe eine große Produkttermanzahl benötigt wird, muß ein Baustein gewählt werden, der diese Produkttermanzahl für alle Ausgaben zur Verfügung stellt. Neuere PLDs vermeiden diesen Nachteil durch Möglichkeiten zur flexiblen Produkttermallokation, die Bereitstellung von Erweiterungsfeldern und Mehrfachfelder mit programmierbarer Verbindungsmatrix.

Bild 2.51 zeigt, wie durch einen Ersatz der einfachen ODER-Gatter in Bild 2.49 durch programmierbare Strukturen eine flexible Zuteilung von Produkttermen zu Ausgaben erreicht werden kann. Damit wird auch bei PALs das ODER-Feld zumindest eingeschränkt programmierbar. Im illustrierten Beispiel können durch Programmieren der Demultiplexereingänge $S_i$ und $S_j$ pro Ausgang bis zu 16 Produktterme verwendet werden; durchschnittlich stehen pro Ausgang acht Produktterme zur Verfügung.

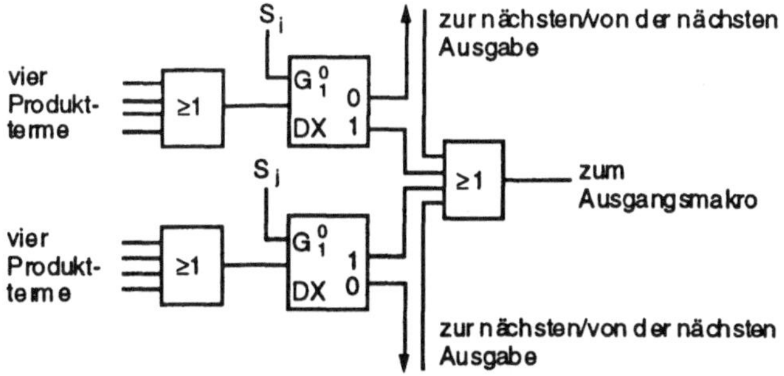


*Bild 2.51:* Flexible Produkttermallokation

Erweiterungsfelder bieten die Möglichkeit, zusätzliche Logikstufen zu realisieren. Dies ist zwar auch mit einer vierstufigen Logikstruktur in PLDs mit Ausgangsmakros wie in Bild 2.50 erreichbar; damit geht aber ein Ausgabeanschluß verloren, und man muß die volle Verzögerung durch die Ausgangszelle und das zusätzlich durchlaufene UND-/ODER-Feld in Kauf nehmen. Im Erweiterungsfeld wird darauf verzichtet, eine parametrisierbare Ausgangszelle zu realisieren, stattdessen werden die erzeugten Produktterme direkt durch einen invertierenden Treiber wieder in das UND-Feld zurückgeführt und stehen dort als zusätzliche Eingaben zur Verfügung [Alte 88].

Neuere Bausteine gehen häufig von dem Konzept, auf einem Chip ein großes zweistufiges Logikfeld zu realisieren, noch weiter ab. Stattdessen werden Strukturen mit mehreren kleineren zweistufigen Feldern angeboten, die über eine universell programmierbare Verbindungsmatrix zusammengeschaltet werden können [Alte 88, AMD 91]. Durch die Aufteilung der Logikfelder und die programmierbare Verbindungsmatrix ist es möglich, jedem Logikfeld nur noch die Eingangsvariablen zuzuführen, die für die in ihm realisierten Ausgangsfunktionen wesentlich sind. Damit kann die Anzahl der möglichen Eingaben pro UND-Verknüpfung, d. h. die Größe des UND-Feldes, reduziert werden; die Verzögerungszeit sinkt und die realisierbare Funktionalität steigt. Für die Realisierung komplexerer Funktionen können mehrere Teilfelder flexibel zusammengeschaltet werden.


## 2.4.3  Programmierbare Logikbausteine (PGAs)

Programmierbare Logikbausteine erlauben es ähnlich wie Gate-Arrays, viele einfache Grundelemente mehrstufig über eine komplexe Verbindungsstruktur zusammenzuschalten. Sie werden deshalb auch häufig als programmierbare Gate-Arrays (PGA) bezeichnet. Ziel ihrer Entwicklung war die Verbindung der Vorteile von PLDs (kurze Entwurfszeiten, anwenderprogrammierbar, Standardprodukt) mit den Vorteilen von Gate-Arrays (flexible Architektur, hohe Integrationsdichte). Im Unterschied zu neueren PLDs, die es erlauben, einige kleinere zweistufige Felder flexibel zu verbinden, enthalten PGAs eine größere Anzahl von Grundelementen, die für sich betrachtet eine geringere Funktionalität aufweisen.


### 2.4.3.1  SRAM-basierte Bausteine

Führt man die in Abschnitt 2.4.2.3 angesprochene Unterteilung eines zweistufigen Feldes in kleinere Teilfelder weiter, gelangt man zu der von Xilinx eingeführten Topologie in Bild 2.52 [Free 89, Xili 89]. Sie ähnelt der Gate-Array-Topologie in  Bild 2.40c mit Inseln von Transistorgruppen. Die Funktionszellen im Kernbereich des Feldes realisieren jeweils eine zweistufige SRAM-Speicherstruktur mit einer kleinen Zahl von Eingaben, zusätzlich steht in ihnen eine Anzahl von Flipflops zur Verfügung. Der Inhalt der SRAMs wird vor Be-

nutzung der Schaltung einprogrammiert und legt das logische Verhalten der
Zellen fest. Die Speicherstruktur der Funktionszellen kann so zur Realisierung
beliebiger logischer Funktionen mit der vorgegebenen Eingangszahl verwendet
werden. Zwischen den Zellen befindet sich eine programmierbare Verbindungsmatrix, die eine flexible Verbindung der Zellen untereinander ermöglicht. Den Randbereich des Chips nehmen programmierbare Ein-/Ausgabe-
zellen ein, die über die Verbindungsmatrix an die Funktionszellen angeschlossen werden können. Da die Programmierung der RAM-Zellen beim Ausschalten der Versorgungsspannung verlorengeht, muß diese jeweils beim Ein-
schalten, z. B. von einem externen EPROM, nachgeladen werden.

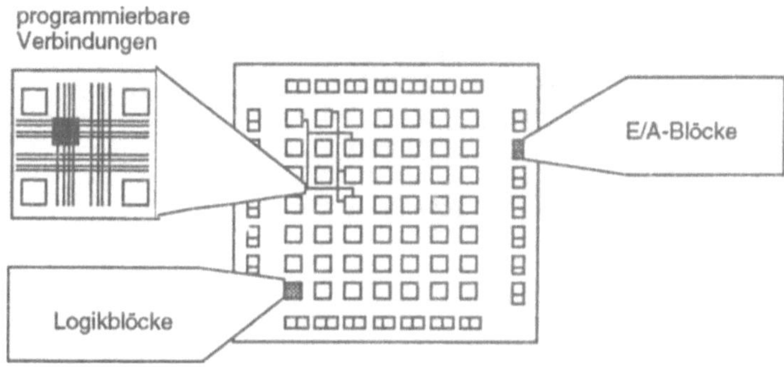


*Bild 2.52:* Grundstruktur von Xilinx-Bausteinen

Da sich die Funktionszellen der angebotenen Baureihen etwas voneinander
unterscheiden, soll im folgenden der Aufbau einer Funktionszelle nur exemplarisch (XC 3000-Serie) dargestellt werden. Eine etwas vereinfachte Struktur
dieser Zelle zeigt Bild 2.53. Sie hat neun Eingänge und zwei Ausgänge. Vernachlässigt man zunächst die Multiplexer und Flipflops im rechten Bildteil,
realisiert der kombinatorische Block zwei Funktionen F und G, die von fünf
Eingabevariablen A, B, C, D und E abhängen. Der kombinatorische Block enthält als Kern ein 32 Bit-SRAM; mit Hilfe zusätzlicher Schaltungsteile kann er
so programmiert werden, daß er entweder eine beliebige Funktion mit fünf
Eingabevariablen realisiert ($2^5$ Bit $\times$ 1) oder zwei beliebige Funktionen mit je
vier Eingabevariablen ($2^4$ Bit $\times$ 2). Im ersten Fall ist F = G, im zweiten Fall
müssen wegen der maximal verfügbaren fünf Eingabevariablen drei Eingabevariablen für beide Funktionen übereinstimmen. Der rechte Bildteil enthält
eine Struktur, die einer PLD-Ausgangszelle ähnelt (vgl. Bild 2.50). In den zwei
Flipflops können die Ausgaben des kombinatorischen Blocks gespeichert werden, oder es wird eine externe Eingabe DATA IN übernommen. Wird ENABLE
deaktiviert, bleibt der bisherige Flipflop-Inhalt erhalten, mit RESET werden die
Flipflops zurückgesetzt. An die externen Ausgänge X und Y können entweder
die Ausgänge des kombinatorischen Blocks oder die Flipflop-Ausgänge durchgeschaltet werden. Die genaue Funktion des Flipflops wie auch die Einstellun-

gen der Multiplexer werden durch die Programmierung zusätzlicher statischer Speicherzellen festgelegt.

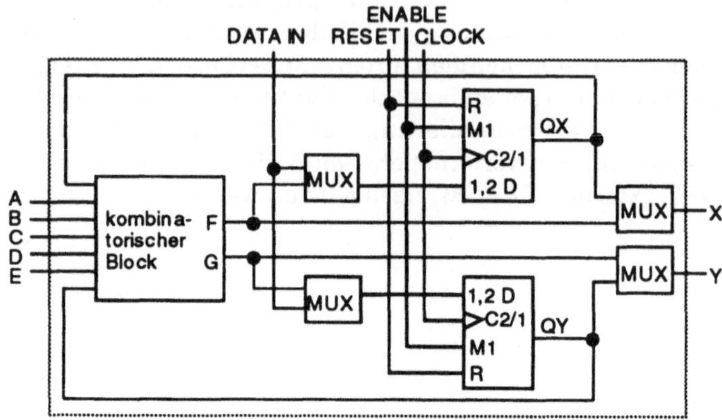


*Bild 2.53:* Vereinfachte Funktionszelle der XC 3000-Serie

*Beispiel 2.6:* Es sei die logische Funktion

$$y = x_1\,x_2\,x_3\,x_4\,x_5\,x_6 \ \vee\ \overline{x_1}\,\overline{x_2}\,\overline{x_3}\,\overline{x_4}\,x_5\,x_6$$

zu realisieren. Formt man diese Funktion durch Ausklammern zu

$$y = (x_1\,x_2\,x_3\,x_4 \ \vee\ \overline{x_1}\,\overline{x_2}\,\overline{x_3}\,\overline{x_4})\,x_5\,x_6$$

um, benötigt man zu ihrer Realisierung zwei Funktionszellen (Bild 2.54), der erste realisiert die beiden von $x_1$, $x_2$, $x_3$ und $x_4$ abhängigen Teilfunktionen, der zweite die Verknüpfung dieser Teilfunktionen mit $x_5$ und $x_6$.

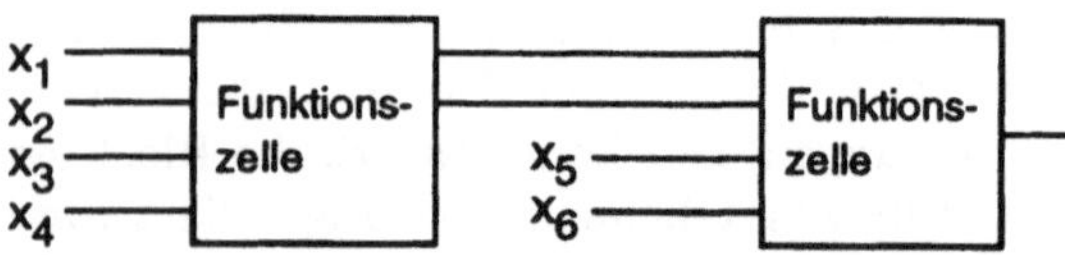


*Bild 2.54:* Beispiel für eine Funktionsrealisierung

Die Verbindungsmatrix, an die die Ein- und Ausgänge der Funktionszellen angeschlossen sind, enthält drei unterschiedliche Arten von Leitungen. Direkte Verbindungen (*direct interconnect*) erlauben es, eine Funktionszelle mit einer benachbarten Funktionszelle zu verbinden. Werden solche Verbindungen genutzt, führt dies zu besonders geringen Leitungslaufzeiten. Normale Verbindungen (*general purpose interconnect*) verlaufen als Segmente in den horizontalen und vertikalen Kanälen zwischen den Zellreihen. An Kreuzungsstellen sind die Leitungssegmente über Schaltmatrizen miteinander verbun-

den. Diese enthalten Pass-Transistoren, die durch einen zu programmieren-
den Gate-Eingang als offener oder geschlossener Schalter konfiguriert werden.
Da die Verzögerung bei Durchlaufen mehrerer dieser Schaltmatrizen zunimmt (vgl. Bild 2.21b), stehen außerdem noch lange Verbindungen (*long
lines*) zur Verfügung. Sie durchziehen die gesamte Matrix von Rand zu Rand
ununterbrochen und können jeweils nur ein Signal transportieren.

### 2.4.3.2  *Multiplexer-basierte Bausteine*

Während bei PROM-Bausteinen zur Programmierung Sicherungen (*Fuses*)
durchgebrannt und Verbindungen dadurch unterbrochen werden, wird bei
Actel-PGAs die umgekehrte Technik (*Antifuses*) verwendet. Hier zerstört eine
Programmierspannung ein zwei Leitungen voneinander isolierendes Dielek-
trikum, so daß eine leitende Verbindung entsteht. Eine Programmierung ist
damit nur einmal möglich, sie bleibt im Gegensatz zu Xilinx-Bausteinen aber
auch nach Ausschalten der Versorgungsspannung erhalten.

Die Actel-Grundstruktur ähnelt der Gate-Array-Struktur von Bild 2.40a mit
streifenförmig angeordneten Funktionszellen und dazwischenliegenden Verdrahtungskanälen. Am Rand des Chips befinden sich wie bei Xilinx-Bdaustei-
nen konfigurierbare Ein-/Ausgabezellen. Funktionszellen im Kernbereich enthalten entweder ein kombinatorisches oder ein sequentielles* Grundmodul,
deren Anordnung Bild 2.55 zeigt [Hain 89, Acte 91]. Die Verbindungen im Verdrahtungskanal sind in Segmente unterteilt, die anwendungsspezifisch durch
die Programmierung von Antifuses miteinander verkoppelt werden können.
Eingänge der Grundmoduln sind an Leitungssegmente der benachbarten Verdrahtungskanäle angeschlossen, Ausgänge werden in einer zweiten Metalli-
sierungsschicht senkrecht zu den Verdrahtungskanälen über eine Anzahl von
Zellreihen weggeführt, so daß sie in allen überquerten Verdrahtungskanälen
angeschlossen werden können.

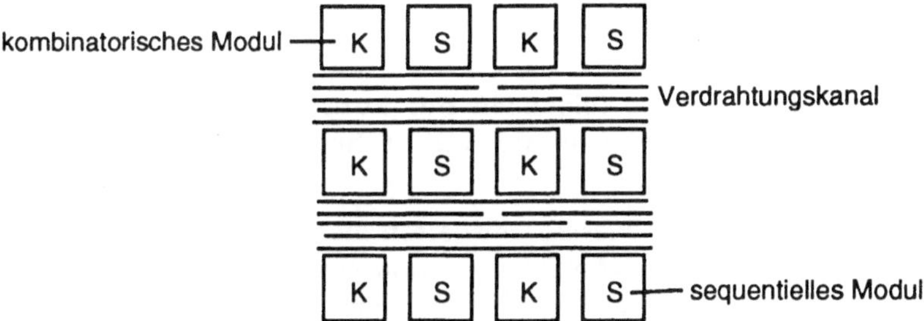


*Bild 2.55:* Funktionszellen und Verdrahtungskanäle in ACT2-Bausteinen

---

*  Sequentielle Grundmoduln enthalten Speicherzellen. Die Bausteine der ACT1-Familie
   enthalten nur kombinatorische Grundmoduln.

Der Aufbau eines kombinatorischen Moduls wird in Bild 2.56a, der Aufbau eines sequentiellen Moduls in Bild 2.56b illustriert. Durch eine entsprechende Verdrahtung der Eingänge können diese Moduln zur Realisierung bestimmter Funktionen programmiert werden. Dies ähnelt der Verdrahtung von Transistoren bei Gate-Arrays, auch hier werden die Verdrahtungsmöglichkeiten in einer Zellbibliothek abgelegt. Schließt man in Bild 2.56a z. B. die Eingänge A0 und B0 sowie A1 und B1 zusammen, wird ein 4:1-Multiplexer realisiert; belegt man stattdessen D00, D01 und D10 mit 0, A0 mit $x_1$, B0 mit $x_2$, A1 und B1 mit $x_3$ und D11 mit $x_4$ ergibt sich eine UND-Verknüpfung der vier Eingänge $x_i$. Ähnlich können mit dem kombinatorischen Modul kleinere UND-Gatter, UND-Gatter mit Komplementierung von Eingangsvariablen, OAI-Gatter, XOR-Gatter oder AND-XOR-Mischgatter realisiert werden. Im sequentiellen Modul von Bild 2.56b ist es durch eine entsprechende Beschaltung der Zusatzeingänge C1 und C2 möglich, an den Ausgang des kombinatorischen Moduls Latches oder Flipflops anzuschließen.

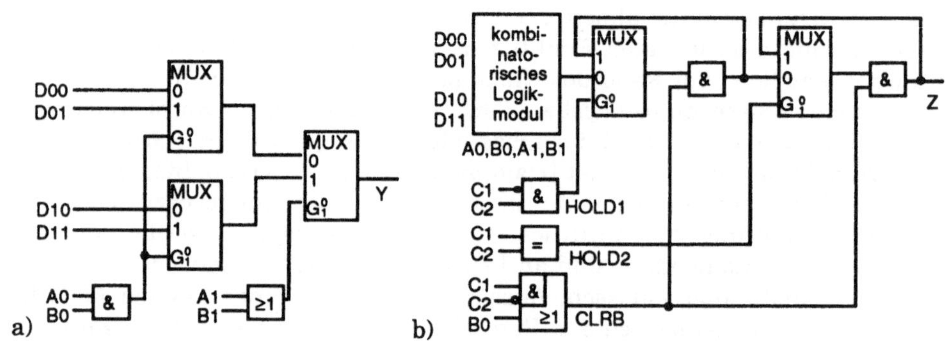

*Bild 2.56:* Funktionszellen der ACT 2-Bausteine

### 2.4.3.3  Weitere Bausteine

Auf weitere Bausteine wird im folgenden nur kurz unter Angabe des Herstellers eingegangen. Für Details sei auf weiterführende Literatur verwiesen [PeHo 91, Sand 91, BFRV 92].

In ERA-Bausteinen (Hersteller *Plessey*) enthalten die Funktionszellen als noch einfachere Grundbausteine ein NAND-Gatter und ein Latch. Zur Realisierung von Flipflops werden zwei benachbarte Funktionszellen zusammengeschaltet. Die Programmierung der zu schaltenden Verbindungen wird ähnlich wie bei Xilinx-Bausteinen in Speicherzellen festgehalten, die Verwendung von EE-PROM-Zellen in einer neueren Bausteinversion macht die Neuprogrammierung nach Zeiten ohne Spannungsversorgung überflüssig. Aufgrund der Ähnlichkeit der Komplexität der Grundzelle mit einer Gate-Array-Grundzelle eignen sich diese Bausteine gut zur Erstellung von Gate-Array-Prototypen.

Weitere Bausteine (*Algotronix, Concurrent Logic*) variieren das Grundprinzip durch andere Funktionszellen und Techniken zur Verdrahtung weiter. Andere Bausteine wie PEEL-Arrays (*International CMOS Technology*) und HIPER-Bausteine (*Plus Logic*) stehen zwischen PLDs und PGAs, da sie Charakteristiken beider Bausteinarten miteinander verbinden. Dadurch verwischt sich die Grenze zwischen PLDs und PGAs zunehmend.

### 2.4.4 Allgemeines zu programmierbaren Schaltungen

Bis zur Erzeugung der Netzliste entspricht das Vorgehen beim Entwurf mit programmierbaren Schaltungen meist dem in Bild 2.44 dargestellten Ablauf bei anwendungsspezifischen Schaltungen*. Das weitere Vorgehen für PLDs und PGAs wird in Bild 2.57 dem bei Gate-Arrays gegenübergestellt. Da die programmierbaren Bausteine keine beliebigen Gatter zu realisieren gestatten, muß die Netzliste zunächst an den zu verwendenden Baustein angepaßt werden. Dazu geht man bei PLDs von einer zweistufigen, bei PGAs von einer mehrstufigen Repräsentation der logischen Funktionen aus. Die bei Gate-Arrays notwendige Plazierung und Verdrahtung der Grundzellen entfällt zumindest in der Grundform von PLDs, da nur eine Grundzelle - das zweistufige logische Feld - zur Verfügung steht. PLDs bieten aufgrund ihrer starren und regelmäßigen Struktur den Vorteil eines entwurfsunabhängigen Zeitverhaltens, so daß eine detaillierte Analyse unterbleiben kann. Schließlich ist bei anwenderprogrammierbaren Bausteinen die bei Gate-Arrays notwendige Erstellung der Fertigungsdaten durch die Erstellung der Programmierdaten zu ersetzen.

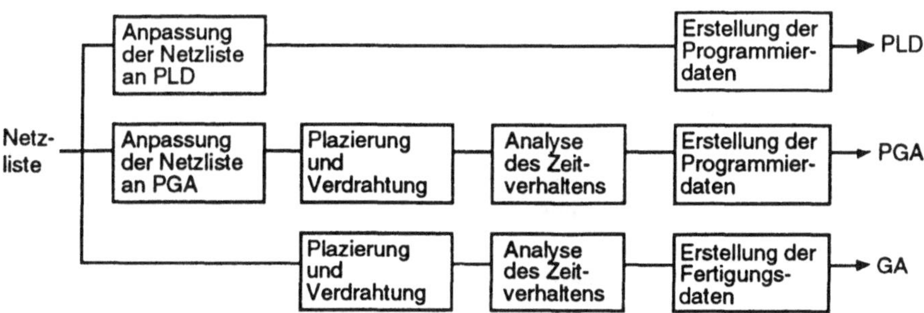


*Bild 2.57*: Vergleich des Entwurfsablaufs bei PLDs, PGAs und Gate-Arrays

---

* Allerdings verzichtet man bei programmierbaren Schaltungen häufig auf die Testdatenerzeugung, da die vorgefertigte Schaltung bereits durch den Schaltungshersteller überprüft wurde und man von einer fehlerfreien Übertragung der Programmierdaten in die Schaltung ausgeht. Untersuchungen, inwieweit diese Annahme gerechtfertigt ist, fehlen jedoch.

Tabelle 2.7 stellt verschiedene Typen verfügbarer programmierbarer Schaltungen einander gegenüber. Neben Größenangaben, der Anzahl von Eingängen, Ausgängen und programmierbaren Ein-/Ausgangszellen sowie der Schaltgeschwindigkeit findet man eine Charakterisierung der Dauerhaftigkeit der Programmierung. Eine Programmierung, die bei Abschalten der Spannungsversorgung verschwindet, wird als flüchtig bezeichnet, eine nicht flüchtige Programmierung, die gleichwohl gelöscht werden kann, als löschbar, eine nicht löschbare Programmierung als irreversibel. Die angegebenen Verzögerungen beziehen sich jeweils nur auf die einzelnen Funktionsblöcke, bei Schaltungen mit mehreren Funktionsblöcken sind zur Berechnung der Gesamtverzögerung neben der Anzahl durchlaufener Funktionsblöcke zusätzlich Leitungslaufzeiten zu berücksichtigen. Allgemeine Angaben, wann welcher Schaltungstyp von Vorteil ist, sind schwierig. Die beste Lösung hängt von der konkreten Anwendung ab [McSh 90, Kope 92].

*Tabelle 2.7:* Vergleich programmierbarer Bausteine

| Typ | Program-<br>mierung | Größe | Ein-/Ausgänge<br>/ progr. E/As | Sonstiges | Verzöge-<br>rung |
|---|---|---|---|---|---|
| **Speicherbausteine** | | | | | |
| DRAM | flüchtig | 16 MBit | 24/1/−  22/4/− | refresh nötig | 50 - 100 ns |
| SRAM | flüchtig | 4 MBit | 19 / 8 / − | | 50 - 100 ns |
| | | 1 MBit | 17 / 8 / − | | 10 - 50 ns |
| EPROM | löschbar | 1 MBit | 16 / 16 / − | | |
| **programmierbare logische Felder** | | | | | |
| PAL22L10 | löschbar | 160 Pro-<br>duktterme | 12 / 10 / − | | |
| Altera<br>EP1800 | löschbar | 384 Pro-<br>duktterme | 16 / − / 48 | 48 progr.<br>E/A-Zellen | 50 ns |
| AMD<br>MACH 130 | löschbar | 4•64 Pro-<br>duktterme | 6 / − / 64 | 4 universell<br>verbindbare<br>Blöcke | 20 ns<br>pro Block |
| **programmierbare Logikbausteine** | | | | | |
| Xilinx<br>XC 4020 | flüchtig | 20000 äquiv.<br>Gatter | − / − / 240 | 900 Funk-<br>tionsblöcke | 5 - 7,5 ns<br>pro Block |
| Actel<br>A1280 | irrever-<br>sibel | 8000 äquiv.<br>Gatter | − / − / 140 | 1232 Logik-<br>moduln | 10 ns<br>pro Block |

## 2.5  Übungsaufgaben

**Ü 2.1**  Vergleichen Sie verschiedene Realisierungen einer digitalen Schaltung.

a) Vergleichen Sie eine Realisierung mit diskreten (TTL-)Bausteinen und eine integrierte (Ein-Chip-)Realisierung unter folgenden Voraussetzungen: Sie benötigen D diskrete Komponenten mit Durchschnittskosten d pro Komponente. Um die Komponenten mit Hilfe mehrerer Leiterplatten zu verbinden und die montierte Schaltung zu testen, fallen Kosten L an. Bei der Ein-Chip-Lösung kostet der Baustein (inkl. Test) i. Außerdem fallen Investitionen in Höhe von I an. Die Entwurfskosten seien $E_d$ bzw. $E_i$. Ab welcher Stückzahl lohnt die integrierte Lösung?

b) Nehmen Sie an, es existiere ein Standardbaustein, durch dessen Programmierung das gewünschte Verhalten ebenfalls erreicht werden kann. Die Entwurfskosten für diese Lösung seien $E_s$ und die Kosten pro Standardbaustein (incl. Programmierung) s. Vergleichen Sie diese mit der integrierten Lösung.

c) Berechnen Sie für die Parameter D = 100, d = 0,30 DM, i = 20 DM, s = 35 DM, $E_d$ = $E_s$ = 20 000 DM, $E_i$ = 40 000 DM, L = 20 DM, I = 100 000 DM die entsprechenden Stückzahlbereiche.

d) Schätzen Sie die Anzahl der externen Anschlüsse ab, wenn jede der Komponenten bei einer diskreten Realisierung über drei Eingänge und einen Ausgang verfügt (k = 0,6).

**Ü 2.2**  Entwerfen Sie ein Äquivalenzgatter in statischer CMOS-Parallel-/Serienstruktur. Nehmen Sie an, daß beide Eingänge komplementiert und unkomplementiert vorliegen.

a) Geben Sie die logische Gleichung des Gatters in disjunktiver Form an.

b) Zeichnen Sie das nMOS-Transistornetz.

c) Leiten Sie das komplementäre p-Netz her.

d) Geben Sie ein symbolisches Layout an.

**Ü 2.3**  Berechnen Sie für das Modell von Bild 2.18 den Spannungsverlauf bei einem Übergang des Gatterausgangs von 0 nach 1.

**Ü 2.4**  Gehen Sie davon aus, daß die Verzögerung eines Gatters durch die Zeitkonstante $\tau$ in Gleichung 2.3 gegeben ist. Die Eingangskapazität eines Gatters sei $C_{in}$. Zeigen Sie, daß eine Serienschaltung von Treibern mit jeweils um den Faktor f erhöhten Eingangskapazitäten (vergrößerten Gate-Bereichen) die Gesamtverzögerung gegenüber einem einzelnen Treiber reduzieren kann. Berechnen Sie die optimale Anzahl in Serie geschalteter Treiber.

**Ü 2.5**   Realisieren Sie die Funktion $f(x) = x_1 x_2 x_3 \vee x_1 \bar{x}_2 x_4 \vee \bar{x}_1 x_5$ mit Hilfe von Transfergattern. Wie viele Transistoren können gegenüber einer Realisierung in statischer CMOS-Technologie eingespart werden?

**Ü 2.6**   Entwerfen Sie eine dynamische CMOS-Schaltung zur Äquivalenzverknüpfung. Geben Sie den Signalverlauf am Ausgang an, wenn sich die Eingabebelegung über drei Vorladetakte von 00 über 10 auf 11 ändert.

**Ü 2.7**   Realisieren Sie die Verknüpfung $f(x) = (x_1 \vee x_2 \vee x_3)(\bar{x}_1 \vee x_4)$ mit Hilfe eines Weinberger-Arrays.

   a)   Verwandeln Sie $f(x)$ in eine geeignete NOR-Form.

   b)   Entwickeln Sie ein symbolisches Layout mit minimaler Anzahl von horizontalen Verbindungen. Gehen Sie davon aus, daß die vier Eingänge (unkomplementiert) an der linken Seite des Arrays hineingeführt werden und der Ausgang an der rechten Seite zur Verfügung stehen soll. Horizontale Verbindungsleitungen aus Metall können unterbrochen werden, um mehrere Signale in einer Zeile des Weinberger-Arrays unterzubringen.

**Ü 2.8**   Geben Sie eine Verdrahtung des Gate-Array-Makros von Bild 2.41 an, so daß ein NOR-Gatter realisiert wird. Verwenden Sie dazu nach Möglichkeit nur eine Metallschicht.

**Ü 2.9**   Gehen Sie von der PAL-Grundstruktur in Bild 2.49 und dem Ausgangsmakro in Bild 2.50 aus. Geben Sie die Programmierung zweier Ausgangsmakros an, damit eine vierstufige UND-/NOR-/UND-/OR-Schaltung mit synchronem getaktetem Ausgang realisiert wird. Der nicht als Ausgang verwendete externe Anschluß soll als Eingang des PAL nutzbar bleiben.

**Ü 2.10**   Wie kann man die booleschen Funktionen

$$y_1 = \bar{x}_1\, x_2\, x_4 \vee x_3\, \bar{x}_4$$
$$y_2 = x_1\, x_4\, x_5 \vee x_2\, \bar{x}_4$$
$$y_3 = x_6\, x_7\, x_8$$
$$y_4 = (\bar{x}_1 \vee \bar{x}_4 \vee \bar{x}_5)(\bar{x}_2 \vee x_4)\, x_7\, x_8 \vee x_6$$

mit einer minimalen Anzahl von SRAM-basierten Logikblöcken nach Bild 2.53 realisieren?

**Ü 2.11**   Personalisieren Sie die in Bild 2.56 gegebenen Multiplexer-basierten Funktionszellen so, daß vorgegebene kombinatorische und sequentielle Grundfunktionen implementiert werden können.

   a)   Programmieren Sie die kombinatorische Funktionszelle so, daß eine Antivalenzverknüpfung zweier Eingänge durchgeführt wird.

   b)   Betrachten Sie nun die Erweiterung zu einer sequentiellen Grundzelle. Welche vier Funktionen erhält man für die Programmierung mit $C1 = 0$, $C1 = 1$, $C2 = 0$ bzw. $C2 = 1$? Welche Bedeutung haben die nicht durch Programmierung festgelegten Eingänge B0 und C2 bzw. B0 und C1?

# 3 Theoretische Grundlagen

## 3.1 Grundlagen aus der Graphentheorie

Viele Probleme beim Entwurf integrierter Schaltungen lassen sich in ganz natürlicher Weise auch als graphentheoretische Probleme formulieren. In diesem Abschnitt werden die für das folgende wesentlichen Grundlagen der Graphentheorie ohne den Anspruch auf formale Strenge kurz zusammengestellt; für eine ausführlichere Darstellung sei auf spezielle Lehrbücher wie z. B. [Chri 75] verwiesen.

Graphen kann man sich anschaulich als ein Geflecht von Linien vorstellen, die in gewissen Knotenstellen miteinander verbunden sind. Faßt man die Knotenstellen zu einer Menge von *Knoten* $V \neq \emptyset$ (*vertices*) und die Linien zu einer Menge von *Kanten* $E$ (*edges*) zusammen, wobei $V \cap E = \emptyset$ gilt, kann ein Graph $G$ als ein geordnetes Paar $(V, E)$ mit einer sogenannten *Inzidenzabbildung* auf $E$ definiert werden. Durch die Inzidenzabbildung sind jeder Kante $e \in E$ genau zwei Knoten $v_i, v_j \in V$ zugeordnet, die durch diese Kante verbunden werden. In Bild 3.1a ist beispielhaft ein Graph illustriert. Knoten sind jeweils durch Kreise, Kanten durch Linien veranschaulicht. Die einer Kante durch die Inzidenzabbildung zugeordneten Knoten werden durch eine Linie verbunden. Verbundene Knoten heißen benachbart.

Die Kanten des Graphen können ungerichtet sein, $e = \{v_i, v_j\}$, oder gerichtet, $e = (v_i, v_j)$. Weiterhin kann einer Kante durch eine Funktion $w: E \rightarrow \mathbf{R}$ ein Gewicht zugeordnet sein. Sind die Kanten gerichtet, spricht man von einem *Digraphen*, ist eine Gewichtsfunktion definiert, von einem *bewerteten Graphen*. Durch die Kombination der Charakteristiken gerichtet/ungerichtet und bewertet/unbewertet sind vier Arten von Graphen möglich, von denen drei in Bild 3.1 beispielhaft illustriert sind.

Bei Digraphen wird eine Kante $(v_i, v_j)$ durch einen Pfeil charakterisiert, ein solcher Pfeil geht von $v_i$ aus und mündet in $v_j$ ein. Der Knoten $v_i$ heißt *unmittelbarer Vorgänger* von $v_j$, der Knoten $v_j$ *unmittelbarer Nachfolger* von $v_i$. Die Menge aller unmittelbarer Vorgänger von $v_j$ wird mit $P(v_j)$ (*predecessors*), die Menge aller unmittelbarer Nachfolger von $v_i$ mit $S(v_i)$ (*successors*) bezeichnet. So ist in Bild 3.1b $P(v_4) = \{v_5\}$ und $S(v_4) = \{v_1, v_3\}$. Der einem Digraphen korrespondierende ungerichtete Graph entsteht aus dem Digraphen durch Ersetzen der gerichteten durch ungerichtete Kanten. Enthält ein Digraph zwei Kanten $(v_i, v_j)$ und $(v_j, v_i)$ werden diese zu einer Kante $\{v_i, v_j\}$ zusammengefaßt. Der Graph in Bild 3.1a ist der zu dem Digraphen in Bild 3.1b korrespondierende ungerichtete Graph.

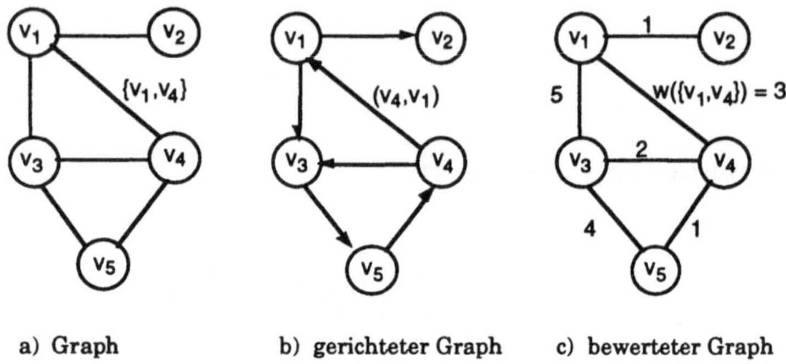


*Bild 3.1: Bildliche Veranschaulichung von Graphen*

Die im Schaltungsentwurf verwendeten Netzlisten von Gattern stellen ein wichtiges Beispiel für Digraphen dar. Im allgemeinen bildet man die in der Netzliste enthaltenen Gatter auf die Knoten des Digraphen ab. Eine Verbindung vom Ausgang eines Gatters $g_1$ zum Eingang eines anderen Gatters $g_2$ führt zu einer gerichteten Kante von dem Knoten, der $g_1$ repräsentiert, zu dem Knoten, der $g_2$ repräsentiert. Die primären Eingänge der Schaltung werden auf Knoten ohne Vorgänger, die primären Ausgänge auf Knoten ohne Nachfolger abgebildet. Boolesche Netze als allgemeinere Form der Darstellung von Schaltungen mit Hilfe von Graphen werden in Abschnitt 4.3.2 eingeführt.

Ein Graph $G' = (V', E')$ heißt *Teilgraph* von $G = (V, E)$, wenn $V' \subseteq V$ und $E' \subseteq E$ gilt. Gehört zusätzlich jede Kante von $E$, die zwei Knoten von $V'$ verbindet, auch zu $E'$, heißt $G'$ *Untergraph* von $G$. Ein Graph heißt *vollständig*, wenn je zwei verschiedene Knoten von $G$ durch eine Kante verbunden sind. Ein vollständiger Graph mit $|V|$ Knoten hat $|E| = |V| \cdot (|V| - 1) / 2$ Kanten. Ein vollständiger Teilgraph eines Graphen ist gleichzeitig Untergraph und wird als *Clique* bezeichnet. In Bild 3.1a bilden die Knoten $v_3$, $v_4$ und $v_5$ eine Clique.

Die Anzahl der mit einem Knoten $v_i$ verbundenen Knoten wird als *Grad* des Knotens $\delta(v_i)$ bezeichnet. Bei einem Digraphen bezeichnet der Ausgangsgrad $\delta^+(v_i)$ die Anzahl direkter Nachfolger $|S(v_i)|$, der Eingangsgrad $\delta^-(v_i)$ die Anzahl direkter Vorgänger $|P(v_i)|$. In Bild 3.1b ist zum Beispiel $\delta^+(v_4) = 2$ und $\delta^-(v_4) = 1$.

Eine *Kantenfolge* in einem Graphen ist eine Folge von durch Knoten verbundenen Kanten $v^0, \{v^0, v^1\}, v^1, ..., \{v^{s-1}, v^s\}, v^s$. Der Knoten $v^0$ heißt Anfangsknoten, der Knoten $v^s$ Endknoten der Kantenfolge. Gilt $v^i \neq v^j$ für alle $i \neq j$, handelt es sich um eine *Kette*. Sind bei einer Kette lediglich der Anfangs- und Endknoten identisch, bezeichnet man die Kantenfolge als *Kreis*. In Bild 3.1a bildet die Kantenfolge $v_1$, $\{v_1, v_4\}$, $v_4$, $\{v_4, v_3\}$, $v_3$, $\{v_3, v_1\}$, $v_1$ einen Kreis. Bei Digraphen definiert man der Kantenfolge entsprechend eine *Pfeilfolge*. Wird in der Pfeilfolge kein Knoten zweimal durchlaufen, handelt es sich um einen *Pfad*, sind zusätzlich Anfangs- und Endknoten der Pfeilfolge identisch, um einen *Zyklus*. In Bild 3.1b wird durch die Pfeilfolge $v_4$, $(v_4, v_3)$, $v_3$, $(v_3, v_5)$, $v_5$ ein Pfad definiert. Verlängert man den Pfad durch die Kante $(v_5, v_4)$ zum Knoten $v_4$ zurück, erhält man einen Zyklus.

Zwei Knoten $v_i$ und $v_j$ heißen *verbunden*, wenn es eine Kantenfolge mit Anfangsknoten $v_i$ und Endknoten $v_j$ gibt. Ein Graph G heißt *zusammenhängend*, wenn alle Paare von Knoten miteinander verbunden sind. Ist ein Graph nicht zusammenhängend, zerfällt er in mehrere Zusammenhangskomponenten. Jede Zusammenhangskomponente eines Graphen entspricht einem zusammenhängenden Untergraphen mit maximaler Knotenanzahl. Der Graph in Bild 3.1 ist zusammenhängend. Bei Digraphen muß für Zusammenhangsbetrachtungen zusätzlich die Richtung der Kanten berücksichtigt werden. Ein Knoten $v_j$ heißt *erreichbar* von $v_i$, wenn es eine Pfeilfolge mit Anfangsknoten $v_i$ und Endknoten $v_j$ gibt. Alle von $v_i$ erreichbaren Knoten werden als Menge der Nachfolger $S^*(v_i)$, alle Knoten, von denen $v_j$ erreicht werden kann, als Menge der Vorgänger $P^*(v_j)$ zusammengefaßt. Ein Digraph heißt *stark zusammenhängend*, wenn jeder Knoten von jedem anderen erreichbar ist. Ist nur der zum Digraphen korrespondierende ungerichtete Graph zusammenhängend, wird der Digraph als *schwach zusammenhängend* bezeichnet. Der Digraph in Bild 3.1 ist nur schwach zusammenhängend, da von Knoten $v_2$ kein anderer Knoten erreichbar ist.

Eine wichtige Teilklasse von Graphen bilden Bäume. Ein *Baum* ist ein zusammenhängender kreisfreier Graph. Besteht ein Graph aus k Zusammenhangskomponenten bezeichnet man ihn als Wald aus k Bäumen. Für jeden Wald $(V, E)$ aus k Bäumen gilt $|E| = |V| - k$, für einen Baum also $|E| = |V| - 1$.

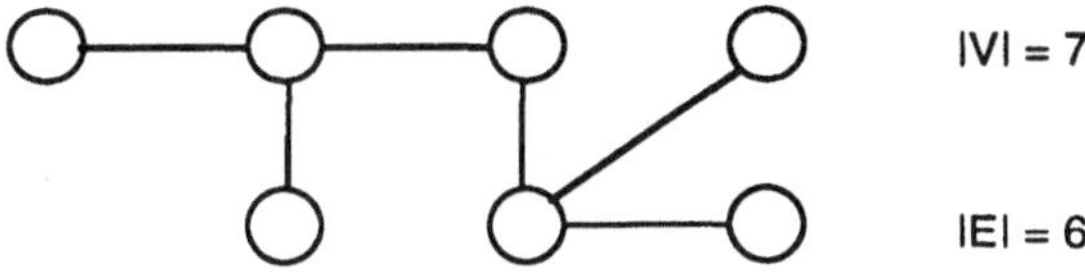


*Bild 3.2:* Beispiel für einen Baum

Für zyklenfreie Digraphen erweist sich häufig die Festlegung einer Reihenfolge der Knoten als sinnvoll. Dazu wird eine bijektive Reihenfolgefunktion r: $V \rightarrow \{1, ..., |V|\}$ definiert, die jedem Knoten umkehrbar eindeutig eine Zahl zwischen 1 und $|V|$ zuweist. Eine Reihenfolge heißt *topologische Sortierung*, wenn für beliebige Knoten $v_i$, $v_j \in V$ aus $r(v_i) < r(v_j)$ folgt, daß es keine Pfeilfolge von $v_j$ nach $v_i$ gibt. In Bild 3.3 werden für einen Digraphen zwei Reihenfolgefunktionen $r_1$ und $r_2$ angegeben, von denen nur $r_2$ eine topologische Sortierung darstellt.

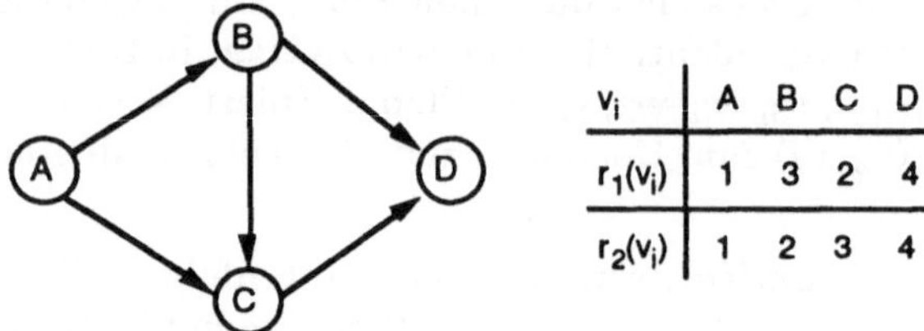

| $v_i$ | A | B | C | D |
|-------|---|---|---|---|
| $r_1(v_i)$ | 1 | 3 | 2 | 4 |
| $r_2(v_i)$ | 1 | 2 | 3 | 4 |

*Bild 3.3:* Topologische Sortierung eines Digraphen

Bei bewerteten Graphen und Digraphen interessiert häufig die Länge einer Kette oder eines Pfades. Es sei $F = (v^0, e^1, v^1 \ldots, e^s, v^s)$ eine Kette bzw. ein Pfad. Die Länge ergibt sich durch Summieren der Gewichte aller durchlaufener Kanten,

$$\ell(F) = \sum_{i=1}^{s} w(e^i). \tag{3.1}$$

Eine längste bzw. kürzeste Kette eines Graphen entspricht einer Kette maximaler bzw. minimaler Länge $\ell$, entsprechendes gilt für längste und kürzeste Pfade eines bewerteten Digraphen. Die kürzeste Kette in Bild 3.1c zwischen den Knoten $v_1$ und $v_5$ ist die Kantenfolge $v_1$, $\{v_1, v_4\}$, $v_4$, $\{v_4, v_5\}$, $v_5$, ihre Länge beträgt vier.

## 3.2   Grundlagen aus der Algebra

Viele Probleme beim Schaltungsentwurf lassen sich mit Hilfe einiger Grundbegriffe aus der Algebra auf eine kleinere Anzahl von Grundproblemen reduzieren. Diese Grundbegriffe werden im folgenden kurz zusammengefaßt, eine detailliertere Darstellung findet man z. B. in [BiBa 70].

### 3.2.1   Relationen

Eine zweistellige *Relation* $\rho$ auf einer Menge M ist eine Teilmenge des kartesischen Produkts $M \times M$, $\rho \subseteq M \times M = \{(a, b) \mid a \in M, b \in M\}$. Zwei Elemente a und b aus M stehen in Relation $\rho$, auch $a\,\rho\,b$ geschrieben, wenn das Paar $(a, b)$ in der Menge $\rho$ enthalten ist. Relationen können auch zwischen zwei verschiedenen Mengen M und N definiert sein, $\rho \subseteq M \times N$. *Funktionen* sind spezielle Relationen, bei denen es für jedes $a \in M$ genau ein $b \in N$ mit $a \, \rho \, b$ gibt, das zu a gehörende Element aus N wird auch mit $b = \rho(a)$ bezeichnet.

Relationen auf einer Menge lassen sich nach gewissen Eigenschaften klassifizieren, von denen hier vier mit den durch die Relation zu erfüllenden Bedingungen aufgeführt sind:

- *Reflexivität*:      $\forall \, a \in M$:       $a \, \rho \, a$
- *Symmetrie*:      $\forall \, a, b \in M$:       $a \, \rho \, b \, \Rightarrow \, b \, \rho \, a$
- *Antisymmetrie*:   $\forall \, a, b \in M$:   $a \, \rho \, b \, \wedge \, b \, \rho \, a \, \Rightarrow \, a = b$
- *Transitivität*:   $\forall \, a, b, c \in M$:   $a \, \rho \, b \, \wedge \, b \, \rho \, c \, \Rightarrow \, a \, \rho \, c$.

Drei Typen von Relationen lassen sich unterscheiden:

- Eine *Ordnungsrelation* ist reflexiv, antisymmetrisch und transitiv.
- Eine *Verträglichkeitsrelation* ist reflexiv und symmetrisch.
- Eine *Äquivalenzrelation* ist reflexiv, symmetrisch und transitiv.

*Beispiel 3.1:* In Bild 3.4 ist die Relation „einander kennen" auf einer Menge von Personen P veranschaulicht; alle Elemente des kartesischen Produkts $P \times P$, zwischen denen ein Pfeil gezeichnet ist, gehören zur Relation. Die angegebene Relation ist offensichtlich reflexiv, d. h. jeder kennt sich selbst. Sie ist auch symmetrisch, d. h. wenn eine Person 1 eine Person 2 kennt, kennt auch Person 2 Person 1. Sie ist aber nicht antisymmetrisch und nicht transitiv. Es handelt sich daher um eine Verträglichkeitsrelation.

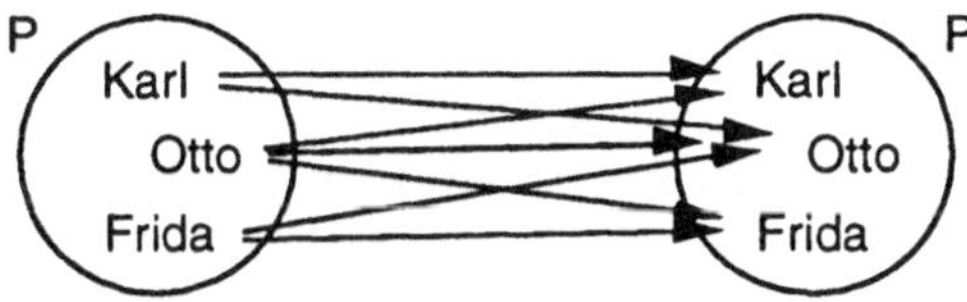


*Bild 3.4:* Beispiel für eine Relation

Deutlicher als die Darstellung einer Relation mit Hilfe von Mengen ist die Darstellung mit einer *Relationsmatrix*. Wie für das Beispiel 3.1 in Bild 3.5a veranschaulicht, werden alle Paare $(a, b) \in \rho$ in der Zeile mit dem Element a und der Spalte mit dem Element b durch eine „1" gekennzeichnet, die anderen Paare durch eine „0". Für symmetrische Relationen sind die linke untere Dreiecksmatrix und die rechte obere Dreiecksmatrix identisch, bei reflexiven Relationen besteht die Hauptdiagonale immer aus Einsen. Daher enthält bei Verträglichkeits- und Äquivalenzrelationen die linke untere Dreiecksmatrix sämtliche notwendigen Informationen, und man kann sich auf diese *Halbmatrix* beschränken (Bild 3.5b).

|      | Karl | Otto | Frida |
|------|------|------|-------|
| Karl | 1    | 1    | 0     |
| Otto | 1    | 1    | 1     |
| Frida| 0    | 1    | 1     |

| Karl |      |       |
|------|------|-------|
| 1    | Otto |       |
| 0    | 1    | Frida |

a) Relationsmatrix                     b) Halbmatrix

*Bild 3.5:* Relationsmatrix und -halbmatrix

### 3.2.2  Ordnungsrelationen

Ordnungsrelationen dienen dazu, zwischen gewissen Elementen einer Menge M mit Hilfe der Relation $\rho$ eine Reihenfolge festzulegen. Eine Ordnungsrelation $\rho$ auf einer Menge M erzeugt eine *Halbordnung* (M, $\rho$). Graphisch kann man eine Ordnungsrelation mit Hilfe eines Hasse-Diagramms darstellen. Ein *Hasse-Diagramm* ist ein Digraph (M, E), dessen Kanten durch die Relation $\rho$ so bestimmt werden, daß für alle Nachfolger b $\in$ S*(a) die Relation a $\rho$ b gilt,

$$E = \{(a, b) \mid a \rho b \land \neg \exists c \in M: a \rho c \land c \rho b\}. \tag{3.2}$$

*Beispiel 3.2:* Es sei M die Menge aller Teilmengen von {1, 2, 3}, M = {∅, {1}, {2}, {3}, {1, 2}, {1, 3}, {2, 3}, {1, 2, 3}} und $\rho$ die Beziehung $\subseteq$ zwischen Teilmengen. Das zugehörige Hasse-Diagramm zeigt Bild 3.6. Die Kante von {2} zu {1, 2} drückt z. B. aus, daß {2} $\subseteq$ {1, 2} gilt. Nicht zwischen allen Elementen kann eine Ordnung festgelegt werden, so gilt zwischen {1} und {2} weder die Beziehung $\subseteq$ noch die Beziehung $\supseteq$. Die Forderung der Nichtexistenz eines Elements c in (3.2) verhindert, daß aus der Transitivität der Ordnungsrelation folgende Relationsbeziehungen den Graphen unübersichtlich machen, sonst müßten z. B. in Bild 3.6 von allen Knoten des Graphen Kanten nach {1, 2, 3} führen.

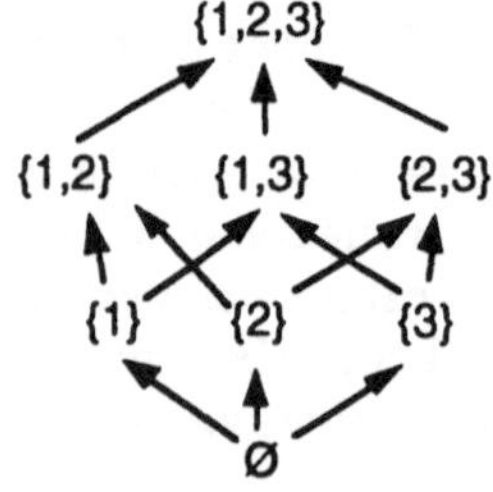


*Bild 3.6:* Hasse-Diagramm für eine Ordnungsrelation

### 3.2.3 Äquivalenzrelationen

Äquivalenzrelationen auf einer Menge M können dazu genutzt werden, um diese Menge in disjunkte Teilmengen $M_i$, sogenannte *Äquivalenzklassen*, zu zerlegen. Für alle Paare a, b $\in$ $M_i$ gilt a $\rho$ b, Elemente verschiedener Äquivalenzklassen stehen nicht in Relation $\rho$. Aufgrund der Transitivität der Relation $\rho$ gehört jedes Element von M genau einer Äquivalenzklasse $M_i$ an.

*Beispiel 3.3:* Es sei M = {1, 2, 3, 4, 5} und (a, b) $\in$ $\rho$, wenn a + b durch 2 teilbar ist. Es ist leicht zu verifizieren, daß $\rho$ reflexiv, symmetrisch und transitiv ist. Da die Summe zweier Zahlen genau dann durch 2 teilbar ist, wenn entweder beide Zahlen gerade oder beide Zahlen ungerade sind, wird M in die Äquivalenzklassen $M_1$ = {1, 3, 5} der ungeraden und $M_2$ = {2, 4} der geraden Zahlen zerlegt. •

Allgemein wird eine Aufteilung einer Menge M in eine Menge von Teilmengen $\pi$ = {$M_1$, $M_2$, ... $M_k$} als *Zerlegung (Partition)* bezeichnet, wenn folgende drei Bedingungen erfüllt sind:

- $\forall$ i $\in$ {1, ... k}: $M_i \subseteq M$
- $\forall$ i, j $\in$ {1, ... k}, i $\neq$ j: $M_i \cap M_j = \varnothing$
- $M_1 \cup M_2 \cup ... \cup M_k = M$

Ein Element $M_i$ der Partition $\pi$ heißt *Block* von $\pi$. Eine Äquivalenzrelation $\rho$ auf einer Menge M induziert eine Partition $\pi$ der Menge M. Die Äquivalenzklassen bezüglich $\rho$ entsprechen den Blöcken von $\pi$, zwei Elemente stehen genau dann in Relation $\rho$, a $\rho$ b, wenn beide Elemente zum selben Block von $\pi$ gehören. Bild 3.7 veranschaulicht die Korrespondenz von Elementen aus M zu Äquivalenzklassen für Beispiel 3.3.

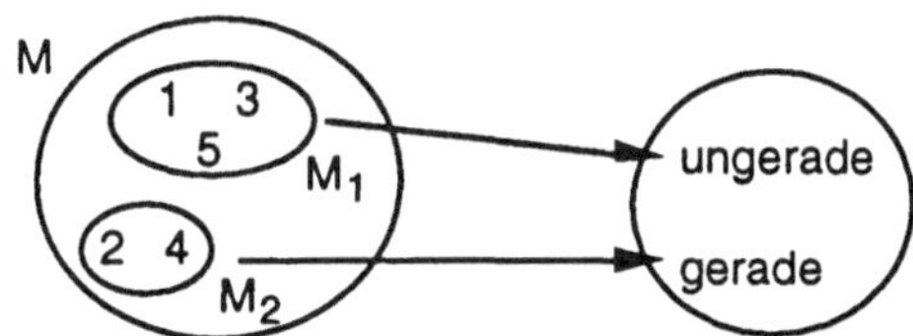


*Bild 3.7:* Äquivalenzklassen und Partitionen

Gehören die Elemente $m_1$, $m_2$ $\in$ M zum selben Block einer Partition $\pi$, schreibt man $m_1 \overset{\pi}{\sim} m_2$. Die Anzahl der Blöcke einer Partition $\pi$ wird mit b($\pi$), die Mächtigkeit des größten Blocks mit c($\pi$) bezeichnet. Das *Produkt* zweier Partitionen $\pi_1$ und $\pi_2$ ist eine Partition $\pi = \pi_1 \cdot \pi_2$ so, daß $m_1 \overset{\pi}{\sim} m_2$ genau dann, wenn $m_1 \overset{\pi_1}{\sim} m_2$ und $m_1 \overset{\pi_2}{\sim} m_2$. Die *Nullpartition* O einer Menge M ist eine Partition, deren Blöcke jeweils nur ein Element von M enthalten, c(O) = 1, b(O) = |M|.

### 3.2.4  Verträglichkeitsrelationen

Eine nichtleere Menge $M_i \subseteq M$ heißt *Verträglichkeitsklasse* bezüglich einer Verträglichkeitsrelation $\rho$ auf M, wenn alle Paare von Elementen aus $M_i$ in Relation $\rho$ stehen. Eine *maximale* Verträglichkeitsklasse ist in keiner anderen Verträglichkeitsklasse enthalten. Verträglichkeitsrelationen fehlt im Vergleich zu Äquivalenzrelationen die Transitivitätseigenschaft. Teilt man eine Menge M mit Hilfe einer Verträglichkeitsrelation daher in Verträglichkeitsklassen auf, gehört nicht unbedingt jedes Element von M genau einer Verträglichkeitsklasse an.

*Beispiel 3.4:* Es sei P = {Adam, Eva, Otto, Karl, Frida} eine Menge von Personen und die Verträglichkeitsrelation „einander mögen" auf P durch die Halbmatrix in Bild 3.8 gegeben. Möchte man möglichst viele Personen aus P zu einer Party einladen, so daß alle Gäste einander mögen, muß man die maximalen Verträglichkeitsklassen finden. $P_1$ = {Adam, Eva} ist zwar eine Verträglichkeitsklasse, da sich Adam und Eva mögen, aber keine maximale Verträglichkeitsklasse, da beide auch Karl mögen und $P_2$ = {Adam, Eva, Karl} damit ebenfalls eine Verträglichkeitsklasse darstellt, es gilt $P_1 \subseteq P_2$.

<br>

```
Adam
┌───┐
│ 1 │ Eva
├───┼───┐
│   │ 1 │ Otto
├───┼───┼───┐
│ 1 │ 1 │   │ Karl
├───┼───┼───┼───┐
│   │ 1 │ 1 │   │ Frida
└───┴───┴───┴───┘
```

*Bild 3.8:* Beispiel einer Verträglichkeitshalbmatrix                                    •

Die Rolle von Partitionen bei Äquivalenzklassen wird durch Überdeckungen bei Verträglichkeitsklassen übernommen. Eine Aufteilung einer Menge M in eine Menge von Teilmengen $\tau$ = {$M_1$, $M_2$, ... $M_k$} wird als *Überdeckung* bezeichnet, wenn folgende zwei Bedingungen erfüllt sind:

* $\forall\, i \in$ {1, ..., k}:   $M_i \subseteq M$
* $M_1 \cup M_2 \cup ... \cup M_k = M$.

Gegenüber einer Partition fehlt also die Eigenschaft der Disjunktheit aller Teilmengen $M_i$. Wie leicht zu zeigen ist, bildet die Menge aller maximaler Verträglichkeitsklassen einer Menge M bezüglich einer Verträglichkeitsrelation $\rho$ eine Überdeckung von M.

*Beispiel 3.4 (Forts.):* Die maximalen Verträglichkeitsklassen sind durch $P_1$ = {Adam, Eva, Karl} und $P_2$ = {Eva, Otto, Frida} gegeben. Die Menge $\tau$ = {$P_1$, $P_2$} bildet eine Überdeckung von P. Eva gehört in diesem Fall beiden maximalen Verträglichkeitsklassen an.                                                                   •

Der Unterschied zwischen Äquivalenz- und Verträglichkeitsklassen läßt sich
sehr gut auch mit Hilfe von Graphen veranschaulichen. Es sei zunächst $\rho$ die
auf der Menge M definierte Äquivalenzrelation von Beispiel 3.3. Zeichnet man
einen Graphen (M, E), wobei eine Kante {a, b} $\in$ E zwei Knoten a, b $\in$ M genau
dann verbindet, wenn a $\rho$ b gilt, erhält man das Ergebnis von Bild 3.9a. Die
Äquivalenzklassen in M entsprechen den Zusammenhangskomponenten des
Graphen (M, E), wobei die Zusammenhangskomponenten vollständige Untergraphen von (M, E) darstellen. Für die Verträglichkeitsrelation von Beispiel 3.4
erhält man auf ähnliche Weise den Graphen von Bild 3.9b. Die Verträglichkeitsklassen in P entsprechen den Cliquen des Graphen, maximale Verträglichkeitsklassen den Cliquen mit maximaler Knotenanzahl.

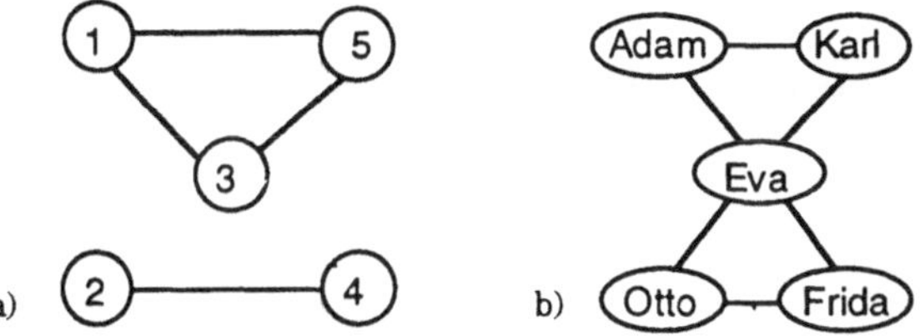


*Bild 3.9:* Graphendarstellung von Äquivalenz- und Verträglichkeitsrelationen

### 3.2.5  Zusammenfassung

Der Zusammenhang der verschiedenen in diesem Abschnitt vorgestellten Kon-
zepte wird in Tabelle 3.1 nochmals veranschaulicht. Jeder der drei Relationstypen erfüllt andere Bedingungen und führt demzufolge zu einer anderen
Strukturierung der Menge M, auf der die Relation definiert ist.

*Tabelle 3.1:* Übersicht über verschiedene Relationstypen

| Relation | Bedingungen | Struktur | Darstellung |
| --- | --- | --- | --- |
| Äquivalenz-relation | reflexiv symmetrisch transitiv | Äquivalenzklassen → Partition | Äquivalenz-Halbmatrix |
| Verträglich-keitsrelation | reflexiv symmetrisch | maximale Verträg-lichkeitsklassen → Überdeckung | Verträglichkeits-Halbmatrix |
| Ordnungs-relation | reflexiv antisymmetrisch transitiv | Halbordnung | Hasse-Diagramm |

## 3.3 Grundlagen aus der Logik

### 3.3.1 Boolesche Funktionen

Basis der Realisierung digitaler Schaltungen ist eine zweiwertige *boolesche Algebra* $(B, \sqcap, \sqcup)$. Dabei stellt B eine zweielementige Menge dar, auf der zweiwertige Operationen $\sqcap$ und $\sqcup$ definiert sind, die folgende Axiome (*Huntingtonsche Axiome*) erfüllen:

- B ist abgeschlossen bezüglich $\sqcap$ und $\sqcup$.
- Beide Operationen sind kommutativ.
- Die beiden Operationen sind distributiv, d. h. für alle x, y, z $\in$ B gilt
  $x \sqcap (y \sqcup z) = (x \sqcap y) \sqcup (x \sqcap z),$
  $x \sqcup (y \sqcap z) = (x \sqcup y) \sqcap (x \sqcup z).$
- Es existieren neutrale Elemente 0 und 1 bezüglich beider Operationen,
  $\exists\, 0 \in B: \forall\, x \in B: x \sqcup 0 = x,$
  $\exists\, 1 \in B: \forall\, x \in B: x \sqcap 1 = x.$
- Zu jedem x $\in$ B existiert ein komplementäres Element x' mit
  $x \sqcup x' = 1, x \sqcap x' = 0.$

Man beachte, daß in einer booleschen Algebra inverse Elemente $x^{-1}$ mit $x \sqcup x^{-1} = 0$ oder $x \sqcap x^{-1} = 1$ nicht existieren, dadurch gibt es auch keine „Subtraktion" als Gegenoperation zur „Addition" $\sqcup$ und keine „Division" als Gegenoperation zur „Multiplikation" $\sqcap$.

Ein- und Ausgangsvariablen digitaler Schaltungen können die Werte „0" oder „1" annehmen. Im folgenden wird daher stets B = {0, 1} verwendet. Als Operationen erhält man dann die logische UND-Verknüpfung $\wedge$ (Konjunktion) und die logische ODER-Verknüpfung $\vee$ (Disjunktion). Durch die Vereinbarung, daß konjunktive Verknüpfungen vor disjunktiven Verknüpfungen durchgeführt werden, kann beim Schreiben boolescher Ausdrücke die Anzahl der Klammern reduziert werden. Häufig wird auf das Ausschreiben des Konjunktionssymbols verzichtet, d. h. $x \wedge y = xy$. Das Komplement eines Wertes x wird mit $\bar{x}$ bezeichnet.

Eine *boolesche Funktion* f bildet n binäre (Eingangs-)Variablen, d. h. Elemente des n-dimensionalen booleschen Raumes $\{0, 1\}^n$, auf einen Wert 0 oder 1 ab. Bei der Spezifikation digitaler Schaltungen ist es häufig notwendig, eine Menge boolescher Funktionen als Implementierung zuzulassen. Zur Abkürzung der Schreibweise führt man dazu neben den Elementen von B einen dritten Wert „–" *(don't care)* ein, er symbolisiert, daß eine Variable beliebig gleich 0 oder 1 sein kann. Im folgenden wird zur Vereinfachung eine Menge boolescher Funktionen, die durch sämtliche Möglichkeiten, don't care-Werte zu 0 oder zu 1 zu verfügen, gegeben ist, als booleschen Funktion mit drei möglichen Ausgabewerten

$$f\colon \{0, 1\}^n \rightarrow \{0, 1, -\}, \quad x \rightarrow f(x). \tag{3.3}$$

bezeichnet. Die Menge aller Variablenkombinationen $x = (x_1, x_2, \ldots x_n)$ mit $f(x) = 1$ wird als Einsstellenmenge E, die Menge aller $x$ mit $f(x) = 0$ als Nullstellenmenge N und die Menge aller $x$ mit $f(x) = -$ als DC-Menge D der Funktion f bezeichnet. Es gilt $E \cup N \cup D = \{0, 1\}^n$. Ist die DC-Menge einer Funktion leer, heißt sie vollständig definiert, ansonsten ist sie unvollständig (partiell) definiert.

Ein *Minterm* $m_j$ ist eine konjunktive Verknüpfung aller n Eingabevariablen, die entweder komplementiert oder nicht komplementiert sind,

$$m_j = \overset{\bullet}{x}_1 \wedge \overset{\bullet}{x}_2 \wedge \ldots \wedge \overset{\bullet}{x}_n \qquad \overset{\bullet}{x}_i \in \{x_i, \bar{x}_i\}, \quad i = 1, \ldots, n. \qquad (3.4)$$

Komplementierte oder nicht komplementierte Variablensymbole $\overset{\bullet}{x}_i$ werden als *Literale* bezeichnet. Da es $2n$ mögliche Kombinationen von n Literalen gibt, gibt es $2n$ Minterme $m_j$. Jeder Minterm entspricht einer Belegung der binären Variablen $x_i$, für die er den Wert 1 annimmt, d. h. einem Element des booleschen Raumes $\{0,1\}^n$. Im folgenden wird zwischen der Bezeichnung eines Minterms als konjunktivem Ausdruck nach (3.4) und der Darstellung eines Minterms als Element des booleschen Raumes nicht mehr unterschieden. Unter einem Einsstellen-Minterm der Funktion f versteht man einen Minterm, der zum Funktionswert 1 führt, analog sind Nullstellen- und DC-Stellen-Minterme definiert. Eine Funktion f heißt in *disjunktiver Normalform* dargestellt, wenn sie durch die disjunktive Verknüpfung aller ihrer Einsstellen-Minterme ausgedrückt wird,

$$f(x_1, \ldots, x_n) = \bigvee_{j=0}^{2^n-1} w_j \wedge m_j \qquad w_j = 1 \Leftrightarrow m_j \in E, \qquad (3.5)$$

wobei die binären Variablen $w_j$ die Einsstellen-Minterme auswählen. In der Darstellung einer Funktion in einem KV-Diagramm entsprechen die Werte $w_j$ den Funktionswerteinträgen (vgl. Bild 3.10). Die Kenntnis der Darstellung von Funktionen mit KV-Diagrammen (Karnaugh-(Veitch-)Diagrammen) wird im folgenden als bekannt vorausgesetzt (vgl. z. B. [ScSW 73, GiLi 80]).

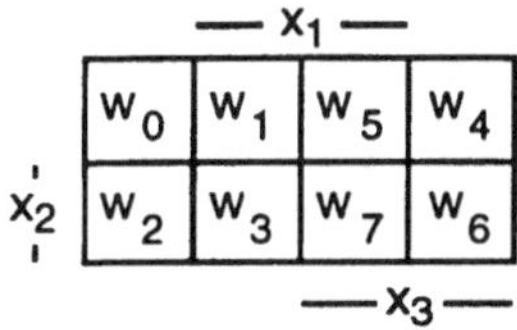

*Bild 3.10:* KV-Diagramm für n = 3 Variablen

Ein *Produktterm* $p_j$ entspricht einer beliebigen Konjunktion von Literalen, bei der jede Variable $x_i$ maximal einmal auftritt. Jeder Produktterm mit $n - k$ Variablen *überdeckt* $2^k$ Minterme, die durch Konjunktion des Produktterms mit den $2^k$ möglichen Kombinationen von Literalen entstehen, deren Variablen in dem Produktterm nicht vorkommen.

*Beispiel 3.5:* Man betrachte eine Funktion $f(x_1, x_2, x_3)$ mit $n = 3$ Variablen und den Produktterm $\bar{x}_1 x_2$ mit $n - 1 = 2$ Variablen. Er überdeckt die $2^k = 2$ Minterme $\bar{x}_1 x_2 x_3$ und $\bar{x}_1 x_2 \bar{x}_3$.                                   •

Ein Produktterm heißt *Implikant* einer Funktion f, wenn die Beziehung $p_j \Rightarrow f$ gilt, d. h. wenn der Produktterm nur Einsstellen-Minterme (und bei partiell definierten Funktionen DC-Stellen-Minterme) überdeckt. Ein Implikant heißt *Primimplikant* von f, wenn alle Produktterme, die durch Weglassen eines Literals entstehen, keine Implikanten von f sind. Ein Primimplikant heißt *Kernprimimplikant* von f, wenn es mindestens einen Einsstellen-Minterm von f gibt, der durch keinen anderen Primimplikanten überdeckt wird. Eine Funktion heißt in disjunktiver Form dargestellt, wenn sie durch eine disjunktive Verknüpfung von Implikanten repräsentiert wird

$$f(x_1, ..., x_n) = \bigvee_{j=0}^{k-1} p_j \qquad\qquad p_j \Rightarrow f. \qquad\qquad (3.6)$$

In der Terminologie von Abschnitt 3.2 muß die Menge der Implikanten einer disjunktiven Form eine Überdeckung der Einsstellen-Minterme bilden.

Bei der Darstellung in *disjunktiver Minimalform* muß zusätzlich die Anzahl k der Implikanten und die Summe der Literale aller Implikanten $p_j$ minimal sein. Alle Implikanten in einer disjunktiven Minimalform sind Primimplikanten, und alle Kernprimimplikanten einer Funktion sind in der disjunktiven Minimalform als Implikanten enthalten. Die disjunktive Minimalform entspricht einer Überdeckung $\tau$ der Einsstellen-Minterme durch Primimplikanten ($\rightarrow$ Summe der Literale minimal) mit minimaler Kardinalität $|\tau|$ ($\rightarrow$ Anzahl der Implikanten minimal).

Eine boolesche Funktion heißt *monoton wachsend (fallend)* in $x_i$, wenn der Wechsel einer Eingabevariablen $x_i$ von 0 nach 1 entweder keinen Ausgabewechsel oder einen Ausgabewechsel von 0 nach 1 (1 nach 0) verursacht. Ist eine Funktion monoton wachsend oder fallend in $x_i$, heißt sie monoton in $x_i$. Eine Funktion heißt *monoton*, wenn sie monoton in allen Variablen ist.

*Beispiel 3.6:* Die Funktion $f(x) = x_1 x_2 \vee \bar{x}_1 \bar{x}_3$ ist monoton wachsend in $x_2$, monoton fallend in $x_3$, aber nicht monoton in $x_1$. Damit ist die Funktion nicht monoton.                                                           •

*Satz 3.1:* Eine Funktion f ist monoton wachsend (fallend) in einer Variablen $x_i$ genau dann, wenn kein Primimplikant von f das Literal $\bar{x}_i$ ($x_i$) enthält.

Beweis: siehe [BHMS 84].                                                      ◆

Bisher waren die Betrachtungen auf boolesche Funktionen mit einer Ausgabe beschränkt. Beim Schaltungsentwurf werden jedoch häufig Bausteine mit mehreren Ausgängen eingesetzt (vgl. Abschnitt 2.4.2.1). Ihre Funktion wird durch eine boolesche *Bündelfunktion* repräsentiert. Bündelfunktionen bilden n Eingabevariablen auf m Ausgabevariablen ab

$$f: \{0, 1\}^n \to \{0, 1, -\}^m, \quad x \to f(x) = (f_1(x), f_2(x), \dots f_m(x)). \tag{3.7}$$

Sind keine Verwechslungen möglich, werden im folgenden sowohl Einzel- als auch Bündelfunktionen mit dem Symbol f bezeichnet. Den Unterschied zwischen der Realisierung von m Einzelfunktionen und einer Bündelfunktion mit m Ausgabevariablen veranschaulicht Bild 3.11. Die Einzelfunktionen stimmen zwar in den Eingabevariablen überein, alle Funktionen werden jedoch, wie in einem PAL-Baustein, getrennt realisiert. Eine Bündelfunktion ermöglicht es, Teile der Verknüpfungslogik für mehrere Ausgangsfunktionen zu nutzen, dies trifft zum Beispiel für die Produktterme eines PLAs zu.

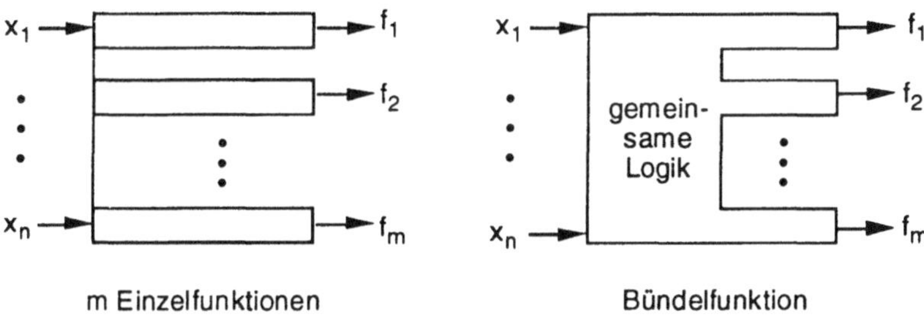


*Bild 3.11:* Realisierung von Einzel- und Bündelfunktionen

### 3.3.2 Funktionsdarstellung mit Würfeln

#### 3.3.2.1 *Würfel und Bündel-Implikanten*

Zur effizienten Manipulation boolescher Funktionen in Rechnern sind symbolische Ausdrücke schlecht geeignet. An ihrer Stelle verwendet man häufig Mengen von *Würfeln*, die in Form von Vektoren und Matrizen rechnergerecht repräsentiert werden können (vgl. [BHMS 84]). Ein Würfel dient zur Darstellung eines Produktterms von Bündelfunktionen. Er enthält außer der Angabe, welche Literale konjunktiv verknüpft werden, eine Spezifikation der Ausgabefunktionen, für die der Produktterm ein Implikant ist.

Es sei $c = (x_1, \dots, x_n; y_1, \dots, y_m)$ ein durch einen n+m-dimensionalen Vektor dargestellter Würfel *(cube)* mit $x_i \in \{0, 1, -\}$, $y_j \in \{0, 1\}$. Der n-dimensionale Teilvektor $(x_1, \dots, x_n)$ wird als Eingabewürfel I(c), der m-dimensionale Teilvektor $(y_1, \dots, y_m)$ als Ausgabewürfel O(c) bezeichnet. Der Eingabewürfel repräsentiert einen Produktterm, der alle Variablen mit $x_i = 0$ komplementiert und alle Variablen mit $x_i = 1$ unkomplementiert enthält. Variablen mit $x_i = -$ sind in dem Produktterm nicht enthalten. Die Anzahl solcher im Produktterm nicht enthaltenen Variablen wird als Dimension des Würfels bezeichnet. Der

Ausgabewürfel gibt an, ob der Produktterm für eine Ausgabefunktion $f_j(x)$ ein Implikant ist ($y_j = 1$) oder nicht zur Ausgabefunktion beiträgt ($y_j = 0$). Bei der Darstellung von Einzelfunktionen f kann man sich auf die Darstellung der Eingabewürfel mit $f(x) = 1$ beschränken.

Beschränkt man sich auf durch dreidimensionale Vektoren dargestellte Eingabewürfel, kann man sich diese auch anschaulich vorstellen (Beispiel 3.7). Allerdings entspricht ein Würfel der obigen Definition nur in Spezialfällen der Interpretation eines Würfels als kubischem Körper.

*Beispiel 3.7:* Man betrachte die Bündelfunktion gegeben durch $f(x) = (f_1(x), f_2(x))$ mit $f_1(x) = x_1 \bar{x_3} \vee x_1 x_2 x_3$ und $f_2(x) = \bar{x_1} \bar{x_3} \vee x_1 x_2 x_3$. Es gilt n = 3 und m = 2. Bild 3.12a zeigt einen dreidimensionalen kubischen Körper („Würfel") für Funktion $f_1$, dessen acht Ecken den $2^3$ Mintermen der Funktion mit drei Eingangsvariablen entsprechen. Ein „Würfel" ähnelt der räumlichen Darstellung eines KV-Diagramms für drei Eingabevariablen (Bild 3.12b).

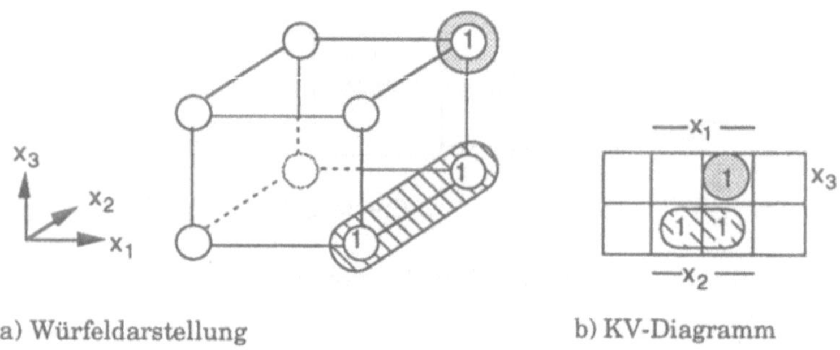


a) Würfeldarstellung                                   b) KV-Diagramm

*Bild 3.12:* Würfelrepräsentation und KV-Diagramm einer Funktion

Durch das Koordinatensystem wird festgelegt, daß z. B. die rechte Hälfte des „Würfels" dem Eingabewert $x_1 = 1$ zugeordnet ist, die linke Hälfte dem Eingabewert $x_1 = 0$. Die linke untere vordere Ecke entspricht der Eingabekombination $x_1 = x_2 = x_3 = 0$. Der eindimensionale Würfel (1, –, 0; 1, 0) beschreibt den Implikanten $x_1 \bar{x_3}$ von Funktion $f_1$, der Würfel (1, 1, 1; 1, 1) den gemeinsamen Implikanten $x_1 x_2 x_3$ von $f_1$ und $f_2$. Die Implikanten von Funktion $f_1$ sind sowohl in den „Würfel" von Bild 3.12a als auch in das KV-Diagramm von Bild 3.12b eingezeichnet. Produktterme mit n – k Variablen entsprechen einem k-dimensionalen Teil„würfel" eines n-dimensionalen „Würfels". So wird der Eingabewürfel (1, –, 0) des ersten Implikanten von Funktion $f_1$ durch den schräg schraffierten eindimensionalen Teil„würfel" in Bild 3.12a repräsentiert.                                                •

Im folgenden wird zwischen der vektoriellen Darstellung von Würfeln und „Würfeln" als booleschen Teilräumen beliebiger Dimension nicht mehr unterschieden. Die Kommas zwischen verschiedenen Komponenten des Ein- bzw. Ausgabewürfels werden zur Vereinfachung häufig weggelassen.

Die Würfelrepräsentation ermöglicht eine konsistente Behandlung der Zusammenfassung und Aufspaltung von Ein- und Ausgangswürfeln und damit eine effiziente Möglichkeit zur Manipulation von Bündelfunktionen. Zur Illustration dieses Sachverhaltes wird im folgenden Beispiel eine anschauliche Interpretation der Zusammenfassung von Würfeln, die erst im folgenden Abschnitt 3.3.2.2 formal eingeführt wird, verwendet. Zwei Würfel gleicher Dimension lassen sich genau dann zusammenfassen, wenn entweder bei identischen Ausgabewürfeln ihre Eingabewürfel oder bei identischen Eingabewürfeln ihre Ausgabewürfel „benachbart" sind. In beiden Fällen wird die Anzahl von Implikanten zur Darstellung einer Bündelfunktion reduziert, im ersten Fall durch die Ausnutzung der Huntingtonschen Axiome, im zweiten Fall durch die Verwendung eines Würfels in mehreren Ausgangsfunktionen.

*Beispiel 3.8:* In Bild 3.13 ist eine Bündelfunktion mit je zwei Eingabe- und Ausgabevariablen dargestellt. In der graphischen Würfeldarstellung belegt Funktion $f_1$ den vorderen Teil des Würfels, die Funktion $f_2$ den hinteren Teil.

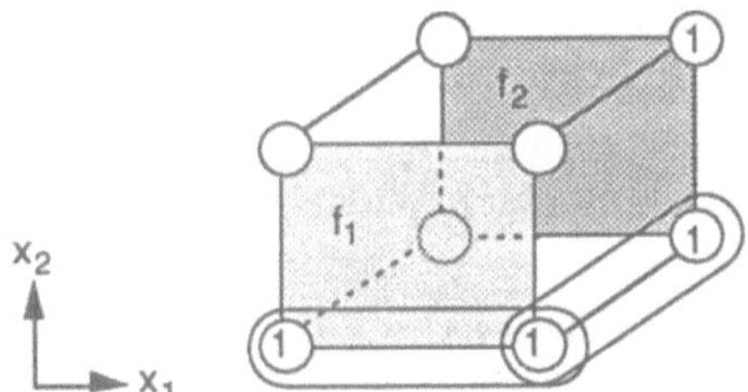


*Bild 3.13:* Zusammenfassung von Ein- und Ausgabewürfeln

Die beiden benachbart liegenden Minterm-Würfel der Funktion $f_1$, (1 0; 1 0) und (0 0; 1 0), können genauso zu einem Implikanten (– 0; 1 0) zusammengefaßt werden, wie die benachbart liegenden Minterm-Würfel (1 0; 1 0) und (1 0; 0 1) der Funktionen $f_1$ und $f_2$ zu einem Bündel-Implikanten (1 0; 1 1).     •

Eine in disjunktiver Form oder in Form einer Funktionstabelle gegebene Bündelfunktion kann leicht in eine Würfelrepräsentation umgesetzt werden, indem sämtliche Produktterme bzw. Zeilen der Funktionstabelle in Würfel verwandelt werden. Eine Menge von Würfeln wird als *Hülle (cover)* H(f) einer Bündelfunktion f bezeichnet, wenn durch die in der Hülle repräsentierten Bündelimplikanten alle Einsstellen-Minterme und keine Nullstellen-Minterme der Funktion überdeckt werden. Zur Verarbeitung einer Hülle in Rechnern wird diese als Matrix dargestellt, deren Zeilen den Würfeln entsprechen.

*Beispiel 3.7 (Forts.):* Eine Hülle der Bündelfunktion lautet

$$H(f) = \{\,(1-0;\,1\,0),\,(1\,1\,1;\,1\,1),\,(0-0;\,0\,1)\,\} = \begin{pmatrix} 1-0\,;\,1\,0 \\ 1\,1\,1\,;\,1\,1 \\ 0-0\,;\,0\,1 \end{pmatrix}.$$

### 3.3.2.2  Operationen auf Würfeln

Um mit der Würfelrepräsentation von booleschen Funktionen arbeiten zu können, müssen Operationen auf Würfeln und Würfelmengen definiert werden. Zunächst wird die in Abschnitt 3.3.1 angesprochene Überdeckungsbeziehung zwischen Produkttermen und Mintermen auf Würfel übertragen.

*Definition 3.1:* Ein Würfel c *überdeckt* einen Würfel b, $b \subseteq c$, wenn für die Komponenten $i \leq n$ der Eingabewürfel $b_i = c_i$ oder $c_i = -$ gilt und wenn für die Komponenten $j > n$ der Ausgabewürfel $b_j = c_j$ oder $b_j = 0$ gilt.

*Beispiel 3.8 (Forts.):* Der Würfel $(- 0; 1\ 0)$ überdeckt, wie bereits in Bild 3.13 illustriert, die Minterm-Würfel $(0\ 0; 1\ 0)$ und $(1\ 0; 1\ 0)$, ebenso überdeckt der Würfel $(1\ 0; 1\ 1)$ die Minterm-Würfel $(1\ 0; 1\ 0)$ und $(1\ 0; 0\ 1)$.                                     •

Die durch einen Würfel überdeckten Minterm-Würfel, kurz auch die Minterme eines Würfels, erhält man, indem im Eingabewürfel don't cares durch alle möglichen Kombinationen von 0 und 1 ersetzt werden und indem im Ausgabewürfel jeweils nur eine der Komponenten auf 1 gesetzt wird. Betrachtet man Würfel und Würfelmengen, muß man zwischen „Überdeckung" und „Enthaltensein" unterscheiden.

*Definition 3.2:* Ein Würfel b wird durch eine Würfelmenge C *überdeckt*, $b \subseteq C$, wenn alle Minterme von b durch mindestens einen Würfel in C überdeckt werden.

*Definition 3.3:* Ein Würfel b ist in einer Würfelmenge $C = \{c_1, \dots c_k\}$ *enthalten*, $b \in C$, wenn es einen Würfel $c_i$ mit $b = c_i$ gibt.

*Beispiel 3.8 (Forts.):* Man betrachte $C = \{(- 0; 1\ 0), (1 -; 0\ 1)\}$ und $b = (1\ 0; 1\ 1)$. Der Würfel b wird zwar durch C überdeckt, ist aber nicht in C enthalten. Er wird auch durch keinen der Würfel von C überdeckt.                                     •

Damit kann die disjunktive Minimalform von Abschnitt 3.3.1 auch mit Hilfe von Würfeln definiert werden. Ein *Primwürfel* $c \subseteq H(f)$ einer Funktion f ist ein Würfel, der von keinem anderen Würfel $c_i \subseteq H(f)$ überdeckt wird[*]; er entspricht einem Primimplikanten. Ein *Kernwürfel* ist ein Primwürfel, der einen Minterm-Würfel überdeckt, welcher von keinem anderen Primwürfel überdeckt wird; er entspricht einem Kernprimimplikanten. Eine *Primhülle* einer Funktion f ist eine Hülle H(f), die nur aus Primwürfeln besteht. Wird aus einer *irredundanten Hülle* ein beliebiger Würfel gestrichen, überdeckt die verbleibende Würfelmenge nicht mehr alle Minterm-Würfel. Die disjunktive Minimalform einer Funktion f entspricht also einer irredundanten Primhülle der Funktion f.

Bereits in Bild 3.13 wurden Beispiele für die Zusammenfassung von Würfeln illustriert. In der nächsten Definition wird diese Zusammenfassung als Vereinigung von Würfeln formalisiert.

---

[*]  Man beachte, daß weder c noch $c_i$ in H(f) enthalten ($\in$) sein müssen.

*Definition 3.4:* Als *Vereinigung* zweier Würfel b und c, b $\cup$ c, erhält man
  a) den Würfel d mit $d_i$ = –, wenn sich b und c nur in der Komponente i $\leq$ n
     des Eingabewürfels unterscheiden, $d_i$ = $b_i$ = $c_i$ sonst, O(d) = O(b) = O(c),
  b) den Würfel d, in dem die Komponenten j > n des Ausgabewürfels auf $d_j$ =
     $b_j \vee c_j$ gesetzt werden, wenn I(b) = I(c), $d_i$ = $b_i$ = $c_i$ für i $\leq$ n,
  c) die Würfelmenge {b, c} in allen anderen Fällen.

Die Definition stellt sicher, daß die beiden booleschen Teilräume, die durch die
zu vereinigenden Würfel spezifiziert sind, im booleschen Teilraum des Ergebnisses der Vereinigung enthalten sind. Als Spezialfall ergibt sich b $\cup$ c = b,
falls c $\subseteq$ b.

*Beispiel 3.8 (Forts.):* Nach dieser Definition erhält man z. B. (1 0; 0 1) $\cup$ (1 0; 1 0) =
  (1 0; 1 1) und (1 0; 1 0) $\cup$ (0 0; 1 0) = (– 0; 1 0). Man kann sich die Operation
  leicht anhand von Bild 3.13 veranschaulichen. •

Als nächstes betrachten wir den Schnitt von Würfeln. Dazu ist es nützlich, das
Konzept eines leeren Würfels einzuführen. Der *leere Würfel* $\varnothing$ entspricht einer
leeren Würfelmenge und ist damit kein Würfel im eigentlichen Sinn.

*Definition 3.5:* Als *Schnitt* zweier Würfel b und c, b $\cap$ c, erhält man
  a) den leeren Würfel $\varnothing$, wenn in mindestens einer Komponente i der Einga-
     bewürfel $b_i$ = 0 $\wedge$ $c_i$ = 1 bzw. $b_i$ = 1 $\wedge$ $c_i$ = 0 gilt,
  b) den leeren Würfel $\varnothing$, wenn es keine Komponente j des Ausgabewürfels
     mit $b_j \wedge c_j$ = 1 gibt,
  c) den Würfel d mit $d_i$ = $c_i$ wenn $b_i$ = –, $d_i$ = $b_i$ wenn $c_i$ = – und $d_i$ = $b_i$ = $c_i$
     sonst für die Komponenten i $\leq$ n des Eingabewürfels, und $d_j$ = $b_j \wedge c_j$ für
     die Komponenten j > n des Ausgabewürfels.

Damit wird der Schnittwürfel zweier Würfel immer von beiden Würfeln überdeckt.

*Beispiel 3.8 (Forts.):* Nach dieser Definition erhält man z. B. (0 0; 1 0) $\cap$ (0 0; 0 1) =
  $\varnothing$ und (– 0; 0 1) $\cap$ (1 0; 1 1) = (1 0; 0 1). Man kann sich die Operation leicht
  anhand von Bild 3.13 veranschaulichen. •

Bisher wurden nur Beziehungen zwischen Würfeln, bzw. zwischen Würfeln
und Würfelmengen betrachtet. In den nächsten Definitionen geht es um Beziehungen zwischen verschiedenen Würfelmengen, die z. B. Hüllen von Bündelfunktionen darstellen. Die üblichen Mengenbeziehungen (z. B. $\subseteq$, $\cap$) müssen
dabei von speziellen Beziehungen zwischen Würfelmengen (z. B. $\sqsubseteq$, $\sqcap$) unterschieden werden[*].

*Definition 3.6:* Eine Würfelmenge B = {$b_1$, ... $b_k$} ist in einer Würfelmenge C *enthalten*, B $\subseteq$ C, wenn alle Würfel $b_i \in$ B in C enthalten sind, $b_i \in$ C.

*Definition 3.7:* Eine Würfelmenge B = {$b_1$, ... $b_k$} wird durch eine Würfelmenge C
*überdeckt*, B $\sqsubseteq$ C, wenn $b_i \subseteq$ C für alle Würfel $b_i \in$ B gilt.

---

[*] Das Symbol $\sqcap$ wird im folgenden nur noch gemäß Definition 3.8 benutzt und nicht mehr
wie in Abschnitt 3.3.1 als Operation der zweiwertigen booleschen Algebra.

*Definition 3.8:* Der *Schnitt* zweier Würfelmengen B und C ist definiert durch
B ⊓ C = {$b_i$ ∩ $c_j$ | $b_i$ ∈ B, $c_j$ ∈ C}.

*Beispiel 3.8 (Forts.):* Es seien B = {(– 0; 1 0)} und C = {(1 0; 1 1)} die betrachteten
Würfelmengen. Während für die Mengen B ∩ C = ∅ gilt, erhält man für den
Schnitt der Würfelmengen B ⊓ C = {(1 0; 1 0)}. Die Schnittmenge wird durch
beide Würfelmengen B und C überdeckt, ist aber in keiner dieser Mengen
enthalten.

Die Vereinigung zweier Würfelmengen unterscheidet sich nicht von der Vereinigung zweier Mengen. Die Vereinigung der Hüllen zweier Funktionen
überdeckt die Vereinigungsmenge der Einsstellen beider Funktionen, entspricht also einer disjunktiven Verknüpfung der Funktionen. Analog entspricht der Schnitt der Hüllen zweier Funktionen einer konjunktiven Verknüpfung der Funktionen.

*Definition 3.9:* Zwei Würfelmengen B und C heißen *orthogonal*, B ⊥ C, wenn B ⊓
C = ∅.

Bei vollständig definierten Funktionen gilt stets H(f) ⊥ H($\bar{f}$), d. h. die Hüllen einer Funktion und ihres Komplements sind orthogonal, da Eins- und Nullstellenmenge bei der Komplementierung vertauscht werden und disjunkt sind.

### 3.3.2.3  *Entwicklungssatz und Kofaktoren*

Der Entwicklungssatz ermöglicht es, eine Funktion, die von n Variablen abhängt, in zwei Teilfunktionen von je n – 1 Variablen aufzuspalten. Diese Aufspaltung, auch Separation genannt [GiLi 80], lautet

$$f(x_1, ..., x_{i-1}, x_i, x_{i+1}, ... x_n) = \quad x_i \wedge f(x_1, ..., x_{i-1}, x_i = 1, x_{i+1}, ... x_n) \quad \vee$$
$$\bar{x}_i \wedge f(x_1, ..., x_{i-1}, x_i = 0, x_{i+1}, ... x_n). \qquad (3.8)$$

Die beiden aus f durch Null- bzw. Einssetzen einer Variablen $x_i$ entstehenden
Ausdrücke werden auch als *Kofaktoren* von f nach Variable $x_i$ bezeichnet

$$f_{x_i} = f(x_1, ..., x_{i-1}, x_i = 1, x_{i+1}, ... x_n), \qquad (3.9a)$$
$$f_{\bar{x}_i} = f(x_1, ..., x_{i-1}, x_i = 0, x_{i+1}, ... x_n). \qquad (3.9b)$$

Man beachte, daß im allgemeinen $f_{\bar{x}_i} \neq \bar{f}_{x_i}$ .

*Beispiel 3.9:* Für die Funktion f(x) = $x_1\,\bar{x_3}$ ∨ $x_1\,x_2\,x_3$ ergeben sich die Kofakto-
ren nach Variable $x_1$ zu $f_{x_1} = \bar{x_3}$ ∨ $x_2 x_3$ , $f_{\bar{x_1}}$ = 0 und nach Variable $x_3$ zu $f_{x_3}$ =
$x_1 x_2$, $f_{\bar{x_3}}$ = $x_1$. Durch Einsetzen in Gleichung 3.8 validiert man leicht die
Gültigkeit von f = $x_1\,f_{x_1}$ ∨ $\bar{x_1}\,f_{\bar{x_1}}$ bzw. f = $x_3\,f_{x_3}$ ∨ $\bar{x_3}\,f_{\bar{x_3}}$.

Kofaktoren können auch aus Würfeln und Würfelmengen berechnet werden.
Die folgende Definition ist so konstruiert, daß mit solchen Kofaktoren der Entwicklungssatz auch auf Bündelfunktionen mit n Eingaben und m Ausgaben
angewendet werden kann.

*Definition 3.10:* Der Kofaktor eines Würfels c bezüglich eines Würfels p ist der
leere Würfel ∅ für c ∩ p = ∅, und sonst ein Würfel $c_p = (c_{p_1}, ... , c_{p_{n+m}})$ mit

$$c_{p_i} = \begin{cases} - & \text{für } p_i \neq -, i \leq n \\ 1 & \text{für } p_i = 0, i > n \\ c_i & \text{sonst} \end{cases} .$$

Der Kofaktor $C_p$ einer Würfelmenge C bezüglich eines Würfels p entspricht der Menge aller Kofaktoren der Würfel von C bezüglich p. Möchte man eine (Bündel-)Funktion f nach einer Variablen $x_i(\bar{x}_i)$ entwickeln, entspricht dies der Entwicklung von H(f) nach einem Würfel p mit $p_i = 1(0)$; alle anderen Elemente des Eingabewürfels I(p) sind $p_j = -, j \neq i$, und die Elemente des Ausgabewürfels O(p) werden zu $p_j = 1, j > n$, gesetzt.

*Beispiel 3.9 (Forts.):* Die Hülle der Funktion f ist durch H(f) = {b, c} mit b = (1 – 0; 1), c = (1 1 1; 1) gegeben. Bildet man den Kofaktor von H(f) bezüglich der Variablen $x_1$, die durch den Würfel p = (1 – –; 1) repräsentiert wird, erhält man $b_p$ = (– – 0; 1), $c_p$ = (– 1 1; 1) und $H(f)_p$ = {$b_p$, $c_p$}. Dies entspricht der Hülle von $f_{x_1}$. Bildet man den Kofaktor von H(f) bezüglich der Variablen $\bar{x}_1$, die durch p = (0 – –; 1) repräsentiert wird, erhält man als Ergebnis den leeren Würfel, da die Würfel b und c mit p keinen nichtleeren Schnitt haben. Dies entspricht der Hülle von $f_{\bar{x}_1}$ = 0.                                     •

Die Verallgemeinerung der Kofaktor-Bildung auf beliebige Würfel p ermöglicht es, Funktionen auch nach mehreren Variablen gleichzeitig zu entwickeln. Der Entwicklungssatz wird in Kapitel 4 unter anderem dazu genutzt, Probleme für eine Funktion mit n Variablen in Teilprobleme mit Funktionen in weniger als n Variablen zu zerlegen. Für die Größe und Schwierigkeit dieser Teilprobleme ist es entscheidend, ob die dadurch repräsentierten Teilfunktionen monoton sind. In manchen Fällen sind durch Würfelmengen repräsentierte Funktionen leicht als monoton zu klassifizieren.

*Satz 3.2:* Eine Funktion f ist monoton wachsend (fallend) in einer Variablen $x_i$, wenn kein Würfel von H(f) in Koordinate i einen Wert 0 (1) hat.

Beweis: Eine Würfelmenge, in der für eine Koordinate i der Wert 0 nicht auftritt, korrespondiert zu einer disjunktiven Form, in der das Literal $\bar{x}_i$ in keinem Produktterm vorkommt. Ändert man $x_i$ von 0 nach 1, kann daher kein Produktterm seinen Wert von 1 nach 0 ändern, wodurch sich der Funktionswert ebenfalls nicht von 1 nach 0 ändern kann. Analoges gilt für eine Würfelmenge, in der für eine Koordinate i der Wert 1 nicht auftritt.        ◆

Weitere Details über die Darstellung von Funktionen mit Würfeln können [BHMS 84] entnommen werden.


### 3.3.3  Funktionsdarstellung mit Graphen

#### 3.3.3.1  *Funktionen, Graphen, BDDs*

Zur Verarbeitung boolescher Funktionen mit Hilfe von Rechnern wird eine effiziente Möglichkeit der Funktionsrepräsentation benötigt. Im vorhergehen-

den Abschnitt wurden dazu Würfel benutzt, allerdings sind Würfelmengen auf
die Repräsentation zweistufiger disjunktiver Formen beschränkt. Manche
Funktionen erfordern in zweistufiger Form jedoch sehr viel Speicherplatz. So
werden z. B. für eine Paritätsfunktion mit 20 Eingaben $2^{19}$ Würfel (ca. 500 000)
benötigt. Ein weiteres Problem ist der Unterschied zwischen dem Aufwand zur
Repräsentation einer Funktion und ihres Komplements. Die Funktion

$$f(x_1, ..., x_{3n}) = x_1 x_2 x_3 \lor x_4 x_5 x_6 \lor ... \lor x_{3n-2} x_{3n-1} x_{3n}$$

kann mit n Würfeln dargestellt werden, für ihr Komplement werden $3^n$ Würfel
benötigt [BHMS 84]. In diesem Abschnitt wird mit reduzierten Funktionsgraphen eine Möglichkeit vorgestellt, die in vielen Fällen zu einer effizienteren
Funktionsdarstellung führt [Brya 86].

Stellt man eine Funktion als *binären Entscheidungsbaum* dar, wird die Funktion $f(x_1, ... x_n)$ mit Hilfe des Entwicklungssatzes nach allen n Eingangsvariablen aufgespalten, bis als Kofaktoren nur die Werte 0 und 1, d. h. Funktionen von
0 Variablen, übrigbleiben. In Bild 3.14a ist dies für die Funktion $f(x_1, x_2, x_3) = x_1$
$\lor x_2 \lor x_3$ veranschaulicht. Der diese Aufspaltung repräsentierende Baum enthält $2^n$ Blätter mit den Werten 0 und 1. Die Grundidee bei reduzierten Funktionsgraphen besteht darin, daß der exponentielle Aufwand zur Darstellung
binärer Entscheidungsbäume häufig dadurch vermieden werden kann, daß
gemeinsame Teilbäume nur einmal dargestellt werden und die Aufspaltung
nach einer Variablen $x_i$ unterbleibt, wenn die darzustellende Teilfunktion
unabhängig von $x_i$ ist (Bild 3.14b).

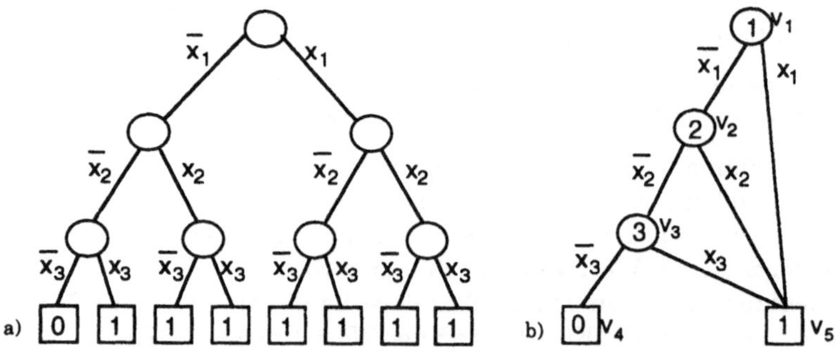

*Bild 3.14:* Entscheidungsbaum und reduzierter Funktionsgraph

Ein *Funktionsgraph* ist ein Digraph $G = (V, E)$ mit genau einem Knoten $v^0 \in V$,
der keine Vorgänger hat, $\delta^-(v^0) = 0$. Der Knoten $v^0$ wird als Wurzel des Funktionsgraphen bezeichnet. Die Knotenmenge V wird in zwei Teilmengen zer-
legt. Die Menge $T = \{v_i \in V \mid \delta^+(v_i) = 0\}$ der Terminalknoten umfaßt alle Knoten
ohne Nachfolger, Terminalknoten werden mit einem Wert $W(v_i) \in \{0, 1\}$ bezeichnet. Alle anderen Knoten, die Nonterminalknoten $N = \{v_i \in V \mid \delta^+(v_i) = 2\}$,
haben zwei unmittelbare Nachfolger $n0(v_i)$, $n1(v_i)$ und sind mit einem Index

$I(v_i) \in \{1, ..., n\}$ so bezeichnet, daß $I(v_i) < I(n0(v_i))$ und $I(v_i) < I(n1(v_i))$ gilt. Ein Funktionsgraph G mit Wurzel $v^0$ und n Indizes definiert eine Funktion von n Variablen $f(v^0)$ rekursiv durch

$$f(v) = \begin{cases} W(v), \text{ falls } v \in T \\ \\ \bar{x}_i \wedge f(n0(v)) \vee x_i \wedge f(n1(v)), \text{ falls } v \in N \text{ und } I(v) = i \end{cases} \qquad (3.10)$$

Die Indizes dienen also dazu, unterschiedliche Variablen der dem Funktionsgraphen zugeordneten booleschen Funktion zu repräsentieren.

*Beispiel 3.10:* Der Funktionsgraph in Bild 3.14b hat die Wurzel $v_1$, die beiden Knotenmengen sind durch $N = \{v_1, v_2, v_3\}$ und $T = \{v_4, v_5\}$ gegeben. Die Knoten $v_i \in N$ tragen die Indizes $I(v_i) = i$, die Terminalknoten die Werte $W(v_4) = 0$ und $W(v_5) = 1$. Der Nachfolger $n0(v_i)$ ist jeweils durch $\bar{x}_i$, der Nachfolger $n1(v_i)$ durch $x_i$ markiert. Die dargestellte Funktion ergibt sich nach (3.10) als

$$f(v_1) = \bar{x}_1 \wedge f(n0(v_1)) \vee x_1 \wedge f(n1(v_1)) = \bar{x}_1 \wedge f(v_2) \vee x_1.$$

Für die Teilfunktion $f(v_2)$ erhält man

$$f(v_2) = \bar{x}_2 \wedge f(n0(v_2)) \vee x_2 \wedge f(n1(v_2)) = \bar{x}_2 \wedge f(v_3) \vee x_2,$$

für die Teilfunktion

$$f(v_3) = \bar{x}_3 \wedge f(n0(v_3)) \vee x_3 \wedge f(n1(v_3)) = x_3.$$

Als Gesamtfunktion ergibt sich wie gewünscht

$$f(v_1) = \bar{x}_1 [\bar{x}_2 x_3 \vee x_2] \vee x_1 = x_3 \vee x_2 \vee x_1.$$

Der Funktionswert für eine bestimmte Kombination von Eingangsvariablen kann einfach durch Durchlaufen der entsprechenden Kanten des Funktionsgraphen am Wert des Terminalknotens abgelesen werden. •

Zwei Funktionsgraphen $G = (V, E)$ und $G' = (V', E')$ heißen genau dann *isomorph*, wenn es eine bijektive Funktion $\sigma: V \rightarrow V'$ gibt, so daß für alle $v \in V$, $\sigma(v) \in V'$:

- v und $\sigma(v)$ beide Terminalknoten mit gleichem Wert $W(v) = W(\sigma(v))$ sind oder
- v und $\sigma(v)$ beide Nonterminalknoten mit gleichem Index $I(v) = I(\sigma(v))$ sind und für die Nachfolger gilt $\sigma(n0(v)) = n0(\sigma(v))$ und $\sigma(n1(v)) = n1(\sigma(v))$.

*Definition 3.11:* Ein *reduzierter Funktionsgraph* (BDD*, *binary decision diagram*) ist ein Funktionsgraph $G = (V, E)$, der keinen Knoten $v \in V$ mit $n0(v) = n1(v)$ enthält und keine Knoten $v, v' \in V$, so daß die Teilgraphen mit den Wurzeln v und v' isomorph sind.

Die Definition fordert die schon zu Beginn erwähnten Eigenschaften, daß keine überflüssigen Aufspaltungen vorgenommen werden und daß gemeinsame Teilbäume mehrfach genutzt werden. Der reduzierte Funktionsgraph des

---

* Teilweise werden solche Funktionsgraphen auch als ROBDDs (*reduced ordered* BDDs) bezeichnet, um sie von Funktionsgraphen zu unterscheiden, die eine unterschiedliche Reihenfolge der Variablen in unterschiedlichen Pfaden und isomorphe Teilgraphen nicht ausschließen.

Komplements einer Funktion kann aus dem reduzierten Funktionsgraphen
der Funktion einfach durch Vertauschung der Werte der Terminalknoten erhalten werden. Reduzierte Funktionsgraphen ermöglichen nicht nur eine effiziente Funktionsdarstellung, sondern stellen darüber hinaus – wie z. B. auch
die disjunktive Normalform – eine kanonische, d. h. eindeutige, Form zur
Funktionsrepräsentation dar.

*Satz 3.3:* Für jede boolesche Funktion f gibt es bei vorgegebener Indizierung der
Variablen einen (bis auf Isomorphie) eindeutigen reduzierten Funktionsgraphen, und jeder andere Funktionsgraph für f enthält mehr Knoten.

Beweis: siehe [Brya 86].                                                        ◆

*Beispiel 3.11:* Bei der Paritätsfunktion $f(x_1, ..., x_n) = x_1 \oplus x_2 \oplus ... \oplus x_n$ mit n Variablen, für die zur Darstellung mit Hilfe von Würfeln $2^{n-1}$ Würfel benötigt
werden, ergibt sich ein reduzierter Funktionsgraph (BDD) mit $2n+1$ Knoten,
der in Bild 3.15 dargestellt ist. Hier wie im folgenden werden die Variablen
nur noch als Indizes der Nonterminalknoten dargestellt; die Kanten zu
Nachfolgern $n0(v)$ werden von Kanten zu Nachfolgern $n1(v)$ durch die Markierung der Kante mit 0 oder 1 unterschieden.

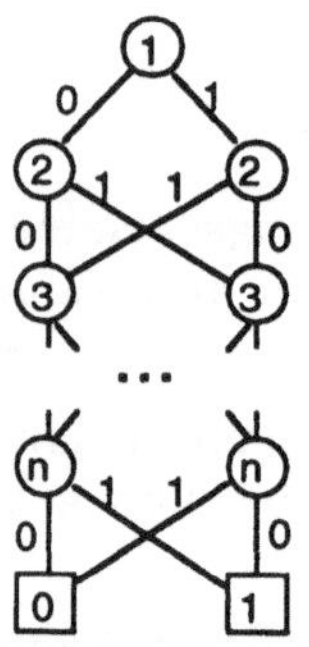

*Bild 3.15:* Repräsentation der Paritätsfunktion als BDD                        ●

### 3.3.3.2  Aufwand der BDD-Repräsentation

Die Knoten eines Funktionsgraphen werden stets so indiziert, daß die Nachfolger eines Knotens einen höheren Index aufweisen, um eine konsistente Reihenfolge von Indizes in verschiedenen Teilbäumen zu erhalten. Durch die Um-
benennung von Variablen ist es jedoch möglich, zu einer anderen Reihenfolge
der Aufspaltung und damit zu einem anderen Funktionsgraphen zu kommen.
Man beachte, daß Satz 3.3 nur unter der Bedingung einer festen vorgegebenen
Indizierung gilt. Unterschiedliche Variablenreihenfolgen bei der Konstruktion
eines Funktionsgraphen können zu BDDs mit sehr unterschiedlichen Knoten-
anzahlen führen [FrSu 87, FuFK 88, MWBS 88, BRKM 91, IsSY 91].

*Beispiel 3.12:* Die Funktion $f(x_1, x_2, x_3, x_4) = x_1x_2 \lor x_3x_4$ wird durch den reduzierten Funktionsgraphen mit sechs Knoten in Bild 3.16a dargestellt. Vertauscht man die Reihenfolge der Variablen $x_2$ und $x_3$, erhält man die Funktion $f(x_1, x_3, x_2, x_4) = x_1x_3 \lor x_2x_4$, deren reduzierten Funktionsgraphen mit acht Knoten Bild 3.16b darstellt.

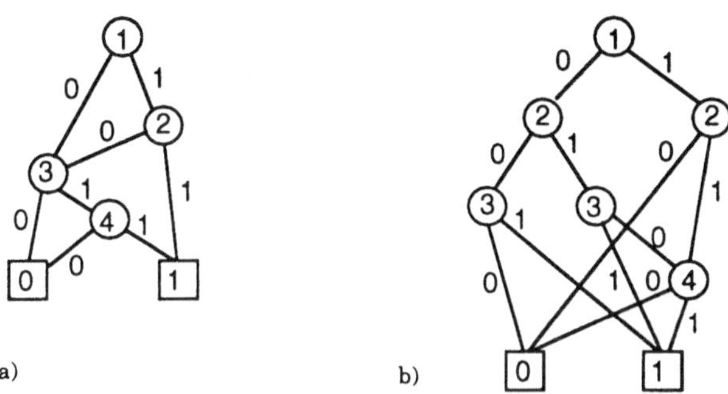

a)          b)

*Bild 3.16:* Abhängigkeit der BDD-Größe von der Variablenreihenfolge

Drei Klassen von Funktionstypen lassen sich unterscheiden:

- Manche Funktionstypen führen zu BDDs, deren Größe unabhängig von der Variablenreihenfolge polynomial mit der Anzahl der Variablen wächst. Ein Beispiel stellt die bereits vorgestellte Paritätsfunktion mit n Variablen dar, deren BDD 2n+1 Knoten enthält.

- Bei manchen Funktionstypen hängt die BDD-Größe stark von der Variablenreihenfolge ab. Ein Beispiel dafür ist die Funktion $f(x_1, ..., x_{2n})$, die in der Darstellung $x_1x_2 \lor ... \lor x_{2n-1}x_{2n}$ 2n+2 Knoten benötigt, während die Darstellung $x_1x_{n+1} \lor ... \lor x_nx_{2n}$ zu $2^{n+1}$ Knoten führt [Brya 86]. In Beispiel 3.12 wurde dies für n = 2 illustriert.

- Die letzte Funktionsgruppe führt zu BDDs, deren Knotenanzahl unabhängig von der gewählten Variablenreihenfolge stets exponentiell mit der Anzahl der Variablen wächst. Ein Beispiel hierfür stellt die Berechnung der Ausgabebits bei der Multiplikation von zwei n-Bit-Zahlen dar [Brya 86].

Die Darstellung mit BDDs zahlt sich hauptsächlich für Funktionen der ersten Klasse und für solche Funktionen der zweiten Klasse aus, für die eine günstige Variablenreihenfolge gefunden wird.

Geht man davon aus, daß eine Funktionsrepräsentation „wenig" Speicherplatz beansprucht, besteht die Möglichkeit, diese „effizient" zu manipulieren, wenn Operationen auf dieser Repräsentation „wenig" Zeit benötigen. Um diese qualitative Aussage besser fassen zu können, wird in Tabelle 3.2, die den Aufwand für verschiedene Grundoperationen auf BDDs zusammenfaßt, eine spezielle Notation benutzt. Der Zeitaufwand T zur Durchführung einer Operation wird im allgemeinen von der bearbeiteten Struktur abhängen. Es sei n die Anzahl der Speicherplätze der Struktur und g(n) eine beliebige Funktion. Hat eine Operation den Zeitaufwand $O(g(n))$, so gilt für alle Strukturen, daß $T \leq K \cdot g(n)$, wobei K eine (von n unabhängige) Konstante darstellt*. Die Funktion g(n) gibt also eine obere Schranke für das Wachstum der Rechenzeit vor. Aus Tabelle 3.2 wird deutlich, daß bei BDDs mit akzeptablem Speicherplatzbedarf n auch eine effiziente Manipulation möglich ist.

*Tabelle 3.2:* Operationen auf BDDs und deren Zeitkomplexität

| Operation | Wirkung | Zeitkomplexität |
|---|---|---|
| Reduktion | Funktionsgraph G in kanonischer Form | $O(\lvert G \rvert \log \lvert G \rvert)$ |
| Verknüpfung | $f_1 \bigcirc f_2$ | $O(\lvert G_1 \rvert \cdot \lvert G_2 \rvert)$ |
| Restriktion | $f(x_i = b)$ | $O(\lvert G \rvert \log \lvert G \rvert)$ |
| Komposition | $f_1(x_i = f_2)$ | $O(\lvert G_1 \rvert^2 \cdot \lvert G_2 \rvert)$ |
| erfüllende Belegung | $x_1, ..., x_n$ mit $f(x_1, ..., x_n) = 1$ | $O(n)$ |
| erfüllende Belegungen (Einsstellenmenge) | $\{ x \mid f(x) = 1 \}$ | $O(n \cdot \lvert \{ x \mid f(x) = 1 \} \rvert)$ |

### 3.3.3.3  Operationen auf BDDs

Im folgenden werden die zwei wichtigsten Operationen, die Reduktion eines Funktionsgraphen und die Verknüpfung zweier Funktionsgraphen, näher erläutert. Aufgabe der Reduktionsprozedur ist es, einen beliebigen Funktionsgraphen in den reduzierten Funktionsgraphen, d. h. in die kanonische Form, zu überführen.

- Im ersten Schritt werden sämtliche Terminalknoten mit gleichen Werten zusammengefaßt, es bleiben also nur die zwei Terminalknoten mit den Werten 0 und 1 übrig[+].

- Danach werden die Nonterminalknoten in umgekehrter Indizierung (bottom-up) von Knoten mit Index n bis zum Wurzelknoten mit Index 1 durchlaufen. Die Reihenfolge der Behandlung von Knoten mit gleichem Index ist beliebig.
  Wenn für den betrachteten Knoten v beide Nachfolger identisch sind, n0(v) = n1(v), wird der Knoten v mit den beiden Kanten (v, n0(v)) und (v, n1(v)) gestrichen. Die auf den Knoten v zeigende Kante (v', v) wird in eine Kante (v', n0(v)) mit gleicher Markierung umgewandelt.

---

* Eine detailliertere Behandlung der Notation $O(g(n))$ folgt in Abschnitt 3.4.1.

[+] Tritt nur ein Terminalknoten auf, handelt es sich um die konstante Funktion 0 oder 1, und der gesamte reduzierte Funktionsgraph besteht nur aus einem Knoten.

Wenn ein bereits durchlaufener Knoten u mit gleichem Index existiert, I(u) = I(v), und es gilt n0(u) = n0(v), n1(u) = n1(v), werden der Knoten v und alle ohne Vorgänger verbleibenden Nachfolger von v sowie die sie verbindenden Kanten gestrichen. Die auf den Knoten v zeigende Kante (v', v) wird in eine Kante (v', u) mit gleicher Markierung umgewandelt.

*Beispiel 3.13:* Man betrachte den Funktionsgraphen in Bild 3.17a. Faßt man zunächst alle Terminalknoten zusammen, erhält man den Graphen von Bild 3.17b. Nach der Betrachtung des linken Nonterminalknotens $v_{l3}$ mit Index 3 wird der entsprechende rechte Nonterminalknoten $v_{r3}$ betrachtet. Da $v_{r3}$ und $v_{l3}$ den gleichen Index haben und ihre Nachfolger identisch sind, kann die mit 1 markierte Kante vom rechten Knoten mit Index 2 $v_{r2}$ direkt auf $v_{l3}$ gerichtet werden, der Knoten $v_{r3}$ wird überflüssig. In dem resultierenden Graphen von Bild 3.17c sind die beiden Nachfolger von $v_{r2}$ dann identisch, d. h. auch $v_{r2}$ kann gestrichen werden. Das Ergebnis zeigt Bild 3.17d, eine weitere Reduktion ist nicht mehr möglich.

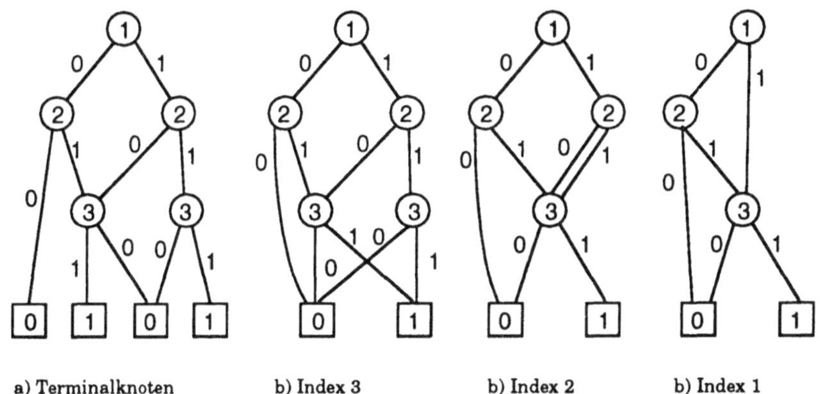

a) Terminalknoten          b) Index 3          b) Index 2          b) Index 1

*Bild 3.17:* Reduktion eines Funktionsgraphen

Die Operation „Verknüpfung zweier BDDs" kann in sehr vielfältiger Weise eingesetzt werden. Eine erste Anwendung stellt der Aufbau eines BDD aus einer Netzliste von Gattern dar. Man durchläuft die Netzliste in topologischer Sortierung von den Eingängen zu den Ausgängen. Gatter, die nur direkt von Eingangsvariablen abhängen, können sofort in ein BDD umgesetzt werden. Die BDDs für weitere Ausgänge von Gattern können dann sukzessive durch die Verknüpfung der BDDs der Gattereingänge, die aufgrund des topologisch sortierten Vorgehens bekannt sind, erzeugt werden.

Möchte man überprüfen, ob eine Funktion f eine andere Funktion g impliziert, f $\Rightarrow$ g, ist dies ebenfalls mit Hilfe der Verknüpfungsoperation möglich. Die Implikationsbeziehung ist äquivalent zur Bedingung f $\wedge$ $\overline{g}$ = 0. Nach der UND-Verknüpfung der BDDs von f und $\overline{g}$ kann leicht erkannt werden, ob diese Bedingung erfüllt ist und das Ergebnis-BDD die konstante Funktion 0 repräsentiert, d. h. nur aus dem Terminalknoten 0 besteht.

Basis der rekursiven Verknüpfungsprozedur ist eine Erweiterung des Entwicklungssatzes

$$f \bigcirc g = \bar{x}_i \, [f_{\bar{x}_i} \bigcirc g_{\bar{x}_i}] \ \vee \ x_i \, [f_{x_i} \bigcirc g_{x_i}]. \tag{3.11}$$

Die Beziehung wird auf die beiden BDDs für f und g startend mit den jeweiligen Wurzelknoten in Richtung wachsender Indizes (top-down) angewendet. Es seien $v_f$ und $v_g$ die zu einem bestimmten Zeitpunkt betrachteten Knoten der beiden Graphen.

- Sind beide Knoten Nonterminalknoten mit gleichem Index, wird in dem Verknüpfungsgraphen ein neuer Knoten v mit diesem Index erzeugt und der Algorithmus rekursiv auf die Kinder von $v_f$ und $v_g$ angewendet. Die Verknüpfung von $n0(v_f)$ und $n0(v_g)$ ergibt $n0(v)$, die Verknüpfung von $n1(v_f)$ und $n1(v_g)$ ergibt $n1(v)$.

- Sind beide Knoten Nonterminalknoten mit unterschiedlichen Indizes oder ist nur einer der Knoten ein Nonterminalknoten, so sei $v_f$ der Nonterminalknoten bzw. der Knoten mit niedrigerem Index*. Im Verknüpfungsgraphen wird ein neuer Knoten v mit dem Index $I(v_f)$ erzeugt und der Algorithmus wird rekursiv auf die Kinder von $v_f$ und auf $v_g$ angewendet. Die Verknüpfung von $n0(v_f)$ und $v_g$ ergibt $n0(v)$, die Verknüpfung von $n1(v_f)$ und $v_g$ ergibt $n1(v)$.

- Sind beide Knoten Terminalknoten, ergibt sich der Wert der verknüpften Funktion als Verknüpfung der Werte beider Einzelfunktionen, $W(v_f \bigcirc v_g) = W(v_f) \bigcirc W(v_g)$.

Allerdings ist der resultierende Funktionsgraph nicht reduziert, d. h. nach der Verknüpfung muß noch die am Anfang des Abschnitts beschriebene Reduktionsprozedur angewendet werden. Zudem kann die beschriebene Form der Verknüpfungsprozedur wegen der rekursiven Aufrufe zu exponentiellem Rechenaufwand führen.

Häufig kann die Berücksichtigung *dominanter* Funktionswerte zu einer Zeitersparnis führen. Ist die Verknüpfung z. B. eine UND-Verknüpfung und erreicht man für eine Teilfunktion f den Terminalknoten 0, braucht die andere Teilfunktion g nicht weiter nach (3.11) zerlegt zu werden, da das Ergebnis auf jeden Fall 0 ergibt, z. B. $0 \wedge v_g = 0$. Ähnliches gilt für eine ODER-Verknüpfung bei Erreichen des Terminalknotens 1, $1 \vee v_g = 1$.

Erst eine weitere Änderung der Prozedur vermeidet jedoch den schlimmstenfalls exponentiellen Rechenaufwand und führt zu der in Tabelle 3.2 angegebenen Laufzeit. Sie besteht darin, daß jedes Paar von Teilfunktionen nur einmal verknüpft und das Ergebnis der Verknüpfung in einer Tabelle abgelegt wird

---

* Der andere Fall kann leicht durch Vertauschen der Bezeichnungen $v_f$ und $v_g$ behandelt werden.

[Brya 86]. Weitere rekursive Aufrufe, die dieselben Teilfunktionen miteinander verknüpfen, unterbleiben dann.

*Beispiel 3.14:* Man betrachte die beiden Funktionen $f(x_1, x_3) = x_1 x_3$ und $g(x_2, x_3) = x_2 x_3$, deren BDDs in Bild 3.18a und 3.18b gegeben sind. Verknüpft man die beiden Funktionen disjunktiv mit Hilfe der oben dargestellten Grundprozedur, erhält man das Ergebnis von Bild 3.18c. Man erkennt deutlich, daß der markierte Teil des Graphen bei der Reduktion gestrichen werden kann. Beachtet man, daß bei der ODER-Verknüpfung der Wert 1 dominant ist, kann man dies jedoch auch bereits bei der Verknüpfung des linken Nachfolgers der Wurzel von f, dem Terminalknoten $n0(v_f)$, mit dem BDD für g berücksichtigen.

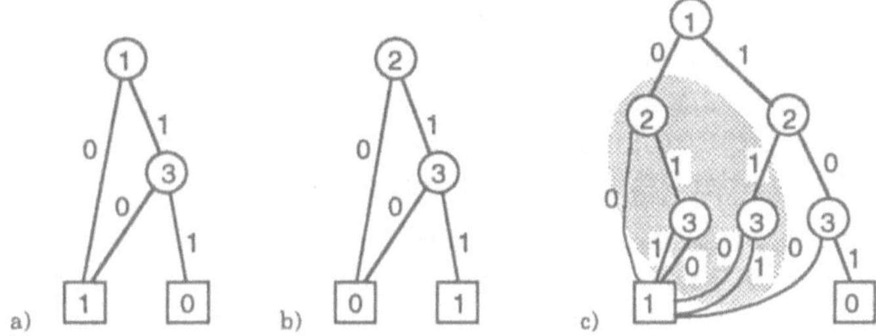

*Bild 3.18:* Verknüpfung zweier Teil-BDDs

# 3.4 Grundalgorithmen

Bevor die nächsten Kapitel Ansätze zum rechnergestützten Entwurf integrierter Schaltungen behandeln, werden hier zunächst einige Grundalgorithmen vorgestellt, die ihnen zugrunde liegen. Abschnitt 3.4.1 stellt die benötigten Begriffe zur Beschreibung der Komplexität von Problemen und Algorithmen zusammen, in den Abschnitten 3.4.2 bis 3.4.4 werden dann einige grundlegende Algorithmen zur Lösung von Aufteilungs-, Überdeckungs- und Graphenproblemen eingeführt. Dabei wird auf die Verständlichkeit der Algorithmen größerer Wert gelegt als auf die größtmögliche Effizienz. Eine Einführung in die Problematik von Mehrzieloptimierungsproblemen in 3.4.5 schließt den Abschnitt 3.4 ab.

## 3.4.1 Komplexitätsklassen

Praktische Probleme beim rechnergestützten Entwurf integrierter Schaltungen erfordern im allgemeinen die Verarbeitung großer Datenmengen. Neben der Frage, ob ein Algorithmus ein Problem überhaupt löst, interessiert deshalb auch die Abhängigkeit der Laufzeit von der Größe der zu bearbeitenden Problemausprägung. Dieser Abschnitt gibt eine informelle Einführung in das Themengebiet der Komplexität von Algorithmen, formalere und weiterführende Darstellungen findet man z. B. in [GaJo 79, AhHU 74].

Der Rechenaufwand eines Algorithmus kann durch die Anzahl der benötigten elementaren Rechenschritte (arithmetische Operationen, Vergleiche, Sprünge, etc.) charakterisiert werden. Der Einfachheit halber nehmen wir an, daß alle elementaren Rechenschritte die gleiche Zeit erfordern. Um den Rechenaufwand eines Algorithmus als Funktion der Größe des Problems* präzisieren zu können, benötigt man ein Maß für diese Größe. Sie kann z. B. durch die Anzahl der Zeichen in der Eingabebeschreibung des Algorithmus charakterisiert werden. Der Einfachheit halber sei diese Größe durch einen Parameter n gegeben. Die *Zeitkomplexität* eines Algorithmus zur Lösung eines Problems sei die maximale Anzahl elementarer Rechenschritte bei der Bearbeitung eines Problems der Größe n. Elementare Rechenschritte sind dabei z. B. alle arithmetischen Operationen; die Zeitunterschiede zur Durchführung verschiedener elementarer Rechenschritte werden dabei vernachlässigt.

Üblicherweise verwendet man zur Beschreibung der Zeitkomplexität das *Landausche Symbol* O. Ein Algorithmus hat die Zeitkomplexität $O(g(n))$, wenn es eine von n unabhängige Konstante K gibt, so daß für alle Eingabegrößen $n \geq 0$ die Laufzeit T des Algorithmus durch $T \leq K \cdot g(n)$ nach oben beschränkt ist.

*Beispiel 3.15:* Es sei das folgende Programmstück gegeben:
```
for i:= 1 to n do
     for j := 1 to n do
          b[i] := a[j] + i * j;
```
Der Eingabevektor a hat eine Länge proportional n. Der Befehl in der innersten Schleife wird $n^2$-mal ausgeführt, so daß das gesamte Programmstück die Zeitkomplexität $O(n^2)$ hat.                                                    •

Um einen Eindruck zu vermitteln, wie die Rechenzeit mit der Problemgröße bei verschiedenen Zeitkomplexitäten wächst, sind in Tabelle 3.3 die Rechenzeiten für einige typische Funktionen g(n) aufgelistet. Es wurde angenommen, daß die Zeit zur Lösung eines Problems der Größe n = 1 eine Mikrosekunde betrage. Tabelle 3.4 stellt die Größe eines in einer bestimmten Zeit zu bearbeitenden Problems in Abhängigkeit von der Geschwindigkeit verfügbarer Rechner dar. Es wird deutlich, daß Algorithmen mit exponentieller Zeitkomplexität bei wachsender Problemgröße sehr schnell an Grenzen stoßen, während Algorithmen mit polynomialer Zeitkomplexität zu einem akzeptableren Wachstum der Rechenzeiten führen.

---

*   Der Begriff „Problem" wird im folgenden in zwei unterschiedlichen Bedeutungen verwendet. Einerseits kann damit eine zu lösende abstrakte Aufgabe gemeint sein, z. B. „das Problem der topologischen Sortierung", andererseits eine konkrete Ausprägung des Problems mit einem bestimmten zu sortierenden Graphen. Unter „Größe eines Problems" wird im folgenden stets die Größe der Problemausprägung verstanden.

*Tabelle 3.3:* Wachstum der Rechenzeit bei unterschiedlichen Komplexitätsfunktionen

| n | $O(n)$ | $O(n^2)$ | $O(n^5)$ | $O(2^n)$ | $O(3^n)$ |
|---|---|---|---|---|---|
| 10 | 0,00001 sec | 0,0001 sec | 0,1 sec | 0,001 sec | 0,059 sec |
| 30 | 0,00003 sec | 0,0009 sec | 24,3 sec | 17,9 min | 6,5 Jahre |
| 50 | 0,00005 sec | 0,0025 sec | 5,2 min | 35,7 Jahre | $2 \cdot 10^9$ Jahre |

*Tabelle 3.4:* Einfluß der Rechenleistung auf die behandelbare Problemgröße

| Geschwin-<br>digkeits-<br>erhöhung | $O(n)$ | $O(n^2)$ | $O(n^5)$ | $O(2^n)$ | $O(3^n)$ |
|---|---|---|---|---|---|
| 1 | $N_1$ | $N_2$ | $N_3$ | $N_4$ | $N_5$ |
| 100 | $100\,N_1$ | $10\,N_2$ | $2,5\,N_3$ | $N_4 + 6,64$ | $N_5 + 4,19$ |
| 1000 | $1000\,N_1$ | $31,6\,N_2$ | $3,98\,N_3$ | $N_4 + 9,97$ | $N_5 + 6,29$ |

Zur Bewertung von Algorithmen des rechnergestützten Entwurfs ist die Ermittlung der Zeitkomplexität unumgänglich. Ein exponentieller Algorithmus ist im allgemeinen inakzeptabel. Für viele Probleme gelingt es jedoch nicht, einen Algorithmus mit polynomialer Laufzeit zu finden. In diesem Fall wäre es wünschenswert, vorher zu wissen, ob die Suche nach einem solchen Algorithmus überhaupt erfolgversprechend ist. Sie erscheint vor allem dann nicht erfolgversprechend, wenn das Problem zu einer Problemklasse gehört, für die bisher noch niemand einen polynomialen Algorithmus finden konnte. Die hier interessierenden Problemklassen werden mit P, NP und NP-vollständig bezeichnet.

Um diese Problemklassen zu definieren, erweist es sich als sinnvoll, den üblichen deterministischen sogenannte nichtdeterministische Algorithmen gegenüberzustellen. Deterministische Algorithmen erzeugen eine Lösung durch eine festgelegte Folge elementarer Rechenschritte. Nichtdeterministische Algorithmen erlauben demgegenüber auch Befehle, aufgrund derer ein beliebiger Lösungsweg weiterverfolgt werden kann. Dadurch können nichtdeterministische Algorithmen eine Lösung „raten" und müssen dann nur noch die Gültigkeit der Lösung nachweisen. Solche Algorithmen können zwar nicht in ein lauffähiges Rechnerprogramm umgesetzt werden, erweisen sich aber als gedankliche Konstruktion hilfreich.

Für Probleme in der Problemklasse P existieren deterministische Algorithmen mit polynomial begrenzter Laufzeit. Probleme, für die ein nichtdeterministischer Algorithmus mit polynomialer Laufzeit existiert, werden in der Klasse NP zusammengefaßt. Ein nichtdeterministischer Algorithmus polynomialer

Laufzeit existiert dann, wenn eine „erratene" Lösung deterministisch in polynomial vielen Schritten validiert werden kann. Es gilt P $\subseteq$ NP, da die Menge der nichtdeterministischen Algorithmen die deterministischen Algorithmen als Untermenge enthält. Die Frage, ob es Probleme gibt, für die zwar ein nichtdeterministischer polynomialer Algorithmus existiert, aber kein deterministischer polynomialer Algorithmus, ist bisher nicht geklärt, d. h. die Frage, ob P = NP oder P $\subset$ NP gilt, ist noch nicht beantwortet.

Allerdings gelingt es für einige Probleme aus NP zu zeigen, daß, wenn es für sie einen deterministischen polynomialen Algorithmus gäbe, es solche Algorithmen auch für alle anderen Probleme aus NP gäbe. Solche Probleme werden als *NP-vollständig* bezeichnet. Fände man für nur ein NP-vollständiges Problem einen deterministischen polynomialen Algorithmus, würde also bereits P = NP gelten. Trotz intensiver Suche wurde bisher kein solcher Algorithmus gefunden. Läßt sich daher zeigen, daß ein Problem zur Klasse der NP-vollständigen Probleme gehört, erscheint die Suche nach einem polynomialen Algorithmus für dieses Problem als wenig lohnenswertes Unterfangen. In Bild 3.19 ist der Zusammenhang zwischen den drei Problemklassen unter der Annahme dargestellt, daß P $\neq$ NP.

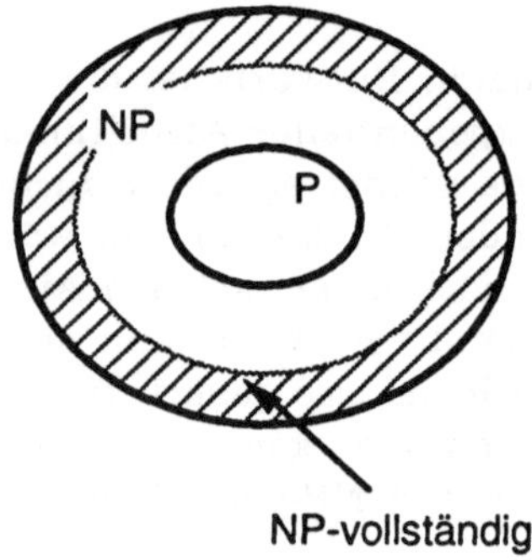


*Bild 3.19:* Komplexitätsklassen für Probleme

Der Beweis der NP-Vollständigkeit eines Problems enthält zwei Teilschritte. Im ersten Teilschritt muß die Zugehörigkeit des Problems zur Klasse NP gezeigt werden. Existiert für ein Problem ein polynomialer Algorithmus, der die Gültigkeit einer (z. B. erratenen) Lösung überprüfen kann, gehört das Problem zu NP. Im zweiten Teilschritt muß bewiesen werden, daß die Existenz eines polynomialen Algorithmus für dieses Problem die Existenz eines polynomialen Algorithmus für alle anderen Probleme in NP zur Folge hätte. Gelingt nur der zweite Teil des Beweises – ist also nicht einmal bekannt, ob ein *nichtdeterministischer* polynomialer Algorithmus existiert –, wird das Problem als *NP-hart* bezeichnet.

Angenommen, ein Problem $X_1$ sei als NP-vollständig bekannt und das Problem $X_2$ sei als NP-vollständig nachzuweisen. Der zweite Teil des Beweises der NP-Vollständigkeit kann dann darauf basieren, das Problem $X_1$ durch einen polynomialen Algorithmus in eine Version des Problems $X_2$ umzuwandeln und die Lösung des Problems $X_2$ in polynomialer Zeit in eine Lösung des Problems $X_1$ zurückzutransformieren (Bild 3.20). Man spricht in diesem Fall von einer *polynomialen Reduktion*. Gelingt sie, kann argumentiert werden, daß bei Existenz eines polynomialen Algorithmus für das Problem $X_2$ auch für das Problem $X_1$ in polynomialer Zeit eine Lösung gefunden werden könnte: Das Problem würde zunächst in $X_2$ transformiert, dieses Problem gelöst und die Lösung in eine Lösung des Problems $X_1$ zurücktransformiert. Da $X_1$ aber NP-vollständig ist, könnte hiermit für jedes Problem aus NP ein deterministischer polynomialer Algorithmus angegeben werden. Auf diese Weise kann z. B. leicht gezeigt werden, daß die Verallgemeinerung $X_2$ eines NP-vollständigen Problems $X_1$ ebenfalls NP-vollständig ist. Die auf [Karp 72] zurückgehende Beweisidee der polynomialen Reduktion hat allerdings nur dann einen Nutzen, wenn für zumindest ein Problem $X_1$ die NP-Vollständigkeit bereits auf andere Weise nachgewiesen wurde.

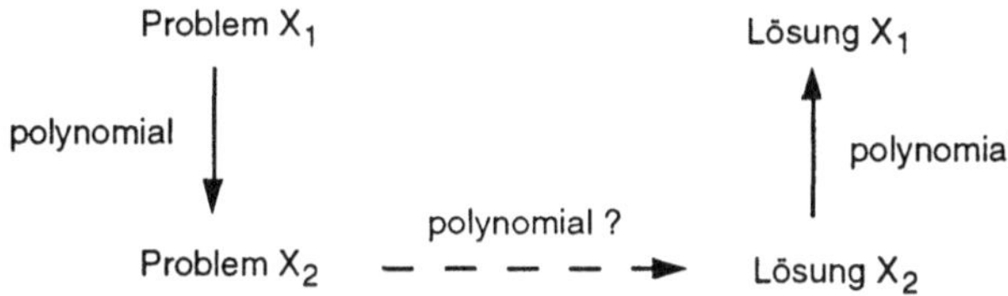


*Bild 3.20:* Veranschaulichung der polynomialen Reduktion

Für *ein* Problem muß die NP-Vollständigkeit also weiterhin auf direktem Wege gezeigt werden. Es sei b eine zweistufige konjunktive boolesche Formel[*] mit den Variablen $x_1, ..., x_n$, d. h.

$$b(x_1, ..., x_n) = \bigwedge_{j=0}^{k-1} s_j \qquad\qquad (3.12)$$

wobei die Summenterme $s_j$ einer beliebigen Disjunktion von Literalen entsprechen, bei der jede Variable $x_i$ maximal einmal auftritt. Das *Erfüllbarkeitsproblem* ist folgendermaßen definiert:

Problem SAT (*satisfiability*)
*Vorgabe:* Eine boolesche Formel $b(x_1, ..., x_n)$ in der Form von (3.12).
*Frage:*    Gibt es eine Belegung für die Variablen $x_1, ..., x_n$, so daß b wahr wird?

---

[*]  Man vergleiche (3.12) mit der Definition einer zweistufigen disjunktiven Form in (3.6).

Cook zeigte 1971 direkt, daß eine eingeschränkte Version des Erfüllbarkeitsproblems NP-vollständig ist (vgl. [AhHU 74, GaJo 79]). Dadurch wurde der Ausgangspunkt für eine Vielzahl von Beweisen der NP-Vollständigkeit geschaffen, die sich auf die Konstruktion einer polynomialen Reduktion beschränken können.

Aussagen über die NP-Vollständigkeit werden häufig für Entscheidungsprobleme gemacht, d. h. solche Probleme, die mit ja oder nein zu beantworten sind, wie z. B. die Frage, ob es zwischen zwei Knoten $v_i$ und $v_j$ eines Digraphen einen Pfad mit der Minimallänge K gibt. Zu lösen sind jedoch häufig Optimierungsprobleme, z. B. ist der längste Pfad zwischen den beiden Knoten $v_i$ und $v_j$ des Digraphen gesucht. Bei Kenntnis der Lösung des Optimierungsproblems weiß man die Antwort des zugehörigen Entscheidungsproblems allerdings ebenfalls. So braucht man bei Kenntnis des längsten Pfades dessen Länge nur noch mit der vorgegebenen Minimallänge K zu vergleichen, um das Entscheidungsproblem zu lösen. Aus der NP-Vollständigkeit des Entscheidungsproblems folgt daher, daß es auch für das Optimierungsproblem wohl nicht möglich ist, eine Lösung in polynomialer Zeit zu gewinnen.

Bei der Entwicklung eines Algorithmus für ein NP-vollständiges Problem gibt es drei Möglichkeiten:

- Die Problemgröße ist so klein, daß ein Algorithmus mit exponentieller Laufzeit akzeptiert werden kann.
- Der Algorithmus erfordert zwar schlimmstenfalls exponentiellen Aufwand, für viele Aufgaben des Anwendungsbereichs tritt dieser schlimmste Fall jedoch nicht auf.
- Man verzichtet bei Optimierungsproblemen auf eine optimale Lösung und gibt sich mit einer „guten" Lösung zufrieden, die in akzeptabler Rechenzeit bestimmt werden kann. Algorithmen, die gute, aber nicht notwendigerweise optimale Lösungen erzeugen, werden als *Heuristiken* bezeichnet und haben beim rechnergestützten Entwurf eine große Bedeutung.

### 3.4.2 Aufteilungsprobleme

Aufteilungsprobleme treten beim rechnergestützten Entwurf in vielfacher Ausprägung auf (vgl. auch [Gras 78]). So können die Ausgaben einer Schaltung in Verträglichkeitsklassen so aufgeteilt werden, daß für alle in einer Verträglichkeitsklasse zusammengefaßten Ausgaben nur ein Repräsentant tatsächlich erzeugt werden muß. Bei der Zustandsreduktion kann die Menge der Zustände so in Äquivalenz- oder Verträglichkeitsklassen aufgeteilt werden, daß für jede dieser Klassen nur ein Zustand nötig ist. In beiden Fällen basiert die Aufteilung einer Grundmenge $M = \{m_1, ..., m_n\}$ in Teilmengen auf einer problemspezifischen Relation $\rho$.

Zunächst sei $\rho$ eine in Form einer Halbmatrix gegebene Äquivalenzrelation. Algorithmus 3.1 zur Bestimmung der Äquivalenzklassen von $\rho$ arbeitet diese Halbmatrix spaltenweise von rechts nach links ab. Jede Spalte i repräsentiert die Menge $A^i$ der zu Element $m_i$ äquivalenten Elemente $m_k$, $k > i$. Die Menge der nach Spalte i berechneten Äquivalenzklassen von Elementen $m_k$, $k \geq i$, wird mit $\pi^i = \{M_1^{(i)}, M_2^{(i)} \ldots\}$ bezeichnet. Stimmt die Menge $A^i$ mit einer der bisher bestimmten Äquivalenzklassen überein ($M_j^{(i)} = A^i$, $A^i \neq \emptyset$), wird das Element $m_i$ in diese Äquivalenzklasse eingefügt. Bei $A^i = \emptyset$ wird lediglich das Element $m_i$ als neue Äquivalenzklasse in $\pi^i$ eingefügt. In den von der if-Bedingung erfaßten Fällen ($A^i \neq \emptyset$, aber $M_j^{(i)} \neq A^i$ für alle $M_j^{(i)}$) ist die durch die Halbmatrix dargestellte Relation nicht transitiv, d. h. es handelt sich um keine Äquivalenzrelation. Das Ergebnis nach Bearbeitung der Spalte 1 ganz links ist eine Zerlegung $\pi$ der Grundmenge M. Nimmt man an, daß sowohl der Aufwand zur Ausführung der Mengenoperationen als auch zur Prüfung der if-Bedingung linear mit der maximalen Anzahl von Elementen n zunimmt, hat der Algorithmus die Komplexität $O(n^2)$.

*Algorithmus 3.1:* Bestimmung von Äquivalenzklassen

```
begin
    πⁿ := {{mₙ}};
    for i:= n-1 downto 1 do
    begin
        if (Aⁱ ≠ ∅ und ∀ Mⱼ⁽ⁱ⁾∈ πⁱ: Mⱼ⁽ⁱ⁾≠ Aⁱ) then Abbruch;
        πⁱ := (πⁱ⁺¹ \ Aⁱ) ∪ {Aⁱ ∪ {mᵢ}};
    end
    π := π¹;
end.
```

*Beispiel 3.16:* Gegeben sei eine Menge M = {a, b, c, d, e} und die Relation $\rho$ in Bild 3.21.

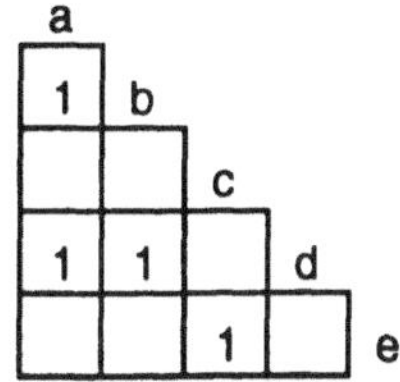

*Bild 3.21:* Halbmatrix einer Äquivalenzrelation $\rho$

Es gilt n = 5 und $\pi^5 = \{\{e\}\}$. Nacheinander erhält man

$A^4 = \emptyset$,          $\pi^4 = \{\{e\}, \{d\}\}$,
$A^3 = \{e\}$,          $\pi^3 = \{\{d\}, \{e, c\}\}$,
$A^2 = \{d\}$,          $\pi^2 = \{\{e, c\}, \{d, b\}\}$ und
$A^1 = \{b, d\}$,          $\pi^1 = \{\{e, c\}, \{d, b, a\}\} = \pi$.

Bei der Bestimmung maximaler Verträglichkeitsklassen ist zu berücksichtigen, daß ein Element unter Umständen zu mehreren Verträglichkeitsklassen gehören kann, d. h. die in Algorithmus 3.1 zum Abbruch führenden Situationen müssen ebenfalls behandelt werden. In Algorithmus 3.2 zur Bestimmung maximaler Verträglichkeitsklassen wird die Halbmatrix wieder spaltenweise von rechts nach links abgearbeitet. Jede Spalte i repräsentiert die Menge $V^i$ der mit Element $m_i$ verträglichen Elemente $m_k$, $k > i$. Die Menge der nach Spalte i berechneten Verträglichkeitsklassen wird mit $\tau^i = \{M_1^{(i)}, M_2^{(i)} ...\}$ bezeichnet. Neue Verträglichkeitsmengen erhält man durch Hinzufügen des augenblicklichen Elements $m_i$ zu allen Schnittmengen $M_j^{(i+1)} \cap V^i$, $M_j^{(i+1)} \in \tau^{i+1}$. Um nur maximale Verträglichkeitsklassen übrigzubehalten, müssen danach alle von anderen Teilklassen überdeckten Klassen gestrichen werden.

*Algorithmus 3.2:* Bestimmung maximaler Verträglichkeitsklassen

```
begin
    τⁿ = { {mₙ} };
    for i := n-1 downto 1 do
    begin
        τⁱ := τⁱ⁺¹;
        for (∀ Mⱼ(i+1) ∈ τⁱ⁺¹) do
            τⁱ := τⁱ ∪ { {mᵢ} ∪ (Mⱼ(i+1) ∩ Vⁱ) };
        for (∀ Mⱼ(i) ∈ τⁱ) do
            if (∃ Mₖ(i) ∈ τⁱ: k ≠ j und Mⱼ(i) ⊆ Mₖ(i)) then
                τⁱ := τⁱ \ {Mⱼ(i)};
    end
    τ := τ¹;
end.
```

*Beispiel 3.17:* Gegeben sei eine Menge $M = \{a, b, c, d, e\}$ und die Relation $\rho$ in Bild 3.22.

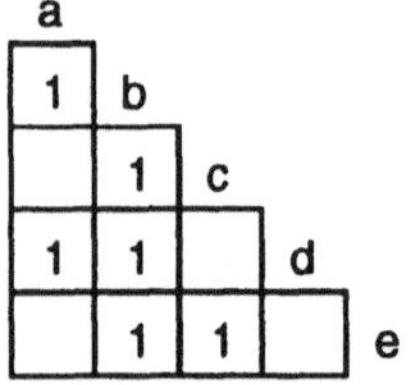

*Bild 3.22:* Halbmatrix einer Verträglichkeitsrelation $\rho$

Es gilt $n = 5$ und $\tau^5 = \{\{e\}\}$. Nacheinander erhält man

$V^4 = \varnothing$,  $\tau^4 = \{\{e\}, \{d\}\}$,

$V^3 = \{e\}$,  $\tau^3 = \{\{e\}, \{d\}, \{c, e\}\} \rightarrow \{\{d\}, \{c, e\}\}$,

$V^2 = \{c, d, e\}$,  $\tau^2 = \{\{d\}, \{c, e\}, \{b, d\}, \{b, c, e\}\} \rightarrow \{\{b, d\}, \{b, c, e\}\}$ und

$V^1 = \{b, d\}$,  $\tau^1 = \{\{b, d\}, \{b, c, e\}, \{a, b, d\}, \{a, b\}\} \rightarrow \{\{b, c, e\}, \{a, b, d\}\} = \tau$.

Algorithmus 3.2 kann zwar noch optimiert werden, der schlimmstenfalls exponentielle Aufwand zur Bestimmung maximaler Verträglichkeitsklassen ist aber nicht zu vermeiden. Wir betrachten dazu zwei Entscheidungsprobleme:

**Problem VKL**
*Vorgabe:* Halbmatrix einer Verträglichkeitsrelation $\rho$ auf M und eine Konstante $K \leq |M|$.
*Frage:* Gibt es in M eine Verträglichkeitsklasse der Größe K?

**Problem CLIQUE**
*Vorgabe:* Graph (V, E) und eine Konstante $K \leq |V|$.
*Frage:* Enthält der Graph eine Clique der Größe K?

Durch die bereits in Abschnitt 3.2 illustrierte Transformation, die leicht als polynomial nachzuweisen ist, kann das Problem VKL in das Problem CLIQUE überführt werden. Da dieses Problem NP-vollständig ist [GaJo 79] und VKL $\in$ NP, ist auch VKL NP-vollständig. Bei Kenntnis der maximalen Verträglichkeitsklassen wäre auch die Lösung zu VKL bekannt, so daß die Bestimmung maximaler Verträglichkeitsklassen mindestens so aufwendig ist wie die Lösung von VKL.


### 3.4.3  Überdeckungsprobleme

In Abschnitt 3.2 wurde bereits erwähnt, daß nach der Bestimmung maximaler Verträglichkeitsklassen häufig noch ein Überdeckungsproblem zu lösen ist. Das Überdeckungsproblem tritt auch bei der Bestimmung der disjunktiven Minimalform einer Funktion auf, bei der alle Minterme einer Funktion durch Primimplikanten überdeckt werden müssen. Die Grundform des Überdeckungsproblems kann als Entscheidungsproblem folgendermaßen formuliert werden:

**Problem MCOV** (*minimum cover*)
*Vorgabe:* Gegeben seien eine Menge M, eine Menge $\tau$ von Teilmengen von M, $\tau = \{M_i \subseteq M, i \in I\}$, und eine Konstante $0 < K \leq |\tau|$.
*Frage:* Gibt es eine Teilmenge $\tau'$ von $\tau$, die M überdeckt, und maximal K Elemente von $\tau$ enthält,
$$\exists\, \tau' = \{M_i \subseteq M, i \in I' \subseteq I\}: \bigcup_{i \in I'} M_i = M \text{ und } |I'| \leq K\,?$$

Das Problem ist ebenfalls NP-vollständig [GaJo 79]. Formuliert man das Problem als Optimierungsproblem, geht es darum, eine *minimale* Überdeckung von M zu finden, d. h. eine Menge von Teilmengen $\tau'$ mit minimaler Kardinalität.

*Beispiel 3.18:* In Bild 3.23 repräsentieren die Punkte Elemente der zu überdeckenden Menge M, die Umrandungen Teilmengen $M_i$ in $\tau$. Die minimale Überdeckung $\tau'$ aller Punkte ist durch die dicker umrandeten Teilmengen gegeben, es gilt $|I'| = 2$.

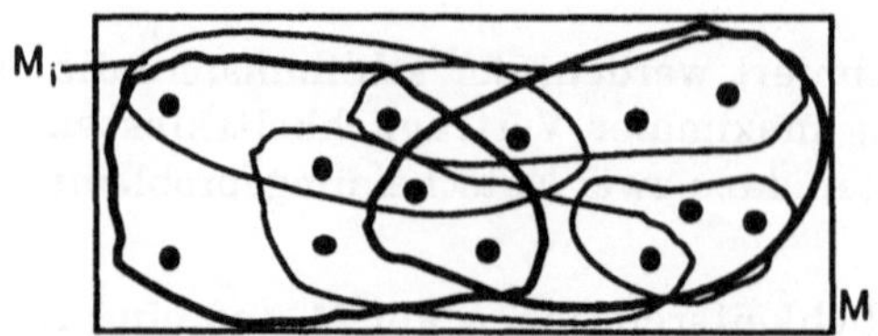

*Bild 3.23:* Beispiel für eine minimale Überdeckung

In Anwendungen tritt häufig eine verallgemeinerte Form des Überdeckungsproblems auf, in der den einzelnen Teilmengen $M_i$ Kosten $c_i = c(M_i)$ zugeordnet sind. So müssen bei der Bestimmung der disjunktiven Minimalform einer
Funktion Primimplikanten mit minimaler Anzahl von Literalen ausgewählt
werden, die Kosten eines Primimplikanten entsprechen der Anzahl enthaltener Literale. Aufgabe ist es dann, eine kostenminimale Überdeckung zu finden, d. h. eine Überdeckung, in der die Summe der Kosten aller Teilmengen in
$\tau'$ minimal ist. Bei $c(M_i) = 1$, $i \in I$, erhält man als Spezialfall die oben beschriebene Grundform.

Das Problem der Suche nach einer kostenminimalen Überdeckung kann elegant algebraisch beschrieben werden. Es sei $x = (x_1, ..., x_m)$ ein Vektor von binären Variablen $x_i \in \{0, 1\}$, die beschreiben, ob eine Teilmenge $M_i$ in der kostenminimalen Überdeckung enthalten ist:

$$x_i = \begin{cases} 1 & \text{falls } M_i \in \tau' \\ 0 & \text{sonst} \end{cases}$$

Die Konfiguration der gegebenen Teilmengen $M_i$ von Elementen $m_j$ aus M
wird durch eine Matrix $A = (a_{ij})$ beschrieben, wobei

$$a_{ij} = \begin{cases} 1 & \text{falls } m_j \in M_i \\ 0 & \text{sonst} \end{cases}$$

Faßt man die Kostenparameter $c_i$ in einem Vektor $c = (c_1, ..., c_m)$ zusammen,
erhält man als zu minimierende Kostenfunktion

$$K = \min_{x} \sum_{i=1}^{m} x_i c_i = \min_{x} x \cdot c^T \tag{3.13a}$$

unter der Nebenbedingung

$$(x_1, ..., x_m) \begin{pmatrix} a_{11} & \cdots & a_{1n} \\ \vdots & & \vdots \\ a_{m1} & \cdots & a_{mn} \end{pmatrix} \geq (1, ..., 1) \quad \text{bzw.} \quad x \cdot A \geq e \tag{3.13b}$$

$$x_i \in \{0, 1\}, \quad i = 1, 2, ..., m.$$

Das Zeichen „$\geq$" in (3.13b) ist dabei als komponentenweise „$\geq$"-Beziehung zu
verstehen. Die Nebenbedingung stellt sicher, daß jedes Element $m_j \in M$ zumin-

dest in einer der durch die minimale Überdeckung $\tau'$ erfaßten Teilmengen enthalten ist. Modifiziert man die Nebenbedingung zu $x \cdot A = e$, erhält man eine Formulierung zur Bestimmung der kostenminimalen Zerlegung einer Grundmenge M, in der jedes Element $m_j \in M$ in genau einer Teilmenge aus $\tau'$ enthalten ist.

Aufgrund des exponentiellen Aufwands zur Bestimmung einer exakten Lösung von (3.13) erweist es sich als sinnvoll, die Problemgröße nach Möglichkeit zu reduzieren (vgl. Tabelle 3.3). Dies ist in vielen Fällen möglich. Zunächst kann jedoch ein trivialer Fall ausgeschlossen werden. Enthält die Matrix A eine Spalte mit Nullen, so gibt es ein Element $m_j$, das in keiner Teilmenge $M_i$ enthalten ist, und das Problem (3.13) ist nicht lösbar.

(1) Enthält Matrix A eine Spalte j, in der lediglich ein Element $a_{ij} = 1$ ist, wird das Element $m_j$ nur von einer Teilmenge $M_i$ überdeckt, die auf jeden Fall in der kostenminimalen Überdeckung $\tau'$ enthalten sein muß. In diesem Fall kann $x_i = 1$ gesetzt und aus x gestrichen werden, gleichzeitig werden die Spalte j und die Zeile i aus Matrix A gestrichen. Um zu berücksichtigen, daß alle Elemente aus $M_i$ bereits in $\tau'$ enthalten sind, werden außerdem alle Spalten j' aus A gestrichen, für die $a_{ij'} = 1$ ist. Die Teilmenge $M_i$ wird als *Kernteilmenge* bezeichnet[*].

(2) Gibt es zwei Spalten j und $j^+$ mit $a_{ij} = 1 \Rightarrow a_{ij^+} = 1$ für alle Zeilen i, kann die Spalte $j^+$ gestrichen werden, da bei Erfüllung der j-ten Ungleichung in (3.13b) automatisch auch die $j^+$-te Ungleichung erfüllt wird (*Spaltendominanz*).

(3) Gibt es eine Teilmenge I der Zeilen, die bei geringerer Kostensumme zur Überdeckung einer größeren Anzahl von Elementen führt als eine andere Zeile $i^+$,

$$\forall\, j: \sum_{i \in I} a_{ij} \geq a_{i^+j} \quad \text{und} \quad \sum_{i \in I} c_i \leq c_{i^+},$$

kann die Zeile $i^+$ gestrichen werden (*Zeilendominanz*).

Möchte man nicht nur eine, sondern alle kostenminimalen Überdeckungen berechnen, darf (3) nur dann angewendet werden, wenn bezüglich der Kostensumme die Beziehung „<" gilt. Die Beziehungen (1) - (3) können iterativ angewendet werden, d. h. nach Anwendung einer Reduktion wird eine andere Reduktion eventuell neu anwendbar.

*Beispiel 3.19:* Gegeben sei das Überdeckungsproblem mit den Koeffizienten

$$A = \begin{pmatrix} 1\,0\,1\,0\,1\,0 \\ 0\,0\,0\,1\,0\,1 \\ 1\,1\,0\,0\,1\,1 \\ 1\,0\,0\,0\,1\,0 \\ 0\,1\,1\,0\,1\,0 \end{pmatrix} \qquad c^T = \begin{pmatrix} 3 \\ 6 \\ 4 \\ 4 \\ 2 \end{pmatrix}.$$

---

[*] Kernteilmengen entsprechen bei der Logikminimierung den Kernprimimplikanten (Abschnitt 3.3.1).

Da die vierte Spalte nur ein Element $a_{24} = 1$ enthält, kann $x_2 = 1$ gesetzt werden, $M_2$ ist Kernteilmenge. Daraufhin können die zweite Zeile und die vierte und sechste Spalte von A gestrichen werden. Das verbleibende Problem wird durch

$$A^* = \begin{pmatrix} 1011 \\ 1101 \\ 1001 \\ 0111 \end{pmatrix} \qquad c^{*T} = \begin{pmatrix} 3 \\ 4 \\ 4 \\ 2 \end{pmatrix}.$$

beschrieben. Hier wird die vierte Spalte in A von allen anderen dominiert und kann gestrichen werden. Die dritte Zeile mit Kosten von 4 wird durch die erste Zeile mit Kosten von 3 dominiert und kann ebenfalls wegfallen ($x_4 = 0$). Danach ist keine weitere Reduktion mehr möglich, man erhält

$$A' = \begin{pmatrix} 101 \\ 110 \\ 011 \end{pmatrix} \qquad c^T = \begin{pmatrix} 3 \\ 4 \\ 2 \end{pmatrix}. \qquad\qquad \bullet$$

Die Reduktion führt zu einem neuen Problem mit Vektoren $x'$, $c'$, $e'$ und einer $p \times q$-Matrix $A'$ mit $p \le m$ und $q \le n$. Es kann mit Methoden der linearen Programmierung [Neum 75] gelöst werden; dem hier behandelten Themengebiet näher liegt jedoch eine Umformung in ein boolesches Problem. Jede Spalte j von A (bzw. A') entspricht der Forderung, daß eine der Teilmengen, die das Element $m_j$ enthalten, in die kostenminimale Überdeckung aufgenommen werden muß. Dies entspricht der booleschen Bedingung

$$a_{1j}\, x_1 \lor a_{2j}\, x_2 \lor \dots \lor a_{pj}\, x_p = 1.$$

Alle Lösungen, die der Nebenbedingung (3.13b) genügen, stellen daher erfüllende Belegungen der booleschen Formel

$$b = \bigwedge_{j=1}^{q} \; (a_{1j}\, x_1 \lor a_{2j}\, x_2 \lor \dots \lor a_{pj}\, x_p) \qquad\qquad (3.14)$$

dar. Man beachte, daß (3.14) eine zweistufige konjunktive boolesche Formel entsprechend (3.12) ist, die Suche nach Belegungen der Variablen x, die (3.14) erfüllen, also ein Beispiel für das in Abschnitt 3.4.1 eingeführte Erfüllbarkeitsproblem darstellt. Die Funktion b in (3.14) hat allerdings eine spezielle Eigenschaft, sie ist monoton wachsend (vgl. 3.3.1). Das Petrick-Verfahren zur Lösung des Überdeckungsproblems wandelt die Formel (3.14) in eine disjunktive Form um, so daß erfüllende Belegungen einfach aus den Produkttermen der disjunktiven Form abgelesen werden können. Berechnet man für sämtliche erfüllenden Belegungen von (3.14) die Kosten, kann die kostenminimale Lösung einfach ausgewählt werden.

*Beispiel 3.19 (Forts.):* Die zur verbleibenden Matrix A' korrespondierende boolesche Formel lautet $(x_1 \lor x_3) \land (x_1 \lor x_5) \land (x_3 \lor x_5)$. Nach Anwendung des Distributivgesetzes erhält man die disjunktive Form $x_1 x_3 \lor x_1 x_5 \lor x_3 x_5$. Die drei Produktterme haben die Kosten 7, 5 und 6, die kostenminimale Lösung wird also durch $x_1 = x_5 = 1$, $x_3 = 0$ gegeben. Zusammen mit den aus der Reduktion bekannten Größen $x_2 = 1$, $x_4 = 0$ erhält man die Gesamtlösung mit den Kosten 11. •

Die Formulierung gemäß (3.14) ist natürlich auch bereits für die Nebenbedingung des ursprünglichen Problems (3.13b) möglich. Erlaubt man als Erweiterung dieses *unären Überdeckungsproblems* in den einzelnen Ausdrücken von Formel (3.14) auch negierte Variablen $\bar{x}_i$, ist die Funktion b nicht mehr monoton wachsend, und man erhält ein *binäres Überdeckungsproblem* mit der Nebenbedingung $b' = 1$,

$$ b' = \bigwedge_{j=1}^{q} (a_{1j}\,\dot{x}_1 \vee a_{2j}\,\dot{x}_2 \vee \ldots \vee a_{pj}\,\dot{x}_p)\,, \qquad \dot{x}_i \in \{x_i, \bar{x}_i\}. \qquad (3.14') $$

Es hat Anwendungen im Bereich der Technologieanpassung (Abschnitt 4.4.2) und der Zustandsreduktion unvollständig spezifizierter Steuerwerke (Abschnitt 5.5). Für das binäre Überdeckungsproblem können ganz ähnliche Reduktions- und Lösungsmöglichkeiten wie für das unäre Überdeckungsproblem genutzt werden [PiSo 90]. Im folgenden wird jedoch ein alternativer Ansatz beschrieben, der auf [EvHö 92] zurückgeht.

Die boolesche Formel in (3.14') kann mit einem reduzierten Funktionsgraphen (BDD) repräsentiert werden. Jede erfüllende Belegung von b', d. h. jede Belegung der Variablen $x_i$, die den Nebenbedingungen genügt, entspricht einem Pfad von der Wurzel des BDD zum Terminalknoten mit dem Wert 1. Die Minimierung in (3.13a) führt zur Auswahl eines Pfades. Durch eine geeignete Bewertung der Kanten des BDD wird die Variablenbelegung mit minimalen Kosten auf einen Pfad minimaler Länge im BDD abgebildet. Dazu werden alle von einem Nonterminalknoten $v_i$ ausgehenden Kanten zu Nachfolgern $n0(v_i)$ mit der Bewertung 0, alle Kanten zu Nachfolgern $n1(v_i)$ mit der Bewertung $c_i$ versehen. Für jede Variable mit dem Wert $x_i = 1$ wird der Pfad damit um den Wert $c_i$ verlängert.

### 3.4.4 Graphenprobleme

Da die bisher behandelten Probleme im allgemeinen eine graphentheoretische Entsprechung haben, können die angegebenen Algorithmen auch zur Lösung der entsprechenden Graphenprobleme eingesetzt werden. So kann z. B. das Cliquenproblem mit Hilfe des Algorithmus zur Bestimmung von Verträglichkeitsklassen gelöst werden. In diesem Abschnitt werden Algorithmen für drei weitere graphentheoretische Probleme behandelt: zunächst ein Algorithmus zur topologischen Sortierung von Digraphen, danach ein Algorithmus zur Suche längster Pfade und zuletzt ein Ansatz zur Durchtrennung von Zyklen. Für eine ausführlichere Darstellung graphentheoretischer Algorithmen sei auf entsprechende Lehrbücher (z. B. [Chri 75, Even 79]) verwiesen.

Bei der topologischen Sortierung werden die Knoten eines zyklenfreien Digraphen G = (V, E) mit Hilfe einer Reihenfolgefunktion r: V → {1, ..., |V|} so sortiert, daß alle Nachfolger eines Knotens in der Reihenfolge nach diesem Knoten stehen. Da G zyklenfrei ist, gibt es mindestens einen Knoten $v_i \in V$ ohne Vorgänger, $\delta^-(v_i) = 0$. Ein solcher Knoten erhält die Nummer $r(v_i) = 1$. Alle Pfeile, die von diesem Knoten ausgehen, werden danach nicht mehr berücksichtigt. Im verbleibenden Untergraphen von G ohne $v_i$ gibt es wieder mindestens einen Knoten $v_j$ ohne Vorgänger*, der die Nummer $r(v_j) = 2$ bekommt. Man fährt damit solange fort, bis alle n = |V| Knoten numeriert sind (Algorithmus 3.3).

*Algorithmus 3.3*: Topologische Sortierung

```
begin
    for i := 1 to n do
        berechne δ⁻(vᵢ);
    for i := 1 to n do
    begin
        finde ein vⱼ ∈ V mit δ⁻(vⱼ) = 0;
        r(vⱼ) := i;
        V := V \ {vⱼ};
        for (∀vₖ ∈ S(vⱼ)) do δ⁻(vₖ) := δ⁻(vₖ) - 1;
    end
end.
```

*Beispiel 3.20*: Man betrachte den Digraphen in Bild 3.24a. Da der Knoten A keinen Vorgänger hat, erhält er die Nummer r(A) = 1. Im verbleibenden Graphen von Bild 3.24b mit den Knoten V = {B, C, D} hat der Knoten C keinen Vorgänger, er erhält die Nummer r(C) = 2. Im Graphen mit den Knoten {B, D} in Bild 3.24c ist B ohne Vorgänger, er erhält die Nummer r(B) = 3. Schließlich bleibt noch der Knoten D mit r(D) = 4.

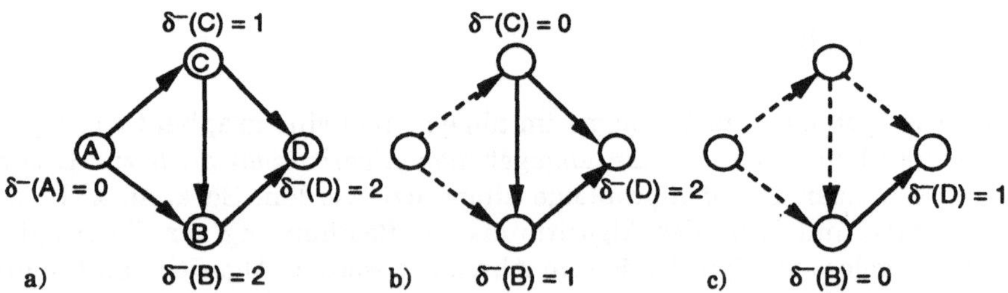


*Bild 3.24*: Beispiel zur topologischen Sortierung eines Digraphen

---

* Gibt es keinen solchen Knoten, ist der Digraph nicht zyklenfrei.

Der Rechenaufwand von Algorithmus 3.3 kann wie folgt nach oben abgeschätzt werden[*]. Die Berechnung des Eingangsgrades eines Knotens erfordert $O(n)$ Schritte, da von maximal n anderen Knoten Kanten zu ihm hinführen. Für die n-mal auszuführende erste for-Schleife ist daher ein Aufwand $O(n^2)$ nötig. In der zweiten for-Schleife haben der erste und der letzte Befehl einen Aufwand $O(n)$, da in beiden Fällen maximal alle verbleibenden Knoten durchsucht werden, der Aufwand für die beiden anderen Befehle ist geringer. Da diese Schleife n-mal durchlaufen wird, erhält man auch hier den Aufwand $O(n^2)$, d. h. der gesamte Algorithmus hat die Zeitkomplexität $O(n^2)$.

Die Bestimmung einer topologischen Sortierung erleichtert häufig die weitere algorithmische Behandlung von Digraphen, wie etwa die Suche nach dem längsten Pfad in einem zyklenfreien bewerteten Digraphen. Repräsentiert man z. B. eine Gatter-Netzliste als bewerteten Digraphen, in dem die Kantenbewertungen Verzögerungszeiten der Gatterausgänge bzw. Verbindungsleitungen entsprechen (vgl. Abschnitt 2.3.1.3), bestimmt der längste Pfad in diesem Digraphen die Geschwindigkeit der Schaltung (siehe auch Abschnitt 4.5.2.2).

In einem zyklenfreien bewerteten Digraphen G gibt es zu jedem Knoten einen längsten Pfad, der von einem der Knoten ohne Vorgänger ausgeht. Jeder Knoten $v_i$ kann mit der Länge dieses Pfades $\ell^+(v_i)$ markiert werden. Es gilt die sogenannte *Bellmansche Gleichung* [Bell 57]

$$\ell^+(v_i) = \begin{cases} 0 \text{ falls } \delta^-(v_i) = 0 \\ \max_{v_k \in P(v_i)} [\ell^+(v_k) + w(v_k, v_i)] \text{ sonst} \end{cases} , \qquad (3.15)$$

d. h. der längste Pfad zu Knoten $v_i$ führt über einen Vorgängerknoten $v_k$ so, daß die Summe aus der Länge des Pfades bis zum Vorgängerknoten $v_k$ und der Bewertung der Kante $(v_k, v_i)$ maximal wird. Es bietet sich an, den Digraphen G vor der Berechnung der $\ell^+(v_i)$ topologisch zu sortieren, damit bei Behandlung eines Knotens $v_i$ alle Werte $\ell^+(v_k)$ von Vorgängerknoten $v_k$ bereits bekannt sind. Nach Behandlung aller Knoten kennt man den Knoten mit maximalem Wert $\max \ell^+(v_i) = \ell_{max}$, der am Ende des längsten Pfades in G liegt. Vermerkt man bei jedem Knoten, welcher Vorgängerknoten $v_k$ in (3.15) zum maximalen Wert führte, kann der längste Pfad vom Endknoten zu einem der Knoten ohne Vorgänger zurückverfolgt werden.

In Algorithmus 3.4 wird jedoch ein anderer Ansatz gewählt, der zusätzliche Informationen liefert, die beim Schaltungsentwurf häufig nützlich sind. Zunächst wird der Digraph zur Bestimmung der Werte $\ell^+(v_i)$ und $\ell_{max}$ topologisch sortiert und vom Knoten der Nummer $r(v^1) = 1$ bis zum Knoten $r(v^n) = n$ durchlaufen. Danach wird allen Knoten ohne Nachfolger der Wert $\ell^-(v_i) = \ell_{max}$ zugewiesen und der Graph nochmals in umgekehrter Richtung abgearbeitet. Für alle Knoten mit Nachfolgern wird analog zu (3.15) ein Wert

---

[*] Es wird von einer verzeigerten Darstellung des Graphen mit Vorgänger- und Nachfolgerlisten ausgegangen.

$$\ell^-(v_i) = \min_{v_k \in S(v_i)} [\ell^-(v_k) - w(v_i, v_k)] \tag{3.16}$$

berechnet, der angibt, wie lang der längste Pfad bis zu diesem Knoten maximal sein darf, damit kein Pfad durch den Knoten länger als $\ell_{max}$ ist. Alle Knoten mit $\ell^+(v_i) = \ell^-(v_i)$ liegen auf dem längsten Pfad. Betrachtet man das oben erwähnte Beispiel der Bestimmung von Verzögerungen in Schaltungen, gibt die Differenz $\ell^-(v_i) - \ell^+(v_i)$ an, um wieviel die Verzögerung über ein Gatter $v_i$ noch zunehmen darf, ohne daß es auf dem längsten Pfad zu liegen kommt.

*Algorithmus 3.4:* Bestimmung längster Pfade

```
begin
     topologische Sortierung vr(vj) = vj;
     for i := 1 to n do
        if δ-(vi) = 0 then ℓ+(vi) = 0
                        else ℓ+(vi) = max ℓ+(vk) + w(vk,vi);
     ℓmax := max ℓ+(vi);
     for i := n downto 1 do
        if δ+(vi) = 0 then ℓ-(vi) = ℓmax
                        else ℓ-(vi) = min ℓ-(vk) - w(vi,vk);
  end.
```

Da die Maximum- und Minimumbildung in den for-Schleifen die Komplexität $O(n)$ besitzt und n-mal durchgeführt werden muß und auch die topologische Sortierung am Anfang des Algorithmus die Komplexität $O(n^2)$ hat, erfordert der gesamte Algorithmus 3.4 eine Laufzeit $O(n^2)$.

*Beispiel 3.21:* Bei dem topologisch sortierten Digraphen in Bild 3.25 mit den Knoten i = 1, ..., 11 erhält man mit dem Algorithmus die angegebenen Werte für $\ell^+(i)$ und $\ell^-(i)$. Der längste Pfad hat die Länge $\ell_{max} = 22$ und verläuft durch die Knoten 1, 3, 5, 6, 8 und 10.

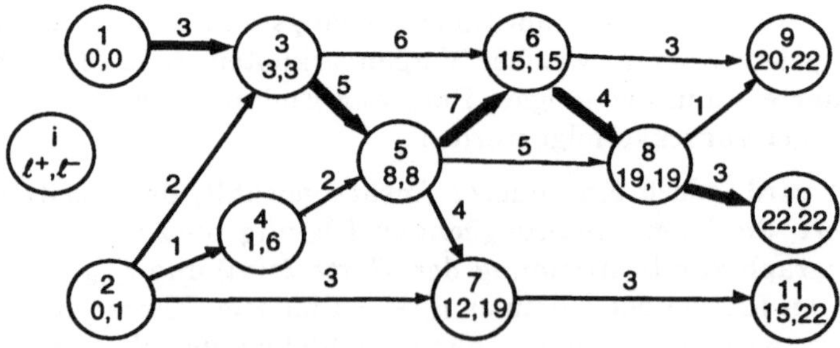

*Bild 3.25:* Bestimmung längster Pfade in einem Digraphen

Beide in diesem Abschnitt behandelten Algorithmen gingen von zyklenfreien Graphen aus. Häufig tritt das Problem auf, aus einem Graphen mit Zyklen durch das Heraustrennen einer minimalen Knotenanzahl einen zyklenfreien Graphen zu gewinnen. Steht eine Prozedur zur Verfügung, mit der alle „elementaren" Zyklen eines Graphen bestimmt werden können [Tier 70, John 75], reduziert sich das Problem auf ein Überdeckungsproblem, das mit den Methoden von Abschnitt 3.4.3 gelöst werden kann. Für jeden Knoten $v_i$ gibt eine Menge von Zyklen $M_i$, in denen der Knoten enthalten ist. Wird der Knoten $v_i$ aus der Knotenmenge V gestrichen, werden damit gleichzeitig alle Zyklen, in denen $v_i$ enthalten ist, beseitigt. Gesucht ist eine möglichst kleine Zahl von Knoten, nach deren Streichung alle Zyklen beseitigt sind; anders ausgedrückt wird eine minimale Überdeckung aller Zyklen mit Mengen $M_i$ gesucht [ChKo 75].

### 3.4.5 Mehrzieloptimierung

Häufig lassen sich Optimierungsprobleme nur schwer mathematisch formulieren, da gleichzeitig mehrere Zielkriterien optimiert werden sollen. So kann es das Ziel eines Schaltungsentwurfs sein, gleichzeitig den Flächenverbrauch der Schaltung zu minimieren, die Geschwindigkeit zu maximieren und den Leistungsverbrauch zu minimieren. Es seien x die zu beeinflussenden Parameter und $z(x) = (z_1(x), ..., z_r(x))$ die aus den r Einzelzielfunktionen gebildete Gesamtzielfunktion. Alle Einzelzielfunktionen seien zu maximieren; muß eine Zielfunktion $z_i'(x)$ minimiert werden, kann sie leicht durch die zu maximierende Zielfunktion $z_i(x) = - z_i'(x)$ ersetzt werden. Gesucht ist also eine Lösung des *Mehrzieloptimierungsproblems*

$$\text{„max" } z(x). \tag{3.17}$$

Es seien

$$\hat{z}_i = z_i(\hat{x}^i) = \max_x z_i(x), \quad i \in \{1, ..., r\}.$$

die optimalen Zielfunktionswerte der Einzelfunktionen $z_i(x)$, die bei der Parameterkombination $\hat{x}^i$ erreicht werden. Im allgemeinen erreichen die unterschiedlichen Zielfunktionen ihre Maxima bei verschiedenen Parameterkombinationen $\hat{x}^i$. Ideal wäre es, wenn eine Parameterkombination $\hat{x}$ existierte, bei der alle r Einzelfunktionen maximiert werden können. Ist dies der Fall, wird die zugehörige Lösung $\hat{z} = (z_1(\hat{x}), ..., z_r(\hat{x}))$ als *perfekte Lösung* bezeichnet. Existiert – wie bei Mehrzielproblemen üblich – keine perfekte Lösung, tritt ein Zielkonflikt auf, der eine genaue Definition der Maximumbildung „max" in (3.17) erschwert. Selbst wenn ein Zielkonflikt auftritt, gibt es aber Lösungen, die auf jeden Fall besser sind als andere Lösungen.

*Definition 3.12:* Eine Lösung $z(x')$ *dominiert* eine andere Lösung $z(x")$, $z(x') \geq z(x")$, wenn $z_i(x') \geq z_i(x")$ für alle $i = 1, ..., r$ und ein $i \in \{1, ..., r\}$ existiert, so daß $z_i(x') > z_i(x")$. Eine Lösung, die von keiner anderen Lösung dominiert wird, heißt *effiziente Lösung*.

*Beispiel 3.22:* Es sei ein Mehrzieloptimierungsproblem mit r = 2 Zielfunktionen gegeben. Repräsentiert man alle durch eine Parameterkombination x er-

reichbaren Lösungen $(z_1(x), z_2(x))$ in einem Koordinatensystem, erhält man
z. B. einen Lösungsraum entsprechend Bild 3.26. Das Maximum der Zielfunktion $z_1$ wird in Punkt $P_7$ erreicht, das Maximum von $z_2$ in $P_1$, es gibt daher keine perfekte Lösung. Die Lösung $P_8$ wird durch alle anderen Lösungen im Dreieck $P_8$, $P_9$, $P_{10}$ dominiert, ist also nicht effizient. Ähnliches gilt
für andere Punkte im Inneren des Lösungsraums; effiziente Lösungen werden nur auf dem Rand des Lösungsraumes gefunden. So sind alle Lösungen
entlang der Geradenstücke $P_1 P_2$ und $P_2 P_3$ effizient. Die Lösungen zwischen
$P_3$ und $P_4$ sowie $P_4$ und $P_5$ werden allerdings wieder durch $P_3$ dominiert,
sind also nicht effizient.

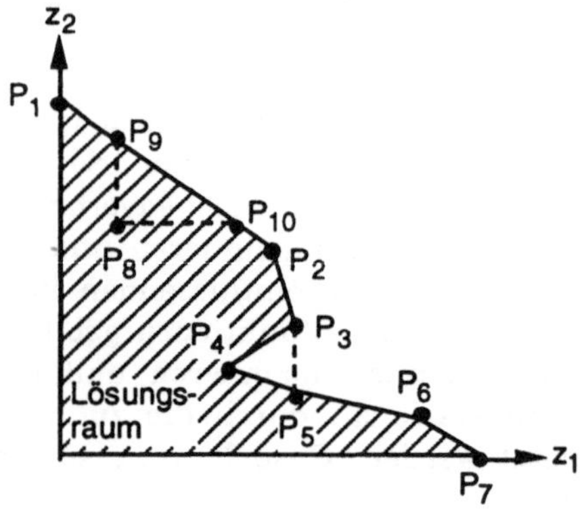


*Bild 3.26:* Lösungsraum eines Mehrzieloptimierungsproblems

Die vollständige Lösung eines Mehrzieloptimierungsproblems (3.17) würde darin bestehen, alle effizienten Lösungen zu bestimmen. Dies ist im allgemeinen
zu aufwendig, und die Menge aller effizienten Lösungen ist so groß, daß für die
Auswahl der endgültigen Lösung nicht viel gewonnen wäre. Letzten Endes
muß eine Kompromißlösung gefunden werden, die der Zielvorstellung des Benutzers der Optimierungsprozedur möglichst nahe kommt. Dazu muß der Benutzer seine Zielvorstellungen „max" aber genauer als in (3.17) spezifizieren.
Drei Möglichkeiten dazu seien erwähnt (vgl. [Coho 78, Iser 79, Zele 82]):

- Interaktive Verfahren erzeugen eine effiziente Lösung und fragen den Benutzer danach, welche Zielfunktionswerte seiner Meinung nach von unge-
  nügender Güte sind. Danach wird eine neue Lösung generiert, in der den
  entsprechenden Zielfunktionen eine höhere Priorität eingeräumt wird. Die
  Iteration wird solange wiederholt, bis der Benutzer keine weiteren Lösungsmöglichkeiten mehr angeboten haben möchte.

- Der Benutzer gibt ein *Kompromißmodell* an, z. B. indem er jeder Einzelziel-
  funktion $z_i(x)$ ein Gewicht $a_i \in \mathbb{R}^+$ gibt, das die Wichtigkeit der Maximie-
  rung dieser Zielfunktion beschreibt. Durch die Linearkombination $z^K(x) =$
  $a_1 z_1(x) + \dots + a_r z_r(x)$ erhält man eine Kompromißzielfunktion, in der

Zielfunktionen mit hohem Gewicht stärker berücksichtigt werden als solche mit niedrigem Gewicht. Das Maximum max $z^K(x)$ dieser skalaren Kompromißzielfunktion ist eindeutig definiert und stellt eine effiziente Lösung nach Definition 3.12 dar.

- Nur eine der Zielfunktionen wird maximiert, für alle anderen Zielfunktionen wird eine genügende Qualität der Optimierung durch Nebenbedingungen sichergestellt. So kann man fordern, daß $z_1(x)$ maximiert wird, unter der Nebenbedingung (u. d. N.), daß alle anderen Zielfunktionen $z_i(x)$ nicht weiter als 40% von ihrem individuellen Maximum entfernt liegen,

$$\max_x z_1(x) \qquad \text{u. d. N.} \qquad z_i(x) \geq 0{,}6\,\hat{z}_i \quad i = 2, ..., r.$$

Allerdings muß sichergestellt werden, daß die Nebenbedingung durch zumindest eine Lösung erfüllbar ist.

Beim Schaltungsentwurf wird zur Berücksichtigung unterschiedlicher Zielfunktionen häufig die letzte Möglichkeit genutzt, indem z. B. eine minimale Schaltungsfläche bei Gewährleistung einer bestimmten Mindestgeschwindigkeit gefordert wird.


## 3.5 Übungsaufgaben


**Ü 3.1**   Gegeben sei die Schaltung in Bild 3.27.

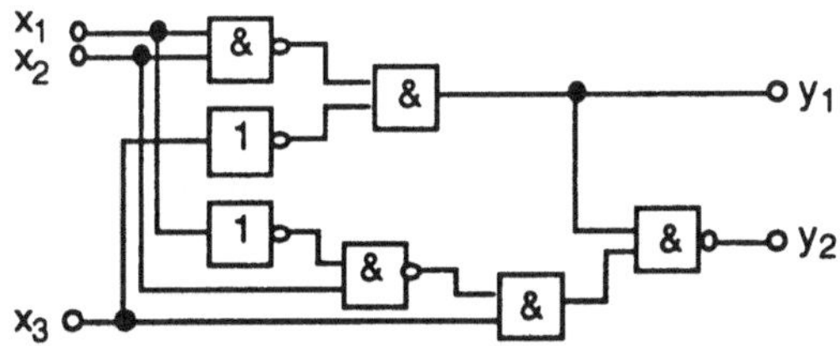

*Bild 3.27:* Beispielschaltung mit drei Ein- und zwei Ausgängen

a) Geben Sie einen die Schaltung repräsentierenden Digraphen an.

b) Für die Gatterverzögerungen gelte $\tau(\text{not}) = 2$, $\tau(\text{nand}) = 3$ und $\tau(\text{and}) = 4$. Pro Fanout-Leitung (Nachfolgerknoten) eines Eingangs oder Gatters entstehe eine zusätzliche Verzögerung von einer Zeiteinheit. Führen Sie eine Bewertung des Digraphen ein, um die Verzögerungen zu repräsentieren.

c) Bestimmen Sie die Länge des längsten Pfades zwischen den Knoten, die den Eingang $x_1$ und den Ausgang $y_2$ repräsentieren.

d) Bestimmen Sie eine topologische Sortierung des Digraphen.

e) Bestimmen Sie den längsten Pfad im Digraphen.

**Ü 3.2**  Gegeben seien zehn Ausgabevariablen $y_i \in \{0, 1\}$, $i = 1, ..., 10$. Zwei Ausgabevariablen $y_i$ und $y_j$ heißen äquivalent bezüglich einer Menge von Eingabebelegungen $X_k \in X$, wenn für alle $X_k$ $y_i = y_j$ gilt. Für zwei Mengen von Eingabebelegungen erhält man die Äquivalenzklassen

$\pi_1 = \{\{y_1, y_2\}, \{y_3, y_4\}, \{y_5, y_6, y_7, y_8\}, \{y_9, y_{10}\}\}$ und

$\pi_2 = \{\{y_1, y_2, y_5, y_7, y_8\}, \{y_3, y_4, y_9\}, \{y_6\}, \{y_{10}\}\}$.

a) Wie können Sie die Partition $\pi$ ausdrücken, deren Elemente Äquivalenzklassen bezüglich beider Eingabebelegungen darstellen?

b) Berechnen Sie die Partition $\pi$ für die gegebenen Mengen $\pi_1$ und $\pi_2$. Wie groß ist die größte Menge bezüglich beider Eingabebelegungen äquivalenter Ausgabevariablen?

**Ü 3.3**  Gegeben sei eine Menge von Ausgabevariablen $y_1, ..., y_5$ eines Schaltnetzes. Für bestimmte Eingabebelegungen $X_1, ..., X_8$ seien die Ausgabewerte gemäß Tabelle 3.5 festgelegt.

*Tabelle 3.5:* Ausgabebelegungen eines Schaltnetzes

| X | $y_1$ | $y_2$ | $y_3$ | $y_4$ | $y_5$ |
|---|---|---|---|---|---|
| $X_1$ | 1 | – | – | 1 | 1 |
| $X_2$ | 0 | – | 1 | 0 | – |
| $X_3$ | – | – | 0 | 0 | 0 |
| $X_4$ | 0 | – | 1 | – | 1 |
| $X_5$ | 1 | 1 | 1 | – | 1 |
| $X_6$ | 1 | 1 | 1 | 1 | 1 |
| $X_7$ | 1 | – | 0 | 1 | – |
| $X_8$ | 0 | 1 | – | 1 | 1 |

a) Wann können zwei Ausgabevariablen $y_i$ und $y_j$ zu einer Variablen zusammengefaßt werden?

b) Untersuchen Sie die Eigenschaften der Relation "können zusammengefaßt werden". Um welchen Relationstyp handelt es sich?

c) Stellen Sie die Relation in einer Halbmatrix dar.

d) Bestimmen Sie die minimale Anzahl von Ausgabevariablen, die benötigt werden. Stellen Sie dazu zunächst Gruppen von Ausgabevariablen zusammen, die zusammengefaßt werden können. Wählen Sie die minimale Anzahl von Gruppen aus, so daß alle Ausgaben gemäß der Spezifikation in Tabelle 3.5 erzeugt werden können.

**Ü 3.4**  Gegeben sei die Funktion

$$f(x_1, x_2, x_3, x_4) = x_3 x_4 \oplus \overline{x_1} x_2 x_4 \oplus \overline{x_1} x_3 \oplus \overline{x_1}\overline{x_2} x_3 x_4.$$

a) Geben Sie eine Hülle der Funktion $f$ an.

b) In welchen Variablen ist die Funktion monoton?

c) Berechnen Sie die Kofaktoren von $f$ nach allen vier Variablen und deren Komplement.

d) Stellen Sie die Funktion mit Hilfe eines BDD dar.

**Ü 3.5**  Man betrachte alle möglichen Würfel einer booleschen Funktion mit zwei Eingaben und einer Ausgabe.
a) Geben Sie diese Würfel in vektorieller Schreibweise an. Veranschaulichen Sie die Würfel in einem Schaubild.
b) Welche Eigenschaften hat die Relation „$\subseteq$" zwischen Würfeln?
c) Stellen Sie die Relation mit Hilfe eines Hasse-Diagramms dar.

**Ü 3.6**  Gegeben seien die Würfelmengen

$B = \{(--1\,1; 1\,1), (0---; 1\,0), (--0\,0; 0\,1), (0\,1\,0\,1; 0\,1)\}$ und

$C = \{(--1\,1; 1\,1), (0\,1\,0\,1; 1\,1), (0\,1\,1\,0; 1\,0)\}$.

a) Berechnen Sie $B \cap C$ und $B \sqcap C$.
b) Welche der folgenden Beziehungen gilt zwischen den Würfelmengen: $B \subseteq C$, $B \sqsubseteq C$, $C \subseteq B$ oder $C \sqsubseteq B$?
c) Bilden Sie den Kofaktor von $B$ nach dem Würfel $p = (---1; 1\,1)$. Bilden Sie dann den Kofaktor des Ergebnisses nach $q = (----; 1\,0)$. Vergleichen Sie das Ergebnis mit der Kofaktorbildung von $B$ nach $r = (---1; 1\,0)$.
d) Führen Sie die Operationen in c) auf der Formelrepräsentation der Bündelfunktion $b = (b_1, b_2)$, $b_1 = x_3x_4 \vee \bar{x}_1$, $b_2 = x_3x_4 \vee \bar{x}_3\bar{x}_4 \vee \bar{x}_1x_2\bar{x}_3x_4$ durch. Was bewirkt die Kofaktorbildung nach $p$, was die Kofaktorbildung nach $q$?

**Ü 3.7**  Wandeln Sie die Netzliste von Funktion $y_1$ aus Bild 3.27 durch sukzessive Verknüpfung der BDDs von Teilfunktionen in ein BDD der Gesamtfunktion um.

**Ü 3.8**  Wenden Sie Algorithmus 3.1 zur Bestimmung von Äquivalenzklassen auf die Verträglichkeitsrelation von Bild 3.22 an. Welches Ergebnis erhalten Sie und wieso?

**Ü 3.9**  Gegeben sei der Digraph in Bild 3.28. Durch das Streichen einer minimalen Knotenanzahl seien die Zyklen $Z_1 = (v_1, v_2, v_1)$, $Z_2 = (v_1, v_3, v_4, v_2, v_1)$, $Z_3 = (v_3, v_4, v_2, v_3)$, $Z_4 = (v_3, v_4, v_3)$, $Z_5 = (v_3, v_5, v_6, v_4, v_3)$ und $Z_6 = (v_3, v_5, v_6, v_3)$ zu beseitigen.

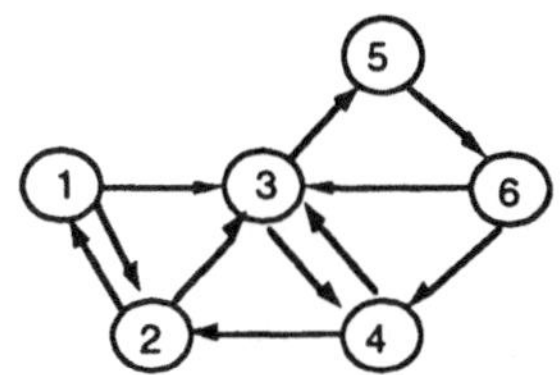

*Bild 3.28:* Digraph mit Zyklen

a) Repräsentieren Sie das Problem in der Form von Gleichung (3.13).

   b) Reduzieren Sie die Größe des Problems so weit wie möglich.

   c) Geben Sie die Nebenbedingung des verbleibenden Problems in der
      Form von Gleichung (3.14) an.

   d) Verwandeln Sie diese Form in eine disjunktive Form und leiten Sie
      daraus die optimale Lösung des Überdeckungsproblems her.

Ü 3.10  Gegeben sei das binäre Überdeckungsproblem mit der zu minimierenden Kostenfunktion $K = x_1 + 2\,x_2 + 3\,x_3$ und der Nebenbedingung $b = x_2\bar{x}_3 \vee x_1\bar{x}_2x_3 = 1$.

   a) Geben Sie einen reduzierten Funktionsgraphen (BDD) der Funktion
      b an.

   b) Bestimmen Sie alle Pfade von der Wurzel des BDD zum Terminalknoten mit dem Wert 1 sowie die Kosten K der entsprechenden Variablenbelegungen.

   c) Modifizieren Sie Algorithmus 3.4 so, daß der kürzeste Pfad zwischen zwei Knoten eines bewerteten Digraphen bestimmt wird.

   d) Bestimmen Sie mit diesem Algorithmus die Lösung des binären
      Überdeckungsproblems und vergleichen Sie Ihr Ergebnis mit b).

Ü 3.11  Gegeben sei ein Digraph (V, E) mit $V = \{1, ..., n\}$ und zwei disjunkte,
        nichtleere Knotenmengen $A, B \subseteq V$. Der Graph sei als Feld von Listen
        abgespeichert, wobei jeder Index $i \in \{1, ..., n\}$ des Feldes einen Knoten
        beschreibt und die zugehörige Liste alle Indizes von direkten Nachfolgerknoten enthält. Geben Sie einen Algorithmus der Zeitkomplexität
        $O(|E|)$ an, der prüft, ob es einen Weg mit Anfangsknoten aus A und
        Endknoten aus B gibt und, wenn ja, einen Weg mit kleinstmöglicher
        Anzahl von Pfeilen bestimmt.
        Hinweis: Ein Weg F ist eindeutig festgelegt, wenn für jeden vom Anfangsknoten verschiedenen Knoten von F der Vorgänger auf F bekannt
        ist.

Ü 3.12  Gegeben seien zwei Parameter $0 \le p \le P$ und $0 < q < Q$, von denen Fläche
        F und Verzögerung T einer Schaltung gemäß den Beziehungen $F(p, q) = V + K\,p - L\,q$ und $T(p, q) = W + R\,p^2 + S\,q$ abhängen sollen, wobei K, L,
        R, S, W positive reelle Koeffizienten seien und $V = LQ$ gilt. Sowohl die
        Fläche als auch die Verzögerung seien zu minimieren.

   a) Zeichnen Sie den Lösungsraum in ein (F, T)-Koordinatensystem
      ein. Geben Sie eine Gleichung für alle effizienten Lösungen an.

   b) Bestimmen Sie die optimale Lösung für eine Kompromißzielfunktion $a_1F + a_2T$ mit $a_1 > 0$ und $a_2 > 0$.

   c) Minimieren Sie F unter der Nebenbedingung, daß die Verzögerung
      T maximal doppelt so groß wie für die optimale Parameterkombination $p_{opt}$, $q_{opt}$ sein darf. Es gelte dabei $W \cdot L < S \cdot V$.

# 4 Logikentwurf

## 4.1 Aufgabenstellung

### 4.1.1 Zweck des Logikentwurfs

Die Aufgabe des Logikentwurfs besteht darin, Verhaltensbeschreibungen kombinatorischer Schaltungen (Schaltnetze) in Strukturbeschreibungen auf Gatterebene umzusetzen, die bezüglich einer vorgegebenen Zielfunktion optimiert sind. Die resultierenden *Netzlisten* bilden dann die Grundlage der Realisierung in einer bestimmten Zieltechnologie (vgl. die Bilder 2.36, 2.44 und 2.57).

Zur Realisierung allgemeiner boolescher Funktionen ist häufig eine Beschreibung in Art einer Funktionstabelle gegeben, bei der für alle Eingabebelegungen der Schaltung spezifiziert wird, welche Ausgabewerte die Schaltung erzeugen soll. Durch die Interpretation der zum Ausgabewert 1 korrespondierenden Zeilen der Funktionstabelle als Produktterme einer zweistufigen disjunktiven Form, kann man sehr schnell eine Strukturbeschreibung gewinnen, die, um als Grundlage einer Implementierung zu dienen, im allgemeinen allerdings noch zu optimieren ist (Bild 4.1). Da diese Art der Implementierung keinen strukturellen Beschränkungen unterliegt, wird sie gelegentlich als *krause Logik* bezeichnet.

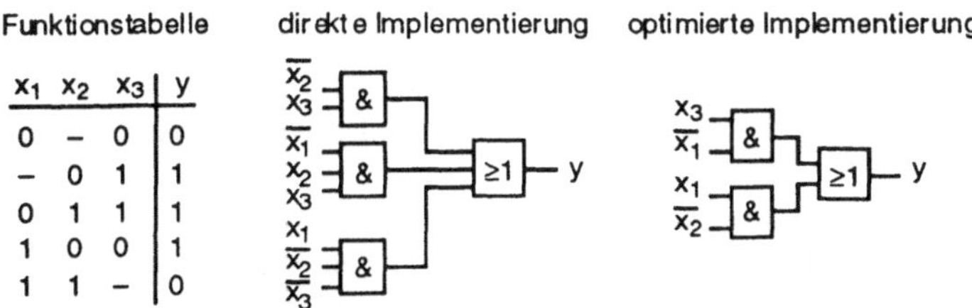

Bild 4.1: Logikentwurf für krause Logik

Bei der Realisierung *regulärer Logikmoduln* können die einzelnen Bits eines Schaltnetzes mit n-Bit-Ausgabe auch durch boolesche Gleichungen gegeben sein, z. B. bei einer Schaltung zur Addition zweier 8-Bit-Zahlen a und b mit den Bits a[i] und b[i], dem Übertragseingang c[-1], den Summenausgängen s[i] und dem Übertragsausgang c[7] durch s[i] = a[i] $\oplus$ b[i] $\oplus$ c[i-1] und c[i] = a[i] b[i] $\vee$ a[i] c[i-1] $\vee$ b[i] c[i-1], i = 0, ..., 7. Hier kann man eine unoptimierte Struktur durch die direkte Umwandlung boolescher Operatoren in Gatter gewinnen. Als Ergebnis der Umwandlung erhielte man in diesem Beispiel die Struktur eines Carry-ripple-Addierers. Auch eine auf diese Weise erhaltene Struktur muß häufig noch optimiert werden. So kann z. B. die Carry-ripple-Struktur zur Optimierung der Geschwindigkeit in eine Carry-lookahead-Struktur umgewandelt werden.

Beim *manuellen Logikentwurf* werden diese Optimierungen vom Entwerfer unter Benutzung von Axiomen und Sätzen der booleschen Algebra und unter Beachtung der Zielstruktur, auf die das Schaltnetz abgebildet werden soll, vorgenommen. Zur Validierung des Entwurfs muß die resultierende Struktur mit der ursprünglichen Schaltungsspezifikation verglichen werden. Bei der *automatischen Logiksynthese* beschränkt sich die Aufgabe des Entwerfers darauf, die Schaltungsspezifikation in einer rechnergerechten Eingabesprache zu formalisieren. Die Umsetzung dieser Verhaltensbeschreibung in eine Strukturbeschreibung, die unter Berücksichtigung der Zielstruktur optimiert wurde, obliegt dann dem Syntheseprogramm. Nimmt man an, daß das Syntheseprogramm fehlerfrei arbeitet, reicht hier eine Validierung der Eingabespezifikation aus.

Durch die Eingabe der Schaltung auf einer höheren Abstraktionsebene, d. h. einer Verhaltensbeschreibung statt einer vom Entwerfer optimierten Netzliste, kann mit Hilfe der automatischen Synthese die Entwurfszeit verkürzt werden. Entwurfsfehler sind in der Eingabespezifikation der Synthese leichter zu erkennen als in einer Netzliste, nachträgliche Modifikationen sind schneller möglich. Durch eine entsprechende Parametrisierung der Synthese können in kurzer Zeit mehrere Entwurfsmöglichkeiten durchgespielt und miteinander verglichen werden. Auf diese Weise kann ein Entwurf auch flexibel an beliebige Zielstrukturen angepaßt werden.

Die automatische Synthese hilft vor allem bei der Minimierung großer Blöcke kombinatorischer Logik, beim Entwurf der kombinatorischen Logik festverdrahteter Steuerwerke, bei der bereits die Funktionsspezifikation automatisch erzeugt werden kann, und bei der Anpassung eines Entwurfs an eine neue Zieltechnologie mit anderen Grundbausteinen. Zum Entwurf regulärer Moduln wird sie weniger häufig verwendet, da hier volloptimierte Standardimplementierungen zur Verfügung stehen. Wenn für einen Entwurf jedoch z. B. eine Carry-ripple-Struktur zu langsam und eine Carry-lookahead-Struktur zu aufwendig ist, kann mit Hilfe der Synthese eine neue Struktur erzeugt werden, deren Geschwindigkeit größer als die der Carry-ripple-Struktur ist, ohne den Aufwand einer Carry-lookahead-Struktur zu verursachen.

## 4.1.2 Optimierungsziele

Je nachdem, zu welchem Zweck eine Schaltung entworfen wird, sind unterschiedliche Zielvorgaben zu beachten. Optimierungsziele können ein minimaler Realisierungsaufwand, maximale Geschwindigkeit, minimaler Leistungsverbrauch, gute Testbarkeit und geringer Entwurfsaufwand sein. Bei dem zugrundeliegenden Mehrzieloptimierungsproblem entstehen im allgemeinen Zielkonflikte; so benötigt z. B. ein schneller Addierer mehr Bauelemente als ein langsamer. Bei der manuellen Optimierung werden die Zielvorstellungen häufig nicht explizit formuliert und gehen nur implizit in die Tätigkeit des Entwerfers ein. Bei der Entwicklung von Programmen zur automatischen Synthese ist die Formulierung einer Kostenfunktion dagegen unabdingbar.

Auch wenn man sich z. B. auf die Minimierung des Realisierungsaufwandes beschränkt, ist die Kostenfunktion noch nicht eindeutig festgelegt. Je nach verwendeter Zieltechnologie, kann eine andere Kostenfunktion angemessen sein. Verschiedene Möglichkeiten sind im folgenden aufgeführt:

- Zweistufige Logik
  - ROM: Keine Minimierung möglich*
  - PAL: Summe/Maximum der Produkttermanzahl von Einzelfunktionen
  - PLA: Gesamtzahl der Produktterme einer Bündelfunktion
- Mehrstufige Logik
  - Vollkundenentwurf: Transistoranzahl, Verdrahtungsfläche
  - ASIC-Entwurf: Zellenanzahl und -fläche, Verdrahtungsfläche
  - PGA-Entwurf: Blockanzahl.

Bei PGAs hängt die Anzahl der benötigten Blöcke ihrerseits wieder vom verwendeten PGA-Baustein ab. Bei SRAM-basierten Bausteinen (2.4.3.1) können die Logikblöcke beliebige logische Funktionen mit einer bestimmten Maximalzahl von Eingängen realisieren; der Realisierungsaufwand wird nur durch die Partitionierbarkeit der zu implementierenden Funktion in entsprechende Teilfunktionen bestimmt. Bei multiplexerbasierten Bausteinen (2.4.3.2) können durch einen Logikblock dagegen nur ganz bestimmte logische Funktionen realisiert werden, demnach hängt die Anzahl der Logikblöcke auch von der Art der zu implementierenden Teilfunktionen ab.

Um zu vermeiden, daß für jeden Bausteintyp ein neues Minimierungsverfahren entwickelt werden muß, zerlegt man die Synthese in einen technologieunabhängigen und in einen technologieabhängigen Teil (Bild 4.2). Während der technologieunabhängigen Synthese wird eine abstrakte Kostenfunktion, die einfach zu berechnen ist, verwendet. Bausteinspezifische Kostenparameter gehen erst bei der Anpassung der Struktur an einen konkreten Baustein ein. Durch diese Aufteilung und die Abstraktion der Kostenfunktion während der technologieunabhängigen Optimierung muß ein suboptimales Ergebnis bezüg-

---

* Die Anzahl der Ein- und Ausgänge des ROM kann u. U. durch zusätzliche Bausteine reduziert werden [Gras 78].

lich der tatsächlichen Kosten in Kauf genommen werden. Wie später gezeigt
wird, kann aufgrund der NP-Vollständigkeit des Problems der Logiksynthese
ein Minimum der Kostenfunktion im allgemeinen allerdings ohnehin nur näherungsweise bestimmt werden.

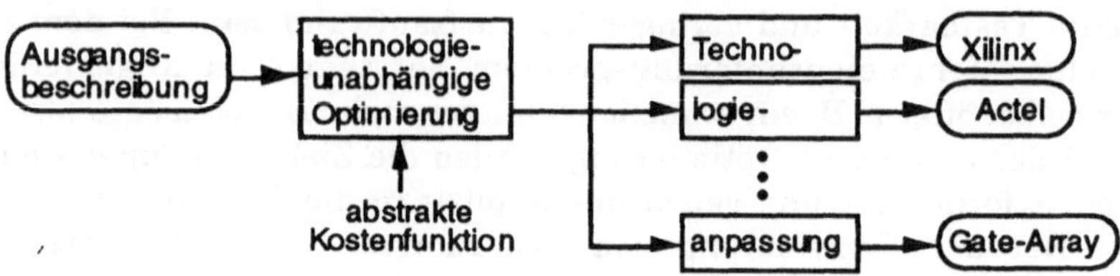


*Bild 4.2:* Technologieabhängigkeit der Logiksynthese

Heute werden im wesentlichen zwei unterschiedliche abstrakte Kostenfunktionen mit den dafür geeigneten Optimierungsverfahren genutzt. Basiert die Realisierung auf einer *zweistufigen* Struktur, wird während der Optimierung die
Anzahl der Produktterme minimiert. Nach Abschnitt 3.3.1 garantiert die disjunktive Minimalform einer Funktion eine zweistufige UND-/ODER- (bzw.
NOR-/NOR-)Realisierung mit minimaler Produkttermanzahl. Auf UND-/XOR-
Verknüpfungen basierende Darstellungen werden zwar zunehmend untersucht [SaEF 93], konnten aber noch keine große Bedeutung gewinnen.

Zur Charakterisierung des Realisierungsaufwands *mehrstufiger* Funktionen
bieten sich verschiedene Kostenfunktionen an. Bild 4.3 veranschaulicht vier
Möglichkeiten. Die Anzahl der Literale $N_L$ einer booleschen Formel entspricht
der Anzahl auftretender Variablensymbole (vgl. Abschnitt 3.3.1). Die Anzahl
der expliziten und impliziten Verknüpfungssymbole oder Klammerpaare $N_V$
in der booleschen Formel entspricht der Anzahl von Gattern $N_G$ im entsprechenden Schaltbild, $N_V = N_G$. Als Anzahl der Gattereingänge $N_E$ im Schaltbild
erhält man bei einer Einzelfunktion

$$N_E = N_L + N_G - 1, \qquad\qquad (4.1)$$

da alle Literale und alle Gatterausgänge mit Ausnahme des Funktionsaus-
gangs als Gattereingänge verwendet werden. Diese Formel gilt auch, wenn zusätzliche Inverter berücksichtigt werden (z. B. für $\bar{x}_2$ in Bild 4.3), da dann
sowohl die Gatteranzahl $N_G$ als auch die Eingangsanzahl $N_E$ ansteigen.

$$y = (x_1\bar{x}_2 \vee x_3)(x_4 \vee x_1x_5)$$

$$= (((x_1\bar{x}_2) \vee x_3)(x_4 \vee (x_1x_5)))$$

$$N_L = 6,\ N_V = 5,\ N_G = 5,\ N_E = 10$$

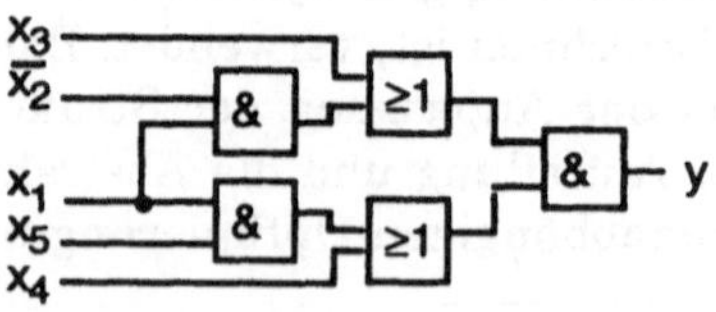

*Bild 4.3:* Kostenfunktionen für mehrstufige Logik

In Syntheseprogrammen für mehrstufige Logik wird im allgemeinen die Anzahl der Literale $N_L$ in einer Funktionsrepräsentation mit UND- und ODER-Verknüpfungen als Kostenfunktion verwendet [BrHS 90]. Kann man eine Funktion als Komplexgatter gemäß Abschnitt 2.2.2.2 realisieren und stehen sämtliche Eingänge sowohl bejaht als auch negiert zur Verfügung, benötigt man dafür in statischer CMOS-Technologie $2N_L$ Transistoren, in dynamischer CMOS-Technologie $N_L + 2$ Transistoren und in Pseudo-nMOS-Technologie $N_L + 1$ Transistoren (vgl. Tabelle 2.3). Auch bei mehrstufigen komplexen CMOS-Schaltungen entspricht die Anzahl der Literale der halben Transistoranzahl, wenn man von eventuell notwendigen Invertern absieht.

*Beispiel 4.1:* Es seien die Funktionen $f_1$ und $f_2$ in folgender Form gegeben

$$\overline{f_1}(x_1, x_2, x_3, x_4) = (x_1 \vee \overline{x_2} \vee \overline{x_3} \vee \overline{x_4})\,\overline{y}$$

$$\overline{f_2}(x_1, x_2, x_3, x_4) = (x_3 \vee x_4)\,\overline{y} \qquad \text{mit} \qquad y = (\overline{x_1} \vee x_2)\,x_3\,x_4.$$

Zur Darstellung von $f_1$ werden fünf Literale benötigt, zur Darstellung von $f_2$ drei Literale und zur Darstellung von y vier Literale. Diese Literalanzahlen entsprechen der Anzahl von Transistorpaaren in der statischen CMOS-Realisierung von Bild 4.4.

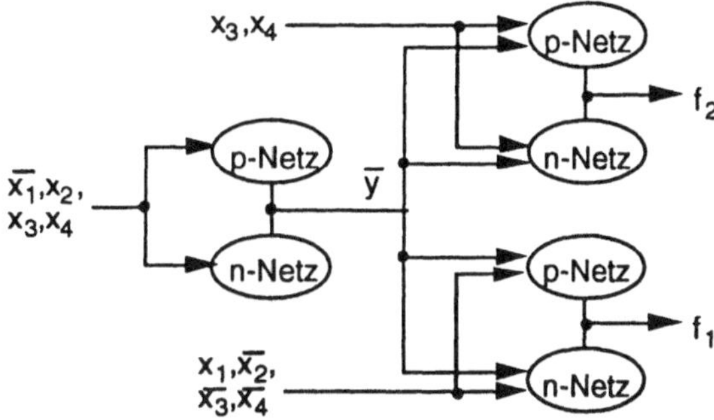


*Bild 4.4:* Mehrstufige komplexe CMOS-Realisierung

Bei anwendungsspezifischen Schaltungen bietet die Literalanzahl auch einen guten Schätzwert für die Gesamtfläche der benötigten Standardzellen oder Gate-Array-Makros [LiWo 88]. Bei programmierbaren Gate-Arrays wird im allgemeinen gleichfalls die Literalanzahl als Schätzwert für die benötigte Blockanzahl verwendet, obwohl die Qualität dieser Abschätzung etwa bei SRAM-basierten Bausteinen zweifelhaft ist. Als Beispiel vergleiche man eine Antivalenzverknüpfung von vier und eine UND-Verknüpfung von sechs Eingangsvariablen. In UND-/ODER-Repräsentation werden zur Darstellung der Antivalenzverknüpfung 32 Literale benötigt, zur Darstellung der UND-Verknüpfung nur sechs Literale. Im ersten Fall genügt in SRAM-basierten Bausteinen jedoch ein Logikblock, im zweiten werden zwei Logikblöcke benötigt.

In allen Fällen wird bei ausschließlicher Benutzung der Literalanzahl als Kostenfunktion die Verdrahtungsfläche vernachlässigt. Dies beeinträchtigt das Endergebnis nicht, solange im benutzten Baustein feste Verdrahtungsbereiche vorgegeben sind (Gate-Arrays, PGAs) und diese ausreichen, um die minimierte Funktion zu realisieren. Kann die Verdrahtungsfläche flexibel festgelegt werden (Vollkundenschaltungen, Standardzellen, Sea-of-Gates), ergibt sich die benötigte Gesamtfläche als Summe der aktiven Fläche und der Verdrahtungsfläche. Die Abschätzung der Verdrahtungsfläche während der Logikminimierung, in der die Schaltung nur aus funktionaler Sicht betrachtet wird, ist jedoch sehr schwierig, da die Verdrahtung stark durch die Topologie der Schaltung beeinflußt wird. Einige Ansätze versuchen, die Anzahl der Verbindungsleitungen oder die Art der Verbindungen zwischen Teilfunktionen bei der mehrstufigen Logiksynthese so zu beeinflussen, daß eine günstige Verdrahtung möglich ist [ASSP 90, HwOI 90, HwOI 92].

### 4.1.3   Formalisierung

Bevor die Aufgaben der Logiksynthese formaler betrachtet werden, führt die folgende Definition zwei Eigenschaften ein, die eine „optimale" Schaltung auf jeden Fall haben sollte. Zwei Schaltungen haben genau dann die gleiche Funktion, wenn ihre Eins- und Nullmengen übereinstimmen.

*Definition 4.1:* Eine Schaltung heißt *prim*, wenn bei keinem Gatter ein Eingang gestrichen werden kann, ohne die Funktion der Schaltung zu verändern. Eine Schaltung heißt *irredundant*, wenn kein Gatter gestrichen werden kann, ohne die Funktion der Schaltung zu ändern.

Eine Schaltung, die sowohl prim als auch irredundant ist, besitzt somit gewisse in der Definition beschriebene lokale Minimalitätseigenschaften. Nach der Definition impliziert die Eigenschaft „prim" die Eigenschaft „irredundant", da die Streichung eines Gatters zu einer Reduktion der Eingangsanzahl bei allen Gattern führt, die jenes Gatter als Vorgänger besitzen[*]. Bei zweistufigen Schaltungen, für die in Abschnitt 3.3.2.2 die entsprechenden Begriffe *„Primwürfel"* und *„irredundante* Hülle" definiert wurden, dienen sie jedoch zur Bezeichnung unterschiedlicher Sachverhalte. Streicht man in einer zweistufigen disjunktiven Form den Eingang eines UND-Gatters, vergrößert man damit die von dem korrespondierenden Implikanten erfaßte Einsstellenmenge und potentiell die Einsstellenmenge der ganzen Funktion. Bei einem *Prim*implikanten kann kein Eingang gestrichen werden, ohne die Funktion der Schaltung zu verändern. Streicht man dagegen ein UND-Gatter (und damit einen Eingang des ODER-Gatters der zweiten Stufe), fallen alle Einsstellen, die nur von dem korrespondierenden Implikanten überdeckt werden, weg. War die Über-

---

[*] Dabei wird vorausgesetzt, daß Gatter der letzten Logikstufe nie gestrichen werden, da sonst die realisierte logische „Funktion" konstant gleich Null oder Eins wäre.

deckung der Einsstellenmenge mit Implikanten *irredundant*, wird damit die Einsstellenmenge der Funktion verkleinert.

*Beispiel 4.2:* Gegeben sei die Funktion im KV-Diagramm von Bild 4.5a, die durch das zweistufige Schaltnetz in Bild 4.5b realisiert wird. Der Implikant $x_1\bar{x}_2$ ist zur Überdeckung der Einsstellen nicht nötig, das dritte UND-Gatter kann gestrichen werden. Die Schaltung ist danach irredundant, aber nicht prim bezüglich der unvollständig spezifizierten Funktion, da auch der Eingang $x_3$ des zweiten UND-Gatters gestrichen werden kann. Es sei angemerkt, daß zur Vermeidung von Hasards unter Umständen redundante Schaltungsteile notwendig sind [z. B. Wend 82].

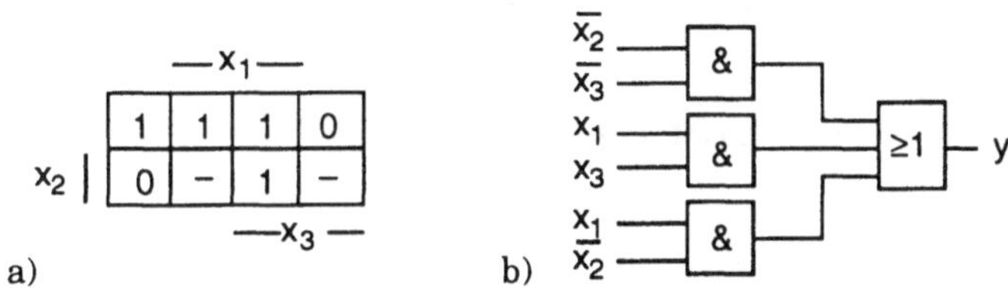

**Bild 4.5:** Schaltung, die nicht prim und irredundant ist

Es stellt sich die Frage, inwieweit die Primheit und Irredundanz einer Schaltung algorithmisch gesichert werden kann.

Problem RED (Redundanzerkennung)

*Vorgabe:* Ein Schaltnetz mit n Gattern und der Ausgangsfunktion f: $\{0,1\}^p \rightarrow \{0,1\}$.

*Frage:* Kann ein Gatterein- oder -ausgang durch die Konstante Null oder Eins ersetzt werden, ohne f zu ändern?

Das Problem RED, d. h. der Nachweis der lokalen Minimalität eines Schaltnetzes, ist NP-vollständig [IbSa 75]. Es steht daher zu erwarten, daß die zwei- und mehrstufige Logiksynthese, deren Ziel die Erzeugung einer global minimalen Schaltung ist, ebenfalls NP-vollständig sind. Das Ziel der zweistufigen Logikminimierung ist es, die disjunktive Minimalform einer Funktion f zu finden.

Problem DMF (disjunktive Minimalform)

*Vorgabe:* Eine n-stellige boolesche Funktion f: $\{0,1\}^n \rightarrow \{0,1,-\}$ und eine Konstante $K \in \mathbf{N}$.

*Frage:* Gibt es eine zweistufige disjunktive Form von f mit maximal K Implikanten?

Das Problem DMF ist NP-vollständig [Gimp 65], dies gilt selbst dann, wenn die Funktion vollständig definiert ist [GaJo 79]. Für die mehrstufige Logiksynthese wurde zunächst das Problem der Minimierung der Gatteranzahl untersucht.

Problem SMG (Schaltnetz minimaler Gatteranzahl)

*Vorgabe:* Eine n-stellige boolesche Funktion f: $\{0,1\}^n \rightarrow \{0,1,-\}$, eine Menge Gattertypen $G_i$ der Funktionalität $F_i$: $\{0,1\}^{n_i} \rightarrow \{0,1\}$, i = 1, ..., k und eine Konstante $K \in \mathbf{N}$.

*Frage:* Gibt es eine Zusammenschaltung von Gattern derart, daß die Funktion f realisiert wird und maximal K Gatter verwendet werden?

SMG ist NP-vollständig [IbSa 75, SaBh 80]. Insbesondere gilt dies auch, wenn als Gattertypen UND- und ODER-Gatter mit je zwei Eingängen verwendet werden. Daraus läßt sich die NP-Vollständigkeit des praktisch wichtigeren Problems der Literalminimierung ableiten.

Problem SML (Schaltnetz minimaler Literalanzahl)

*Vorgabe:* Eine n-stellige boolesche Funktion f: $\{0,1\}^n \rightarrow \{0,1,-\}$ und eine Konstante $K \in \mathbf{N}$.

*Frage:* Kann f durch einen aus UND und ODER aufgebauten booleschen Ausdruck mit maximal K Literalen repräsentiert werden?

*Satz 4.1:* SML ist NP-vollständig.

Beweis: $\alpha$) SML $\in$ NP: trivial. $\beta$) Polynomiale Reduktion auf SMG: Es seien $G_1$ ein UND-Gatter mit zwei Eingängen und $G_2$ ein ODER-Gatter mit zwei Eingängen. Aus der dann geltenden Beziehung $N_E = 2 N_G$ folgt mit (4.1) $N_G = N_L - 1$. Ein boolescher Ausdruck für f enthält also genau dann K Literale, wenn für das korrespondierende Schaltnetz mit den Gattertypen $G_1$ und $G_2$ K − 1 Gatter verwendet werden. Wäre es möglich, eine Lösung für SML in polynomialer Zeit zu finden, könnte demnach auch SMG mit den Gattertypen $G_1$ und $G_2$ in polynomialer Zeit gelöst werden. ◆

## 4.2 Synthese zweistufiger Logik

Wie in Abschnitt 4.1 erläutert, besteht die Aufgabe der zweistufigen Logiksynthese in der Erzeugung einer Funktionsrepräsentation mit minimaler Produkttermanzahl. Aufgrund der NP-Vollständigkeit des Problems DMF sind zur exakten Lösung bisher nur Algorithmen mit schlimmstenfalls exponentieller Laufzeit bekannt. Beispiele für exakte Minimierungsverfahren sind graphische Verfahren (KV-Diagramme, [Veit 52]), algebraische Verfahren (Nelson-Verfahren, [Nels 55]) und tabellarische Verfahren (Quine-McCluskey-Verfahren, [McCl 56], Consensus-Verfahren, [Mott 60]) Für die Minimierung größerer Schaltungen müssen Heuristiken verwendet werden, die nicht garantieren können, daß eine Lösung mit minimaler Anzahl von Produkttermen erzeugt wird. Eine Möglichkeit besteht darin, iterativ aus einer gegebenen Lösung solange neue Lösungen zu generieren, bis keine Kostenreduktion mehr möglich ist [BHMS 84]. Andere Verfahren brechen die Untersuchung von Lösungsmöglichkeiten nach einer vorgegebenen Rechenzeitschranke ab und geben die bis dahin erzeugte Lösung aus [GrLi 79].

### 4.2.1 Exakte Minimierung

Algorithmen zur exakten Minimierung lassen sich im allgemeinen in zwei Schritte unterteilen: Zunächst werden für das spezifizierte Schaltnetz alle Primimplikanten bestimmt, und danach wird eine minimale Überdeckung der Einsstellenmenge mit Primimplikanten berechnet. Das Problem des ersten Schrittes besteht darin, daß es Funktionen gibt, die von n Variablen abhängen und $3^n/n$ Primimplikanten besitzen [BHMS 84]. Die Bestimmung einer minimalen Überdeckung im zweiten Schritt ist NP-vollständig (Problem MCOV in Abschnitt 3.4.3). Um ein exaktes Verfahren zu erhalten, das für möglichst große Schaltungen anwendbar ist, müssen die beiden Schritte trotz ihres potentiell exponentiellen Aufwandes so effizient wie möglich implementiert werden. Im folgenden wird ein exaktes Minimierungsverfahren beschrieben, das auf der Würfeldarstellung von Abschnitt 3.3.2 aufbaut* [DaAR 86]. Im ersten Schritt müssen alle Primwürfel der Funktion bestimmt werden.

*Algorithmus 4.1:* Bestimmung aller Primimplikanten

```
function Primimpl(H(f))
begin
    if |H(f)| = 1 then return(H(f));
    wähle Dekompositionsvariable xᵢ;
    C₀ := Primimpl(H(f_x̄ᵢ)); C₁ := Primimpl(H(f_xᵢ));
    C := C₀|_{xᵢ=0} ∪ C₁|_{xᵢ=1};
    for (∀ c₀ ∈ C₀) do
        for (∀ c₁ ∈ C₁) do
        begin
            c := c₀ ∩ c₁;
            if c ≠ ∅ ∧ (∀ c'∈ C: c ⊄ c') then
            begin
                for (∀ c'∈ C: c' ⊆ c) do C := C \ {c'};
                C := C ∪ {c};
            end
        end
    return(C);
end.
```

Die rekursive Erzeugung aller Primwürfel in Algorithmus 4.1 basiert auf der Anwendung des Entwicklungssatzes (3.8). Teilfunktionen werden so lange in

---

* Dieses Verfahren wurde ausgewählt, da das Vorgehen dem bei der heuristischen Logikminimierung sehr ähnelt. Eine effizientere Methode zur Bestimmung aller Primimplikanten wurde z. B. von Thelen entwickelt [Math 89].

Kofaktoren $f_{x_1...x_i}$ zerlegt, bis diese nur noch aus einem Würfel bestehen. Kann eine Funktion mit nur einem Würfel repräsentiert werden, ist dieser Würfel gleichzeitig einziger Primwürfel. Der erzeugte Würfel ist daher Primwürfel der Funktion $f_{x_1...x_i}(x_{i+1}, ..., x_n)$, und die Rekursion kann abgebrochen werden. Die Variablen müssen dabei nicht in der gegebenen Reihenfolge $x_1, ..., x_n$ zur Dekomposition verwendet werden, eine Heuristik steuert die Auswahl der Dekompositionsvariablen $x_i$ so, daß ein Abbruch der Rekursion nach möglichst wenigen Zerlegungen möglich ist. Die Mengen $C_1$ und $C_0$ von Primwürfeln der Kofaktoren $f_{x_1...x_i}$ und $f_{x_1...\overline{x}_i}$ werden dann zu Primwürfeln C des Kofaktors $f_{x_1...x_{i-1}}$ zusammengefaßt. Mögliche weitere Primwürfel erhält man durch Schnitt aller Würfel aus $C_0$ mit Würfeln aus $C_1$. Wird ein neuer Primwürfel gefunden, müssen alle durch ihn überdeckten Würfel aus C gestrichen werden.

**Beispiel 4.3:** Die Funktion f sei durch ihre Hülle in Bild 4.6 gegeben. Das Bild veranschaulicht die Zerlegung mit Hilfe der Variablen $x_2$ und $x_1$ bzw. $x_2$ und $x_4$. Überdeckte Würfel wurden dabei sofort gestrichen, z. B. der Würfel $(- - 1\ 0)$ in $f_{\overline{x}_2\overline{x}_1}$. Nach der Zerlegung bestehen alle Kofaktoren aus einem Würfel. Danach werden die Mengen von Primwürfeln sukzessive zusammengefaßt, wobei überdeckte Würfel gestrichen werden.

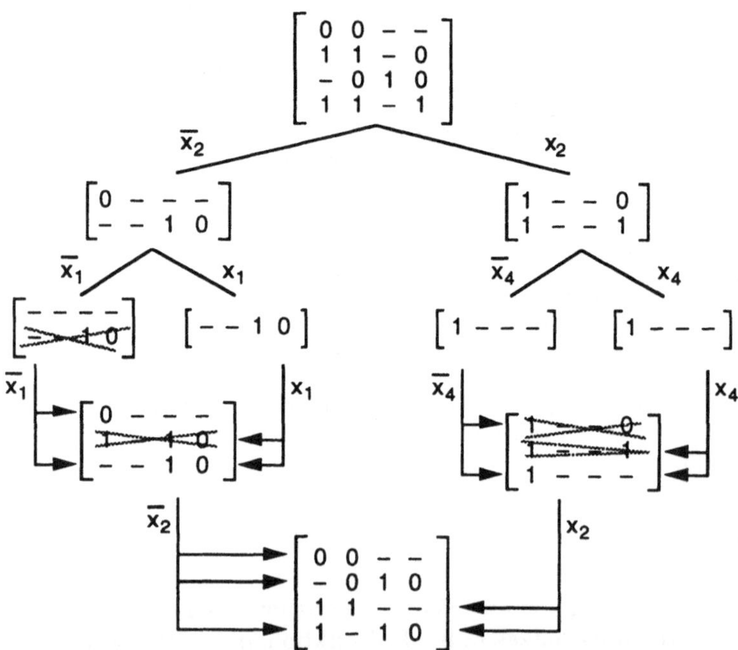

**Bild 4.6:** Erzeugung aller Primimplikanten einer Funktion

Die Lösung des Überdeckungsproblems wird dadurch vereinfacht, daß gewisse Würfel von vornherein als Kernwürfel erkannt und andere Würfel als irrelevant klassifiziert werden können, da sie in keiner minimalen Überdeckung enthalten sind. Es sei P die Menge aller Primwürfel von f, D die DC-Menge von f und R die Menge der Würfel, die bis dahin als in der minimalen Überdeckung enthalten klassifiziert wurden. Kernwürfel k werden aus P nach R transferiert, irrelevante Würfel i aus P gestrichen. Danach muß das Überdeckungsproblem nur noch für alle nicht überdeckten Minterme und alle in P verbliebenen Primimplikanten gelöst werden. Für Kernwürfel $k \in P$ gilt die Beziehung

$$k \not\subseteq (P \setminus \{k\}) \cup R \cup D, \tag{4.2a}$$

d. h. es muß zumindest einen Einsstellen-Minterm von k geben, der durch keinen anderen Primterm bzw. die DC-Menge überdeckt wird. Für irrelevante Würfel $i \in P$ gilt die Beziehung

$$\exists c \in P \setminus \{i\}: i \subseteq R \cup D \cup \{c\}, \tag{4.2b}$$

d. h. alle Einsstellen-Minterme von i sind bereits überdeckt, in der DC-Menge enthalten oder werden schon durch einen anderen Primwürfel c überdeckt. Diese Reduktionen können allerdings auch mit den in Abschnitt 3.4.3 angegebenen Beziehungen zur Lösung allgemeiner Überdeckungsprobleme durchgeführt werden.

Das rekursive Vorgehen von Algorithmus 4.1 beruht auf dem Prinzip „teile und herrsche". Ein Problem P[f] für eine Funktion f mit n Variablen wird mit Hilfe des Entwicklungssatzes in zwei einfacher zu lösende Teilprobleme $P[f_{\overline{x}_i}]$ und $P[f_{x_i}]$ mit Funktionen von jeweils n-1 Variablen zerlegt. Um das Prinzip effizient zu nutzen, müssen drei Bedingungen erfüllt werden:

- Rekursionsende: Nach einer gewissen Anzahl von Zerlegungen erhält man Teilprobleme, die einfach direkt zu lösen sind.
- Rekursionstiefe: Durch Heuristiken zur Auswahl der Zerlegungsvariablen versucht man, möglichst schnell zum Rekursionsende zu gelangen. Man beachte, daß diese Heuristik nur Einfluß auf die Laufzeit des Algorithmus hat und die Optimalität der erzeugten Lösung nicht gefährdet.
- Teilschritte: Die einzelnen Rekursionsschritte sind möglichst effizient zu implementieren. Bei der Logiksynthese erreicht man dies durch Operationen auf Würfeln und Würfelmengen.

Abschnitt 4.2.2 faßt Ergebnisse zur Minimierung monotoner Funktionen zusammen, die es erlauben, die Rekursion zu beenden, wenn man als Teilproblem ein monotones Problem erhält. Abschnitt 4.2.3 nutzt diese Ergebnisse in einem einfachen Verfahren zur heuristischen Minimierung von Einzelfunktionen, bei dem nicht alle Primimplikanten erzeugt werden und eine suboptimale Überdeckung benutzt wird. Das iterative Vorgehen vieler in der Praxis verwendeter heuristischer Algorithmen wird in Abschnitt 4.2.4 erläutert.

### 4.2.2  Minimierung monotoner Funktionen

Es sei f eine vollständig definierte Einzelfunktion mit der Hülle H(f), die alle
Eingabewürfel mit dem Funktionswert 1 enthält.

*Definition 4.2:* Die Würfelmenge H(f) heißt *monoton* $\left\{ \begin{array}{c} steigend \\ fallend \end{array} \right\}$ in einer Vari-

ablen $x_j$, wenn alle Würfel in Position j einen Eintrag $\left\{ \begin{array}{c} 1 \\ 0 \end{array} \right\}$ oder don't care

haben. Eine Würfelmenge H(f) heißt *monoton*, wenn sie monoton in allen
Variablen $x_j$ ist.

Nach Satz 3.2 repräsentiert eine monotone Würfelmenge H(f) stets eine monotone Funktion f. Nachdem bei einer Hülle H(f) die Monotonie festgestellt ist, lassen sich viele Eigenschaften einer Funktion f sehr einfach aus H(f) ablesen.
Ein Beispiel dafür wird durch den folgenden Satz 4.2 gegeben. Für nicht monotone Hüllen gilt die „genau dann"-Aussage nicht.

*Satz 4.2:* Eine Funktion f mit monotoner Hülle H(f) ist eine Tautologie (identisch
1), genau dann wenn ihre Hülle H(f) eine Reihe aus don't cares enthält.

*Beweis:* $\alpha$) $\Rightarrow$ (wenn dann): Ohne Einschränkung der Allgemeinheit sei H(f)
monoton steigend. H(f) enthält daher nur Einträge 1 und –. Enthielte H(f)
keine Reihe von don't cares, wäre der Minterm (0 ... 0) in keinem Würfel der
Hülle enthalten, die Funktion f wäre für diesen Minterm also nicht gleich
Eins. $\beta$) $\Leftarrow$ (dann wenn): folgt aus der Definition von Würfelmengen.      $\blacklozenge$

Bei der Logikminimierung interessiert vor allem die Frage, ob eine Hülle H(f)
eine irredundante Primüberdeckung von f darstellt. Bevor diese Frage in den
Sätzen 4.3 und 4.4 geklärt wird, sind einige Vorbetrachtungen nötig. Beweise
der Lemmata findet man z. B. in [BHMS 84]. Das erste Lemma hilft bei der Manipulation von Funktionen mit Hilfe von Kofaktoren.

*Lemma 4.1:* Es seien f und g zwei vollständig spezifizierte boolesche Funktionen. Die Reihenfolge von Kofaktorbildung und UND-Verknüpfung kann vertauscht werden,

$$(f\,g)_{x_j} = f_{x_j}\,g_{x_j}, \tag{4.3}$$

wie auch die Komplementierung einer Funktion und die Kofaktorbildung,

$$(\overline{f})_{x_j} = \overline{f_{x_j}}\,. \tag{4.4}$$

*Lemma 4.2:* Eine Würfelmenge C überdeckt einen Würfel p genau dann, wenn
der Kofaktor $C_p$ eine Tautologie ist.

*Lemma 4.3:* Es sei H(f) eine monotone Hülle, $p \subseteq H(f)$ ein Implikant von f und C
$\subseteq H(f)$ eine Würfelmenge. Der Würfel p wird durch die Menge C genau dann
überdeckt, $p \subseteq C$, wenn p von *einem* Würfel $c \in C$ überdeckt wird, $p \subseteq c$.

*Beweis:* $\alpha$) $\Rightarrow$: Es sei $p \subseteq C$, nach Lemma 4.2 gilt also $C_p = 1$. Da H(f) monoton ist,
muß auch $C_p$ monoton sein. Nach Satz 4.2 enthält $C_p$ dann eine Reihe aus

don't cares. Es muß einen Würfel $c \in C$ geben, der zu dieser Reihe führte, für diesen Würfel gilt $p \subseteq c$. $\beta) \Leftarrow$: trivial.                                    ◆

Nach Lemma 4.3 kann bei monotonen Hüllen jeder Implikant von einem Würfel der Hülle überdeckt werden, während bei nicht monotonen Hüllen die Minterme eines Implikanten auch auf mehrere Würfel der Hülle „verteilt" sein können. In jeder monotonen Hülle einer Funktion sind demzufolge sämtliche Primwürfel der Funktion enthalten. Damit wird es möglich, Satz 4.4 zu beweisen, der die Minimierung monotoner Funktionen auf ein einfacheres Problem zurückführt. Satz 4.3 wird als Voraussetzung für Satz 4.4 benötigt, ist aber auch deshalb interessant, weil er eine Aussage über Kernwürfel monotoner Funktionen macht.

*Satz 4.3:* Jeder Primwürfel einer monotonen Hülle ist auch Kernwürfel.

Beweis (indirekt): Es sei P die Menge aller Primimplikanten einer monotonen Funktion f. Nach Satz 3.1 ist P eine monotone Hülle von f. Angenommen, es gäbe einen Würfel $p \in P$, der kein Kernwürfel ist. Dann gibt es eine Teilmenge von Primwürfeln $S \subseteq P$, in der p zwar nicht enthalten ist, die p aber überdeckt, $p \notin S$, $p \subseteq S$. Nach Lemma 4.3 existiert ein $c \in S$ mit $p \subseteq c$. Da $p \neq c$ gelten muß, kann p dann kein Primwürfel sein.                          ◆

*Satz 4.4:* Enthält eine monotone Hülle H(f) keinen Würfel, der von einem anderen Würfel der Hülle überdeckt wird, ist H(f) eine irredundante Primhülle von f.

Beweis: $\alpha$) Es sei p ein Primwürfel von f, p wird dann von der Hülle H(f) überdeckt, $p \subseteq H(f)$. Nach Lemma 4.3 gilt $p \subseteq H(f)$ genau dann, wenn $p \subseteq c \in H(f)$. Da p Primwürfel ist, muß $p = c$ gelten, mithin ist $p \in H(f)$. Die Hülle enthält damit alle Primwürfel von f. $\beta$) Es gebe in H(f) keinen Würfel, der von einem anderen Würfel der Hülle überdeckt wird. Jeder Würfel $c \in H(f)$ muß von einem Primwürfel p überdeckt werden, da aber alle Primwürfel in H(f) enthalten sind und c von keinem anderen Würfel überdeckt werden darf, muß $c = p$ sein. Daher sind alle Elemente von H(f) Primwürfel und nach Satz 4.3 auch Kernwürfel, d. h. keiner der Würfel ist redundant.            ◆

Satz 4.4 besagt, daß die Minimierung monotoner Funktionen auf das einfache Problem zurückgeführt werden kann, bei allen Würfeln einer Hülle zu überprüfen, ob sie von einem anderen Würfel der Hülle überdeckt werden. Bei n Würfeln der Ausgangsbeschreibung sind dazu lediglich $O(n^2)$ Vergleiche notwendig. Sind alle überdeckten Würfel gestrichen, ist die verbleibende Hülle prim und irredundant.

*Beispiel 4.4:* Es sei H(f) = {$c_1$, $c_2$, $c_3$, $c_4$} mit
    $c_1 = (1 - 1\ 1)$,
    $c_2 = (1\ 0\ 1\ -)$,
    $c_3 = (-\ 0\ 1\ 1)$,
    $c_4 = (-\ 0\ -\ 1)$.

H(f) ist offensichtlich monoton steigend in den Variablen $x_1$, $x_3$, $x_4$ und monoton fallend in $x_2$, also insgesamt monoton. Außer $c_3 \subseteq c_4$ können keine Überdeckungsbeziehungen zwischen Würfeln festgestellt werden, $H'(f) = \{c_1, c_2, c_4\}$ stellt eine irredundante Primhülle dar. Die korrespondierende disjunktive Minimalform von f lautet

$$f(x_1, x_2, x_3, x_4) = x_1\,x_3\,x_4 \vee x_1\,\overline{x_2}\,x_3 \vee \overline{x_2}\,x_4. \qquad\qquad \bullet$$

### 4.2.3  Einfache heuristische Minimierung

Das grundsätzliche Vorgehen bei der heuristischen Minimierung einer vollständig definierten Einzelfunktion f ist wie in Abschnitt 4.2.1 rekursiv (vgl. Funktion *Minim1* Bild 4.7); allerdings wird es vermieden, alle Primimplikanten zu berechnen. Zunächst wird die gegebene Hülle der Funktion f mit Hilfe des Entwicklungssatzes solange in Kofaktoren aufgeteilt, bis die resultierenden Kofaktoren monoton sind. Für diese Kofaktoren ist eine direkte Minimierung gemäß Satz 4.4 möglich. Die minimierten Kofaktoren müssen nun sukzessive wieder zur minimierten Gesamtfunktion zusammengesetzt werden.

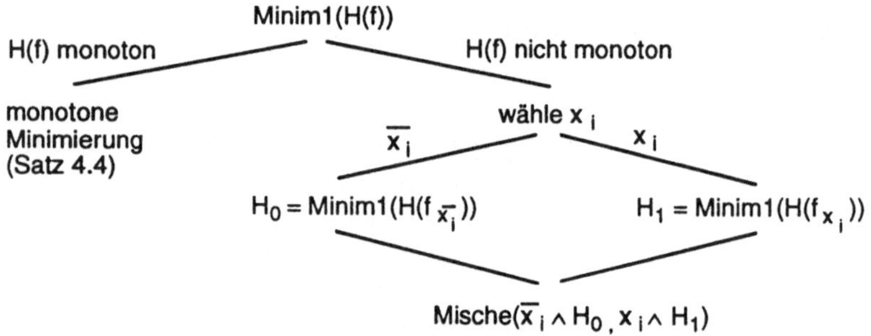


*Bild 4.7:* Grundprinzip der rekursiven heuristischen Minimierung

Die einfachste Methode zur Zusammenfassung besteht darin, die minimierten Würfelmengen beider Kofaktoren zu vereinigen, d. h. man setzt $H(f) := \overline{x}_i\,H_0 \cup x_i\,H_1$. Allerdings ist diese Methode zur Minimierung sehr unbefriedigend, da alle Literale, nach denen Kofaktoren gebildet wurden, in allen Produkttermen enthalten bleiben.

*Beispiel 4.5:* Es sei $H_0 = H(f_{\overline{x}_1}) = \{(-\,1\,1\,0), (-\,-\,0\,-)\}$ und $H_1 = H(f_{x_1}) = \{(-\,1\,1\,0), (-\,-\,0\,0)\}$. Bei der einfachen Zusammenfassung der Würfelmengen erhält man $H(f) = \{(0\,1\,1\,0), (0\,-\,0\,-), (1\,1\,1\,0), (1\,-\,0\,0)\}$, eine Darstellung mit vier Produkttermen und 13 Literalen. Alle Produktterme aus $H_0$ enthalten das Literal $\overline{x}_1$, alle Produktterme aus $H_1$ das Literal $x_1$. Es ist leicht zu sehen, daß das zusammengefaßte Ergebnis nicht mehr optimal ist, z. B. könnten der erste und dritte Würfel von $H(f)$ zum Würfel $(-\,1\,1\,0)$ vereinigt werden. $\qquad \bullet$

Die verwendeten Heuristiken versuchen, die Optimalität auch nach der Zusammenfassung in möglichst vielen Fällen beizubehalten. Die folgenden drei Heuristiken sind in der Reihenfolge wachsender Ergebnisqualität, aber auch wachsenden Aufwandes geordnet. Die Erkennung allgemeinerer Redundanzen bei der Zusammenfassung würde zwar zu besseren Ergebnissen führen, dafür allerdings einen potentiell exponentiellen Aufwand verursachen (vgl. Problem RED, Abschnitt 4.1.3).

- Mischen mit Identität: Paarweiser Vergleich aller Würfel aus $H_0$ und $H_1$ auf Identität, wenn ja, Zusammenfassung der Würfel (vgl. Beispiel 4.5).
- Mischen mit Würfelüberdeckung: Paarweiser Vergleich aller Würfel aus $H_0$ und $H_1$ auf Überdeckungsbeziehungen.
- Mischen mit Überdeckung: Erkennung von Überdeckungsbeziehungen zwischen mehreren Würfeln aus $H_0$ und einem Würfel aus $H_1$ bzw. umgekehrt.

Zunächst sei das häufig eingesetzte *Mischen mit Würfelüberdeckung* näher erläutert. Es seien die Würfelmengen $H_0 = \{h_0{}^1, h_0{}^2, ...\}$ und $H_1 = \{h_1{}^1, h_1{}^2, ...\}$ gegeben. Eine dritte Würfelmenge $H_2$ wird als leere Menge initialisiert. Alle Paare von Würfeln $h_0{}^i$ und $h_1{}^j$ werden verglichen. Gilt $h_0{}^i \subseteq h_1{}^j$, wird $h_0{}^i$ zu $H_2$ hinzugefügt und aus $H_0$ gestrichen. Gilt $h_1{}^j \subseteq h_0{}^i$, wird $h_1{}^j$ zu $H_2$ hinzugefügt und aus $H_1$ gestrichen. Am Ende wird $H(f) := \bar{x}_i\, H_0 \cup x_i\, H_1 \cup H_2$ gesetzt. $H_2$ enthält alle Würfel, in denen keine Abhängigkeit von $x_i$ eingeführt werden mußte. Im Spezialfall $h_0{}^i = h_1{}^j$ wird der entsprechende Würfel sowohl aus $H_0$ als auch aus $H_1$ entfernt und zu $H_2$ hinzugefügt, womit sich die Anzahl der Produktterme erniedrigt. Dieser Spezialfall entspricht dem *Mischen mit Identität*. Die Heuristik Mischen mit Würfelüberdeckung, bei der am Ende keine zwei Würfel der Hülle einander überdecken, führt dann zum optimalen Ergebnis, wenn die Funktion monoton ist (vgl. Satz 4.4).

*Beispiel 4.5 (Forts.):* Das Mischen mit Identität führt zur Hülle $H(f) = \{(0 - 0 -),$ $(1 - 0\ 0), (- 1\ 1\ 0)\}$ mit drei Produkttermen und acht Literalen. Das Mischen mit Würfelüberdeckung liefert $H_0 = \{(- - 0 -)\}$, $H_1 = \{\}$, $H_2 = \{(- 1\ 1\ 0), (- - 0\ 0)\}$ und $H(f) = \{(0 - 0 -), (- 1\ 1\ 0), (- - 0\ 0)\}$ mit drei Produkttermen und sieben Literalen. Das Mischen mit Überdeckung bringt hier keine Verbesserung. Das optimale Ergebnis wäre $H(f) = \{(0 - 0 -), (- 1 - 0), (- - 0\ 0)\}$ mit drei Produkttermen und sechs Literalen. $\bullet$

Die effiziente Implementierung der Heuristik *Mischen mit Überdeckung* basiert auf Lemma 4.2. Danach ist ein Würfel $h_0{}^i$ genau dann in $H_1$ enthalten, wenn der Kofaktor $(H_1)_{h_0{}^i}$ eine Tautologie ist. Entsprechendes gilt für einen Würfel $h_1{}^j$ und die Würfelmenge $H_0$. Notwendig ist dazu eine effiziente Tautologieprüfung. Der Tautologieprüfung liegt das gleiche rekursive Prinzip zugrunde, wie der Minimierungsprozedur in Bild 4.7 (vgl. Funktion *Taut?* in Bild 4.8). Zunächst wird die zu überprüfende Funktion mit Hilfe des Entwicklungssatzes so lange aufgespalten, bis eine Teilfunktion mit monotoner Hülle erreicht ist. Mit Satz 4.2 kann leicht geprüft werden, ob diese Teilfunktion eine

Tautologie ist. Die danach notwendige sukzessive Zusammenfassung der Teilergebnisse ist hier einfach, da eine Funktion nur dann eine Tautologie ist, wenn beide Kofaktoren eine Tautologie sind.

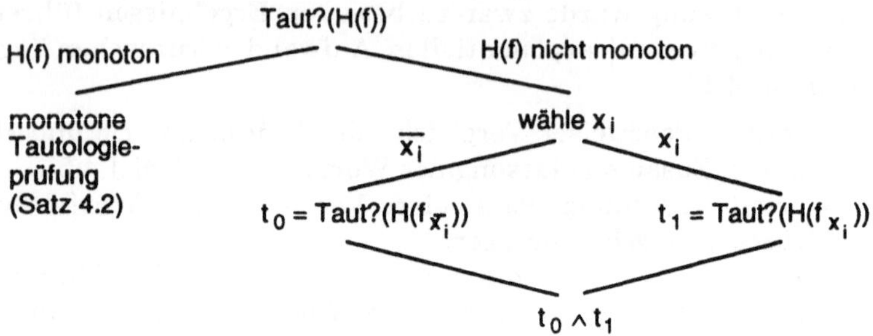


*Bild 4.8:* Rekursive Tautologieprüfung

*Beispiel 4.6:* Es sei zu prüfen, ob die Funktion $f(x_1, x_2, x_3) = x_1 x_2 \vee x_2 x_3 \vee \overline{x}_1 x_3 \vee \overline{x}_3$ eine Tautologie ist. Die einzelnen Schritte sind in Bild 4.9 veranschaulicht. Der Kofaktor H($f_{\overline{x}_3}$) ist monoton und enthält eine Reihe von don't cares. Der Kofaktor H($f_{x_3}$) ist nicht monoton und wird nochmals aufgespalten. Der Kofaktor H($f_{x_3 x_1}$) ist monoton, enthält aber keine Reihe von don't cares. Der Kofaktor und damit die ganze Funktion ist daher keine Tautologie.

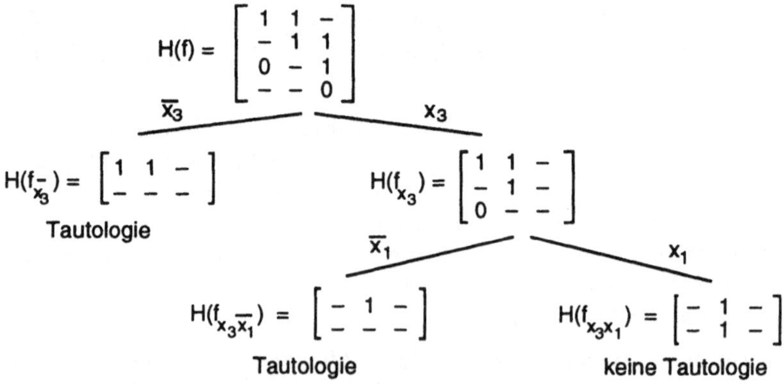

*Bild 4.9:* Beispiel zur rekursiven Tautologieprüfung ●

Damit kann ein einfacher heuristischer Minimierungsalgorithmus für vollständig definierte Einzelfunktionen gemäß Bild 4.7 algorithmisch formuliert werden (Algorithmus 4.2). Die Funktion *Minim1_mon* vereinfacht eine monotone Funktion gemäß Satz 4.4. Die Funktion *Mische* kann eine der vier vorgestellten Heuristiken sein. Ist die Anzahl der Produktterme der heuristisch mi-

nimierten Hülle kleiner als die der vorgegebenen Hülle, wird diese durch die
minimierte Hülle ersetzt.

*Algorithmus 4.2:* Rekursive einfache Minimierung

```
function Miniml(H(f))
begin
    if H(f) monoton then H(f) := Miniml_mon(H(f));
    else
    begin
        wähle Dekompositionsvariable xᵢ;
        H'(f)  := Mische(Miniml(H(f_x̄ᵢ)), Miniml(H(f_xᵢ)));
        if |H'(f)| < |H(f)| then H(f) := H'(f);
    end
    return(H(f))
end.
```

Bisher noch offen blieb die Auswahl der Dekompositionsvariablen $x_i$. Ihr Ziel
ist es, die einzelnen Rekursionszweige möglichst schnell nach Erreichen monotoner Teilfunktionen abbrechen zu können. Dadurch wird nicht nur die Berechnung beschleunigt, sondern vor allem wird die Anzahl der (suboptimalen)
*Mische*-Operationen reduziert. Eine Aufspaltung nach einer Variablen, in der
die Funktion bereits monoton ist, bringt keinen Gewinn. Bei der Aufspaltung
nach einer Variablen $x_i$ gehen alle Würfel mit dem Wert don't care in beide
Kofaktoren ein, während Würfel mit dem Wert 0 oder 1 nur zu einem Kofaktor
beitragen. Daher wählt man eine „nicht monotone" Variable mit möglichst wenigen don't care-Werten.

*Beispiel 4.6 (Forts.):* Die Funktion f ist monoton steigend in $x_2$, eine Aufspaltung
nach $x_2$ bringt deshalb keinen „Monotonie-Gewinn". Die Aufspaltung nach
$x_3$ ist der nach $x_1$ vorzuziehen, da dann nur der erste Würfel von H(f) in
beide Kofaktoren übernommen werden muß.                                        •

### 4.2.4  Iterative heuristische Minimierung

#### 4.2.4.1  Prinzipielles Vorgehen

Der im letzten Abschnitt beschriebene einfache heuristische Minimierungsalgorithmus eignet sich gut, um das Grundprinzip der rekursiven Minimierung zu illustrieren. Zum praktischen Einsatz ist jedoch eine Anzahl von Erweiterungen notwendig. So können mit Algorithmus 4.2 weder Bündelfunktionen behandelt, noch don't cares ausgenutzt werden. Bei der Zusammenfassung minimierter Kofaktoren mit Hilfe einer rechenzeiteffizienten *Mische*-
Heuristik gerät man leicht in ein lokales Minimum der Produkttermanzahl,
das nicht mehr verlassen werden kann. Schließlich sollte es möglich sein, eine
explizite Kostenfunktion zu berücksichtigen und diese nicht nur implizit bei
der Konstruktion der *Mische*-Heuristik einfließen zu lassen. Im folgenden

werden die notwendigen Erweiterungen am Beispiel des Minimierungsprogramms espressoII der University of California at Berkeley vorgestellt, das Grundlage der meisten heute kommerziell eingesetzten Werkzeuge zur zweistufigen Logiksynthese ist. Details können [BHMS 84] entnommen werden.

Die Überwindung lokaler Minima bei expliziter Berücksichtigung der Kostenfunktion basiert auf einem iterativen Vorgehen, das in Bild 4.10 illustriert ist. Zunächst werden alle Würfel der vorgegebenen Hülle unter Ausnutzung der DC-Menge zu Primwürfeln erweitert (Funktion *Würfel-Expansion*). Man beachte, daß nicht alle Primwürfel generiert werden; die resultierenden Primwürfel hängen von der Anfangshülle ab. Die Primwürfel, die gleichzeitig Kernwürfel sind, werden aus der Hülle vorläufig herausgenommen, die durch sie überdeckten Minterme zur DC-Menge hinzugefügt (Funktion *Kern-Würfel*). Damit bleiben sie im weiteren unberücksichtigt, sie werden am Schluß der Minimierung wieder zur Hülle hinzugefügt. Aus den verbleibenden Würfeln wird heuristisch eine möglichst kleine Überdeckung ausgewählt (Funktion *Überdeckung*). Konnte eine Kostenreduktion erzielt werden, wird diese Folge von Schritten erneut durchlaufen, dadurch können lokale Minima der Kostenfunktion verlassen werden.

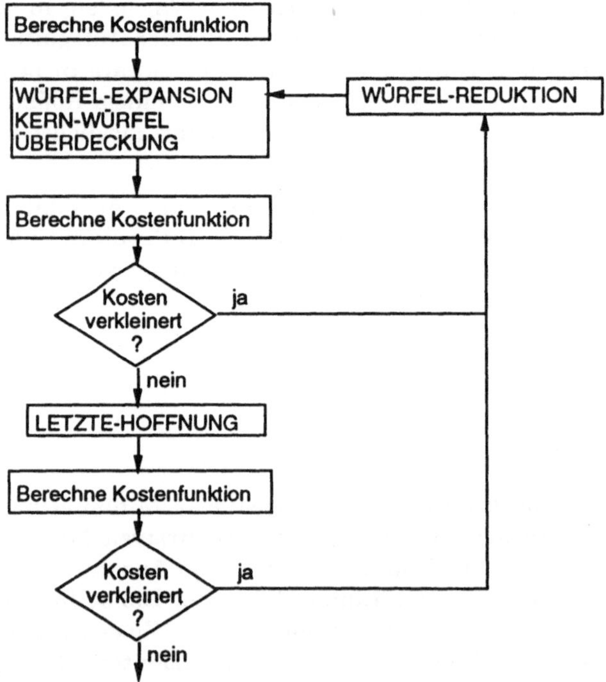


*Bild 4.10:* Vereinfachter Grundalgorithmus von *espressoII*

Um beim nächsten Durchlauf von einer geänderten Menge von Primwürfeln ausgehen zu können, werden jedoch die Würfel der Hülle zunächst so weit wie möglich durch das Hinzufügen von Literalen verkleinert, ohne die Überdeckungseigenschaft der Hülle zu verletzen (Funktion *Würfel-Reduktion*). Man beachte, daß durch die Würfel-Reduktion zwar die Anzahl der Literale, nicht jedoch die Anzahl der Produktterme erhöht wird. Eine irredundante Hülle bleibt irredundant, Primwürfel werden aber eventuell durch nicht prime Würfel ersetzt. Wenn keine Verbesserung der Kostenfunktion mehr erzielt wird, folgt ein letzter Versuch, die Kosten durch eine alternative Heuristik zur Würfel-Reduktion, gefolgt von einer erneuten Expansion und Überdeckungsbestimmung zu reduzieren (Funktion *Letzte-Hoffnung*).

Im folgenden werden die beiden dem iterativen Algorithmus spezifischen Funktionen Würfel-Expansion und Würfel-Reduktion näher behandelt. Alle anderen Funktionen ähneln in ihrem prinzipiellen Vorgehen der in Abschnitt 4.2.3 veranschaulichten rekursiven Grundphilosophie.

### 4.2.4.2 *Würfel-Reduktion*

Bei der *Würfel-Reduktion* wird die augenblickliche Hülle H(f) Würfel für Würfel abgearbeitet. Alle Würfel $c \in$ H(f) werden durch den kleinsten Würfel $c' \subseteq c$ ersetzt, der sämtliche Minterm-Würfel von c überdeckt, die nicht durch einen anderen Würfel aus H(f) überdeckt werden oder zur DC-Menge D gehören

$$c \cap \overline{((H(f) \setminus \{c\}) \cup D)} \subseteq c'. \tag{4.5}$$

Die Berechnung von $c'$ folgt dem rekursiven Grundprinzip von Abschnitt 4.2.3.

*Beispiel 4.7:* Gegeben sei die Hülle H(f) = $\{c_1, c_2, c_3\}$ in Bild 4.11. H(f) $\setminus$ $\{c_3\}$ ist durch $\{c_1, c_2\}$ gegeben. Vereinigt man diese Menge mit der DC-Menge und bildet das Komplement, erhält man alle Nullstellen der Funktion und die Einsstelle $c_3'$, die nur durch $c_3$ überdeckt wird. Durch den Schnitt mit $c_3$ werden alle Nullstellen daraus entfernt. Der kleinste Würfel, der alle nur durch $c_3$ überdeckten Einsstellen-Minterme erfaßt, ist also $c_3'$.

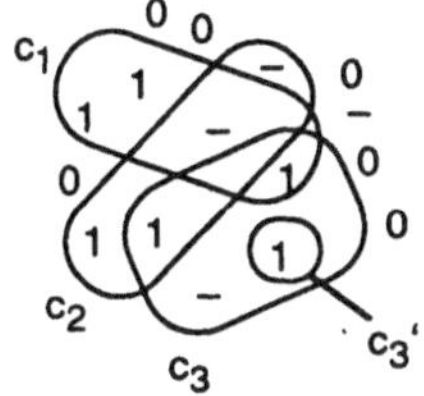

*Bild 4.11:* Veranschaulichung der Würfel-Reduktion

Da c in H(f) sofort durch $c'$ ersetzt wird, hängt das Ergebnis der Würfel-Reduktion stark von der Reihenfolge ab, in der die Würfel der Hülle reduziert werden.

Eine günstige Reihenfolge wird heuristisch festgelegt. Bei der Funktion *Letzte-Hoffnung* wird die Reduktion der Würfel stattdessen bezüglich der ursprünglichen Hülle durchgeführt, d. h. H(f) wird erst nach der Berechnung aller c' angepaßt. Da hier nicht garantiert ist, daß nach der Reduktion noch alle Einsstellen-Minterme überdeckt sind, muß die Überdeckungseigenschaft nachträglich wiederhergestellt werden.

### 4.2.4.3  Würfel-Expansion

Auch die *Würfel-Expansion* arbeitet die augenblickliche Hülle H(f) Würfel für Würfel ab. Der ausgewählte Würfel wird unter Ausnutzung von don't cares so zu einem Primwürfel erweitert, daß die Anzahl durch ihn überdeckter Würfel der Hülle maximiert und die Anzahl der Literale im Primwürfel minimiert wird. Überdeckte Würfel können sofort gestrichen werden, um die nach der Würfel-Expansion folgende Überdeckungsprozedur zu entlasten. Durch die vorherige Verkleinerung der Würfel bei der Würfel-Reduktion wird es möglich, Freiheitsgrade bei der Erweiterung auszunutzen. Zudem können kleinere Würfel leichter durch die Expansion anderer Würfel überdeckt werden.

Es sei c ein zu expandierender Würfel und L eine Menge von Variablen, die aus dem betrachteten Würfel gestrichen werden, um ihn zu einem Primwürfel zu erweitern. Der resultierende Würfel wird mit c(L) bezeichnet.

*Beispiel 4.8:* Es sei c = (0 1 0; 1 0), dies entspricht dem Produktterm $\bar{x}_1 x_2 \bar{x}_3$ einer Funktion $f_1$. Streicht man die Literale $x_2$ und $\bar{x}_3$, L = {2, 3}, erhält man den Würfel c(L) = (0 − −; 1 0), der dem Produktterm $x_1$ entspricht. Man kann einen Würfel auch auf zusätzliche Ausgabefunktionen erweitern, so erhält man mit L = {5} den Würfel c(L) = (0 1 0; 1 1).                                    •

Man definiert nun für jeden Würfel c = $(c_1, ... c_n; c_{n+1}, ..., c_{n+m})$ = $(c_j)$ zwei Matrizen, die festhalten, welche Variablen gestrichen und welche Würfel der Hülle dadurch unter Umständen überdeckt werden können. Die Blockierungsmatrix B = $(B_{ij})$ charakterisiert alle Variablen, die nicht gestrichen werden dürfen. Sie basiert auf der Hülle N = $(N_{ij})$ der Nullstellen[*], wobei i den Würfel aus N und j die Variable im Würfel charakterisiert,

$$B_{ij} = \begin{cases} 1 & \text{für } c_j = 1, N_{ij} = 0 \text{ für } j \leq n \text{ oder } c_j = 0, N_{ij} = 1 \\ 0 & \text{sonst} \end{cases} \qquad (4.6)$$

Die Überdeckungsmatrix Ü = $(Ü_{ij})$ charakterisiert dagegen Würfel aus H(f), die überdeckt werden können. Es sei H(f) = E = $(E_{ij})$, wobei i den Würfel aus H(f) und j die Variable im Würfel charakterisiert,

$$Ü_{ij} = \begin{cases} 1 & \text{für } c_j = 1, E_{ij} \neq 1 \text{ für } j \leq n \text{ oder } c_j = 0, E_{ij} \neq 0 \\ 0 & \text{sonst} \end{cases} \qquad (4.7)$$

---

[*]  Die Nullstellen seien hierin so repräsentiert, daß jeder Würfel nur zu Nullstellen *einer* Ausgabefunktion beiträgt.

*Beispiel 4.8 (Forts.):* Die Funktion f sei durch die Hüllen E und N gegeben, die z. B. als Ergebnis der Würfel-Reduktion entstanden sind. Man erhält für den Würfel c = (0 1 0; 1 0) $\in$ E dann die folgenden Matrizen B und Ü,

$$E = \begin{pmatrix} 010;10 \\ 101;11 \\ 010;01 \\ 011;10 \\ 1-0;11 \\ 001;01 \end{pmatrix} \quad N = \begin{pmatrix} 111;10 \\ -11;01 \\ 000;01 \\ 00-;10 \end{pmatrix} \quad B = \begin{pmatrix} 101;00 \\ 001;01 \\ 010;01 \\ 010;00 \end{pmatrix} \quad Ü = \begin{pmatrix} 000;00 \\ 111;01 \\ 000;01 \\ 001;00 \\ 110;01 \\ 011;01 \end{pmatrix}.$$

Die erste Zeile von B besagt, daß bei Streichung der ersten und dritten Variablen aus c, L = {1, 3}, d. h. c(L) = (– 1 –; 1 0), die Nullstelle (1 1 1; 1 0) überdeckt würde. Die zweite Zeile besagt, daß bei Streichung der dritten Variablen aus c und gleichzeitiger Erweiterung auf die zweite Ausgabefunktion, L = {3, 5}, d. h. c(L) = (0 1 –; 1 1), die Nullstelle (– 1 1; 0 1) überdeckt würde. Jede Zeile der Blockierungsmatrix charakterisiert damit eine unzulässige Menge L.

Die vierte Zeile von Ü besagt, daß bei Streichung der dritten Variablen aus c, L = {3}, d. h. c(L) = (0 1 –; 1 0), auch der Würfel (0 1 1; 1 0) mit überdeckt wird. Zeile 3 besagt, daß bei Erweiterung von c auf die zweite Ausgabefunktion, L = {5}, d. h. c(L) = (0 1 0; 1 1), der Würfel (0 1 0; 0 1) überdeckt wird. Jede Zeile der Überdeckungsmatrix charakterisiert also eine Menge L, die zur Reduktion der Würfelanzahl in E = H(f) führt.                •

Aus der Blockierungsmatrix können die Variablen entnommen werden, die nicht zu L gehören dürfen, sie werden in $\bar{L}$ gesammelt. $\bar{L}$ muß aus jeder Zeile von B mindestens ein Eins-Element enthalten, damit wird sichergestellt, daß durch die Expansion keine Nullstellen überdeckt werden. Um einen Würfel maximal zu expandieren, muß $|L|$ maximiert und $|\bar{L}|$ minimiert werden. Durch die Interpretation von $B^T$ als Überdeckungsmatrix gemäß (3.13b) kann die Minimierung von $|\bar{L}|$ auf die Lösung eines Überdeckungsproblems zurückgeführt werden. Möchte man allerdings auch die in der Matrix Ü spezifizierten Überdeckungsmöglichkeiten mit berücksichtigen, kann das Problem nicht mehr auf die Standardform des Überdeckungsproblems zurückgeführt werden.

Die Matrizen B und Ü sind ähnlich wie die Überdeckungsmatrix in Abschnitt 3.4.3 in vielen Fällen zu reduzieren. Nullzeilen in Ü und B tragen keine Information und können gestrichen werden. Enthält eine Zeile von B genau ein Einselement in Spalte i, so muß die entsprechende Variable i auf jeden Fall zu $\bar{L}$ gehören. Dieser Fall entspricht den Kernteilmengen in Abschnitt 3.4.3. Ist eine Variable i der Menge L oder der Menge $\bar{L}$ zugewiesen worden, können die i-ten Spalten in B und Ü gestrichen werden. Bei i $\in$ $\bar{L}$ können zudem die Zeilen j in Ü mit $Ü_{ij} = 1$ und die Zeilen j in B mit $B_{ij} = 1$ gestrichen werden. Durch die alternierende Erweiterung der Mengen L und $\bar{L}$ kann die gesuchte Menge L damit schrittweise aufgebaut werden.

*Beispiel 4.8 (Forts.):* Zunächst setzt man $\bar{L}$ = {2}, da dies zur Erfüllung der vierten Blockierungsbedingung nötig ist. Damit ist auch die dritte Blockierungsbedingung erfüllt, und die letzten zwei Zeilen können aus B gestrichen werden. In Ü können der zweite, fünfte und sechste Würfel gestrichen werden, da für sie keine Überdeckung mehr möglich ist. Für die Berücksichtigung der restlichen Zeilen von B gibt es zwei Möglichkeiten, $\bar{L}_1$ = {1, 2, 5} und $\bar{L}_2$ = {2, 3}. In beiden Fällen wird durch den neuen Primwürfel ein zusätzlicher Würfel überdeckt. Für $\bar{L}_2$ = {2, 3} wird c zu c($L_2$) = ( – 1 0; 1 1) expandiert.      ●

### 4.2.4.4  Espresso-Algorithmus

Das gesamte Vorgehen ist in Algorithmus 4.3 nochmals zusammengefaßt. Eingaben des Algorithmus sind die Hülle einer Funktion f und die zu berücksichtigende DC-Menge D. K enthält die erkannten Kern-Würfel, D' die aktuell betrachtete DC-Menge (incl. Kern-Mintermen). Der Kostenfunktionswert wird mit $\Phi$ bzw. $\Phi'$ bezeichnet.

*Algorithmus 4.3:* Grundprinzip von *espressoII*

```
function Minim(H(f), D)
begin
      Φ := Kosten(H(f)); H_opt(f) := H(f);
      K := ∅; D' := D;

      H(f) := Würfel-Expansion(H(f), D');
      K := K ∪ Kern-Würfel(H(f), D');
      H(f) := H(f) \ K; D' := D' ∪ K;
      H(f) := Überdeckung(H(f), D');
      Φ' := Kosten(H(f) ∪ K);
      if (Φ' < Φ) then
      begin
          Φ := Φ'; H_opt(f) := H(f);
      end
      weiter mit der Iteration in Bild 4.10

      H_opt(f) := H_opt(f) ∪ K;
      Literalminimierung(H_opt(f), D);
      return (H_opt(f));
end.
```

Über die bereits besprochenen Schritte hinaus wird zum Schluß nochmals versucht, die Anzahl der Literale zu minimieren. Dazu werden zunächst die Ausgabewürfel untersucht. Selbst wenn die erhaltene Hülle insgesamt die minimale Produkttermzahl umfaßt, kann es sein, daß einzelne Ausgaben von mehr Produkttermen abhängen als nötig, d. h. die realisierte Überdeckung ist nicht irredundant. Diese überflüssigen Abhängigkeiten werden gestrichen. Danach werden auch die Eingabewürfel nochmals überprüft. Würfel, die vor der Streichung überflüssiger Ausgabeabhängigkeiten nicht mehr expandiert werden konnten, können nun u. U. im Eingabeteil doch noch expandiert werden. Sowohl die Streichung von Abhängigkeiten im Ausgabeteil als auch im Eingabeteil läßt die Produkttermzahl konstant, reduziert aber die Literalanzahl.

Tabelle 4.1 vergleicht für eine Anzahl von Beispielfunktionen die Ergebnisse der exakten mit der heuristischen Minimierung*. Für die Fälle, in denen eine exakte Minimierung möglich ist, übersteigt die Anzahl der Produktterme der heuristisch minimierten Lösung die der exakt minimierten Lösung nur unwesentlich, dafür liegt die Rechenzeit der heuristischen Minimierung bei komplexeren Beispielen um Größenordnungen niedriger.

*Tabelle 4.1:* Vergleich heuristischer und exakter zweistufiger Logikminimierung

| Anzahl Eingaben | Anzahl Ausgaben | Anzahl Implikanten | Produktterme (heuristisch minimiert) | CPU-Zeit (sec) | Produktterme (exakt minimiert) | CPU-Zeit (sec) |
|---|---|---|---|---|---|---|
| 5 | 28 | 87 | 22 | 3 | 22 | 4 |
| 9 | 5 | 16 7 | 120 | 7 | 117 | 14 |
| 14 | 14 | 305 | 197 | 61 | ? | >100000 |
| 14 | 14 | 1848 | 690 | 225 | ? | >100000 |
| 41 | 35 | 1459 | 336 | 123 | 334 | 2530 |
| 117 | 88 | 1227 | 1088 | 710 | ? | >100000 |

## 4.3  Synthese mehrstufiger Logik

Zweistufig minimierte Logik ermöglicht eine effiziente Implementierung von Schaltungen mit Hilfe von PLAs oder PALs. Diese Strukturen sind jedoch relativ starr, eine größere Flexibilität bieten freie Strukturen wie Standardzellen, Gate-Arrays oder programmierbare Gate-Arrays. Die Geometrie solcher Realisierungen kann verschiedenen Anforderungen flexibel angepaßt werden. Die beschränkte Eingangszahl von Gattern macht aber bei größeren Schaltungen mehrstufige Realisierungen nötig. Eine zweistufig minimierte Form kann mehrstufig auch oft sehr viel kompakter dargestellt werden. Häufig kann mit mehrstufigen Schaltungen ein besserer Kompromiß zwischen den Forderungen nach maximaler Geschwindigkeit und minimalem Aufwand erzielt werden. Dieser und der folgende Abschnitt zeigen, wie effiziente mehrstufige Implementierungen erzeugt werden können. Dabei beschränkt sich Abschnitt 4.3 auf die technologieunabhängige Optimierung zur Minimierung der Literalanzahl (vgl. Bild 4.2), während Abschnitt 4.4 die Technologieanpassung für verschiedene Realisierungsstrukturen behandelt.

---

* Die Ergebnisse wurden mit Hilfe des Programms *espresso* [OCT 90] auf einem SPARC-Arbeitsplatzrechner mit 12,5 MIPS erzielt.

### 4.3.1  Überblick

#### 4.3.1.1  Erweiterung zweistufiger Lösungen

Reine zweistufige Lösungen sind in der praktischen Anwendung selten. Viele
auf zweistufigen Makros wie ROMs oder PLAs basierende Schaltungen erweitern diese mit zusätzlichen Schaltelementen vor der ersten oder nach der zweiten Stufe (Bild 4.12). Das Eingabeschaltnetz wandelt die n Eingabesignale in n'
neue Eingabesignale um, die von der zweistufigen Logik verarbeitet werden.
Manchmal gehen auch die Eingangsinverter im Eingabeschaltnetz auf. Das
Ausgabeschaltnetz codiert die m' als Ausgaben der zweistufigen Schaltung erzeugten Zwischenvariablen in m Ausgaben um.

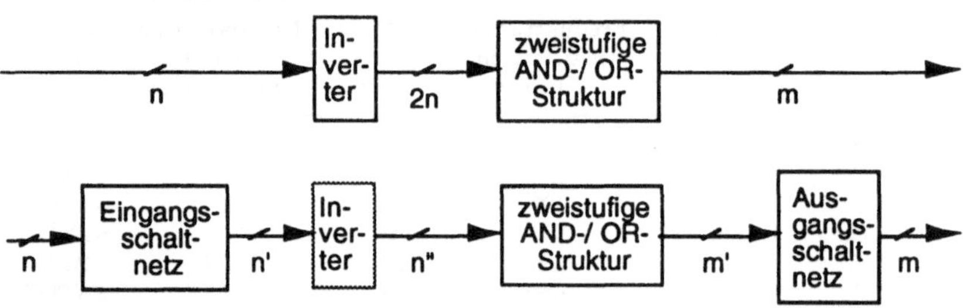


*Bild 4.12:* Erweiterung zweistufiger Lösungen

Bei ROM-Schaltungen werden die Kosten im wesentlichen durch die Anzahl
der Eingänge n' und die Anzahl der Ausgänge m' bestimmt. Daher verwendet
man als Eingangsschaltnetz Codierer, die die Anzahl der Eingänge auf n' < n
reduzieren (z. B. Multiplexer), und als Ausgangsschaltnetz Decodierer, die die
Anzahl der Ausgänge auf m' < m reduzieren [z. B. Gras 78].

Bei PAL- und PLA-Schaltungen geht auch die Anzahl der Produktterme in die
Kostenfunktion ein. Wie bereits in Abschnitt 4.1.2 erwähnt, kann die Anzahl
der Produktterme u. U. durch Implementierung der komplementären Funktion reduziert werden, in diesem Fall besteht das Ausgangsschaltnetz aus einer Anzahl von Invertern, und es gilt m' = m. Eine andere Möglichkeit zur Reduktion der Produkttermanzahl besteht darin, „mächtigere" Eingangsvariablen zu verwenden. Die Eingangsinverter können durch 2:4-Decoder ersetzt werden, wodurch je ein Paar von Eingangsvariablen in vier Eingangsvariablen
umgesetzt wird [Sasa 81]. Diese entsprechen den vier (evtl. invertierten) Mintermen der zwei Eingangsvariablen (vgl. Beispiel 4.9). Hier gilt n" = n' = 2n.
Auch andere Decodergrößen, die zu n' > n führen, ermöglichen in manchen
Fällen Einsparungen [ChMu 88]. In allen Fällen müssen die Einsparungen in
der zweistufigen Schaltung jedoch dem Mehraufwand für die Implementierung des Ein- bzw. Ausgangsschaltnetzes gegenübergestellt werden.

*Beispiel 4.9:* Die Bündelfunktion $(f_1(x), f_2(x))$ mit

$$f_1(x) = \bar{x}_1\bar{x}_3\bar{x}_4 \vee x_1x_3 \vee x_1x_4 \vee x_1\bar{x}_2 \vee x_4 \qquad = x_1(x_3 \vee x_4) \vee (\bar{x}_1 \vee \bar{x}_2)(\bar{x}_3 \vee \bar{x}_4)$$

$$f_2(x) = \bar{x}_1\bar{x}_3\bar{x}_4 \vee x_1x_3 \vee x_1x_4 \vee x_1\bar{x}_2 \vee \bar{x}_1\bar{x}_4 \qquad = x_1(x_3 \vee x_4) \vee (\bar{x}_1 \vee \bar{x}_2)\,\bar{x}_4$$

erfordert in der üblichen PLA-Form mit Eingangsinvertern sechs Produktterme (Bild 4.13a). Es ist leicht zu validieren, daß die Implementierung mit
Eingangsdecodern in Bild 4.13b die gleiche Funktion realisiert. Sie kommt
mit drei Produkttermen aus.

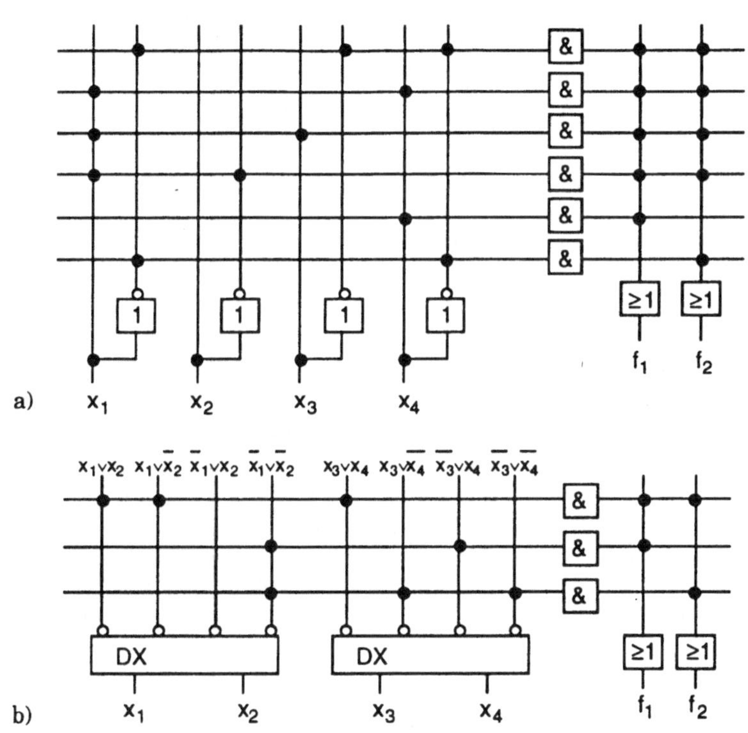


*Bild 4.13:* Realisierung eines PLA mit Eingangsdecodern

In anderen Ansätzen werden die Ergebnisse der zweistufigen Logiksynthese
verwendet, um durch geringfügige Modifikationen der erhaltenen Formeln
flächeneffiziente dreistufige NAND-Schaltungen [McCl 86] oder vierstufige
UND-/ODER-/UND-/ODER-Schaltungen zu gewinnen [DeNe 91].

## 4.3.1.2  Allgemeine mehrstufige Schaltungen

Die Verfahren, allgemeine mehrstufige Schaltungen geringer Kosten zu synthetisieren, lassen sich in vier Klassen unterteilen: Verfahren mit erschöpfen-

der Suche, lokale Transformationen, Dekompositionstechniken und globale Restrukturierung.

Ein sehr einfacher Ansatz ist die *erschöpfende Suche*. Man zählt alle möglichen azyklischen Zusammenschaltungen einer bestimmten Anzahl von Gattern auf, ermittelt die Funktion der Schaltung, berechnet die Kosten und hält diese Informationen in einer Tabelle fest. Findet man eine Schaltung mit gleicher Funktion und geringeren Kosten, wird die Schaltung mit den höheren Kosten aus der Tabelle gestrichen. Diese Methode wurde benutzt, um die optimale Implementierung aller Funktionen mit drei Eingangsvariablen zu bestimmen [Hell 63]; die maximale Anzahl zusammenzuschaltender Gatter ist hier sieben. Trotzdem wurden zur Aufzählung aller möglichen Schaltnetze 25 Stunden Rechenzeit (IBM 7090) benötigt. Da es $2^{2^n}$ boolesche Funktionen mit n Eingabevariablen gibt, ist diese Methode offensichtlich für größere Schaltungen nicht praktikabel.

Bei der Minimierung mit *lokalen Transformationen* geht man von einer existierenden Schaltungsbeschreibung aus. Aus einer Menge von Transformationsregeln wird eine auf die Schaltungsbeschreibung anwendbare Regel ausgewählt und ihr Einfluß auf die Kosten der Schaltung berechnet [DBGJ 84]. Reduziert die Anwendung der Regel die Kosten, wird sie angewendet. Eine mögliche Regel ist in Bild 4.14 illustriert. Durch die sukzessive Anwendung von Regeln wird das Schaltnetz so lange umgeformt, bis keine Kostenreduktion mehr möglich ist. Die resultierende Schaltung ist allerdings nur lokal optimal, da nur ein kleiner Bereich des sehr großen Suchraums bewertet wird. Die Grundstruktur der Schaltung wird bereits durch die anfängliche Schaltungsbeschreibung festgelegt und nicht wesentlich modifiziert. Da die Anwendung einzelner Regeln nicht unabhängig voneinander ist, gestaltet sich die Auswahl einer bestimmten Transformationsregel als schwierig. Ein Vorteil dieses Ansatzes ist, daß er auch zur Technologieanpassung verwendet werden kann, indem die Zielstrukturen der Regeln auf eine bestimmte Zellbibliothek hin ausgerichtet werden [GBGH 86, ISHI 88].

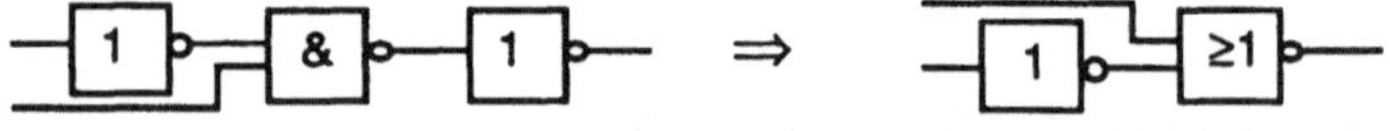

*Bild 4.14:* Beispiel einer lokalen Transformationsregel

Mit Hilfe von *Dekompositionstechniken* wird versucht, eine komplexe Funktion sukzessive in einfachere Teilfunktionen aufzuspalten, bis die Teilfunktionen durch ein Gatter zu implementieren sind. Die *einfache Dekomposition* teilt eine Funktion $f(x_1, ..., x_n)$ in zwei Funktionen $f'(x_1, ... x_s, y)$ und $y = \varphi(x_{s+1}, ..., x_n)$, s < n, auf (Bild 4.15) [Ashe 59]. Allerdings besitzt nicht jede Funktion f eine einfache Dekomposition. Auch wenn eine solche Dekomposition existiert, ist nicht gesichert, daß die beiden Teilfunktionen effizienter zu implementieren sind als die Ausgangsfunktion. Ein Algorithmus zur mehrstufigen Logiksynthese, der lohnende Dekompositionen anwendet, findet sich in [RoKa 62]. Die exponentielle Rechenzeitkomplexität dieses Ansatzes verhindert jedoch seine Anwendung bei Schaltungen realistischer Größe.

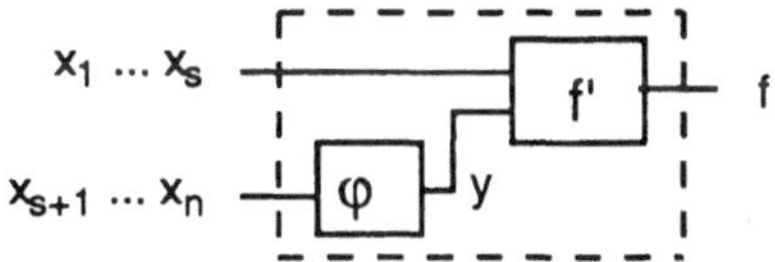

*Bild 4.15:* Einfache Dekomposition einer booleschen Funktion

Neuere Ansätze verwenden statt einfacher Dekompositionen *Gruppierungen* [BoDS 91]. Eine Gruppierung zerlegt eine Funktion $f(x_1, ..., x_n)$ mit Hilfe eines Operators $O$, $O \in \{\wedge, \vee, \oplus\}$, in zwei Teilfunktionen $f_1(x_1, ..., x_s, ..., x_t)$ und $f_2(x_{s+1}, ..., x_t, ... x_n)$, $1 < s < t < n$, so daß $f = f_1 \, O \, f_2$. Die Funktionen $f_1$ und $f_2$ können entsprechend weiter zerlegt werden. Für Funktionen, bei denen keine Gruppierung gefunden wird, kann eine *schwache* Gruppierung mit $t = n$ möglich sein. Problematisch bei allen Dekompositionsansätzen ist, daß bei unterschiedlichen Funktionen einer Bündelfunktion die ihnen gemeinsamen Teilfunktionen nicht systematisch erkannt und genutzt werden können. Durch die baumartige Struktur der Schaltung wird allerdings der Test vereinfacht [StLe 90].

Methoden der *globalen Restrukturierung* modifizieren eine gegebene Funktionsdarstellung durch die Anwendung einer Folge von globalen Minimierungsprozeduren (Bild 4.16) [z. B. BRSW 87, BHJL 87, BrHS 90]. Dieser Ansatz wird in den folgenden Abschnitten ausführlicher behandelt. Abschnitt 4.3.2 beschäftigt sich mit der zugrundeliegenden Funktionsrepräsentation. Die Abschnitte 4.3.3 bis 4.3.6 erläutern die einzelnen Minimierungsprozeduren, Abschnitt 4.3.7 eine Strategie zu ihrer Steuerung.

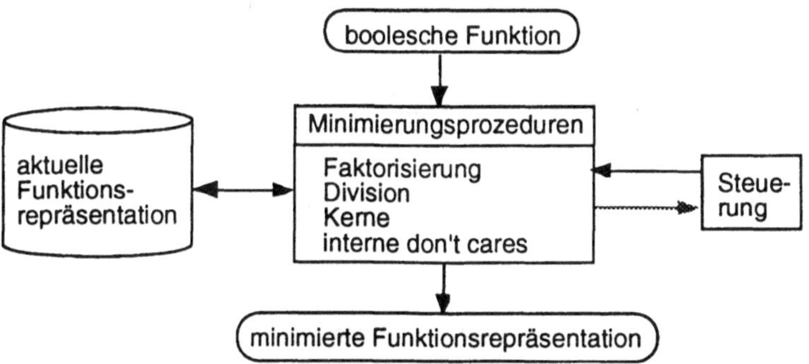


*Bild 4.16:* Vorgehen bei der globalen Restrukturierung

### 4.3.2  Boolesche Netze

Die globale Restrukturierung geht von der graphischen Repräsentation einer logischen Schaltung als *booleschem Netz* aus. Ein boolesches Netz ist ein Tripel (V, E, F) mit dem zyklenfreien Digraphen (V, E) und einer Menge logischer Funktionen F.

- Die Knoten $v_i \in I \subseteq V$ ohne Vorgänger repräsentieren primäre Eingänge des Schaltnetzes, die Knoten $v_i \in O \subseteq V$ ohne Nachfolger primäre Ausgänge. Die von den Knoten in I ausgehenden Kanten entsprechen den Eingangsvariablen.
- Den „internen" Knoten $v_i \in V \setminus (I \cup O)$ ist eine boolesche Funktion $f_i \in F$ zugeordnet, davon ausgehende Kanten entsprechen einer internen Variablen $y_i$, die durch die Funktion $f_i$ erzeugt wird. Jede Funktion $f_i$ hängt von den Variablen ab, die einer Vorgängerkante von $v_i$ zugeordnet sind.

Jede Menge boolescher Formeln, die ein Schaltnetz beschreibt, kann als boolesches Netz dargestellt werden. Netzlisten von Gattern eines Schaltnetzes stellen spezielle boolesche Netze dar, in denen jedes Gatter einem Knoten mit der zugehörigen Gatterfunktion entspricht.

*Beispiel 4.10:* Gegeben sei die Formelmenge

$$f_1 = y\,x_5 \vee x_6$$
$$f_2 = y\,x_7 \vee x_8$$
$$y = z\,x_3 \vee x_4$$
$$z = x_1 \vee x_2.$$

Das zugehörige boolesche Netz ist in Bild 4.17 dargestellt.

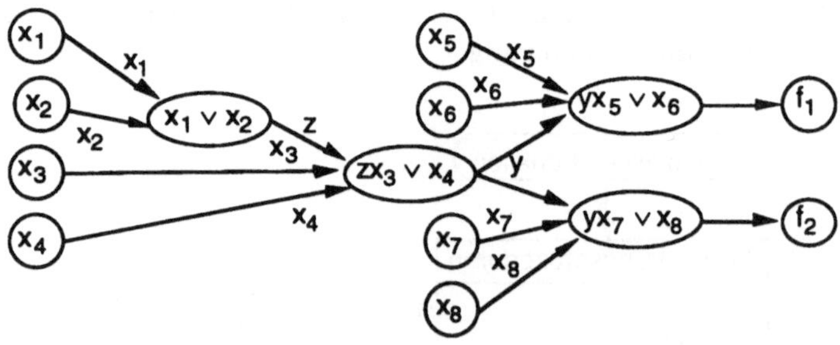


*Bild 4.17:* Boolesches Netz

Da man mit einer zweistufigen Schaltung beliebige Teilfunktionen realisieren kann und die Minimierung zweistufiger Teilfunktionen mit bekannten Methoden möglich ist (vgl. Abschnitt 4.2), werden die den Knoten eines booleschen Netzes zugeordneten Teilfunktionen häufig in zweistufiger Form als Menge von Würfeln repräsentiert. Auch eine Repräsentation der Knoten durch BDDs

ist möglich, erfordert aber eine entsprechende Anpassung der Minimierungsprozeduren. Zusätzlich wird die *faktorisierte Form* einer Funktion
benutzt. Faktorisierte Formen werden in Abschnitt 4.3.3 eingeführt. Die Anzahl der Literale in der faktorisierten Form stellt einen besseren Schätzwert
der Kosten einer mehrstufigen Implementierung dar als die Anzahl der Literale in zweistufiger Form.

Die mehrstufige Logiksynthese mit globaler Restrukturierung umfaßt zwei
Teilaufgaben (Bild 4.18). Zum einen muß die Grundstruktur des booleschen
Netzes erzeugt werden (Abschnitte 4.3.3 bis 4.3.5), indem z. B. mehreren Ausgängen gemeinsame Teilfunktionen aus diesen herausgezogen und nur
einmal implementiert werden (Bild 4.18a). Zum anderen müssen die Einzelknoten des Netzes lokal minimiert werden, indem z. B. die Teilfunktionen der
einzelnen Knoten einer zweistufigen Logikminimierung unterworfen (Abschnitt 4.3.6) und anschließend faktorisiert werden (Bild 4.18b).

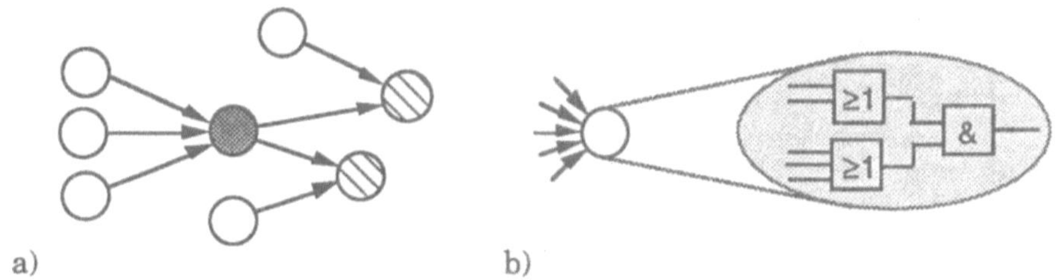


*Bild 4.18:* Schritte der globalen Restrukturierung

### 4.3.3  Faktorisierung

Informell betrachtet besteht ein faktorisierter Ausdruck aus einer Anzahl von
Literalen, die in einer beliebigen, durch Klammern spezifizierten Reihenfolge
mit UND- und ODER-Verknüpfungen verbunden sind. In vielen Schaltkreis-
technologien korrespondiert die Realisierung einer Schaltung direkt mit einem faktorisierten Ausdruck, so daß daraus gute Schätzwerte für die benötigte
Transistoranzahl und die Geschwindigkeit der Schaltung gewonnen werden
können. In Abschnitt 2.2.2.2 wurde zum Beispiel gezeigt, wie ein faktorisierter
boolescher Ausdruck als CMOS-Serien-/Parallelnetz realisiert werden kann.
Faktorisierte Ausdrücke besitzen noch weitere vorteilhafte Eigenschaften: Sie
stellen im allgemeinen eine kompaktere Funktionsrepräsentation dar als
zweistufige disjunktive Ausdrücke. Komplementiert man einen faktorisierten
Ausdruck, erhält man mit Hilfe der Gesetze von De Morgan einen neuen faktorisierten Ausdruck mit gleicher Anzahl an Literalen.

*Beispiel 4.11:* Gegeben sei die Funktion $f(x_1, x_2, x_3) = \overline{x_1}\overline{x_2}\overline{x_3} \vee x_2x_3 \vee x_1x_3$ in zweistufiger Form. Klammert man das Literal $x_3$ aus den beiden letzten Produkttermen aus, erhält man den faktorisierten Ausdruck $f(x_1, x_2, x_3) = \overline{x_1}\overline{x_2}\overline{x_3} \vee (x_2 \vee x_1)\,x_3$ mit sechs Literalen. Komplementiert man den faktorisierten Ausdruck, erhält man mit Hilfe der Gesetze von De Morgan $\overline{f}(x_1, x_2, x_3) = (x_1 \vee x_2 \vee x_3)\,(\overline{x_2}\,\overline{x_1} \vee \overline{x_3})$. Das korrespondierende MOS-Komplexgatter mit sechs nMOS-Transistoren ist in Bild 4.19 veranschaulicht. Kein faktorisierter Ausdruck ist zum Beispiel $f(x_1, x_2, x_3) = (\,x_1 \vee x_2 \vee x_3\,) \vee (x_2 \vee x_1)\,x_3$, da dieser Ausdruck Literale nicht nur mit UND und ODER, sondern auch mit NICHT verknüpft.

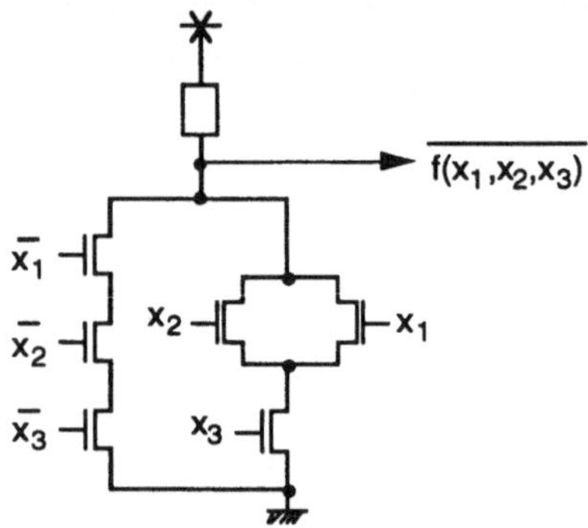


**Bild 4.19:** Komplexgatter-Realisierung einer faktorisierten Form

Mit der folgenden Definition wird der Begriff der faktorisierten Form formalisiert. Man beachte die Ähnlichkeit zur Definition 2.1, mit der Serien-/Parallelnetze eingeführt wurden.

*Definition 4.3:* Eine *faktorisierte Form* ist rekursiv definiert durch a) ein Literal ist eine faktorisierte Form, b) eine UND-Verknüpfung von faktorisierten Formen ist eine faktorisierte Form, c) eine ODER-Verknüpfung von faktorisierten Formen ist eine faktorisierte Form.

Eine anschauliche Darstellung für faktorisierte Formen bieten Faktorisierungsbäume. Ein Faktorisierungsbaum ist ein Baum mit gerichteten Kanten. Es gibt einen Knoten ohne Vorgänger, der als Wurzel bezeichnet wird; Knoten ohne Nachfolger heißen Blätter des Baumes. Jeder Knoten mit Nachfolgern entspricht einer UND- oder ODER-Verknüpfung der Nachfolger, während die Blätter des Baumes mit Literalen markiert sind. Die Reihenfolge der Kanten entspricht der im booleschen Ausdruck durch Klammern markierten Reihenfolge der Verknüpfungen; die erste durchzuführende Verknüpfung wird durch die Wurzel des Baumes spezifiziert.

*Beispiel 4.11 (Forts.):* Der Faktorisierungsbaum der Funktion f ist in Bild 4.20 veranschaulicht.

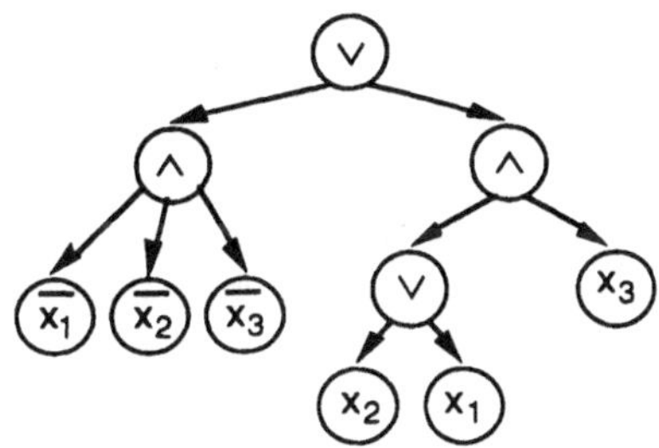

*Bild 4.20:* Faktorisierungsbaum

Wählt man einen Knoten des Faktorisierungsbaumes mit allen seinen Nachfolgern aus, erhält man einen Unterbaum bzw. einen *Faktor* des faktorisierten Ausdrucks. Zwei faktorisierte Formen heißen *äquivalent*, wenn sie die gleiche boolesche Funktion repräsentieren; sie heißen *F(aktorisierungs)-äquivalent*, wenn ihre Faktorisierungsbäume isomorph sind, d. h. wenn jeder Knoten des einen Faktorisierungsbaums bijektiv auf einen Knoten des anderen Baums abgebildet werden kann.

*Beispiel 4.11 (Forts.):* Der Ausdruck $x_2 \vee x_1$ ist Faktor der faktorisierten Form von Bild 4.20. Die Ausdrücke $\bar{x}_1\bar{x}_2\bar{x}_3 \vee x_2x_3 \vee x_1x_3$ und $\bar{x}_1\bar{x}_2\bar{x}_3 \vee (x_2 \vee x_1)\,x_3$ sind zwar äquivalent aber nicht F-äquivalent. Der zweite dieser Ausdrücke ist F-äquivalent zum Ausdruck $x_3\,(x_1 \vee x_2) \vee \bar{x}_2\bar{x}_3\bar{x}_1$.  •

Während der Logikminimierung möchte man Faktoren so weit wie möglich extrahieren, um sie nur einmal realisieren zu müssen. Da die faktorisierte Form eines booleschen Ausdrucks nicht eindeutig ist, muß man zwischen einer maximalen und einer optimalen Faktorisierung boolescher Ausdrücke f unterscheiden.

*Definition 4.4:* Ein boolescher Ausdruck heißt *maximal faktorisiert*, wenn in keiner Konjunktion von Summentermen die Summenterme zwei F-äquivalente Faktoren enthalten und in keiner Disjunktion von Produkttermen die Produktterme zwei F-äquivalente Faktoren enthalten. Ein boolescher Ausdruck heißt *optimal faktorisiert*, wenn keine äquivalente (maximale) faktorisierte Form mit geringerer Anzahl von Literalen existiert.

*Beispiel 4.12:* Man betrachte die Funktion $x_1x_2x_3 \vee x_1x_2x_4 \vee x_3x_4$. Der Ausdruck $x_1(x_2x_3 \vee x_2x_4) \vee x_3x_4$ ist faktorisiert, aber nicht maximal faktorisiert, da die Disjunktion der Produktterme $x_2x_3$ und $x_2x_4$ die beiden F-äquivalenten Faktoren $x_2$ enthält. Klammert man diesen Faktor aus, erhält man den maximal faktorisierten Ausdruck $x_1x_2(x_3 \vee x_4) \vee x_3x_4$. Auch der dazu äquivalente Ausdruck $x_3(x_1x_2 \vee x_4) \vee x_1x_2x_4$ ist maximal faktorisiert. Da er jedoch ein Literal mehr enthält, ist er nicht optimal faktorisiert.  •

### 4.3.4 Division und Kerne

Um einen Ausdruck f zu faktorisieren, muß man ihn in Ausdrücke p, q und r derart aufspalten, daß f = p q $\vee$ r gilt, wobei p, q und r ihrerseits wieder in Teilausdrücke zerlegt werden können. Als erster Teilschritt zur Faktorisierung wird in diesem Abschnitt die Frage behandelt, wie man bei gegebenem p die Ausdrücke q und r berechnen kann. Danach wird geklärt, wie man zu dem benötigten Ausdruck p kommt.

#### 4.3.4.1 Algebraische und boolesche Operationen

Wie bereits in Abschnitt 3.3.1 erwähnt, beinhaltet die boolesche Algebra keine inversen Elemente. Gäbe es ein inverses Element p' bezüglich der ODER-Verknüpfung, p $\vee$ p' = 0, könnte man für einen gegebenen booleschen Ausdruck p eine Zerlegung eines Ausdrucks f zu f = p $\vee$ r einfach dadurch erhalten, daß man f $\vee$ p' = (p $\vee$ r) $\vee$ p' = (p $\vee$ p') $\vee$ r = 0 $\vee$ r = r berechnet. Auf ähnliche Weise könnte mit einem inversen Element $p^{-1}$ bezüglich der UND-Verknüpfung, p $\wedge$ $p^{-1}$ = 1, der Ausdruck f in f = p q zerlegt werden, f $p^{-1}$ = q. Trotz der fehlenden inversen Elemente gibt es für zwei Ausdrücke f und p jeweils Ausdrücke q (*Quotient*) und r (*Rest*) mit f = p q $\vee$ r. Eine Operation, die aus gegebenen Ausdrücken f und p Quotient und Rest berechnet, wird im folgenden als *Division* bezeichnet. Da Quotient und Rest jedoch nicht eindeutig bestimmt sind, gibt es mehrere mögliche Divisionsoperationen.

*Beispiel 4.13:* Es sei f = $x_1x_3$ $\vee$ $\bar{x}_1x_2$ $\vee$ $x_2x_3$. Mit p = $x_2$ erhält man als mögliche Divisionsergebnisse q = 0 und r = f, q = $x_3$ und r = $x_1x_3$ $\vee$ $\bar{x}_1x_2$ oder q = $\bar{x}_1$ $\vee$ $x_3$ und r = $x_1x_3$. Ersetzt man in den Verknüpfungen zwischen Variablensymbolen formal die boolesche Operation „$\wedge$" durch eine (algebraische) Multiplikation „$\cdot$" und die boolesche Operation „$\vee$" durch eine (algebraische) Addition „+", d. h. man multipliziert den booleschen Ausdruck f = p q $\vee$ r wie f = p q + r aus, erhält man in diesen Fällen gleichfalls gültige Faktorisierungen. Mit p = $x_1$ $\vee$ $x_2$, q = $\bar{x}_1$ $\vee$ $x_3$, r = 0 erhält man zwar eine gültige boolesche Faktorisierung von f, diese Faktorisierung gilt jedoch nicht, wenn nur algebraische Operatoren verwendet werden (mit p = $x_1$ + $x_2$, q = $\bar{x}_1$ + $x_3$ gilt p$\cdot$q $\neq$ f).
Als weiteres Beispiel betrachte man die Faktorisierungen von $x_1x_2$ $\vee$ $x_1x_3$ zu $x_1(x_2$ $\vee$ $x_3)$ und von $(x_1$ $\vee$ $x_2)(x_1$ $\vee$ $x_3)$ zu $x_1$ $\vee$ $x_2x_3$. In beiden Fällen wird ein Distributivgesetz der booleschen Algebra angewendet; das erste Ergebnis erscheint jedoch geläufiger, da es auch beim Ersetzen der booleschen durch algebraische Operationen noch gilt, während das zweite Ergebnis nur im booleschen Bereich Gültigkeit besitzt.                    •

Nach Beispiel 4.13 liegt es nahe, zwei Typen boolescher Verknüpfungen zu unterscheiden. Bei *algebraischen Operationen* erhält man das gleiche Ergebnis, wenn man UND-Verknüpfungen durch Multiplikationen ersetzt und ODER-Verknüpfungen durch Additionen. Bei *booleschen Operationen* im engeren Sinn unterscheiden sich die beiden Ergebnisse.

*Definition 4.5:* Eine UND-Verknüpfung zweier Ausdrücke p und q heißt *algebraisches Produkt*, wenn p und q von unterschiedlichen Variablen abhängen, sonst heißt die Verknüpfung *boolesches Produkt*. Eine Division $(q, r) = $ DIV(f, p) mit $f = p\,q \vee r$ heißt *algebraische Division*, wenn $p\,q$ ein algebraisches Produkt ist, sonst heißt sie *boolesche Division*.

Algebraische Operationen sind leichter auszuführen als boolesche Operationen, die häufig sehr rechenzeitaufwendig sind. Daher verwendet man bei der Manipulation boolescher Ausdrücke häufig vorzugsweise algebraische Operationen, behandelt die Ausdrücke also so, als wären alle UND-Verknüpfungen durch Multiplikationen und alle ODER-Verknüpfungen durch Additionen ersetzt. Algebraische Operationen liefern das gewünschte Ergebnis, wenn die Mengen der Variablen der manipulierten Ausdrücke disjunkt sind. Aufgrund der Effizienz algebraischer Operationen wendet man diese aber auch an, wenn die Variablenmengen nicht disjunkt sind. In diesem Fall verbleiben im Ergebnis gewisse Terme, die durch die Anwendung boolescher Gesetze noch vereinfacht werden können. Alle algebraischen Rechengesetze sind auch im booleschen Bereich gültig, nicht aber umgekehrt.

*Beispiel 4.14:* Die Verknüpfung $(x_1 \vee x_2)(x_3 \vee x_4) = x_1x_3 \vee x_1x_4 \vee x_2x_3 \vee x_2x_4$ ist ein algebraisches Produkt, da die Variablenmengen $\{x_1, x_2\}$ und $\{x_3, x_4\}$ beider Faktoren disjunkt sind. Ersetzt man die booleschen Operationen durch algebraische, erhält man $(x_1 + x_2)(x_3 + x_4) = x_1x_3 + x_1x_4 + x_2x_3 + x_2x_4$. Berechnet man für die Ausdrücke $(x_1 \vee x_2)$ und $(x_3 \vee \bar{x}_2)$, deren Variablenmengen nicht disjunkt sind, das algebraische Produkt $(x_1 + x_2)(x_3 + \bar{x}_2) = x_1x_3 + x_1\bar{x}_2 + x_2x_3 + x_2\bar{x}_2$, erhält man ein Ergebnis, das durch die Anwendung des booleschen Gesetzes $x_2\bar{x}_2 = 0$ zu dem booleschen Produkt $(x_1 \vee x_2)(x_3 \vee \bar{x}_2) = x_1x_3 \vee x_1\bar{x}_2 \vee x_2x_3$ vereinfacht werden kann.  •

Bei der Anwendung algebraischer Methoden interpretiert man zunächst einen booleschen Ausdruck mit n Variablen $x_1, ..., x_n$ als algebraisches Polynom in den 2n Variablen $x_1, \bar{x}_1, ..., x_n, \bar{x}_n$, d. h. die speziellen booleschen Beziehungen zwischen Variablen und ihrem Komplement werden nicht berücksichtigt. Auf diesem Polynom werden dann algebraische Operationen durchgeführt, so wird das Polynom z. B. algebraisch faktorisiert. Das Ergebnis wird dann wieder als boolesches Ergebnis interpretiert. Die als Beispiel gewählte algebraische Faktorisierung ist im booleschen Bereich weiter gültig, auch wenn dort unter Umständen eine günstigere Faktorisierung gefunden werden könnte.

*Beispiel 4.13 (Forts.):* Geht man wieder von dem Ausdruck f aus, betrachtet nun aber den Faktor $p = \bar{x}_1 \vee x_3$, erhält man eine algebraische Faktorisierung $(\bar{x}_1 \vee x_3)x_2 \vee x_1x_3$. Diese Faktorisierung ist auch im booleschen Bereich gültig. Dort kann der Ausdruck jedoch auch ohne Rest zu $(\bar{x}_1 \vee x_3)(x_1 \vee x_2)$ faktorisiert werden.  •

### 4.3.4.2  Schwache und starke Division

Um die Nichteindeutigkeit der Divisionsoperationen aufzuheben und die Division bei der Faktorisierung nutzen zu können, führt dieser Abschnitt zwei verschiedene Divisionsalgorithmen ein, die dann per Konstruktion eine eindeutige algebraische und eine boolesche Divisionsoperation definieren. Zunächst wird die *schwache Division*, eine spezielle algebraische Divisionsoperation, betrachtet.

Es sei $H(f) = \{c_i\}$ eine Würfelmenge, die den Ausdruck f beschreibt, und $H(p) = \{d_j\}$ eine Würfelmenge für p. Das Ergebnis q der schwachen Division f/p mit f = p q $\vee$ r und algebraischem Produkt p q werde durch die Würfelmenge $H(f/p)$ beschrieben. Der Rest r bei der algebraischen Division entspricht den Produkttermen von f, die durch p q nicht erfaßt werden, und benötigt deshalb keine spezielle Berechnungsvorschrift.

Für jeden Würfel $d_i$ von $H(p)$ sucht man Würfel $c_k$ in $H(f)$, die von $d_i$ überdeckt werden. Es sei $a_j$ ein Würfel, dessen Schnitt mit $d_i$ einen überdeckten Würfel $c_k$ ergibt. Die Menge $h_i$ enthalte alle solchen Würfel für ein Element $d_i$ aus $H(p)$,

$$h_i = \{a_j \mid \exists k: d_i \cap a_j = c_k\}. \tag{4.8a}$$

Anders formuliert: Wenn der Produktterm $c_k$ von f durch die UND-Verknüpfung des Produktterms $d_i$ von p mit einem weiteren Produktterm $a_j$ gewonnen werden kann, stellt $a_j$ einen Produktterm des Quotienten q dar. Die Würfelmenge $h_i$ repräsentiert damit die Disjunktion aller Produktterme, die aus f ausgeklammert werden könnten, wenn der Faktor p nur aus dem Produktterm $d_i$ bestehen würde. Da alle Produktterme von p aus f ausgeklammert werden müssen, ergibt sich der Quotient aus dem Schnitt aller Mengen $h_i$,

$$H(f/p) = \bigcap_{i=1}^{|H(p)|} h_i. \tag{4.8b}$$

Mit Hilfe einer geeigneten Implementierung läßt sich das Divisionsergebnis in $O(n \log n)$ Schritten berechnen, wobei $n = |H(f)| + |H(p)|$ [BrMc 82].

*Beispiel 4.15:* Es seien $f = x_1 x_2 x_3 \vee x_3 x_6 \vee x_1 x_2 x_5 \vee x_4 x_5$ und $p = x_3 \vee x_5$. Für den Term $x_3$ erhält man die Menge $h_1 = \{x_1 x_2, x_6\}$ von Produkttermen, die mit $x_3$ UND-verknüpft in $H(f)$ enthalten sind. Wäre nur $x_3$ auszuklammern, würde man als Quotienten $x_1 x_2 \vee x_6$ erhalten. Für den Term $x_5$ erhält man die Menge $h_2 = \{x_1 x_2, x_4\}$. Da $x_3 \vee x_5$ ausgeklammert werden muß, können $x_6$ und $x_4$ nicht im Quotienten enthalten sein. Als Ergebnis erhält man $H(f/p) = h_1 \cap h_2 = \{x_1 x_2\}$, d. h. $q = x_1 x_2$, $f = (x_3 \vee x_5) x_1 x_2 \vee x_3 x_6 \vee x_4 x_5$ und $r = x_3 x_6 \vee x_4 x_5$. •

Im Gegensatz zur schwachen Division ist die *starke Division* eine boolesche Operation. Ihr Ergebnis wird mit $q = f \div p$ bezeichnet. Um boolesche Beziehungen zwischen verschiedenen Würfeln berücksichtigen zu können, ist dabei ein Umweg über die zweistufige Logikminimierung nötig. Ziel der Division ist es,

eine Funktion f auch als Funktion einer gegebenen Zwischenvariablen p aus-
zudrücken, $f(x) = p\,q(x) \vee r(x)$, wobei $q(x)$ und $r(x)$ beliebige Ausdrücke in den
ursprünglichen Eingangsvariablen x der Funktion f sein können. Zu dieser
Darstellung kommt man, indem man die Funktion $f(x)$ zweistufig minimiert
und dabei p als zusätzliche Variable bei der Minimierung verwendet. Der
Trick, um $p = p(x)$ in die Minimierung mit einzubeziehen, besteht darin, eine
DC-Menge $p \oplus p(x)$ zu definieren. Das Symbol p wird dabei als neue Variable
definiert, während $p(x)$ den von den ursprünglichen Eingangsvariablen abhängigen Ausdruck darstellt. Da p identisch mit $p(x)$ ist, stellen alle Minterme
mit $p \neq p(x)$ $(p \oplus p(x) = 1)$ don't cares dar.

*Beispiel 4.16:* Es sei $f(x_1, x_2, x_3) = x_1 x_3 \vee x_2 x_3 \vee \bar{x}_1 x_2$ und $p(x_1, x_2) = x_1 \vee x_2$. Durch
die Einführung einer neuen Variablen $p = p(x_1, x_2)$ erhält man die DC-Men-
ge $p \oplus (x_1 \vee x_2) = \bar{p}\,(x_1 \vee x_2) \vee p\,(x_1 \bar{\vee} x_2) = \bar{p}\,x_1 \vee \bar{p}\,x_2 \vee p\,\bar{x}_1\bar{x}_2$. In das KV-
Diagramm von Bild 4.21a ist zunächst nur die Funktion f eingezeichnet. Da f
nicht von p abhängt, würde bei einer Minimierung von f die neu eingeführte
Variable p herausfallen. Berücksichtigt man aber die DC-Menge, indem alle
Belegungen mit $p \oplus (x_1 \vee x_2) = 1$ zu don't care gesetzt werden (Bild 4.21b), ist
das KV-Diagramm nicht mehr symmetrisch bezüglich p, d. h. f hängt nun
bei entsprechender Verfügung der don't cares von der neuen Variablen p
ab[*].

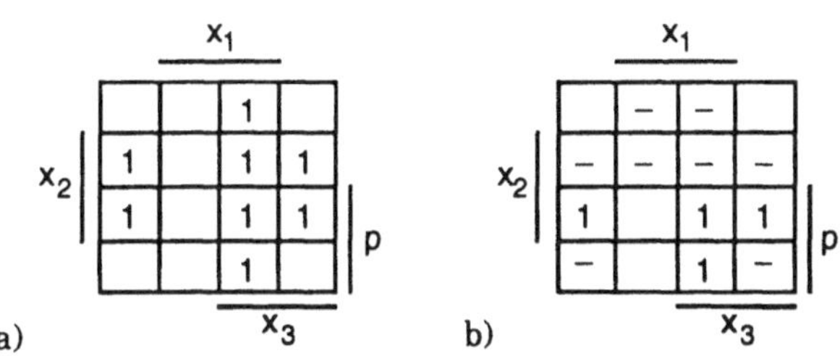


*Bild 4.21:* Starke Division mit KV-Diagrammen

Minimiert man die Funktion f mit der oben eingeführten DC-Menge, erhält
man einen Ausdruck g, der durch die Würfelmenge $H(g) = \{c_i\}$ repräsentiert
wird. Der Quotient $q = f \div p$ ist dann durch die Würfelmenge $H(q) = \{a_j \mid \exists i:$
$a_j \cap p = c_i\}$, der Rest r durch die Würfelmenge $H(r) = \{c_i \mid \neg\exists a_j: a_j \cap p = c_i\}$ gegeben. Alle Ausdrücke in g, die die Variable p enthalten, gehören zu q, da aus ih-
nen p ausgeklammert werden kann, alle anderen Ausdrücke gehören zu r.
Am Beispiel der starken und schwachen Division ist leicht nachzuvollziehen,
daß algebraische Verfahren häufig erheblich effizienter zu implementieren
sind als boolesche Verfahren, wobei die Ergebnisqualität u. U. schlechter ist.

---

[*] Die KV-Diagramme werden nur zur Illustration benutzt. Zur zweistufigen Minimierung
werden in der Realität heuristische Verfahren entsprechend Abschnitt 4.2 verwendet.

*Beispiel 4.16 (Forts.):* Minimiert man die Funktion f in Bild 4.21b, erhält man $g(x_1, x_2\,x_3, p) = x_3 p \vee \bar{x}_1 p = (x_3 \vee \bar{x}_1)\,p$. Der Quotient ist $q = x_3 \vee \bar{x}_1$, die Division geht ohne Rest auf, $r = 0$. Es ist leicht zu sehen, daß $pq = (x_3 \vee \bar{x}_1)(x_1 \vee x_2)$ kein algebraisches Produkt ist, diese Faktorisierung also nicht mit algebraischen Methoden gewonnen werden kann. Mit der schwachen Division erhielte man $f/p = x_3$ mit dem Rest $\bar{x}_1 x_2$.       •

Die bei der Minimierung resultierende disjunktive Minimalform ist nicht eindeutig, viel weniger noch die bei einer heuristischen Minimierung erzeugte Form. Die Eindeutigkeit des Ergebnisses der starken Division wird daher nur durch die deterministische Abarbeitung eines bestimmten Minimierungsalgorithmus gesichert, der bei gleichen Eingabedaten stets gleiche Ausgabedaten produziert. Im Gegensatz zur schwachen Division hängt das Ergebnis der starken Division deshalb von der ursprünglichen Repräsentation von f und p ab, z. B. von der Reihenfolge der Würfel in H(f) und H(p).

### 4.3.4.3 Faktoren und Kerne

Im vorangegangenen Abschnitt wurde die Frage geklärt, wie mit Hilfe eines vorgegebenen Faktors p eine Funktion f in Teilfunktionen zerlegt werden kann. Unberücksichtigt blieb dabei, wie der Faktor p bestimmt werden soll. In [BrMc 82] wurde dazu der Begriff des *Kerns* eines algebraischen Ausdrucks eingeführt. Alle Operationen zur Bestimmung von Kernen sind algebraisch, die Divisionsoperation wird mit Hilfe der schwachen Division durchgeführt. Die Begriffe Würfel und Produktterm werden im folgenden synonym verwendet, da sie sich lediglich in der Art der Darstellung unterscheiden.

Die *W-Faktoren* W(f) eines booleschen Ausdrucks f sind alle diejenigen Ausdrücke, die durch Division des Ausdrucks mit einem Würfel c entstehen,

$$W(f) = \{f/c \mid c \text{ ist ein Würfel}\}. \tag{4.9a}$$

Ein boolescher Ausdruck f heißt *würfelfrei*, wenn kein Würfel c den Ausdruck ohne Rest teilt, d. h. es existiert kein Würfel c und kein boolescher Ausdruck q, so daß $f = c\,q$. Man beachte, daß kein Würfel würfelfrei ist. Ein *Kern* eines booleschen Ausdrucks f ist ein würfelfreier W-Faktor von f, d. h. die Menge der Kerne K(f) ist durch

$$K(f) = \{f/c \mid c \text{ ist ein Würfel, } f/c \text{ ist würfelfrei}\} \tag{4.9b}$$

gegeben. Die Kerne einer Funktion entsprechen damit in gewisser Weise den Primfaktoren bei natürlichen Zahlen, die eine Zahl teilen, aber nicht selbst durch weitere Zahlen geteilt werden. Kerne stellen daher eine wichtige Teilmenge aller algebraischen Teiler einer Funktion dar. Sie dienen als Kandidaten für Faktoren p, mit deren Hilfe eine Funktion f durch starke oder schwache Division faktorisiert wird. Der nach (4.9b) zu einem Kern $k \in K(f)$ gehörende Würfel c heißt *Co-Kern* von k.

*Beispiel 4.17:* Es sei $f = x_1 x_2 \bar{x}_4 \vee x_1 \bar{x}_2 x_3 \vee x_1 x_3 x_4 \vee x_2 \bar{x}_3 x_4$. Ein Würfel c sei durch $x_1$ gegeben. Man erhält den W-Faktor $f/c = x_2 \bar{x}_4 \vee \bar{x}_2 x_3 \vee x_3 x_4$. Er ist würfelfrei, stellt also einen Kern von f dar, $x_1$ ist der zugehörige Co-Kern. Nimmt man den Würfel $\bar{x}_2$, erhält man den W-Faktor $x_1x_3$, der nicht würfelfrei ist, also keinen Kern darstellt. Auch der Würfel $x_3$ führt zu einem W-Faktor $x_1\bar{x}_2 \vee x_1x_4$, der nicht würfelfrei ist, da er durch den Würfel $x_1$ ohne Rest geteilt wird.    •

Zur Berechnung aller Kerne einer Funktion f dient Algorithmus 4.4, der zu Beginn mit i = 1 aufgerufen wird. Die Schleife für alle Literale $\ell_j$ und der rekursive Aufruf der Funktion für alle noch nicht behandelten Literale stellen sicher, daß alle Kombinationen von Literalen, d. h. alle möglichen Co-Kerne, durchlaufen werden. Ist der resultierende W-Faktor ein Würfel, so ist keiner seiner Faktoren würfelfrei, die Untersuchung kann also abgebrochen werden. Andernfalls wird der W-Faktor, wenn er würfelfrei ist, zur Menge der erkannten Kerne hinzugefügt.

*Algorithmus 4.4:* Bestimmung der Kerne einer Funktion

```
function Kerne(f, i)
begin
    K := ∅;
    for (alle Literale ℓ_j in f, j ≥ i) do
    begin
        k := f/ℓ_j;
        if k kein Würfel then
        begin
            if k würfelfrei then K := K ∪ {k};
            K := K ∪ Kerne(k, j+1);
        end
    end
    return(K);
end.
```

*Beispiel 4.17 (Forts.):* Bei der sukzessiven Division von f durch alle möglichen Würfel nach Algorithmus 4.4 ergeben sich die W-Faktoren in Bild 4.22.

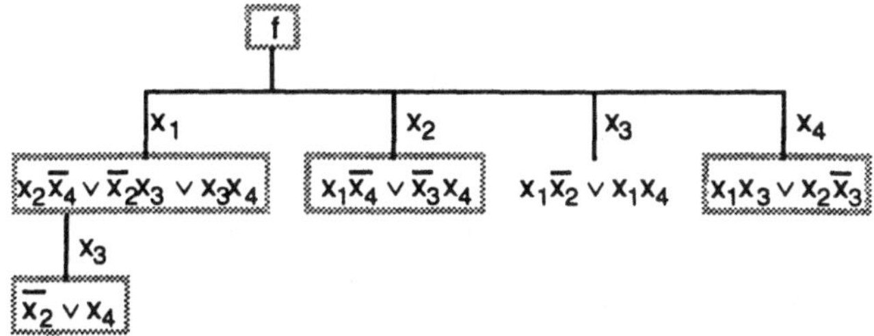


*Bild 4.22:* Bestimmung der Kerne einer Funktion

Durch Literale, die in einer Teilfunktion nur einmal vorkommen, braucht nicht dividiert zu werden, da der korrespondierende W-Faktor ein Würfel ist.

Kerne, d. h. würfelfreie W-Faktoren, sind in Bild 4.22 durch Umrahmung gekennzeichnet. Die Funktion f ist ebenfalls ein würfelfreier W-Faktor, d. h. ein
Kern, von f (mit dem Co-Kern c = 1). Insgesamt erhält man K(f) = {f, $x_2\bar{x}_4$ $\vee$
$\bar{x}_2 x_3 \vee x_3 x_4$, $x_1\bar{x}_4 \vee \bar{x}_3 x_4$, $x_1 x_3 \vee x_2\bar{x}_3$, $\bar{x}_2 \vee x_4$}.                              •

Möchte man die Anzahl zu untersuchender Kerne begrenzen, kann man sich
auf eine Teilmenge aller Kerne beschränken. Man definiert die Teilmenge der
*Kerne n-ten Grades* $K^n(f)$ einer Funktion f durch

$$K^n(f) = \begin{cases} \{k \mid K(k) = \{k\}\} & \text{für } n = 0 \\ \{k \mid \forall k' \in K(k), k \neq k': k' \in K^{n-1}(f)\} & \text{sonst} \end{cases} \qquad (4.10)$$

Ein Kern nullten Grades enthält außer sich selbst keine weiteren Kerne mehr,
entspricht also einem würfelfreien W-Faktor, der durch einen Würfel mit maximaler Literalanzahl dividiert wurde. Kerne ersten Grades dürfen außer sich
selbst nur Kerne nullten Grades enthalten, usw. Für Kerne unterschiedlichen
Grades gilt die Beziehung $K^0(f) \subseteq K^1(f) \subseteq \ldots \subseteq K(f)$. Vielfach beschränkt man
sich bei der Auswahl eines Faktors p zur Faktorisierung einer Funktion f auf
die Untersuchung der Kerne nullten Grades von f.

*Beispiel 4.17 (Forts.):* Wie in Bild 4.22 zu sehen, enthält der Kern $\bar{x}_2 \vee x_4$ keinen
weiteren Kern, stellt also einen Kern nullten Grades dar. Der Kern $x_2\bar{x}_4$ $\vee$
$\bar{x}_2 x_3 \vee x_3 x_4$ enthält außer sich selbst nur diesen Kern nullten Grades, gehört
also zu allen Mengen $K^n(f)$ mit $n \geq 1$. Der Ausdruck für f enthält alle
anderen Kerne (nullten und ersten Grades), es gilt daher $f \in K^2(f) = K(f)$.   •

### 4.3.5  Minimierungsalgorithmen

Nach diesen Vorarbeiten können die einzelnen Algorithmen zur globalen Restrukturierung sehr kompakt formuliert werden. Zunächst soll jedoch das bereits in Abschnitt 4.3.3 aufgeworfene Faktorisierungsproblem gelöst werden.
Algorithmus 4.5 faßt das Vorgehen zusammen. Zunächst wird die Menge der
Kerne mit Hilfe des rekursiven Algorithmus 4.4 berechnet. Aus dieser Menge
wird ein Kern als Faktor ausgewählt. Dies kann für eine schnelle Faktorisierung ein beliebiger Kern nullten Grades sein oder zur Erzeugung einer möglichst guten Faktorisierung der Kern, der die Anzahl der Literale zur Darstellung der Funktion am weitesten reduziert. Alternativen zu Kern-Divisoren
werden in [MaBa 88, VaRa 90] untersucht.

Nach der Auswahl eines Faktors wird die Funktion f durch diesen dividiert,
entweder durch schwache oder starke Division. Falls der Quotient q ein Würfel
ist, können Literale von q, die gleichzeitig in r auftreten, noch weiter ausgeklammert werden. Das gleiche Problem ergibt sich, falls q und r gemeinsame
Faktoren haben, die keine Würfel sind. Für diese Fälle ist daher eine Sonderbe-
handlung nötig, die sicherstellt, daß die berechnete Faktorisierung weiterhin
maximal im Sinne der Definition 4.4 ist. Im wesentlichen wird dabei p zunächst durch den gemeinsamen Faktor von q und r ersetzt und die Division

nochmals durchgeführt [BRSW 87]. Andernfalls werden die erhaltenen Teilfunktionen p, q und r rekursiv weiter faktorisiert.

*Algorithmus 4.5:* Maximale Faktorisierung einer Funktion

```
function Faktor(f)
begin
    p := Auswahl(Kerne(f, 1));
    if p = Ø then return(f);
    (q, r) := DIV(f, p);
    if (q und r haben gemeinsamen Faktor) then
        Spezial(p, q, r, f)
    else return(Faktor(p) ∧ Faktor(q) ∨ Faktor(r));
end.
```

*Beispiel 4.18:* Zu faktorisieren sei die Funktion $f = x_1x_2x_3 \vee x_1x_2x_4 \vee x_1x_5 \vee x_1x_6 \vee x_7$. Als Kern nullten Grades erhält man $p = x_3 \vee x_4$. Verwendet man die schwache Division, erhält man $q = x_1x_2$, $r = x_1x_5 \vee x_1x_6 \vee x_7$, $f = x_1x_2(x_3 \vee x_4) \vee x_1x_5 \vee x_1x_6 \vee x_7$. Die weitere rekursive Faktorisierung läßt q und p unverändert, während r in $r = x_1(x_5 \vee x_6) \vee x_7$ umgeformt wird. In diesem Fall würde man eine nicht maximal faktorisierte Form erhalten, da q ein Würfel ist und mit r den Teilwürfel $x_1$ gemeinsam hat. Berücksichtigt man die dafür notwendige Spezialbehandlung und faktorisiert zunächst $x_1$, erhält man die maximale Faktorisierung $f = x_1 [ x_2 (x_3 \vee x_4) \vee x_5 \vee x_6 ] \vee x_7$. Diese Faktorisierung ist sogar optimal, dies kann jedoch durch Algorithmus 4.5 nicht garantiert werden.                                                                          •

Algorithmus 4.5 kann durch eine entsprechende Festlegung der Funktionen *Auswahl* und *DIV* sowohl für eine schnelle Faktorisierung geringer Güte (Auswahl irgendeines Kerns nullter Ordnung, algebraische Division) als auch für eine Faktorisierung hoher Güte mit längerer Laufzeit (Auswahl des besten Kerns, boolesche Division) verwendet werden. Diese Eigenschaft haben viele der Minimierungsalgorithmen zur globalen Restrukturierung. Eine algebraische Version des Minimierungsalgorithmus dient dazu, Ergebnisse möglichst rechenzeiteffizient zu erzeugen, eine boolesche Version benötigt mehr Rechenzeit, liefert dafür aber auch bessere Ergebnisse.

Bei der oben dargestellten Faktorisierung wird ein Faktor p nur in unkomplementierter Form verwendet (Bild 4.23a). Da mit Hilfe eines zusätzlichen Inverters im booleschen Netz auch einfach das Komplement des Faktors p erzeugt werden kann, wird bei der *Dekomposition* der zu behandelnde Ausdruck auch durch das Komplement von p dividiert, um den Rest der Division eventuell zu reduzieren (Bild 4.23b). Es seien $q_1 = f/p$ (bzw. $f + p$) und $q_2 = f/\overline{p}$ (bzw. $f + \overline{p}$) die beiden Quotienten und $r'$ der verbleibende Rest. Eine Funktion f wird dann durch $f = p\, q_1 \vee \overline{p}\, q_2 \vee r'$ dargestellt.

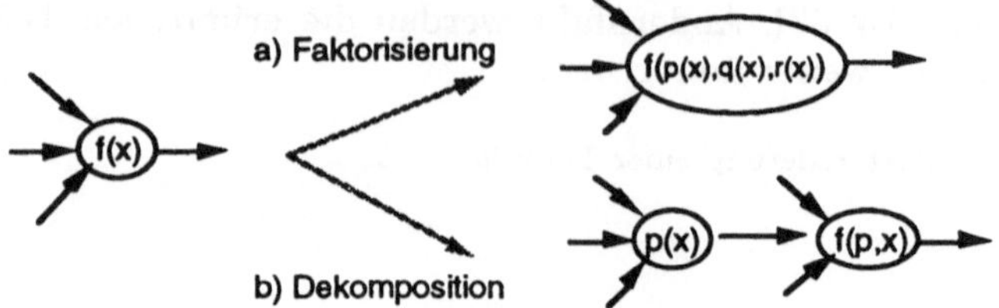



*Bild 4.23:* Faktorisierung und Dekomposition

Kerne ermöglichen es nicht nur, Einzelfunktionen zu faktorisieren, sondern auch gemeinsame Teiler mehrerer Funktionen einer Bündelfunktion zu extrahieren. Der Zusammenhang wird mit dem folgenden Satz hergestellt. Ein Teiler wird dabei als nichttrivial bezeichnet, wenn er nicht nur aus einem Würfel besteht.

*Satz 4.5:* Zwei Funktionen f und g haben genau dann einen nichttrivialen gemeinsamen (algebraischen) Teiler, wenn Kerne $k_f \in K(f)$ und $k_g \in K(g)$ existieren, so daß deren Hüllen mehr als einen Würfel gemeinsam haben, $|H(k_f) \cap H(k_g)| > 1$.

Beweis: siehe [BCHT 82].                                                    ◆

*Beispiel 4.19:* Es sei $f = x_1x_2 \vee x_3x_4 \vee x_5$ und $g = x_1x_2 \vee \bar{x}_3x_4 \vee x_5$. Beide Funktionen haben genau einen Kern, der gleich der Funktion selbst ist, d. h. $k_f = f$, $H(k_f) = \{x_1x_2, x_3x_4, x_5\}$ und $k_g = g$, $H(k_g) = \{x_1x_2, \bar{x}_3x_4, x_5\}$. Der Schnitt dieser beiden Würfelmengen nach Definition 3.8 ist $\{x_1x_2, x_5\}$, die beiden Funktionen haben also mehr als einen Würfel gemeinsam.
Betrachtet man stattdessen die Funktionen $f = x_1x_2x_3 \vee x_1\bar{x}_2x_4 \vee x_5$ und $g = x_1x_2x_3 \vee x_1\bar{x}_2x_5 \vee x_4$, mit $K(f) = \{k_f^1, k_f^2\} = \{x_2x_3 \vee \bar{x}_2x_4, f\}$ und $K(g) = \{k_g^1, k_g^2\} = \{x_2x_3 \vee \bar{x}_2x_5, g\}$, erhält man als mögliche Schnittmengen

$H(k_f^1) \cap H(k_g^1) = \{x_2x_3\}$, trivial

$H(k_f^1) \cap H(k_g^2) = \emptyset$

$H(k_f^2) \cap H(k_g^1) = \emptyset$

$H(k_f^2) \cap H(k_g^2) = \{x_1x_2x_3\}$, trivial,

d. h. f und g haben keine nichttrivialen gemeinsamen Teiler.                ●

Die Auswirkung der *Extraktion* gemeinsamer Kerne auf das boolesche Netz ist in Bild 4.24a veranschaulicht. Auf ähnliche Weise können auch gemeinsame Würfel extrahiert werden, die einfacher zu erkennen sind. Eine andere Möglichkeit zur mehrstufigen „Bündelminimierung" bietet die *Substitution*, bei der eine (Teil-)Funktion als Faktor zur effizienteren Realisierung anderer Funktionen verwendet wird (Bild 4.24b). In beiden Fällen kann auch versucht werden, ähnlich wie bei der Dekomposition das Komplement des Faktors zur Vereinfachung des Restes zu nutzen.

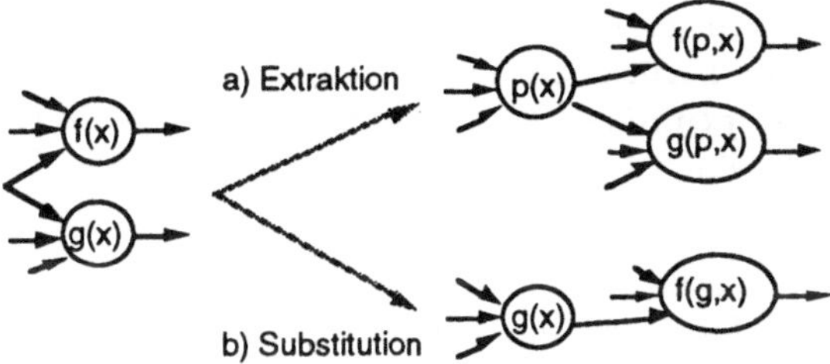


*Bild 4.24:* Extraktion und Substitution

Tabelle 4.2 stellt die verschiedenen Minimierungsalgorithmen nochmals zusammen. Wie bereits erwähnt, gibt es für jeden Minimierungsalgorithmus verschiedene Ausprägungen, je nachdem ob die schwache oder starke Division verwendet wird und ob als Faktor p irgendein Kern nullten Grades ausgewählt wird oder alle Kerne untersucht werden. Zusätzlich ist jeweils festzulegen, auf welche Knoten des booleschen Netzes die Minimierungsalgorithmen anzuwenden sind. Dies ist die Aufgabe der Minimierungssteuerung, die in Abschnitt 4.3.7 angesprochen wird.

*Tabelle 4.2:* Minimierungsmöglichkeiten bei der Synthese mehrstufiger Logik

| Operationsname | Operation |
| --- | --- |
| Faktorisierung | $f = p\ f/p \lor r_f$ |
| Dekomposition | $f = p\ f/p \lor \bar{p}\ f/\bar{p} \lor r_d$ |
| Extraktion | $f = p\ f/p \lor r_f$ |
|  | $g = p\ g/p \lor r_g$ |
| Substitution | $f = g\ f/g \lor r_s$ |

### 4.3.6  Interne don't cares

Zusätzlich zur globalen Restrukturierung, die zur Neuverteilung von Funktionalität zwischen verschiedenen Knoten des booleschen Netzes führt, ist es notwendig, die Einzelknoten lokal soweit wie möglich zu minimieren. Das Ziel dieser lokalen Minimierung ist es, die einzelnen Knoten in eine faktorisierte Form mit minimaler Anzahl von Literalen zu transformieren. Da es schwierig ist, die Literalanzahl in der faktorisierten Form zu minimieren, verwendet man als Näherung ein Verfahren zur Minimierung der Literalanzahl in zweistufiger (disjunktiver) Form und faktorisiert diese nachträglich.

Zur lokalen Minimierung eines Einzelknotens des booleschen Netzes kann daher Algorithmus 4.3 benutzt werden, wobei eine Darstellung der Funktion f des Knotens als Würfelmenge H(f) und eine DC-Menge D übergeben werden. Die

Kostenfunktion des Algorithmus wird gegenüber Abschnitt 4.2 etwas modifiziert, da nur die Anzahl der Literale berücksichtigt werden soll. Nach beendeter Minimierung erhält man eine optimierte Würfelmenge H'(f). In diesem Abschnitt ist noch die Bestimmung der für die Minimierung relevanten DC-Menge D zu behandeln.

*Beispiel 4.20:* Man betrachte das boolesche Netz in Bild 4.25. Zu minimieren sei der grau unterlegte Knoten mit der Funktion f. Ohne DC-Menge ist eine weitere Minimierung des Knotens nicht möglich. Multipliziert man $pq \vee r$ aus, erkennt man jedoch, daß die Konjunktion mit q für die Funktionalität des Netzes überflüssig ist, es gilt $f = p \vee r$. Bedingt durch die Struktur des booleschen Netzes kann niemals gleichzeitig $r = q = 0$ und $p = 1$ gelten. Betrachtet man $p\,\overline{q}\,\overline{r}$ bei der Minimierung des grau unterlegten Knotens als DC-Stelle, kann f tatsächlich zu $p \vee r$ weiter vereinfacht werden.

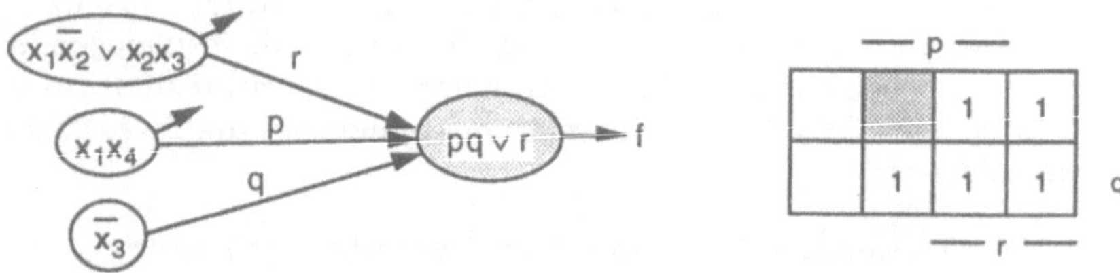


*Bild 4.25:* Auftreten interner don't cares

Wie Beispiel 4.20 zeigt, sind bei der mehrstufigen Logikminimierung neben extern vorgegebenen DC-Bedingungen aufgrund unvollständig definierter Funktionen auch interne DC-Bedingungen zu berücksichtigen, die sich aus der Unmöglichkeit gewisser Kombinationen von Belegungen interner und externer Variablen ergeben. Diese *internen don't cares* lassen sich in Steuerbarkeits- und Beobachtbarkeits-DCs unterteilen. *Steuerbarkeits-DCs* entstehen dadurch, daß gewisse Belegungen von den Eingängen her nicht eingestellt werden können, *Beobachtbarkeits-DCs* dadurch, daß der Einfluß interner Variablen auf die Ausgänge unter gewissen Bedingungen verschwindet.

Man betrachte z. B. zwei kaskadierte Schaltnetze, d. h. die Ausgaben des ersten Schaltnetzes dienen als Eingaben für das zweite. Erzeugt das erste Schaltnetz nicht alle möglichen Kombinationen von Ausgabebelegungen, treten diese Belegungen nie als Eingabe zum zweiten Schaltnetz auf, sie stellen Steuerbarkeits-DCs des zweiten Schaltnetzes dar. Nun nehme man an, daß das zweite Schaltnetz die Übernahme der Ausgabe des ersten Schaltnetzes in ein Register steuert. Wird die Übernahme unterbunden, kann die Ausgabe des ersten Schaltnetzes nicht beobachtet werden, die entsprechenden Belegungen sind Beobachtbarkeits-DCs für das erste Schaltnetz.

Beobachtbarkeits-DCs resultieren daraus, daß interne Variablen bei bestimmten Eingangsbelegungen an den Ausgängen nicht wahrgenommen werden können. So ist in Bild 4.25 die Variable p am Ausgang f nicht beobachtbar, wenn $r = 1$ ($f = 1$) oder $q = 0$ ($f = r$). Eine Funktion $f^i$ hängt nicht von einer Variablen x ab, wenn die Kofaktoren $f_x^i$ und $f_{\bar{x}}^i$ identisch sind

$$f_x^i \Leftrightarrow f_{\bar{x}}^i, \qquad f_x^i f_{\bar{x}}^i \vee \bar{f}_x^i \bar{f}_{\bar{x}}^i = 1.$$

Die Menge der Beobachtbarkeits-DCs BDC(x) einer Variablen x wird durch

$$BDC(x) = \bigwedge_{f^i} \left[ f_x^i f_{\bar{x}}^i \vee \bar{f}_x^i \bar{f}_{\bar{x}}^i \right] \tag{4.11}$$

gegeben*, d. h. die Kofaktoren aller Ausgänge des Netzes müssen bezüglich der betrachteten Variablen und ihres Komplements identisch sein.

Steuerbarkeits-DCs bei der mehrstufigen Logiksynthese sind auf die Existenz von Zwischenvariablen zurückzuführen, die von gleichen Eingabevariablen abhängen und verknüpft werden. In Bild 4.25 muß stets $p = x_1x_4$ gelten, eine Belegung $p \neq x_1x_4$ ($p \oplus x_1x_4 = 1$) kann durch keine Wahl der Eingangsvariablen $x_i$ erzeugt werden. Die Konstruktion der DC-Menge ähnelt damit der bei der starken Division. Die Menge aller Steuerbarkeits-DCs SDC wird durch

$$SDC = \bigvee_i \left[ y_i \oplus f_i(x) \right] = \bigvee_i \left[ y_i \bar{f}_i(x) \vee \bar{y}_i f_i(x) \right] \tag{4.12}$$

gegeben, wobei $y_i$ die interne Variable ist, die eine Teilfunktion $f_i(x)$ repräsentiert.

*Beispiel 4.20 (Forts.):* Für das boolesche Netz von Bild 4.25 erhält man mit (4.12)

$$SDC = [r \oplus (x_1\bar{x}_2 \vee x_2x_3)] \vee [p \oplus x_1x_4] \vee [q \oplus \bar{x}_3] = \dots$$
$$= r\bar{x}_1\bar{x}_2 \vee r\bar{x}_2\bar{x}_3 \vee \bar{r}x_1\bar{x}_2 \vee \bar{r}x_2x_3 \vee p\bar{x}_1 \vee p\bar{x}_4 \vee \bar{p}x_1x_4 \vee qx_3 \vee \bar{q}\bar{x}_3 .$$

Man kann leicht nachprüfen, daß die für die Minimierung des in Bild 4.25 grau unterlegten Knotens maßgebliche DC-Stelle $p\,\bar{q}\,\bar{r}$ tatsächlich in SDC enthalten ist.                                                                      •

Die große Anzahl interner don't cares und die durch Zwischenvariablen entstehende große Dimension des zu betrachtenden booleschen Raumes stellen allerdings ein großes Problem bei der Berücksichtigung interner don't cares dar. Aus diesem Grund verwendet man als Eingabe zur zweistufigen Minimierung im allgemeinen nur eine Teilmenge aller möglichen internen don't cares. Für eine detaillierte Behandlung dieses Problemkreises wird auf spezielle Literatur verwiesen [z. B. BBHJ 88].


### 4.3.7 Globale Minimierung

Ausgangspunkt der globalen Minimierung ist ein gegebenes boolesches Netz, das durch eine Folge von Transformationsschritten in ein logisch äquivalentes

---

* Anmerkung: Die Negation des Ausdrucks innerhalb der Konjunktion wird auch als *boolesche Differenz* der Funktion $f^i$ bezüglich der Variablen x bezeichnet.

boolesches Netz mit möglichst geringer Literalanzahl umgewandelt werden soll. Die genaue Reihenfolge und Art der Transformationsschritte, die zu einem Schaltnetz kleiner Literalanzahl führen, hängt dabei stark von der zu minimierenden Schaltung ab – insoweit ist die mehrstufige Logiksynthese also eher eine „Kunst" als eine Wissenschaft. Allerdings kann durchaus ein grobes Schema beschrieben werden, mit dem für die meisten Schaltungen eine akzeptable Optimierungsqualität erreicht wird.

Elemente dieses Schemas sind die in Abschnitt 4.3.5 beschriebenen Operationen Faktorisierung, Dekomposition, Extraktion und Substitution, die in Abschnitt 4.3.6 erläuterte Knotenvereinfachung und als weitere Operation die *Elimination*. Die in Abschnitt 4.3.5 beschriebenen Operationen zielen alle darauf, Knoten des booleschen Netzes in kleinere Teilknoten zu zerlegen, die dann auch von anderen Knoten als Eingabe genutzt werden können. Auch wenn solche Zerlegungen nur dann vorgenommen werden, wenn man sich dadurch eine Reduktion der Literalanzahl verspricht, kommt es vor, daß während der Minimierung Knoten entstehen, die diesem Ziel nicht dienlich sind. Zeigt sich z. B. bei einer vorher neu erzeugten Teilfunktion im Laufe der Minimierung, daß sie nur in die Berechnung eines Nachfolgerknotens eingeht, kann diese Teilfunktion eliminiert und mit dem Nachfolgerknoten wieder zusammengefaßt werden. Allgemein dient die Elimination dazu, die Anzahl der Knoten des booleschen Netzes zu reduzieren, indem Teilfunktionen in alle von ihnen abhängigen Teilfunktionen eingesetzt werden.

Zunächst werden aus mehrstufigen Teilen des als Ausgangspunkt dienenden Netzes Knoten eliminiert, deren getrennte Realisierung nur zu einer geringen Literaleinsparung führt. Die Knoten des dadurch entstehenden Netzes werden lokal minimiert. Anschließend wird geprüft, inwieweit einzelne Funktionen $f_k$ einer Bündelfunktion $f = (f_1, ..., f_m)$ zur Realisierung anderer Funktionen $f_i$ ausgenutzt werden können. Dazu werden alle Paare von Funktionen $f_k$ und $f_i$ betrachtet und $f_k$ in $f_i$ substituiert,

$$f_i = f_k \, (f_i \, / \, f_k) \vee \overline{f_k} \, (f_i \, / \, \overline{f_k}) \vee r. \qquad\qquad (4.13)$$

Falls durch eine solche Substitution die Literalanzahl reduziert werden kann, wird das zur Funktion $f_i$ gehörende Teilnetz durch eine neue Struktur gemäß (4.13) ersetzt, in der $f_i$ von $f_k$ abhängt (vgl. das folgende Beispiel 4.21).

Zur Erkennung und Extraktion weiterer gemeinsamer Teilfunktionen müssen gemeinsame Würfel und Kerne bereits existierender Teilfunktionen bestimmt und ineinander eingesetzt werden. Da das Ergebnis von den bereits existierenden Teilfunktionen abhängt und jedesmal neue Teilfunktionen erzeugt werden können, ist dieser Schritt mehrfach zu wiederholen. Dabei sollten zunächst solche Teilfunktionen extrahiert und substituiert werden, die zu einer großen Literaleinsparung führen. Nach dem letzten Iterationsschritt erhält man ein boolesches Netz, in dem u. U. sehr viele neue Knoten enthalten sind. Nachträglich kann dann untersucht werden, welche gemeinsamen Teilfunktionen tatsächlich zu einer Literaleinsparung führen, alle anderen extrahierten Teilfunktionen werden wieder eliminiert. Die verbleibenden Netzknoten werden abschließend mit Hilfe interner DC-Mengen lokal minimiert und in Darstellungen mit möglichst kleiner Literalanzahl dekomponiert bzw. faktorisiert.

*Beispiel 4.21:* Gegeben sei das boolesche Netz von Bild 4.26. Die den internen Knoten des Netzes zugeordneten Teilfunktionen sind durch die folgenden Gleichungen definiert:

$$y_1 = x_1x_3, \quad y_2 = y_1\overline{x_4}, \quad y_3 = x_2\overline{x_4}, \quad y_4 = \overline{x_5} \vee \overline{x_6} \vee \overline{x_7},$$
$$f_1 = y_5 = y_2 \vee y_3, \quad f_2 = y_6 = y_2x_5 \vee y_3x_5, \quad f_3 = y_7 = y_1y_4 \vee x_2y_4.$$

In unfaktorisierter Form benötigt diese Darstellung 19 Literale; faktorisiert man die Ausdrücke maximal, reichen 17 Literale.

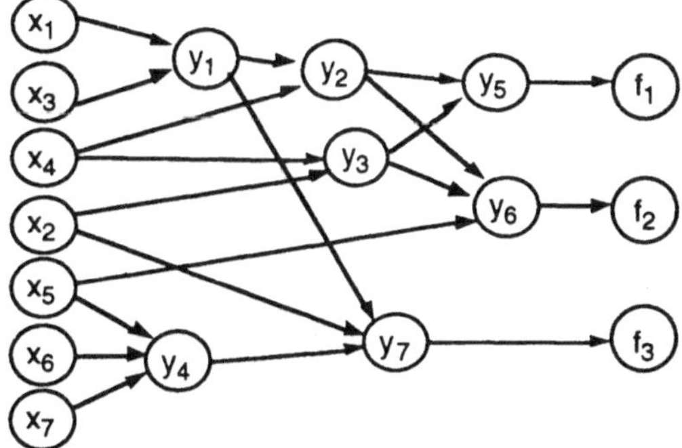

*Bild 4.26:* Zu minimierendes boolesches Netz

Bei der anfänglichen Elimination wird zunächst der Knoten $y_4$ gestrichen, da die Variable $y_4$ nur in Knoten $y_7$ verwendet wird und daher keinen Gewinn bringt. Auch die Knoten $y_1$, $y_2$ und $y_3$ führen nur zu geringen Literaleinsparungen, so daß auch sie vorerst gestrichen werden können. Nach dem Eliminationsschritt verbleiben folgende Teilfunktionen:

$$y_5 = (x_1x_3 \vee x_2)\overline{x_4}, \quad y_6 = (x_1x_3 \vee x_2)\overline{x_4}x_5, \quad y_7 = (x_1x_3 \vee x_2)(\overline{x_5} \vee \overline{x_6} \vee \overline{x_7}).$$

Diese faktorisierte Form benötigt 15 Literale, unfaktorisiert würden 27 Literale benötigt. Eine lokale Minimierung bringt keine Veränderungen.

Bei der Substitution aller Funktionen in allen anderen Funktionen erkennt man, daß $y_6$ günstig mit Hilfe von $y_5$ realisiert werden kann, $y_6 = y_5x_5$. Dadurch wird die Anzahl der Literale auf 22 (unfaktorisiert) bzw. 12 (faktorisiert) reduziert.

Nun werden gemeinsame Kerne und Würfel mehrerer Funktionen extrahiert. Im Beispiel haben die Funktionen $y_5$ und $y_7$ den Kern $y_8 = x_1x_3 \vee x_2$ gemeinsam, man erhält

$$y_5 = y_8\overline{x_4}, \quad y_7 = y_8(\overline{x_5} \vee \overline{x_6} \vee \overline{x_7}).$$

Die Anzahl der Literale in unfaktorisierter Form wird auf 13 reduziert, in
faktorisierter Form auf 11. Weitere Operationen führen zu keiner Reduktion
der Literalanzahl mehr. Das resultierende boolesche Netz zeigt Bild 4.27.

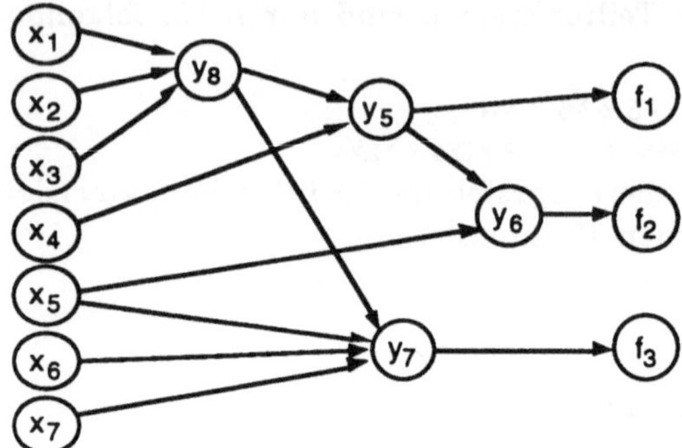

*Bild 4.27:* Minimiertes boolesches Netz

Tabelle 4.3 stellt für die bereits in Tabelle 4.1 verwendeten Beispiele die Ergebnisse einer mehrstufigen Logikminimierung zusammen*. Dabei wurde für
alle Beispiele die gleiche Standard-Abfolge von Minimierungsschritten durchlaufen. Die Anzahl der zur Repräsentation der Funktion benötigten Literale
wurde dabei im allgemeinen stark reduziert, allerdings benötigen einige der
Operationen für größere Funktionen sehr viel Rechenzeit. So konnte für das
letzte Beispiel keine lokale Minimierung der Netzknoten in akzeptabler Zeit
durchgeführt werden, da die DC-Menge trotz der bereits in Abschnitt 4.3.6
erwähnten nur teilweisen Berücksichtigung interner don't cares einen
booleschen Raum zu großer Dimension aufspannt.

*Tabelle 4.3:* Ergebnisse der mehrstufigen Logikminimierung

| Anzahl<br>Eingaben | Anzahl<br>Ausgaben | Anzahl<br>Literale | Literale<br>(optimiert) | CPU-Zeit<br>(sec) |
|---|---|---|---|---|
| 5 | 28 | 383 | 228 | 45 |
| 9 | 5 | 1060 | 160 | 50 |
| 14 | 14 | 1573 | 576 | 1840 |
| 14 | 14 | 19833 | 587 | 3020 |
| 41 | 35 | 19317 | 1208 | 3860 |
| 117 | 88 | 8421 | ? | >100000 |

---

* Die Ergebnisse wurden mit Hilfe des Programms *misII* [OCT 90] auf einem SPARC-Arbeitsplatzrechner mit 12,5 MIPS erzielt.

## 4.4  Technologieanpassung

Wie bereits in Abschnitt 4.1.2 ausgeführt, dient die Technologieanpassung zur Abbildung der Ergebnisse einer technologieunabhängigen Optimierung auf die gewählte Zielstruktur. Dieser Abbildung muß statt einer abstrakten Zielfunktion wie der Anzahl von Produkttermen bei zweistufiger Logik oder der Anzahl von Literalen bei mehrstufiger Logik die für eine Zielstruktur relevante Kostenfunktion zugrunde liegen. In diesem Abschnitt werden hauptsächlich Verfahren zur Technologieabbildung für mehrstufige Schaltungen (zellenbasierte Entwürfe und programmierbare Logikbausteine) behandelt, zweistufige Schaltungen werden im folgenden nur kurz angesprochen.

Bei PLDs zur Realisierung zweistufiger Schaltungen sind die Möglichkeiten zur Programmierung der Ausgangszellen, zur flexiblen Produkttermnutzung und die Notwendigkeit zur Partitionierung in Teilfelder zu berücksichtigen [MeLi 90, SaSB 90, BaCS 92]. So ist durch Programmierung der Ausgangszellen eine Komplementierung der Ausgabe ohne Zusatzkosten möglich. Da die Anzahl der Produktterme einer Funktion und ihres Komplements sehr unterschiedlich sein können, ist es vorteilhaft, bei der Logikminimierung gleichzeitig die Funktion und ihr Komplement zu betrachten [WeCh 88].

### 4.4.1  Zellenbasierte Entwürfe

#### 4.4.1.1  *Aufbereitung der Entwurfsdaten*

Beim zellenbasierten Entwurf sind die den internen Knoten eines technologieunabhängig optimierten booleschen Netzes zugeordneten Teilfunktionen mit Hilfe der verfügbaren Gatter einer Zellbibliothek zu realisieren. Dabei können auch interne don't cares des booleschen Netzes genutzt werden [MaDe 90]. Möchte man die Anzahl der verwendeten Gatter minimieren, erhält man das bereits in Abschnitt 4.1.3 als NP-vollständig eingeführte Problem SMG (Schaltnetz minimaler Gatteranzahl). Der im folgenden dargestellte Algorithmus zur Minimierung der Gatteranzahl bei der Technologieabbildung führt daher im schlimmsten Falle zu exponentiellem Aufwand, für größere Schaltungen sind Heuristiken notwendig [CoSa 83]. Grundlage der behandelten Algorithmen stellen die Arbeiten in [Keut 87, DGRS 87] dar.

Um überprüfen zu können, welche Gatter einer Zellbibliothek zur Realisierung von Teilen eines booleschen Netzes verwendet werden können, führt man die Gatter der Bibliothek und das boolesche Netz zunächst auf eine gemeinsame standardisierte Form zurück. Stellt man sowohl die Bibliothekselemente als auch die zu implementierende Schaltung als Verschaltung von Invertern und NAND-Gattern mit zwei Eingängen dar, erhält man eine solche Form, es gibt jedoch auch andere Möglichkeiten [Berg 91]. Danach kann überprüft werden, welche Bibliothekselemente welche Teile der Schaltung ersetzen können. Die

Aufgabe besteht darin, eine Überdeckung der zu implementierenden Schaltung durch Bibliothekselemente zu finden, so daß die minimale Anzahl von Bibliothekselementen verwendet wird. Dieser Prozeß ist beispielhaft in Bild 4.28 veranschaulicht.

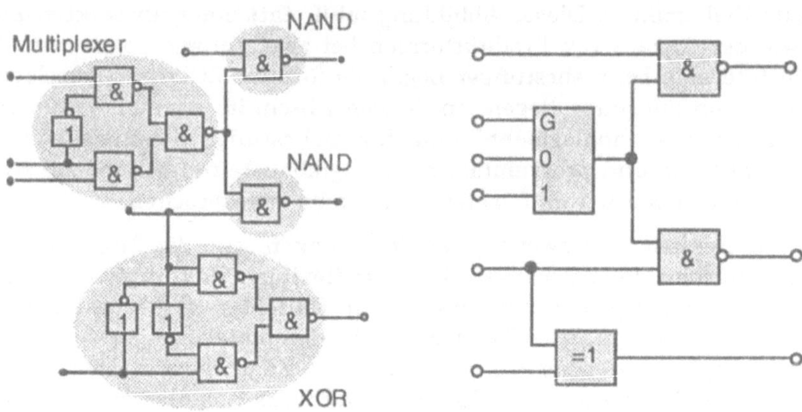


*Bild 4.28:* Überdeckung einer Schaltung mit Bibliothekselementen

Die internen Knoten des booleschen Netzes enthalten faktorisierte Formen mit UND- und ODER-Gattern beliebiger Eingangszahl. Zur Transformation in eine NAND-Struktur müssen zunächst alle Gatter mit mehr als zwei Eingängen in Zusammenschaltungen von Gattern mit zwei Eingängen umgewandelt werden. Das Assoziativgesetz gestattet die in Bild 4.29a veranschaulichten Umwandlungen. Problematisch ist dabei die Festlegung, welche Reihenfolge der Klammerung gewählt wird. So kann der Ausdruck $x_1x_2x_3$ als $(x_1x_2)x_3$, $x_1(x_2x_3)$ oder $(x_1x_3)x_2$ realisiert werden. Zur optimalen Lösung des Problems der Technologieabbildung müßten auf diese Weise alle möglichen Kombinationen berücksichtigt werden. Im allgemeinen wählt man eine Klammerungsreihenfolge heuristisch aus, wobei man versucht, die Verzögerung durch die mehrstufige Schaltung klein zu halten. So ist z. B. eine Aufteilung $(x_1x_2)(x_3x_4)$ der Aufteilung $(((x_1x_2)x_3)x_4)$ vorzuziehen, da die maximale Stufenanzahl von einem Eingang zum Ausgang dann zwei statt drei ist.

Zur Transformation in eine NAND-Struktur werden UND-Gatter durch NAND-Gatter mit nachgeschaltetem Inverter ersetzt, während ODER-Gatter nach den Gesetzen von De Morgan in NAND-Gatter mit vorgeschalteten Invertern umgewandelt werden (Bild 4.29b). Durch diese Umwandlung entstehen unter Umständen direkt aufeinanderfolgende Inverterpaare, die gestrichen werden können (Bild 4.29c). Bibliothekselemente können in gleicher Weise in NAND-Strukturen umgesetzt werden.

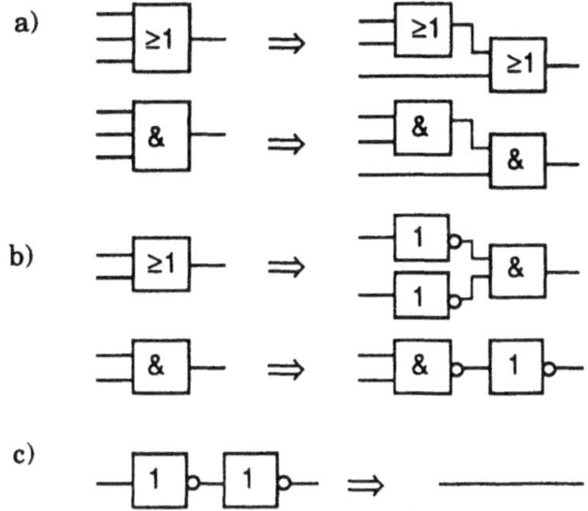

*Bild 4.29:* Transformation in eine NAND-Struktur

*Beispiel 4.22:* Gegeben sei das boolesche Netz von Bild 4.30a. Im Knoten zur Berechnung von f werden drei Eingänge ODER-verknüpft, diese Verknüpfung muß durch zwei Gatter mit je zwei Eingängen dargestellt werden. Die Aufteilung in Bild 4.30b wurde so vorgenommen, daß die Anzahl der Verknüpfungsstufen von den Eingängen zum Ausgang minimiert wird. Danach werden UND- und ODER-Gatter in NAND-Gatter umgesetzt. Das Ergebnis zeigt Bild 4.30c. Streicht man aufeinanderfolgende Inverterpaare, erhält man Bild 4.30d.

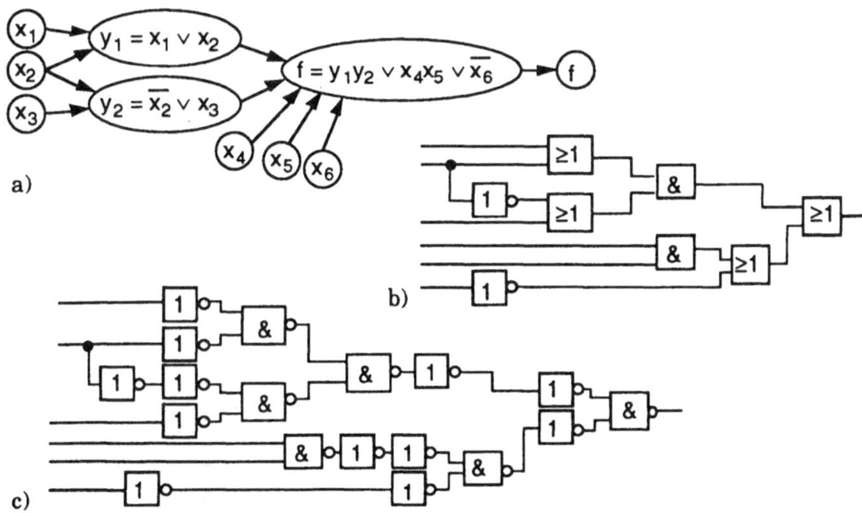

*Bild 4.30:* Umwandlung eines booleschen Netzes in NAND-Struktur

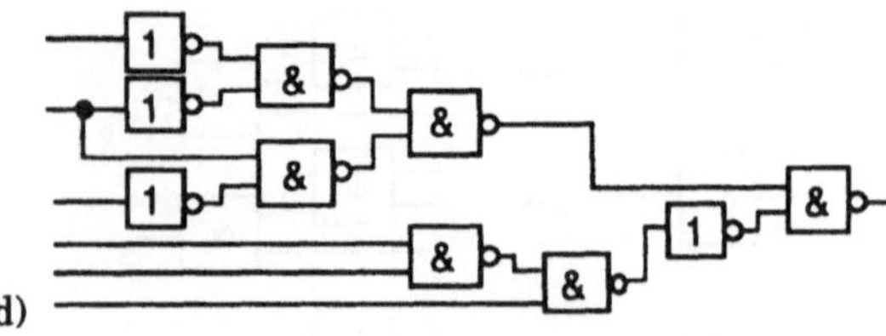

*Bild 4.30 (Fortsetzung)*

## 4.4.1.2  Exakte Überdeckungsbestimmung

Um alle Möglichkeiten zur Überdeckung der NAND-Struktur mit Bibliothekselementen zu finden, untersucht man nacheinander alle NAND-Gatter. Für
jedes Gatter bestimmt man alle Bibliothekselemente, deren NAND-Repräsen-
tation mit der des untersuchten Gatters unter Einschluß einer Teilmenge
seiner Vorgänger übereinstimmt. Für jede mögliche Überdeckung werden die
Kosten des Bibliothekselements, die notwendigen Eingaben und die erzeugte
Ausgabe festgehalten. Im folgenden wird als Kostenmaßstab die Gatterfläche
verwendet, Ansätze zur Verzögerungsminimierung bzw. zur Berücksichtigung der Verdrahtungsfläche findet man in [BrHS 90, PeBh 91].

*Beispiel 4.23:* Gegeben seien die NAND-Struktur von Bild 4.31 und die (sehr einfache) Zellbibliothek von Bild 4.32.

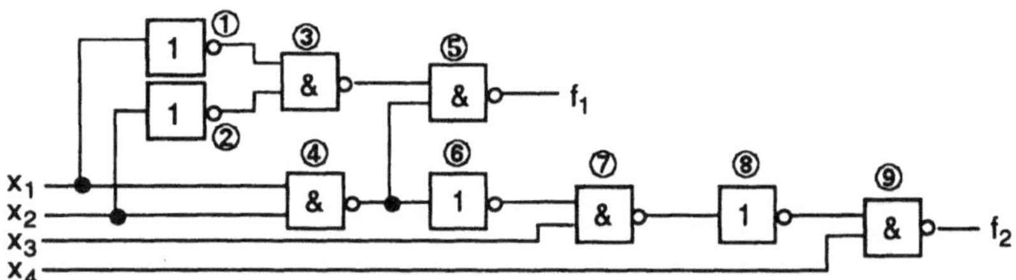

*Bild 4.31:* Zu überdeckende NAND-Struktur

| Gatter | Symbol | NAND-Darstellung | Kosten |
|--------|--------|------------------|--------|
| inv | | | 1 |
| nand2 | | | 2 |
| nand3 | | | 3 |
| oai21 | | | 3 |

*Bild 4.32:* Zellbibliothek in NAND-Form

Die Gatter in Bild 4.31 sind zur leichteren Identifikation in topologischer Sortierung durchnumeriert. Die Gatter $g_1$ (①) bis $g_9$ (⑨) werden nun nacheinander betrachtet, die möglichen Überdeckungen jeweils festgehalten. In Tabelle 4.4 wird zusätzlich jede Überdeckung mit einem Bibliothekselement durch eine Variable $m_j$ bezeichnet, dazu werden die Kosten des überdeckenden Bibliothekselements, die notwendigen Eingaben und die erzeugten Ausgaben sowie die überdeckten Gatter vermerkt. Ein Gatter und sein Ausgang werden dabei zur Vereinfachung durch das gleiche Symbol $g_i$ bezeichnet.

*Tabelle 4.4:* Aufstellung aller möglicher Überdeckungen

| Gatter | Überdeckung durch | | Kosten | Eingaben | Ausgabe | überdeckt |
|---|---|---|---|---|---|---|
| $g_1$ | inv | $m_1$ | 1 | $x_1$ | $g_1$ | $g_1$ |
| $g_2$ | inv | $m_2$ | 1 | $x_2$ | $g_2$ | $g_2$ |
| $g_3$ | nand 2 | $m_3$ | 2 | $g_1,g_2$ | $g_3$ | $g_3$ |
| $g_4$ | nand 2 | $m_4$ | 2 | $x_1,x_2$ | $g_4$ | $g_4$ |
| $g_5$ | nand 2 | $m_5$ | 2 | $g_3,g_4$ | $g_5$ | $g_5$ |
| | oai 21 | $m_6$ | 3 | $x_1,x_2,x_3$ | $g_5$ | $g_1,g_2,g_3,g_5$ |
| $g_6$ | inv | $m_7$ | 1 | $g_4$ | $g_6$ | $g_6$ |
| $g_7$ | nand 2 | $m_8$ | 2 | $g_6$ | $g_7$ | $g_7$ |
| | nand 3 | $m_9$ | 3 | $x_1,x_2,x_3$ | $g_7$ | $g_4,g_6,g_7$ |
| $g_8$ | inv | $m_{10}$ | 1 | $g_7$ | $g_8$ | $g_8$ |
| $g_9$ | nand 3 | $m_{11}$ | 2 | $g_8,x_4$ | $g_9$ | $g_9$ |
| | nand 3 | $m_{12}$ | 3 | $g_6,x_3,x_4$ | $g_9$ | $g_7,g_8,g_9$ |

Als Beispiel sei das Gatter $g_5$ betrachtet. Vergleicht man das Gatter inklusive seiner Vorgänger mit den Bibliothekselementen aus Bild 4.32, kann nur mit den Gattern nand2 und oai21 eine Überdeckung erzielt werden. Das Gatter oai21 hat die Kosten 3, es benötigt bei seiner Verwendung die Eingänge $x_1$, $x_2$ und $g_4$ und erzeugt den Ausgang $g_5$. Es ersetzt die Gatter $g_1$, $g_2$, $g_3$ und $g_5$. •

Nach der systematischen Aufstellung aller Überdeckungsmöglichkeiten kann das Problem der optimalen Technologieabbildung auf ein Überdeckungsproblem (vgl. Abschnitt 3.4.3, (3.14)) abgebildet werden. Jede mögliche Überdeckung eines Teils der Schaltung mit einem Bibliothekselement wird durch eine boolesche Variable $m_j$ repräsentiert und führt zu Kosten $k_j$. Die Variable $m_j$ habe den Wert 1, wenn das Bibliothekselement für den betreffenden Teil der Schaltung verwendet wird, sonst habe sie den Wert 0. Für jedes Gatter $g_j$ muß ein überdeckendes Bibliothekselement $m_j$ gefunden werden. Es sei $ü_j$ die Bedingung, daß Gatter $g_j$ überdeckt wird. Die Bedingung $ü_j$ entspricht der ODER-Verknüpfung aller Überdeckungen $m_i$, deren Bibliothekselemente das Gatter $g_j$ überdecken. Alle Gatter werden überdeckt, wenn die UND-Verknüpfung der

Bedingungen $\ddot{u}_j$ erfüllt wird. Insoweit erhält man eine Technologieabbildung mit minimalen Kosten also durch Lösung des unären Überdeckungsproblems

$$\min \sum_i m_i k_i \qquad \text{u. d. N.} \quad \bigwedge_j \ddot{u}_j(m_i) = 1. \qquad (4.14a)$$

*Beispiel 4.23 (Forts.)* : Für das Gatter $g_1$ erhält man die Überdeckungsbedingung $\ddot{u}_1 = m_1 \vee m_6$, da dieses Gatter sowohl im inv-Gatter von Überdeckung $m_1$ als auch im oai21-Gatter von Überdeckung $m_6$ enthalten ist (letzte Spalte von Tabelle 4.4). Auf ähnliche Weise erhält man die Überdeckungsbedingungen $\ddot{u}_2 = m_2 \vee m_6$, ..., $\ddot{u}_9 = m_{11} \vee m_{12}$ der anderen Gatter.     •

In (4.14a) bleibt jedoch ein Problem unberücksichtigt. Überdeckt man mehrere NAND-Gatter der Ausgangsschaltung durch ein Bibliothekselement, können die Ausgänge der ursprünglichen NAND-Gatter außer dem des letzten NAND-Gatters nicht mehr genutzt werden, da sie durch das Bibliothekselement nicht erzeugt werden. Es kann jedoch vorkommen, daß bei einer nach (4.14a) zulässigen Lösung solche nicht mehr verfügbaren Gatterausgänge $g_i$ von anderen Bibliothekselementen als Eingänge benötigt werden. So würde in Beispiel 4.23 eine Überdeckung der Gatter $g_4$, $g_6$ und $g_7$ durch ein nand3-Gatter ($m_9 = 1$) dazu führen, daß die für Gatter $g_5$ benötigte Zwischenvariable $g_4$ nicht mehr verfügbar ist. Daher muß (4.14a) durch Bedingungen ergänzt werden, die solche Lösungen verhindern. Die Bedingungen haben die Form $m_i \Rightarrow v_i(m_k)$, wobei $v_i(m_k)$ einen booleschen Ausdruck darstellt, der für die Nutzung des Bibliothekselementes $m_i$ notwendige Eingaben charakterisiert. Für jede Überdeckung $m_i$ muß eine solche Verfügbarkeitsbedingung formuliert werden. Sie kann in $\bar{m}_i \vee v_i(m_k)$ umgeformt werden kann. Zu lösen ist damit das Überdeckungsproblem

$$\min \sum_i m_i k_i \qquad \text{u. d. N.} \quad \bigwedge_j \ddot{u}_j(m_i) \;\wedge\; \bigwedge_i (\bar{m}_i \vee v_i(m_k)) = 1, \qquad (4.14b)$$

das aufgrund der negierten Werte von $m_i$ in der Nebenbedingung ein binäres Überdeckungsproblem darstellt.

*Beispiel 4.23 (Forts.):* Zusätzlich zu (4.14a) müssen für alle Bibliothekselemente die notwendigen Eingaben verfügbar sein. Für die ersten beiden Überdeckungen mit Bibliothekselementen $m_1$ und $m_2$ sind die Eingaben immer verfügbar, da es sich um primäre Eingänge der Schaltung handelt (drittletzte Spalte von Tabelle 4.4), es gilt also $v_1 = v_2 = 1$, die entsprechenden Bedingungen sind immer erfüllt und müssen in (4.14b) nicht berücksichtigt werden. Anders ist dies bei Überdeckung $m_3$, da hier die Ausgaben von Gatter $g_1$ und $g_2$ benötigt werden. Die Ausgabe $g_1$ wird nur erzeugt, wenn die Überdeckung Bibliothekselement $m_1$ enthält (vorletzte Spalte von Tabelle 4.4), die Erzeugung von $g_2$ erfordert $m_2 = 1$. Damit muß die Bedingung $m_3 \Rightarrow m_1 m_2$ erfüllt werden, was in konjunktiver Form als $(\bar{m}_3 \vee m_1)(\bar{m}_3 \vee m_2)$ ausgedrückt werden kann. Für Überdeckung $m_{10}$ muß als Eingabe die Variable $g_7$ zur Verfügung stehen, die sowohl von $m_8$ als auch von $m_9$ produziert wird.

Als Verfügbarkeitsbedingung erhält man daher $m_{10} \Rightarrow m_8 \vee m_9$ bzw. in konjunktiver Form $\overline{m}_{10} \vee m_8 \vee m_9$. Der Gesamtausdruck der Nebenbedingung (4.14b) ergibt sich zu

$$(m_1 \vee m_6) \dots (m_{11} \vee m_{12})\ (\overline{m}_3 \vee m_1) \dots (\overline{m}_{10} \vee m_8 \vee m_9) \dots (\overline{m}_{12} \vee m_7) = 1.$$

Überdeckungsbed. Verfügbarkeitsbedingungen

Zu minimalen Kosten führt die erfüllende Belegung $m_4 = m_6 = m_7 = m_{12} = 1$, $m_i = 0$ für $i \in \{1, 2, 3, 5, 8, 9, 10, 11\}$. Die Kosten sind $k_4 + k_6 + k_7 + k_{12} = 9$. Bild 4.33 veranschaulicht die kostenminimale Überdeckung.

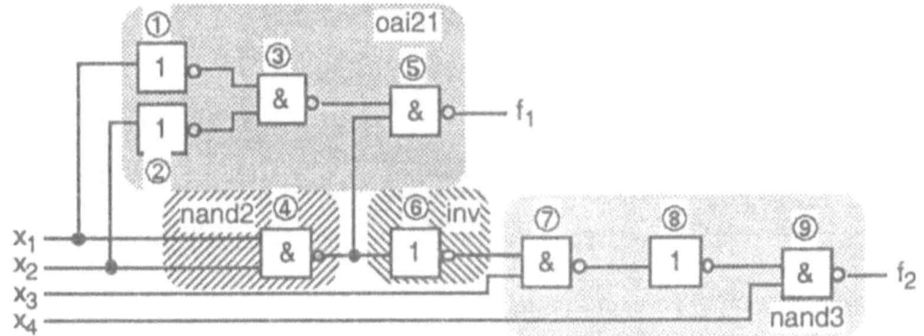


*Bild 4.33*: Kostenminimale Überdeckung der NAND-Struktur

### 4.4.1.3 Heuristische Überdeckungsbestimmung

Da das binäre Überdeckungsproblem NP-vollständig ist, verwendet man zur Technologieabbildung häufig heuristische Verfahren. Da für den Fall, daß der Schaltungsgraph ein Baum ist, eine minimale Überdeckung leicht zu bestimmen ist, wird der Schaltungsgraph zunächst in Bäume partitioniert, für die dann jeweils getrennt eine minimale Überdeckung mit Bibliothekselementen gesucht wird. Das Problem liegt darin, eine geeignete Partitionierung des Schaltungsgraphen in Bäume zu finden, so daß die zusammengefaßten Teillösungen nahe genug bei der optimalen Lösung liegen.

Zur Bestimmung der minimalen Überdeckung eines Schaltungs*baumes* können Verfahren der dynamischen Programmierung eingesetzt werden. Die minimale Überdeckung eines Knotens und seiner Vorgänger wird dabei jeweils aus der minimalen Überdeckung seiner Vorgänger bestimmt. Dies ähnelt dem Algorithmus zur Bestimmung längster Pfade aus Abschnitt 3.4.4, bei dem der längste Pfad zu einem Knoten aus den längsten Pfaden zu seinen Vorgängerknoten abgeleitet werden konnte. Auch hier arbeitet man den Graphen in topologischer Sortierung ab.

Es seien $k(g_j)$ die Kosten der Überdeckung bis einschließlich Gatter $g_j$. Für jedes Gatter $g_j$ bestimmt man ähnlich wie in Tabelle 4.4 alle Überdeckungsmöglichkeiten. Eine Überdeckungsmöglichkeit habe die Kosten $k_i$ und erfordere die

Eingaben $G_i$. Für alle Elemente $g_\ell \in G_i$ wurden die Kostenwerte $k(g_\ell)$ aufgrund der topologisch sortierten Abarbeitung bereits bestimmt. Die Kosten der Überdeckungsmöglichkeit $k_i(g_j)$ ergeben sich dann aus der um $k_i$ erhöhten Summe der Kostenwerte $k(g_\ell)$, die minimalen Kosten bis zum Gatter $k(g_j)$ aus dem Minimum der Kosten aller Überdeckungsmöglichkeiten,

$$k(g_j) \;=\; \min_i \; \Big( k_i + \sum_{g_\ell \in G_i} k(g_\ell) \Big). \tag{4.15}$$

*Beispiel 4.23 (Forts.):* Man betrachte den durch Partitionierung der Schaltung in Bild 4.31 entstandenen Baum von Bild 4.34. Die Gatter werden in der bereits in Bild 4.31 verwendeten Reihenfolge abgearbeitet.

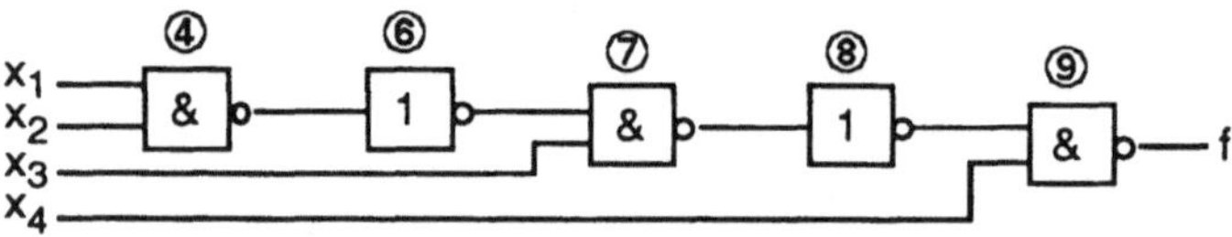

*Bild 4.34:* Zu überdeckender Schaltungsbaum

Für das erste Gatter $g_4$ besteht nur die Möglichkeit der Überdeckung mit einem nand2-Gatter, $k(g_4) = 2$. Auch für den darauffolgenden Inverter $g_6$ gibt es zu diesem Zeitpunkt keine Alternative zur Überdeckung durch ein inv-Gatter, zusammen mit den Kosten des nand2-Gatters erhält man $k(g_6) = 1 + k(g_4) = 3$. Für das darauffolgende Gatter $g_7$ gibt es zwei Möglichkeiten. Die Überdeckung durch ein nand2-Gatter erfordert auch die Erzeugung der Zwischenvariablen $g_6$, $k_1(g_7) = 2 + k(g_6) = 5$, während die Eingänge bei Überdeckung durch ein nand3-Gatter ohne Kosten verfügbar sind, $k_2(g_7) = 3$, so daß man als optimale Lösung für $g_7$ $k(g_7) = \min(k_1(g_7), k_2(g_7)) = 3$ erhält. Bei Gatter $g_8$ gibt es wiederum keine Alternative zur Überdeckung durch einen Inverter, $k(g_8) = 1 + k(g_7) = 4$. Für das letzte Gatter gibt es wieder zwei Möglichkeiten, zum einen die Überdeckung durch ein nand2-Gatter, $k_1(g_9) = 2 + k(g_8) = 6$, zum anderen die durch ein nand3-Gatter, $k_2(g_9) = 3 + k(g_6) = 6$. Beide Möglichkeiten führen zu den gleichen Kosten $k(g_9) = 6$. •

## 4.4.2  Programmierbare Logikbausteine

Prinzipiell könnte man bei programmierbaren Logikbausteinen wie bei zellenbasierten Entwürfen vorgehen, indem jede mögliche Programmierung einer Funktionszelle durch ein Bibliothekselement repräsentiert wird. Zumindest für SRAM-basierte Bausteine (Abschnitt 2.4.3.1) stößt man damit allerdings sehr schnell an Grenzen. Eine Funktionszelle, die alle möglichen Funktionen von 5 Eingängen realisieren kann, ermöglicht $2^{2^5}$ unterschiedliche Programmierungen, d. h. die entsprechende Bibliothek müßte ohne Optimierungen $2^{32}$

$\approx 10^{10}$ Zellen umfassen. Aus diesem Grund sind spezielle Verfahren zur Technologieabbildung für programmierbare Logikbausteine nötig (vgl. [BFRV 92]).

Bei SRAM-basierten Bausteinen kommt es darauf an, eine Funktion so in eine minimale Anzahl von Teilfunktionen aufzuteilen, daß keine der Teilfunktionen von mehr als einer bestimmten Anzahl $e_{max}$ von Eingangsvariablen abhängt (z. B. $e_{max} = 5$ bei einer 32 Bit-SRAM-Funktionszelle). Obwohl bei der technologieunabhängigen mehrstufigen Logiksynthese (Abschnitt 4.3) mit der Anzahl der Literale eine ganz andere Kostenfunktion minimiert wird – eine Paritätsfunktion mit fünf Eingängen unterscheidet sich hier stark von einer UND-Funktion mit fünf Eingängen –, wird das resultierende boolesche Netz trotzdem häufig als Ausgangspunkt der Technologieabbildung verwendet [FrRC 90, MNSB 90, FrRV 91, Karp 91, Woo 91]. [DLRB 92, KeSR 92] gehen von anderen Ausgangspunkten aus.

Das boolesche Netz wird während der Technologieabbildung so umgeformt, daß alle Knoten nur noch Teilfunktionen enthalten, die von nicht mehr als $e_{max}$ Eingängen abhängen. Hierzu werden die beiden in Abschnitt 4.3.5 eingeführten Operationen Dekomposition (zur Aufteilung eines Knotens mit zu großer Eingangszahl) und Elimination (zur Zusammenfassung von Knoten kleiner Eingangszahl) verwendet. Interne don't cares des booleschen Netzes können dabei zur Reduktion der Anzahl der Eingangsvariablen einer Teilfunktion genutzt werden.

*Beispiel 4.24:* Man betrachte das in Bild 4.35 illustrierte boolesche Netz. Die in den Knoten realisierten Teilfunktionen sind hier mit Ausnahme ihrer Eingangsanzahlen irrelevant. Gegeben sei ein XC 3000-Baustein (Abschnitt 2.4.3.1) mit $e_{max} = 5$, bei dem auch zwei Funktionen mit je vier Eingangsvariablen, von denen drei übereinstimmen, durch einen Funktionsblock FB realisiert werden können. Knoten 3 des Netzes muß durch Dekomposition zerlegt werden, er erfordert zwei Funktionsblöcke FB2 und FB3. Knoten 5 wird auf Funktionsblock FB4 abgebildet. Knoten 4 kann dagegen eliminiert werden, zusammen mit Knoten 6 wird er in Funktionsblock FB5 realisiert. Schließlich können die beiden Funktionen der Knoten 1 und 2 mit Hilfe des Funktionsblocks FB1 gemeinsam realisiert werden.

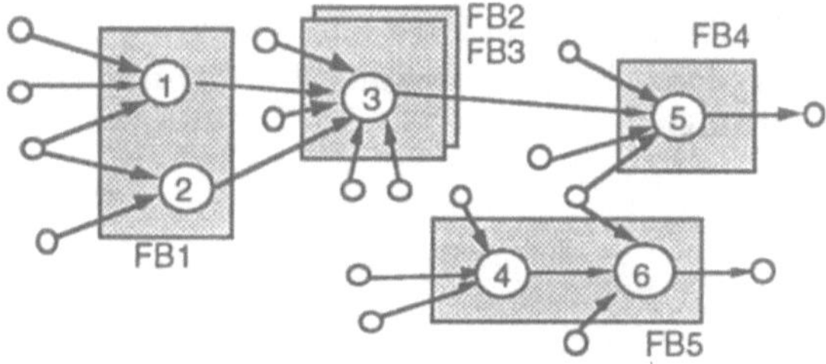


*Bild 4.35:* Abbildung eines booleschen Netzes auf einen XC 3000-Baustein

Bei auf Multiplexern basierenden Bausteinen bietet sich eine Repräsentation
der Funktion durch BDDs (Abschnitt 3.3.3.1) an [ErDe 91, Karp 91a, HeSc 92].
Jeder BDD-Knoten v mit den Alternativen 0 und 1 entspricht einem 2:1-Multi-
plexer, dessen Eingänge durch die Multiplexerausgänge der Nachfolger n0(v)
und n1(v) gegeben sind und dessen Steuereingang die Variable $x_{I(v)}$ darstellt
(Bild 4.36). Da die Funktionsblöcke eine Zusammenschaltung von solchen 2:1-
Multiplexern realisieren, kann auf diese Weise eine boolesche Funktion sukzessive auf Funktionsblöcke abgebildet werden. Durch die gemeinsame Nutzung von Teilfunktionen in BDDs können entsprechend auch in der Multiple-
xerstruktur gemeinsame Teilfunktionen ausgenutzt werden. Problematisch ist
jedoch wie bei BDDs die Festlegung der Variablenreihenfolge, zusätzlich sollten auch Bündelfunktionen mit gemeinsamen Teilfunktionen effizient realisiert werden können.

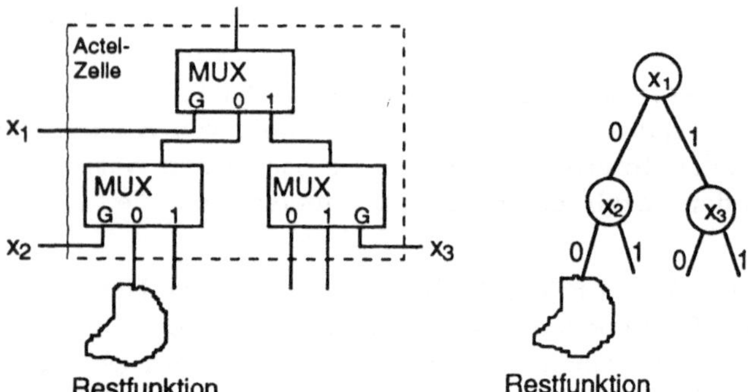


*Bild 4.36:* Abbildung von BDDs auf Multiplexerstrukturen

## 4.5  Analyse kombinatorischer Schaltungen

Die zunächst folgenden beiden Abschnitte beschäftigen sich mit der Analyse
der Ergebnisse des *Entwurfs* kombinatorischer Schaltungen, wobei in Abschnitt 4.5.1 nur das logische Verhalten betrachtet wird und Abschnitt 4.5.2 zusätzlich das zeitliche Verhalten berücksichtigt. Abschnitt 4.5.3 behandelt die
Überprüfung der *gefertigten* Schaltungen.

### 4.5.1  Logische Entwurfsanalyse

#### 4.5.1.1  Logiksimulation

Während der Logiksimulation wird die Übereinstimmung der Spezifikation einer Schaltung mit ihrer Implementierung für eine Anzahl von Testfällen

überprüft (vgl. Abschnitt 1.3). Man benötigt dazu ein Rechnermodell der implementierten Schaltungsstruktur, eine Anzahl von Simulationsmustern und die aufgrund der Schaltungsspezifikation erwarteten Simulationsergebnisse (Bild 4.37). Die Simulationsmuster sollten so gewählt sein, daß für eine möglichst große Anzahl von Entwurfsfehlern zumindest ein Muster existiert, für das die erwarteten von den tatsächlich erzeugten Ergebnissen der Simulation abweichen. Aus Aufwandsgründen können im allgemeinen nicht alle möglichen Eingabemuster durchsimuliert werden, so daß die Simulation zwar u. U. die Existenz, nicht jedoch die Abwesenheit von Entwurfsfehlern zeigen kann.

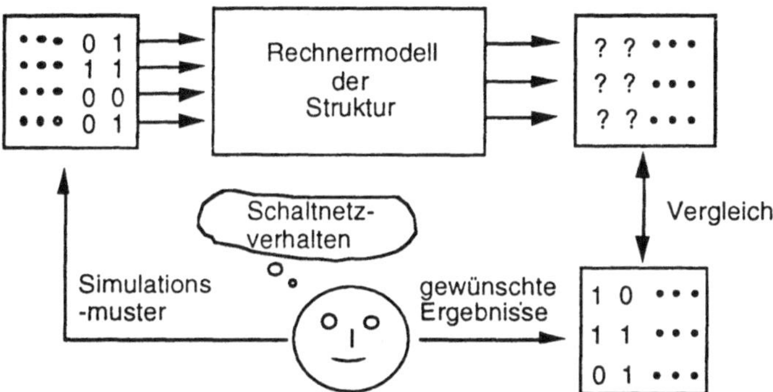


*Bild 4.37:* Aufgabenstellung der Logiksimulation

Die Aufgabe eines Simulationswerkzeugs besteht darin, aus den Simulationsmustern entsprechend dem gegebenen Modell der Schaltungsstruktur die Ausgaben der Schaltung zu berechnen. Da der Ausgabewert eines Gatters erst dann zu berechnen ist, wenn die Eingabewerte zumindest zum Teil bekannt sind, besteht das einfachste Vorgehen darin, die Schaltung von den Eingängen zu den Ausgängen in topologischer Sortierung der Netzliste zu durchlaufen. Ausgehend von einem gegebenen Simulationsmuster, d. h. einer Belegung der Eingänge der Schaltung, werden dann sukzessive die Belegungen aller Zwischenvariablen und Ausgänge berechnet.

Da es häufig vorkommt, daß sich von einem Simulationsmuster zum nächstfolgenden nicht sämtliche Belegungen von Zwischenvariablen und Ausgängen verändern, wird bei einer solchen *kompletten Simulation* eine Anzahl von Berechnungen mehrfach durchgeführt. Eine Alternative dazu bildet die *ereignisgesteuerte Simulation (event-driven)* [BrFr 76], bei der nur die Ausgänge von Gattern neu berechnet werden, bei denen sich eine Änderung ergeben kann. Ändert sich der Eingang eines Gatters, wird dieses in eine Liste aufgenommen. Diese Liste wird sukzessive abgearbeitet, wobei durch die Änderung eines Gatterausgangs notwendig werdende Neuberechnungen von Nachfolgegattern zur Aufnahme neuer Gatter in die Liste führen. Da der Schaltungsgraph einer kombinatorischen Schaltung keine Zyklen besitzt, terminiert das Verfahren schließlich mit einer leeren Liste noch zu berechnender Gatter. Auf ähnlichen Ideen basiert die *bedarfsgesteuerte Simulation* (*demand-driven*) [SmMB 87]. In beiden Fällen kann der Aufwand zur Berechnung von Gatterausgängen reduziert werden, diesem Gewinn ist der Zusatzaufwand zur Verwaltung der Änderungsereignisse gegenüberzustellen.

Zwei weitere Klassen von Simulationsverfahren bilden die interpretierende und die compilierte Simulation. Bei der oben beschriebenen *interpretierenden Simulation* werden die Gatter des Simulationsmodells durch ein Programm nach und nach abgearbeitet. Bei der *compilierten Simulation* [WHPZ 87] wird die Schaltungsbeschreibung zunächst in ein ausführbares Maschinenprogramm übersetzt, das als Eingabegrößen die Eingänge der Schaltung besitzt und als Ausgabe die Belegung der Ausgänge erzeugt. Man kann z. B. die Funktion der durch Zwischenvariablen verbundenen Gatter einer Netzliste durch ein entsprechend der topologischen Sortierung des Schaltungsgraphen sequentialisiertes C-Programm repräsentieren und dieses Programm mit einem C-Compiler übersetzen. Dadurch kann die Berechnung der Simulationsergebnisse beschleunigt werden, dieser Einsparung ist der für eine Schaltung einmal nötige Aufwand zur Übersetzung der Schaltungsbeschreibung in ein Maschinenprogramm gegenüberzustellen.

Neben Verfahren zur interpretierenden kompletten Simulation, zur compilierten kompletten Simulation und zur interpretierenden ereignisgesteuerten Simulation wurden auch Simulatoren entwickelt, die Vorteile der Ereignissteuerung mit Vorteilen der Compilation verbinden [BBBC 87, BCRR 87, Lewi 89, WaMa 90, AuWS 91]. Dazu wird der Code zur Ereignissteuerung in das Maschinenprogramm zur Repräsentation der Schaltung mit aufgenommen. Je nach Notwendigkeit aktiviert die Ereignissteuerung dann die Ausführung eines Codesegments zur Neuberechnung der Ausgaben eines gewissen Schaltungsteils und verwaltet die sich ergebenden Änderungsereignisse.

### 4.5.1.2  *Logikverifikation*

Aufgabe der Logikverifikation ist es, formal zu zeigen, daß die Spezifikation und die Implementierung einer Schaltung, z. B. eine Verhaltens- und eine Strukturbeschreibung, äquivalent sind. Im Gegensatz zur Logiksimulation ist es damit möglich, die Nichtexistenz von Entwurfsfehlern nachzuweisen, vorausgesetzt, daß die (formale) Spezifikation das gewünschte Schaltungsverhalten fehlerfrei beschreibt. Neben Ansätzen aus der Logiksynthese [WeSa 86, HaJa 87] und der Logikkalküle [CaPr 87, ChPC 87] werden dazu häufig BDDs verwendet [Brya 86, MaBi 88, MWBS 88]. Diese Möglichkeit wird im folgenden kurz beschrieben. Gegeben seien die Spezifikation $f_S(x)$ und die Implementierung $f_I(x)$ eines Schaltnetzes* mit den Eingängen x und einer zu berücksichti-

---

*  Es werden nur Schaltnetze mit einem Ausgang betrachtet, die Ergebnisse sind auf mehrere Ausgänge leicht zu erweitern.

genden Eingabemenge X. Zu beantworten ist die Frage, ob $f_S(x) \Leftrightarrow f_I(x)$ für alle $x \in X$.

Zunächst sind dabei die BDDs von $f_S(x)$ und $f_I(x)$ zu bilden. Ein drittes BDD wird benötigt, um die Menge zulässiger Eingaben zu charakterisieren

$$f_X(x) = \begin{cases} 0 \text{ für } x \notin X \\ 1 \text{ für } x \in X \end{cases}.$$

Die beiden Funktionen sind innerhalb des betrachteten Bereiches genau dann äquivalent, wenn gilt

$$\forall x: (f_S(x) \Leftrightarrow f_I(x)) \vee \overline{f_X(x)}, \qquad (4.16)$$

bzw. wenn der komplementäre Ausdruck $E(x) = (f_S(x) \oplus f_I(x)) \wedge f_X(x)$ eine erfüllende Belegung besitzt (Bild 4.38). Die entsprechenden logischen Operationen können auf BDDs effizient durchgeführt werden (vgl. Tabelle 3.2). Grundlage dafür ist allerdings, daß eine allen auftretenden Funktionen gemeinsame Variablenreihenfolge gefunden wird, die zu einer geringen Knotenzahl der BDDs führt.

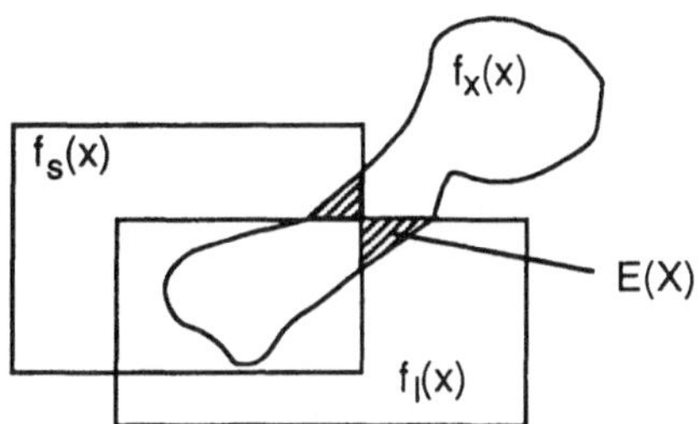


*Bild 4.38:* Äquivalenzprüfung durch Suche nach erfüllenden Belegungen

### 4.5.2 Zeitliche Entwurfsanalyse

Für die Funktionsfähigkeit einer Schaltung ist ein korrektes zeitliches Verhalten genauso wichtig wie ein korrektes logisches Verhalten. Dieser Abschnitt behandelt sowohl Methoden zur Analyse des zeitlichen Verhaltens einer kombinatorischen Schaltung (vgl. auch [McBr 91]) als auch Ansätze zur Verbesserung eines unbefriedigenden Zeitverhaltens.

#### 4.5.2.1 *Verzögerungsmodell*

Das zugrundeliegende Schaltungsmodell ist in Bild 4.39 dargestellt. Die n Eingangsvariablen $x_1, ..., x_n$ seien zu bestimmten Zeiten $t(x_i)$ (*Ankunftszeiten*) verfügbar. Stellen die Eingangsvariablen Ausgänge synchroner Flipflops dar, sind die Ankunftszeiten durch den Zeitpunkt des Taktwechsels und die Verzögerung der Flipflops gegeben. Die m Ausgangsvariablen $y_1$, ..., $y_m$ stehen nach Durchlaufen des Schaltnetzes zu gewissen Zeiten $t(y_j)$ zur Verfügung (*Verfügungszeiten*). Werden die Ausgangsvariablen als Eingänge synchroner Flipflops verwendet, muß die Verfügungszeit um die Setup-Zeit vor dem nächsten Taktwechsel liegen. Zusätzliche zeitliche Bedingungen ergeben sich z. B. aus Hold-Zeiten und minimalen Pulsbreiten. In jedem Fall wird die maximal mögliche Geschwindigkeit (Taktfrequenz) der Schaltung wesentlich durch die maximale Differenz aus Verfügungszeiten und Ankunftszeiten bestimmt, die sich aufgrund bestimmter Schaltnetzverzögerungen ergibt.

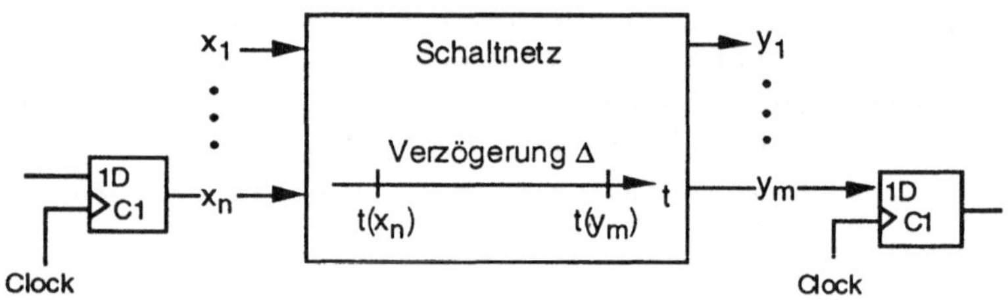


*Bild 4.39:* Grundlegendes Schaltungsmodell

In Abschnitt 2.3.1.3 wurde kurz angesprochen, welche Informationen über das zeitliche Verhalten von Gattern z. B. in einer Zellbibliothek verfügbar sind. Die einfachste Modellierung erhält man durch eine konstante Gatterverzögerung $\Delta_G$ [Beis 74]. Schwieriger zu behandeln sind unterschiedliche Anstiegs- und Abfallzeiten [Köhl 69], musterabhängige Verzögerungszeiten oder Angaben minimaler und maximaler Verzögerungen mit statistischer Streuung [BaLi 89]. Weiterhin werden Änderungen an den Eingängen u. U. nur dann an den Ausgängen überhaupt wirksam, wenn diese eine gewisse Minimalzeit anliegen, Eingangsimpulse geringerer Länge werden „verschluckt" (träge Verzögerung) [Lern 65]. Zusätzlich muß zur genauen Modellierung der Einfluß der an einen Gatterausgang angeschlossenen Last (Gatter und Leitungen) berücksichtigt werden (vgl. Gleichung (2.6b)).

Im folgenden wird zur Vereinfachung lediglich das *lineare Verzögerungsmodell* betrachtet, bei dem sich die Gesamtverzögerung $\Delta$ eines Gatters aus

$$\Delta = \Delta_G + n \cdot \Delta_L^0 \qquad (4.17)$$

berechnet, wobei $\Delta_G$ eine konstante Gatterverzögerung ohne Last, n die Anzahl angeschlossener Gatter und $\Delta_L^0$ eine Verzögerungserhöhung durch ein angeschlossenes Gatter symbolisieren. Zur statischen Verzögerungsanalyse kann eine Schaltung dann auf einen gewichteten Digraphen, den *Verzögerungsgraphen*, abgebildet werden. Im Unterschied zu den in Abschnitt 4.3.2 eingeführten booleschen Netzen repräsentieren Knoten hier Leitungen bzw. interne Signale, und Kanten stellen Wege von einer Leitung über ein Gatter zu einer anderen Leitung dar. Diese Kanten können dann nach (4.17) mit der Verzögerung $\Delta$ des durchlaufenen Gatters gewichtet werden.

*Beispiel 4.25:* Gegeben sei die Schaltung in Bild 4.40a mit den Verzögerungen $\Delta_{NOT} = 1$, $\Delta_{AND} = 3$, $\Delta_{XOR} = 5$ und $\Delta_L^0 = 0{,}5$. Mit Hilfe von (4.17) erhält man dann den gewichteten Digraphen in Bild 4.40b.

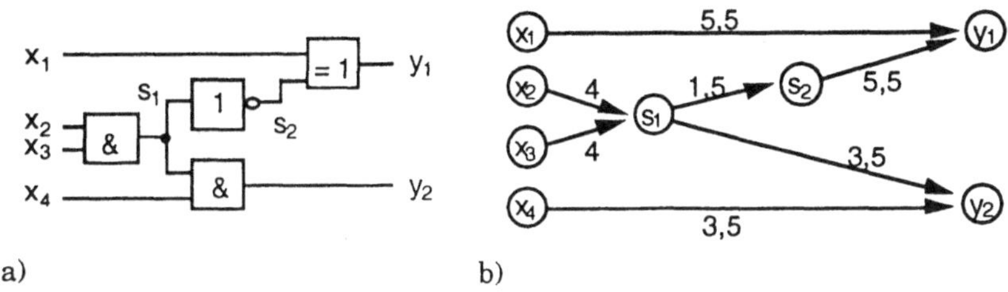


*Bild 4.40:* Abbildung einer Schaltung auf einen gewichteten Digraphen

### 4.5.2.2 Statische und dynamische Verzögerungsanalyse

Methoden der *dynamischen Zeitanalyse* stellen Erweiterungen der in Abschnitt 4.5.1 beschriebenen Simulationsmethoden um Möglichkeiten der Verzögerungsmodellierung und der zeitlichen Darstellung von Signalen dar (vgl. [Marw 93]). Die Eingangsmuster in Bild 4.37 werden nun gewissen Zeitpunkten zugeordnet (Ankunftszeiten), woraus durch Simulation nicht nur die Ausgangsmuster gewonnen werden, sondern unter Benutzung eines Verzögerungsmodells für die Elemente der Schaltung auch deren Verfügungszeiten.

Ein solches simulatives Vorgehen ist jedoch ungeeignet, um die für die Festlegung der Taktfrequenz maßgebliche maximale Differenz zwischen Verfügungs- und Ankunftszeit festzustellen, da hierzu sämtliche möglichen Übergänge zwischen Eingangsbelegungen überprüft werden müßten [Brly 88]. Bei der *statischen Verzögerungsanalyse* (*timing verification*) untersucht man das zeitliche Verhalten der Schaltung nicht musterabhängig beim Übergang von einer Eingabebelegung zu einer anderen, sondern addiert die Verzögerungszeiten entlang aller möglichen Pfade und erhält daraus einen maximalen Verzögerungswert, der bei keinem Eingabewechsel überschritten werden kann. Umgekehrt können bei gegebenem maximalen Verzögerungswert die Bereiche der Schaltung bestimmt werden, für die eine Beschleunigung notwendig ist.

Repräsentiert man eine Schaltung durch einen Verzögerungsgraphen nach Abschnitt 4.5.2.1, kann der längste Pfad mit Hilfe von Algorithmus 3.4 bestimmt werden. Im ersten topologisch sortierten Durchlauf durch den Digraphen von den Eingängen zu den Ausgängen erhält man aus den Ankunftszeiten der Eingaben alle Ankunftszeiten von Zwischensignalen und Ausgaben. Die notwendige Verfügungszeit der Ausgänge wird gleich der Zeit gesetzt, zu der die Ausgaben gültig sein sollen, z. B. um in getaktete Speicherelemente übernommen zu werden. Im zweiten Durchlauf von den Ausgängen zu den Eingängen berechnet man daraus die notwendigen Verfügungszeiten von internen Signalen und Eingängen. Aus der Differenz zwischen notwendiger Verfügungszeit und Ankunftszeit erhält man für jedes Signal den Spielraum (*slack*), um den es zeitlich verschoben werden kann. Ist der Spielraum negativ, wird das Signal als kritisch bezeichnet. Alle Pfade durch den Digraphen, die nur kritische Signale durchlaufen, werden als kritische Pfade bezeichnet. Um die gewünschte notwendige Verfügungszeit einzuhalten, müssen diese Pfade beschleunigt werden.

*Beispiel 4.25 (Forts.):* Der längste Pfad des Digraphen in Bild 4.40b hat die Länge 11 und läuft von den Eingängen $x_2/x_3$ über die internen Signale $s_1$ und $s_2$ zum Ausgang $y_1$. Müssen die Ausgangssignale bereits nach 10 Zeiteinheiten zur Verfügung stehen, um eine höhere Taktfrequenz zu erreichen, werden die Pfade $x_2$, $s_1$, $s_2$, $y_1$ und $x_3$, $s_1$, $s_2$, $y_1$ kritisch, alle Signale auf diesen Pfaden haben den Spielraum -1. Die kritischen Pfade können zum Beispiel dadurch beschleunigt werden, daß $x_2$ und $x_3$ mit einem NAND-Gatter direkt zu $s_2$ verknüpft werden, wodurch der Inverter aus dem kritischen in einen unkritischen Pfad (nach $y_2$) verlagert wird (vgl. Abschnitt 4.5.2.3).

Allerdings sind die Ergebnisse einer solchen statischen Verzögerungsanalyse ohne Berücksichtigung der Schaltnetzfunktionalität pessimistisch, d. h. in manchen Fällen wird die Existenz eines kritischen Pfades erkannt, der die Geschwindigkeit der Schaltung überhaupt nicht beeinflußt. Solche Pfade werden als unsensibilisierbar bezeichnet. Dabei muß zwischen statischer und dynamischer Sensibilisierbarkeit unterschieden werden. Ein Pfad heißt *statisch sensibilisierbar*, wenn es eine Belegung der Eingaben gibt, so daß sich eine Änderung des Pfad-Anfangsknotens auf die stationäre Belegung des Pfad-Endknotens auswirken kann. Ein Pfad heißt *(dynamisch) sensibilisierbar*, wenn es eine Belegungsänderung der Eingaben gibt, so daß sich eine Änderung des Pfad-Anfangsknotens zu einem bestimmten Zeitpunkt auf den Wert des Pfad-Endknotens auswirken kann. Jeder statisch sensibilisierbare Pfad ist auch dynamisch sensibilisierbar, nicht jedoch umgekehrt. Auf eine exakte Definition der beiden Begriffe wird hier verzichtet (vgl. [McBr 89a, DuYG 89, BoLi 92]), stattdessen wird der Unterschied an einem Beispiel veranschaulicht. Für die Verzögerungsbestimmung maßgeblich ist der längste (dynamisch) sensibilisierbare Pfad.

*Beispiel 4.26:* Man betrachte die Schaltung in Bild 4.41, deren längster Pfad von $x_2$ über $s_1$, $s_2$ und $s_3$ zu $y$ markiert ist. Seine Länge ist 10 ns, aus dieser Analyse würde man schließen, daß es eine Änderung der Eingangsbelegung gibt, deren Effekt den Ausgang erst nach 10 ns erreicht. Berücksichtigt man jedoch die Funktionalität der Schaltung, erkennt man, daß der betroffene Pfad unsensibilisierbar ist. Zunächst sei die statische Sensibilisierbarkeit betrachtet. Ist der Eingang $x_1 = 0$, gilt $s_2 = 0$, so daß der Endwert des Pfades unabhängig vom betrachteten Pfadanfang $x_2$ ist. Gilt stattdessen $x_1 = 1$, folgt

$s_4 = 0$, $y = 0$, so daß auch in diesem Fall $y$ unabhängig von $x_2$ ist. Es gibt also keine Belegung für $x_1$, so daß $x_2$ einen Einfluß auf den Endwert von $y$ hätte. Weitere Untersuchungen zeigen, daß der Pfad auch dynamisch nicht sensibilisierbar ist, so daß das Schaltnetz für keine Belegungsänderung zu einer Verzögerung von 10 ns führt.

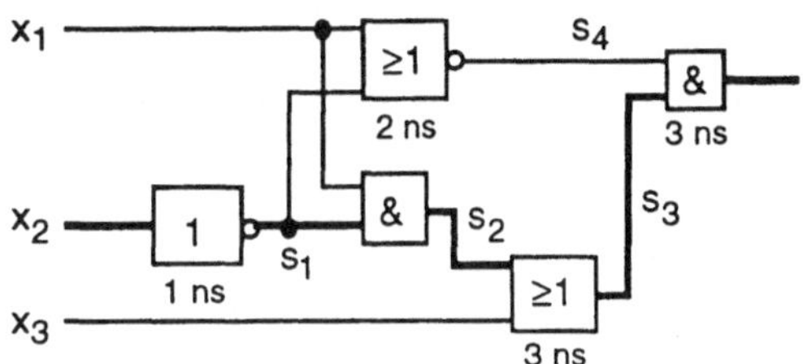

*Bild 4.41:* Beispiel zur Sensibilisierbarkeit von Pfaden

Der nächstlängere Pfad führt von $x_1$ über $s_2$, $s_3$ nach $y$ und hat die Länge 9 ns. Auch dieser Pfad ist statisch unsensibilisierbar, da für $x_2 = 0$, $s_1 = 1$, $s_4 = 0$, $y = 0$ gilt und für $x_2 = 1$, $s_1 = 0$, $s_2 = 0$ gilt; der Endwert von $y$ also nicht von $x_1$ abhängt. Wie man dem Zeitdiagramm in Bild 4.42 entnehmen kann, ist der Pfad jedoch dynamisch sensibilisierbar, da bei einer Änderung der Belegung $(x_1, x_2, x_3)$ von $(1, 0, 0)$ nach $(0, 1, 0)$ der Wert von $y$ 9 ns nach der Eingabeänderung durchaus von der Änderung des Wertes von $x_1$ abhängt. Aufgrund der dynamischen Sensibilisierbarkeit des Pfades ist dieser bei der Verzögerungsbestimmung zu berücksichtigen, der längste sensibilisierbare Pfad durch die Schaltung ist 9 ns lang.

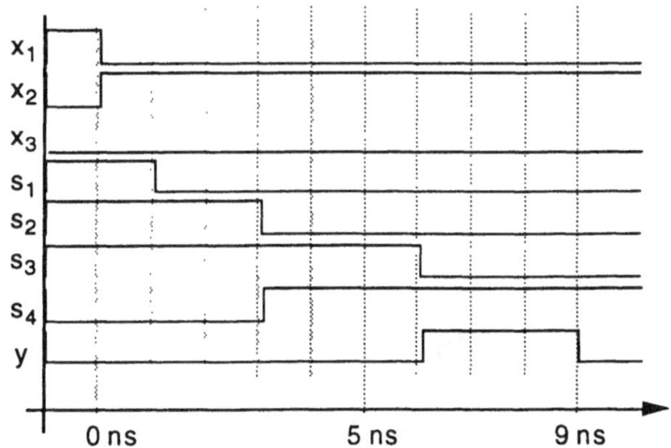


*Bild 4.42:* Zeitdiagramm zur dynamischen Sensibilisierbarkeit

### 4.5.2.3  Beschleunigung kombinatorischer Schaltungen

Häufig wird das Mehrzieloptimierungsproblem der mehrstufigen Logiksynthese als Flächenoptimierungsproblem behandelt, wobei als Nebenbedingung gefordert wird, daß die Verzögerung des resultierenden Schaltnetzes einen aus der gewünschten Betriebsfrequenz abgeleiteten Wert nicht überschreitet. Wird – z. B. durch Bestimmung des längsten sensibilisierbaren Pfades der Schaltung – festgestellt, daß diese Nebenbedingung durch das Syntheseergebnis nicht erfüllt wird, müssen gewisse Teile der Schaltung beschleunigt werden. Dazu gibt es prinzipiell vier Möglichkeiten.

- Die Schaltungsstruktur kann bereits vor der Technologieanpassung verändert werden. Als Grundlage wird häufig die NAND-Struktur von Abschnitt 4.4.1.1 genutzt [SWBS 88, PaPo 89]. Die Schaltung unterliegt zu diesem Zeitpunkt noch den geringsten Einschränkungen, allerdings können genauere Verzögerungsmodelle der Zieltechnologie nicht berücksichtigt werden.
- Während der Technologieanpassung kann eine Überdeckung gewählt werden, die die Verzögerung auf kritischen Pfaden reduziert [BrHS 90, PeBh 91, YITS 91].
- Nach der Abbildung der Schaltung auf verfügbare Grundfunktionen besteht bei der Realisierung dieser Grundfunktionen auf elektrischer Ebene häufig noch die Möglichkeit, die Geschwindigkeit durch die Festlegung von Treiberstärken oder die Einfügung zusätzlicher Treiber zu beschleunigen (vgl. Abschnitt 2.2.2.3) [RuWG 76, BeJe 90].
- Eine letzte Möglichkeit besteht darin, die implementierten Grundfunktionen im Layout so zu plazieren und zu verdrahten, daß die Leitungslaufzeiten kritischer Pfade möglichst klein bleiben [DADJ 84, BeSt 91].

Im folgenden soll die erste Möglichkeit näher betrachtet werden. Bild 4.43a veranschaulicht eine Methode zur Restrukturierung boolescher Netze, die darauf aufbaut, einen Teil der Knoten auf dem kritischen Pfad zusammenzufassen und neu in Teilknoten aufzuteilen, so daß die kritischen Variablen nach einer kleineren Stufenzahl zum Ausgang gelangen. Der kritische Pfad ist jeweils durch dickere Pfeile markiert. Bei Knoten mit mehr als einem Nachfolger kann dazu vorher eine Duplikation des Knotens erforderlich sein (Bild 4.43b).

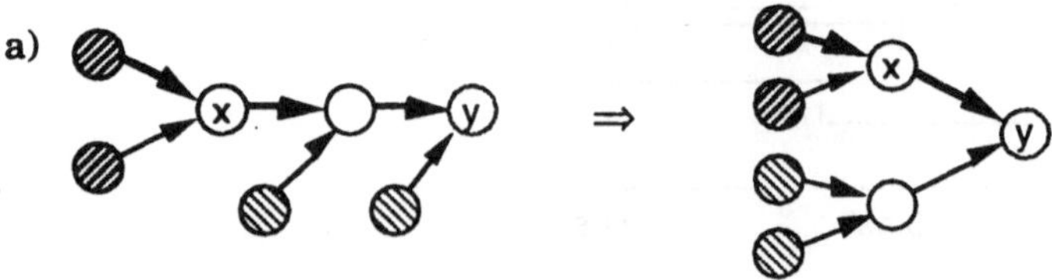


*Bild 4.43:* Restrukturierung boolescher Netze zur Verzögerungsreduktion

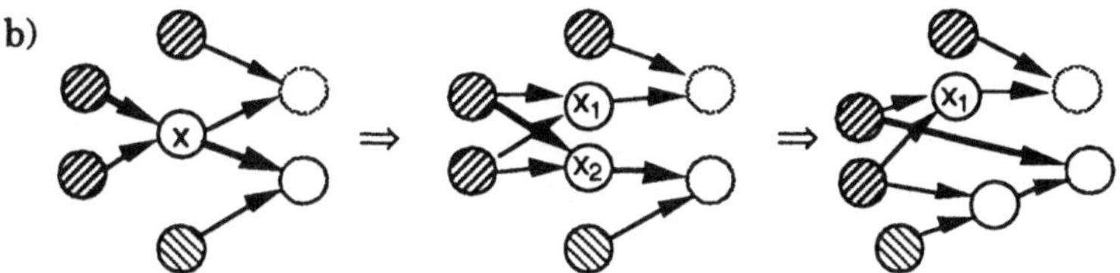


*Bild 4.43 (Fortsetzung)*

Der im folgenden beschriebene Ansatz zur Restrukturierung folgt [SWBS 88, YITS 91]. Zunächst werden alle kritischen sensibilisierbaren Pfade berechnet. Jeder Knoten des booleschen Netzes auf einem kritischen Pfad wird gemäß einer Gewichtsfunktion bewertet. Mit ihr wird heuristisch abgeschätzt, inwieweit eine Beschleunigung des Knotens zur Erhöhung der Schaltungsgröße führt, z. B. durch Duplikation, und wie wahrscheinlich es ist, daß eine Restrukturierung nicht zu einer Verzögerungsreduktion führt. Danach wird eine Knotenmenge minimalen Gewichts gesucht, die alle kritischen Pfade durchtrennt. Dazu ist ein Überdeckungsproblem zu lösen. Alle ausgewählten Knoten werden dann unter Einbeziehung ihrer Vorgänger und Nachfolger neu synthetisiert. Da von jedem kritischen Pfad mindestens ein Knoten betrachtet wird, besteht die Möglichkeit, alle kritischen Pfade zu verkürzen. Das Vorgehen wird iterativ solange wiederholt, bis keine kritischen Pfade mehr existieren oder keine Beschleunigung mehr möglich ist.

Eine ähnliche Möglichkeit zur Restrukturierung wird in [ChMu 90] beschrieben; hier wird die Anzahl der Logikebenen jedoch direkt durch Elimination von Zwischenebenen reduziert. Aus den Betrachtungen zur Sensibilisierbarkeit von Pfaden im letzten Abschnitt ergibt sich ein ganz anderer Ansatz zur Verzögerungsoptimierung. Anstatt den längsten Pfad zu verkürzen, kann man auch versuchen, diesen Pfad unsensibilisierbar zu machen [MBSS 91].

### 4.5.3 Fertigungstest

Die Ausbeute bei der Fertigung integrierter Schaltungen liegt im allgemeinen weit unter 100 %. Daher muß die Funktionsfähigkeit jeder einzelnen Schaltung durch einen *Fertigungstest* überprüft werden. Da der Nachweis, daß eine Schaltung unter allen Betriebsbedingungen wie gewünscht arbeitet, zu aufwendig ist, beschränkt man sich bei diesem Test auf den Nachweis, daß gewisse Fehler nicht auftreten. Die Menge zu berücksichtigender Fehler wird durch ein *Fehlermodell* spezifiziert. Obwohl beim Fertigungstest wie bei der Entwurfsvalidierung sowohl logische wie auch zeitliche Fehlfunktionen zu betrachten sind, beschränkt sich die folgende Darstellung auf die Überprüfung des logischen Verhaltens kombinatorischer Schaltungen, insbesondere auf die Zusammenhänge zwischen Synthese und Testbarkeit. Weitergehende Darstellungen zum Test findet man z. B. in [Görk 73, Wojt 88, WeGo 88, Wund 91].

Das gebräuchlichste Fehlermodell berücksichtigt nur sogenannte *Haftfehler*. Ein Haftfehler liegt dann vor, wenn eine Leitung der Schaltung ständig auf Null oder Eins liegt. Außerdem beschränkt man sich auf Einfach-Haftfehler, d. h. man nimmt an, daß eine Schaltung maximal einen Fehler beinhaltet. Diese vereinfachenden Annahmen werden zwar häufig diskutiert [Mei 74, Wads 78, GaCV 80, TBGP 83, Maly 87a], erlauben es aber, das Testproblem in vielen Fällen hinreichend gut und effizient zu lösen. Ein Test besteht dann darin, eine Folge von Testmustern an die Schaltung anzulegen, die möglichst für jeden Haftfehler ein Muster enthält, das zu unterschiedlichen Ausgaben der fehlerfreien und fehlerhaften Schaltung führt.

*Beispiel 4.27:* Gegeben sei das Schaltnetz aus Bild 4.44. Liegt die Leitung $x_3$ ständig auf Null, führt dies dazu, daß bei der Belegung (1 1 0) statt einer Eins eine Null erzeugt wird. Liegt die Leitung $s_1$ ständig auf Eins, wird bei der Belegung (0 1 0) statt einer Null eine Eins erzeugt.

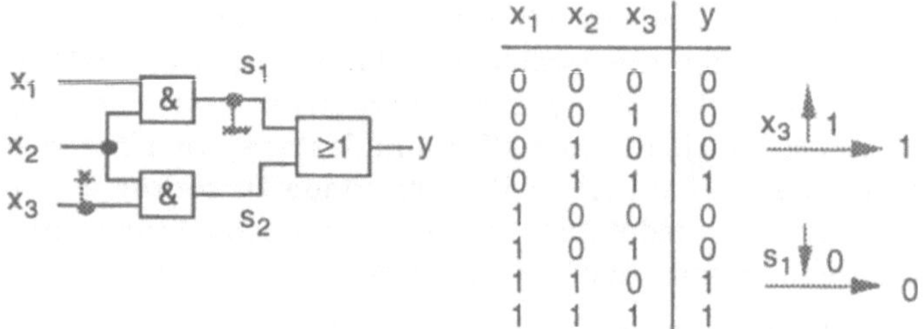

| $x_1$ | $x_2$ | $x_3$ | $y$ |
|---|---|---|---|
| 0 | 0 | 0 | 0 |
| 0 | 0 | 1 | 0 |
| 0 | 1 | 0 | 0 |
| 0 | 1 | 1 | 1 |
| 1 | 0 | 0 | 0 |
| 1 | 0 | 1 | 0 |
| 1 | 1 | 0 | 1 |
| 1 | 1 | 1 | 1 |

*Bild 4.44:* Veranschaulichung des Haftfehlermodells

Unmöglich wird die Erkennung eines Haftfehlers, wenn dieser bei keinem Eingabemuster zu einem fehlerhaften Ausgangswert führt. Dieser Fall kann in redundanten Schaltungsteilen auftreten (vgl. Problem RED, Abschnitt 4.1.3). Obwohl in diesem Fall die Funktionalität der Schaltung nicht verändert wird, möchte man den Fehler trotzdem erkennen, da er auf längere Frist z. B. durch die Verursachung eines erhöhten Stromflusses die Entstehung weiterer Fehler bewirken kann. Ist die synthetisierte Schaltung prim und irredundant, ist die Erkennbarkeit sämtlicher Einfach-Haftfehler garantiert. Jede zweistufige Realisierung der disjunktiven Minimalform einer Funktion ist prim und irredundant und somit auch testbar*.

Mehrstufige Schaltungen minimaler Literalanzahl sind ebenfalls irredundant [BBHJ 87]. Optimiert man jedoch die Schaltungsgeschwindigkeit, führt dies für mehrstufige Schaltungen nicht notwendigerweise zu einer irredundanten Struktur [KeMS 90, SBSC 90]. Geht man jedoch von einer als prim und irredun-

---

* Als testbar wird eine Schaltung im folgenden immer dann bezeichnet, wenn sämtliche Einfach-Haftfehler erkennbar sind.

dant nachgewiesenen zweistufigen Struktur aus und wendet bei der globalen Restrukturierung nur bestimmte (algebraische) Operationen an, wird dadurch garantiert, daß auch die resultierende mehrstufige Schaltung testbar ist [HJKM 89, RaVa 92]. Die Erhaltung der Testbarkeit bei Transformationen des booleschen Netzes kann dabei auf die Erhaltung der Steuerbarkeits- und der Beobachtbarkeits-DC-Menge zurückgeführt werden [McBr 89, BrHS 90]. Beschränkt man sich auf testbarkeitserhaltende Transformationen, erhält man allerdings u. U. eine Schaltung mit größerer Literalanzahl als bei der Anwendung beliebiger auch die Testbarkeit beeinflussender Transformationen.

## 4.6 Übungsaufgaben

**Ü 4.1**  Gegeben sei die Bündelfunktion $f(x) = (f_1(x), f_2(x))$ mit
$$f_1(x) = x_1 x_2 \vee \overline{x_1} x_3$$
$$f_2(x) = x_4\, f_1(x) \vee x_5\, \overline{f_1(x)} .$$

a) Zur Realisierung stehen NAND-Gatter mit zwei Eingängen und Inverter zur Verfügung. Geben Sie die Werte der Kostenfunktionen $N_L$, $N_E$ und $N_G$ an. Wieso stehen diese Werte nicht in der durch Formel (4.1) gegebenen Beziehung?

b) Wie viele Transistoren werden bei einer mehrstufigen CMOS-Komplexgatter-Realisierung mindestens benötigt? Vergleichen Sie diese Anzahl mit der Anzahl von Literalen $N_L$.

**Ü 4.2**  Gegeben sei ein PLA mit drei Eingängen und zwei Ausgängen und der Personalisierung in Bild 4.45.

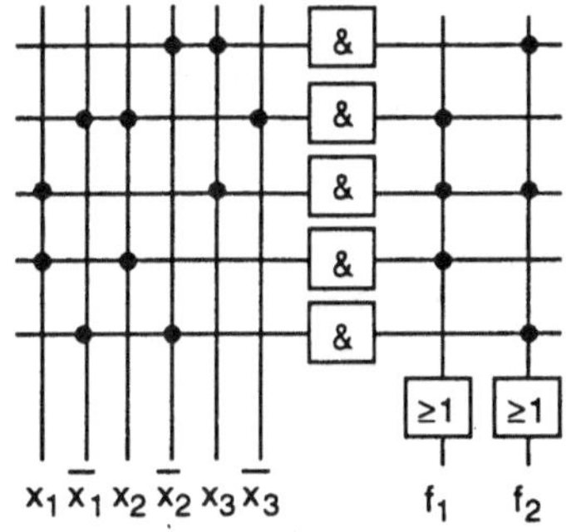


*Bild 4.45*: PLA-Realisierung mit Redundanzen

a) Veranschaulichen Sie die realisierten Produktterme in zwei KV-Diagrammen.

b) Welche der Produktterme bzw. -anschlüsse sind redundant?

   c)  Geben Sie eine PLA-Realisierung an, die sowohl prim als auch irredundant ist.

**Ü 4.3**  Beweisen Sie Lemma 4.1.

   a)  Zeigen Sie, daß die Reihenfolge von Kofaktor-Bildung und UND-Verknüpfung vertauscht werden kann (Gleichung 4.3).

   b)  Zeigen Sie, daß die Reihenfolge von Kofaktor-Bildung und Komplementierung vertauscht werden kann (Gleichung 4.4).

**Ü 4.4**  Gegeben sei die Funktion

$$f(x_1, x_2, x_3, x_4) = x_1 x_2 \bar{x}_3 \vee x_4 \vee x_1 x_2 \vee x_1 \bar{x}_3 \vee x_1 x_4.$$

   a)  Stellen Sie die Hülle der Funktion f in Matrixform dar.

   b)  In welchen Variablen ist die Hülle monoton?

   c)  Bestimmen Sie mit Algorithmus 4.1 alle Primwürfel von f und daraus eine minimale Primhülle.

   d)  Vergleichen Sie dieses Ergebnis mit dem, das Sie durch direkte Anwendung des Satzes 4.4 auf die Hülle in a) erhalten.

   e)  Eine alternative Darstellung der Funktion ist durch den Ausdruck $x_1 \bar{x}_3 \bar{x}_4 \vee x_4 \vee x_1 x_2 \vee x_1 x_4$ gegeben. Wieso erhalten Sie durch Anwendung des Satzes 4.4 auf diese Hülle ein anderes Ergebnis als in d)?

**Ü 4.5**  Häufig wird während der Minimierung nicht nur eine Hülle der Einsstellenminterme, sondern auch eine Hülle der Nullstellenminterme benötigt (vgl. Beispiel 4.8). Sie kann bei vollständig definierten Funktionen durch Komplementierung der Einsstellen-Hülle erhalten werden.

   a)  Führen Sie für monotone Funktionen die Komplementierung der Gesamtfunktion auf die Komplementierung von Kofaktoren zurück.

   b)  Geben Sie einen darauf basierenden Algorithmus zur rekursiven Berechnung des Komplements einer monotonen Funktion an.

   c)  Berechnen Sie eine Hülle des Komplements der in Aufgabe 4.4 gegebenen Funktion f.

   d)  Geben Sie für den ersten Würfel der Hülle die Blockierungsmatrix B und die Überdeckungsmatrix Ü an. Wie viele Möglichkeiten gibt es, um den Würfel zu expandieren?

**Ü 4.6**  Berechnen Sie für $f = x_1 \bar{x}_2 \vee x_1 \bar{x}_3 \vee \bar{x}_2 x_3$ und $p = x_1 \vee x_3$ das Ergebnis der schwachen (algebraischen) und der starken (booleschen) Division von f durch p. Was ist verantwortlich für die Eindeutigkeit des Ergebnisses der starken Division?

**Ü 4.7**  Betrachten Sie die Funktion $f = x_1 x_3 x_4 \vee \bar{x}_2 x_3 x_4 \vee x_1 x_5 \vee \bar{x}_2 x_5 \vee \bar{x}_5$.

   a)  Geben Sie eine maximale Faktorisierung und den zugehörigen Faktorisierungsgraphen an.

   b)  Berechnen Sie alle Kerne der Funktion. Vergleichen Sie diese mit den Faktoren aus a).

**Ü 4.8**  Gegeben seien die Funktionen $f = x_1 x_2 x_5 \vee x_2 \bar{x}_3 \bar{x}_4 \vee \bar{x}_3 x_5$ und $g = x_1 x_2 x_4 \vee \bar{x}_3 x_4 \vee x_2 \bar{x}_3$.

a) Bestimmen Sie alle Kerne beider Funktionen.

b) Extrahieren Sie einen nichttrivialen gemeinsamen algebraischen Teiler und geben Sie das resultierende boolesche Netz an.

c) Betrachten Sie die Knoten des booleschen Netzes in disjunktiver Form. Wie wirkt sich die Extraktion auf die Literalanzahl aus?

**Ü 4.9** Gegeben sei das durch die Gleichungen

$$y_1 = x_1 x_2, \quad y_2 = x_3 x_4, \quad z_1 = \bar{y}_1 \bar{y}_2 \text{ und } z_2 = x_1 x_3 y_1$$

spezifizierte boolesche Netz.

a) Berechnen Sie die für die Minimierung von $z_2$ relevante Menge von Steuerbarkeits-DCs.

b) Zeichnen Sie diese internen don't cares in ein KV-Diagramm für $z_2(x_1, x_2, x_3, y_1)$ ein und minimieren Sie den entsprechenden Knoten des booleschen Netzes lokal.

**Ü 4.10** Die technologieunabhängige Minimierung einer Funktion mit fünf Eingängen $x_i$ und zwei Ausgängen $z_j$ liefere die folgende mehrstufige faktorisierte Form

$$y = (x_1 x_2 x_3 \vee \bar{x}_4) x_5, \quad z_1 = \bar{y}, \quad z_2 = \overline{x_1 y} \;.$$

a) Wandeln Sie die dazugehörige Schaltung in eine reine NAND-Struktur um.

b) Bestimmen Sie alle Überdeckungsmöglichkeiten mit der Zellbibliothek aus Bild 4.32.

c) Bestimmen Sie nun die kostenminimale Überdeckung der gegebenen Schaltung mit Bibliothekselementen.

d) Ist in der resultierenden Schaltung der längste Pfad vom Eingang $x_1$ zum Ausgang $z_2$ statisch sensibilisierbar?

e) Ist ein Haftfehler am $x_1$-Eingang des ersten Gatters im Pfad von d) testbar?

# 5  Steuerwerksentwurf

Die in Kapitel 4 behandelten *Schaltnetze* realisieren rein kombinatorische
Schaltungen. In solchen Schaltungen hängt die Ausgabe zu einem bestimmten Zeitpunkt nur von der Eingabe zum selben Zeitpunkt ab, wenn man die
technisch bedingten und im allgemeinen eher unerwünschten Verzögerungen
vernachlässigt. Schaltnetze werden aus einer rückkopplungsfreien Verschaltung von Gattern aufgebaut; die sie repräsentierenden Digraphen sind zyklenfrei. *Schaltwerke* sind demgegenüber sequentielle Schaltungen; bei ihnen
hängt die Ausgabe auch von Eingaben vergangener Zeitpunkte ab. Zur Realisierung von Schaltwerken sind daher neben Schaltnetz-Bestandteilen auch
speichernde Elemente, z. B. Flipflops, nötig. Die gespeicherte Information wird
als *Zustand* des Schaltwerks bezeichnet. Eine Schaltung mit n binären Speicherelementen kann in einem von $2^n$ Zuständen sein. Die Verhaltensbeschreibung von Schaltwerken mit Hilfe von Zustandsübergangsdiagrammen wird
im folgenden als bekannt vorausgesetzt (vgl. z. B. [ScSW 73, Wend 74, GiLi 80]).

Operations- und Steuerwerke digitaler Schaltungen stellen üblicherweise
Schalt*werke* dar. Im *Operationswerk* werden Eingabedaten einer Folge von
Operationen unterworfen und dadurch sukzessive in eine gewünschte Ausgabe verwandelt. Die Auswahl, welche Operation wann durchgeführt wird, ist
Aufgabe des *Steuerwerks* (Bild 5.1). Die von ihm erzeugten Steuersignale hängen außer von der zu bearbeitenden Aufgabe vom Zustand des Operationswerks und eventuellen zusätzlichen Steuereingängen ab.

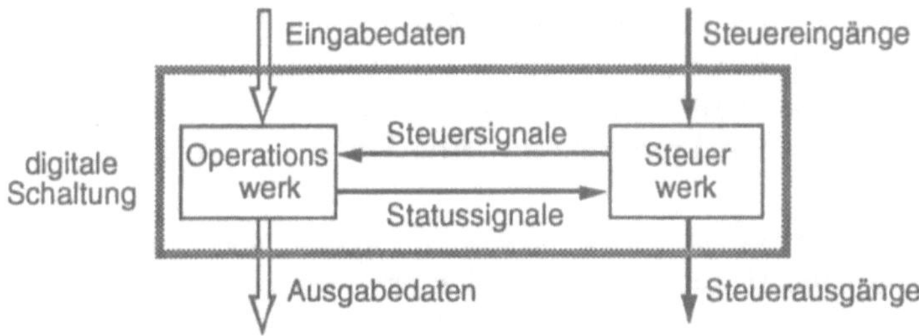


*Bild 5.1:* Operations- und Steuerwerke

Operationswerke (*data paths*) arbeiten damit im allgemeinen auf Daten einer
Bitbreite n > 1 und bestehen aus einer modularen Zusammenschaltung relativ
komplexer Funktionsblöcke (z. B. arithmetisch-logischer Einheiten, Register).
Steuerwerke (*controllers*) verarbeiten dagegen einzelne Status- und Steuersignale und sind durch eine stark vermaschte Struktur mit einfachen Funk-
tionselementen (z. B. Gatter, Flipflops) charakterisiert. In diesem Kapitel werden hauptsächlich Steuerwerke betrachtet (vgl. auch [AsDN 91]), für Operationswerke wird auf Abschnitt 6.1 verwiesen.

## 5.1   Grundstrukturen sequentieller Schaltungen

### 5.1.1   Synchrone integrierte Schaltwerke

Schaltwerke können synchron und asynchron realisiert werden. Bei *synchronen Schaltungen* soll sich der Zustand nur zu genau definierten Zeitpunkten
ändern dürfen, die durch das Taktsignal gegeben sind. Zustandsänderungen
dürfen keine weiteren Zustandsänderungen auslösen, ohne daß ein weiterer
Taktwechsel stattgefunden hätte. Ist der Takt nur langsam genug, wird der
Zustand damit unabhängig vom genauen zeitlichen Verlauf interner Signale
und hängt nur noch von deren Endwert vor dem Taktwechsel ab.

*Asynchrone Schaltungen*, bei denen diese Bedingungen nicht erfüllt sind, sind
schwieriger zu entwerfen, da hier die Funktion der Schaltung von der Erfüllung bestimmter zeitlicher Randbedingungen abhängt. Diese Randbedingungen können z. B. durch Toleranzen in der Fertigung oder geänderte Betriebsbedingungen der Schaltungen verändert werden (vgl. Abschnitt 2.3.1.3). Größere
Schaltwerke werden daher im allgemeinen synchron realisiert. Die Darstellung im folgenden beschränkt sich daher auf synchrone Schaltwerke, für die
Lösung von Problemen beim asynchronen Entwurf sei auf entsprechende Literatur verwiesen [Unge 69, Seit 79, MeBM 89].

Bild 5.2 zeigt die allgemeine Struktur eines synchronen Schaltwerks, dessen
Zustandsspeicher mit Hilfe von taktflankengesteuerten Speicherelementen
(Flipflops) realisiert wird. Die kombinatorische Logik des Schaltwerks besteht
aus einem Bündelschaltnetz zur Realisierung der Ausgabefunktion $f_y$ und der
Folgezustandsfunktion $f_z$, das eine Eingabe $x \in \{0,1\}^p$ und einen Zustand $z \in \{0,1\}^r$ in eine Ausgabe $y \in \{0,1\}^q$ und einen Folgezustand $z^+ \in \{0,1\}^r$ transformiert. Zur Sicherung der Synchronität muß eine Reihe von Forderungen er-
füllt werden:

- Es sei $t_c$ der Zeitpunkt eines Taktwechsels und T die Periode des Taktsignals. Einerseits dürfen sich die Ausgänge des Schaltnetzes $f_z$ erst zum Zeitpunkt $t_c + t_{hold}$ ändern, wenn $t_{hold}$ die Hold-Zeit der Flipflops darstellt, andererseits müssen die Änderungen vor dem Zeitpunkt $t_c + T - t_{setup}$
  abgeklungen sein, wenn $t_{setup}$ die Setup-Zeit der Flipflops darstellt.

- Sich nicht mit dem Schaltwerkstakt ändernde primäre Eingaben müssen *einsynchronisiert* werden (vgl. Bild 5.6), da sonst eventuell Setup- oder Hold-Zeiten von Flipflops nicht eingehalten werden.
- Die Takteingänge des Zustandsspeichers dürfen nur direkt mit Taktsignalen beschaltet werden. Wird z. B. ein Taktsignal mit einem Freigabesignal UND-verknüpft zum Takteingang eines Flipflops geführt, können durch statische Hasardfehler des Freigabesignals während der 1-Phase des Taktes zusätzliche Taktflanken erzeugt werden, die zu Zustandsänderungen ohne einen entsprechenden Taktwechsel führen.
- Asynchrone Setz- oder Rücksetzeingänge des Zustandsspeichers dürfen nur zur Initialisierung der Schaltung verwendet werden.
- Sämtliche rückgekoppelten Signale müssen mindestens ein Flipflop durchlaufen.

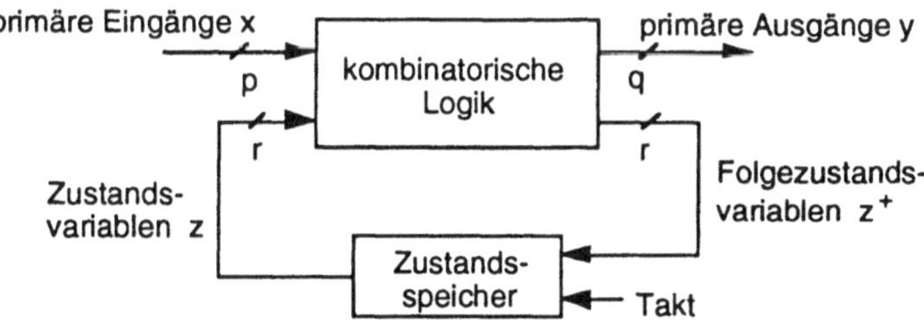


*Bild 5.2:* Allgemeine Schaltwerksstruktur

Da pegelgesteuerte Speicherelemente in integrierten Schaltungen erheblich flächeneffizienter zu realisieren sind als Flipflops (vgl. Abschnitt 2.2.3), stellt sich die Frage, ob synchrone Schaltwerke nicht auch mit Latches aufgebaut werden können. Zur Vereinfachung sollen dabei Verzögerungen durch die Speicherelemente sowie Setup- und Hold-Zeiten unberücksichtigt bleiben (vgl. dazu [CBRS 90, SaMO 92]. Bild 5.3 zeigt eine erste Lösung mit einzelnen Latches als Speicherelementen. Es sei $\tau$ die Verzögerung der kombinatorischen Logik und $T_H$ die Länge des 1-Pegels für das Taktsignal Clock. Gilt für einen Verzögerungspfad des Schaltnetzes $\tau \leq T_H$, sind nach einem Taktwechsel mehrfache Zustandsänderungen möglich, die Schaltung ist also nicht synchron.

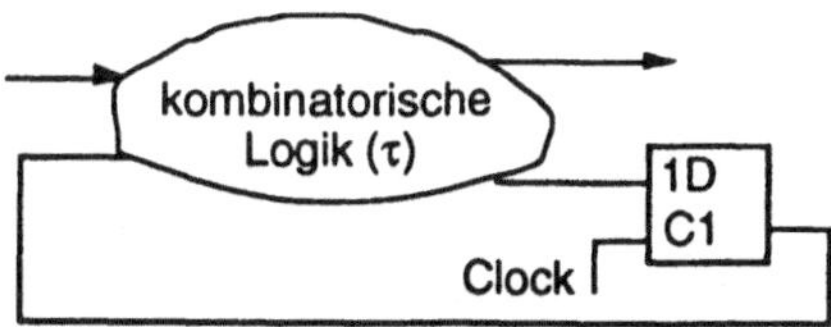


*Bild 5.3:* Nicht synchrones Schaltwerk mit Latches

Dieser Effekt läßt sich dadurch vermeiden, daß in den Rückkopplungspfad
zwei Latches aufgenommen werden, die mit einem nichtüberlappenden Zweiphasentakt (vgl. Bild 2.28) angesteuert werden (Bild 5.4a). Diese Schaltung ist
synchron, die beiden Latches verursachen aber den gleichen Aufwand wie ein
(flankengesteuertes) Flipflop (vgl. Abschnitt 2.2.3). Mit den in Bild 2.28 definierten Zeiten wird die Taktfrequenz durch die Bedingung

$$T_3 + T_4 + T_1 > \max \tau \tag{5.1}$$

nach oben begrenzt. Kann die kombinatorische Logik gemäß Bild 5.4b in zwei
Teile partitioniert werden, ist es möglich, den Aufwand auf den der Einzel-
latch-Lösung von Bild 5.3 zu reduzieren, ohne das synchrone Verhalten der
Schaltung zu gefährden. Der Betriebsbereich der Schaltung wird dann durch
die Gleichungen

$$T_3 + T_4 + T_1 > \max \tau_1 \tag{5.2a}$$

$$T_1 + T_2 + T_3 > \max \tau_2 \tag{5.2b}$$

$$T_1 + T_2 + T_3 + T_4 > \max (\tau_1 + \tau_2) \tag{5.2c}$$

eingeschränkt. Allerdings ist eine solche Partitionierung bei *Steuer*werken selten möglich, so daß man hier auf die Lösung nach Bild 5.4a zurückgreifen
muß.

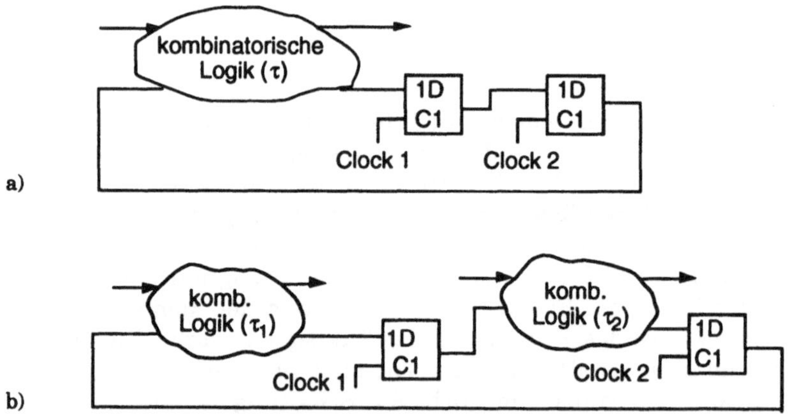


*Bild 5.4:* Synchrone Schaltwerke mit Latches

Besondere Beachtung erfordert der Entwurf des Taktschemas bei Schaltungen,
bei denen auch die kombinatorische Logik mit Takten versorgt werden muß,
z. B. bei dynamischen CMOS-Schaltungen. Die Vorladephase eines dynamischen CMOS-Schaltnetzes sollte so gelegt werden, daß sie mit der inaktiven
Phase des nachfolgenden Latches zusammenfällt; dies ist jedoch nur bei speziellen Strukturen ohne Probleme möglich. Bei Schaltungen in Domino-Logik

kann ein Vier-Phasen-Takt dazu dienen, die Beachtung aller Zeitbedingungen zu vereinfachen, allerdings verursacht die Verdrahtung von vier Taktsignalen einen nicht unerheblichen Zusatzaufwand [GlDo 85, WeEs 85].

Ein weiteres Problem bei der Taktung integrierter Schaltungen stellt die *Taktverzögerung* (*clock skew*) dar. Durch Leitungsverzögerungen kann die aktive Phase eines Taktsignals bei unterschiedlichen Speicherelementen zu unterschiedlichen Zeiten wirksam werden. So erreicht die positive Flanke des Taktsignals Clock in Bild 5.5 das erste Flipflop eine gewisse Zeit vor dem zweiten Flipflop. Dies kann dazu führen, daß – wie im Zeitdiagramm gezeigt – die Zustandsänderung des ersten Flipflops einen weiteren Zustandswechsel auslöst (im Bild bei z von 0 nach 1), ohne daß ein weiterer Taktwechsel stattgefunden hätte.

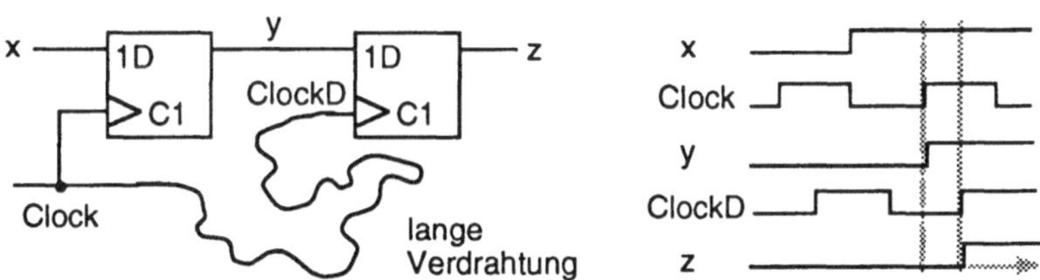


*Bild 5.5:* Auswirkungen einer Taktverzögerung

Nicht taktsynchrone primäre Eingänge einer sequentiellen Schaltung können dazu führen, daß Zeitbedingungen nicht eingehalten werden. Speicherelemente können dann in einen *metastabilen* Zustand übergehen, in dem die Ausgangsspannung nicht eindeutig einem logischen Wert Null oder Eins zugeordnet werden kann. Diese Ausgangsspannung kann möglicherweise ausreichen, um nachfolgende Transistoren durchzuschalten, möglicherweise aber auch nicht. Es hängt vom Aufbau der nachfolgenden Schaltungsteile ab, ob diese den Wert wie eine Null oder eine Eins verarbeiten [Dill 88]. Wenn ein Schaltungsteil von einer Null ausgeht und ein anderer Schaltungsteil von einer Eins, kann dies zu unzulässigen Zuständen wie z. B. Kurzschlüssen zwischen den Versorgungsspannungen führen.

Ein Speicherelement kann zwar prinzipiell auch über längere Zeit in einem metastabilen Zustand verharren, mit großer Wahrscheinlichkeit findet nach einer gewissen Zeit aber ein Übergang in einen stabilen Zustand Null oder Eins statt. Eine asynchrone Eingangsvariable kann daher einsynchronisiert werden, indem sie über zwei in Serie geschaltete Latches geführt wird, wobei das Taktsignal des zweiten Latches gegenüber dem ersten verzögert wird (Bild 5.6) [McCl 86]. Bei genügend großer Verzögerung $\Delta$ (vgl. [Stol 82]) geht ein eventueller metastabiler Zustand des ersten Latches mit genügend großer Wahrscheinlichkeit in einen stabilen Zustand über, bevor der Eingang des zweiten Latches deaktiviert und die Eingabe damit gespeichert wird.

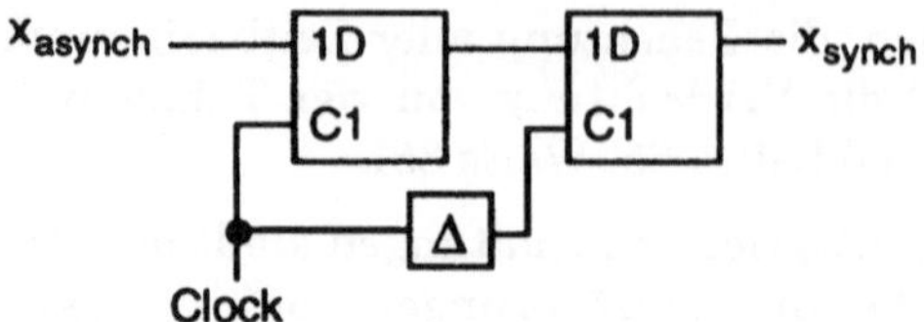

*Bild 5.6:* Synchronisation von Eingangsvariablen

## 5.1.2 Zerlegung und Zusammenschaltung von Schaltwerken

Manchmal ist es hilfreich, die Funktion eines Schaltwerks mit Hilfe mehrerer
miteinander kommunizierender kleinerer Schaltwerke zu beschreiben, diese
Teilschaltwerke separat zu entwerfen und danach zum Gesamtschaltwerk zusammenzuschalten. Die Zustandsanzahl eines aus mehreren Teilschaltwerken bestehenden Gesamtschaltwerks ergibt sich aus dem Produkt der Zu-
standsanzahlen der Teilschaltwerke, da jeder Zustand eines Teilschaltwerks
mit jedem beliebigen anderen Zustand eines anderen Teilschaltwerks kombiniert werden kann. Obwohl möglicherweise nicht alle Zustände der Produkt-
menge zur Beschreibung des Schaltwerksverhaltens benötigt werden – u. U.
sind gewisse Zustände nicht erreichbar oder mehrere äquivalente Zustände
des Gesamtschaltwerks können zu einem Zustand zusammengefaßt werden
(vgl. Abschnitt 5.5) – ist die Behandlung der Zustandsbeschreibung der Teilschaltwerke erheblich einfacher als die Behandlung der Zustandsbeschreibung des Gesamtschaltwerks. Bei Operationswerken beschränkt man sich
prinzipiell auf die strukturelle Verbindung vorentworfener Teilschaltwerke
und -netze, da aufgrund der hohen Zustandsanzahl eine Zustandsbeschreibung der Gesamtschaltung nicht handhabbar wäre.

*Beispiel 5.1:* Gegeben sei ein aus zwei Teilschaltwerken „Zähler" und „Merker"
bestehendes Schaltwerk (Bild 5.7a).

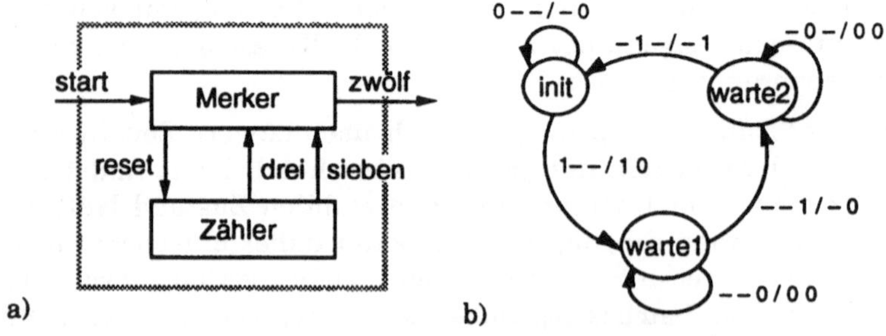


*Bild 5.7:* Beispiel-Schaltwerk mit zwei Teilschaltwerken

Beim Zähler handelt es sich um einen synchron rücksetzbaren 3-Bit-Zähler, der beim Erreichen des Zählerstandes 3 bzw. 7 ein Signal „drei" bzw. „sieben" auf Eins setzt. Der Zähler hat acht Zustände, er geht mit „reset = 0" jeweils in den Folgezustand und mit „reset = 1" in den Zustand 000 über. Der Merker hat drei Zustände, sein Zustandsübergangsdiagramm ist in Bild 5.7b angegeben. Die Zustandsübergänge sind mit den Eingaben „start", „drei" und „sieben" und den Ausgaben „reset" und „zwölf" (in dieser Reihenfolge) bezeichnet. Das Schaltwerk gibt zwölf Takte nach dem Start-Signal eine Eins aus.

Möchte man beide Teilschaltwerke in einer Zustandsbeschreibung zusammenfassen, sind dazu maximal 8·3 = 24 Zustände nötig. Allerdings sind aufgrund der gegenseitigen Abhängigkeit beider Teilschaltwerke nicht alle diese Zustände erreichbar. So braucht der Zustand „warte2" des Merkers nicht mit Zuständen des Zählers kombiniert werden, in denen der Zählerstand drei übersteigt, da in diesem Fall der Zähler sofort zurückgesetzt wird. Außerdem sind alle Zustände, die aus der Kombination des „init"-Zustandes mit einem beliebigen Zählerzustand hervorgehen, äquivalent.          •

Bei der Aufteilung eines Schaltwerks können drei Dekompositionsstrukturen unterschieden werden (vgl. Bild 5.8). Bei der *Paralleldekomposition* arbeiten die Teilschaltwerke völlig unabhängig voneinander, der Zustand keines Schaltwerks hängt vom Zustand des anderen ab. Bei der *Seriendekomposition* bestehen Abhängigkeitsbeziehungen nur in einer Richtung, das Schaltwerk 1 ist als *Master* unabhängig von Schaltwerk 2, während dieses als *Slave* von Schaltwerk 1 beeinflußt wird. Bei der *allgemeinen Dekomposition* wie in Beispiel 5.1 hängen beide Schaltwerke voneinander ab. Es ist leicht zu überprüfen, daß die Paralleldekomposition einen Spezialfall der Seriendekomposition darstellt und beide ein Spezialfall der allgemeinen Dekomposition sind.

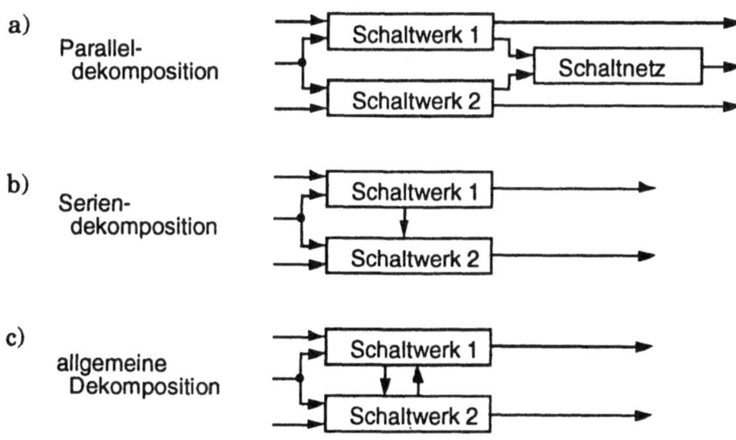


*Bild 5.8*: Dekomposition von Schaltwerken

Während es bei der Parallel- und Seriendekomposition Algorithmen zur optimalen Aufteilung gibt [Yoel 61, Koha70, Torn 72], ist man bei der allgemeinen Dekomposition auf Heuristiken beschränkt [GrMu 88, DeNe 88, Berg 90, AsDN 91a]. Ziel der Aufteilung ist neben einer Vereinfachung des Entwurfs eine größere Flexibilität bei der Realisierung und Anordnung der Teilschaltwerke im Layout. Allerdings steigt durch die Aufteilung u. U. die Anzahl notwendiger Zustandsvariablen und die Gesamtfläche zur Realisierung des Schaltwerks. Ein Schaltwerk mit n Zuständen erfordert mindestens $\lceil \log_2 n \rceil$ Zustandsvariablen. Bei der Aufteilung in zwei Teilsteuerwerke mit $n_1$ bzw. $n_2$ Zuständen gilt stets $n \leq n_1 n_2$ und damit für die Summe der bei einer Aufteilung notwendigen Zustandsvariablen

$$\lceil \log_2 n_1 \rceil + \lceil \log_2 n_2 \rceil \geq \lceil \log_2 n_1 n_2 \rceil \geq \lceil \log_2 n \rceil. \tag{5.3}$$

*Beispiel 5.1 (Forts.):* Für eine getrennte Realisierung der beiden Steuerwerke mit $n_1 = 8$ und $n_2 = 3$ Zuständen sind $3 + 2 = 5$ Zustandsvariablen nötig. Auch bei der Realisierung *eines* Steuerwerks mit 24 Zuständen ergibt sich diese Anzahl. Da das Gesamtsteuerwerk jedoch nach der Streichung unerreichbarer und der Zusammenfassung äquivalenter Zustände weniger als 17 Zustände benötigt, kommt man mit vier Zustandsvariablen aus.                    •

Da die algorithmischen Aufteilungsverfahren auf einer Zustandsbeschreibung des Schaltwerks basieren, sind sie nicht geeignet, eine Lösung für den Fall nicht mehr handhabbarer Zustandsbeschreibungen anzubieten. In diesem Fall ist die Aufteilung vor der Spezifikation einer Zustandsbeschreibung durch den Entwerfer manuell durchzuführen.

Bei der Zusammenschaltung von Teilschaltwerken (z. B. einem Operations- und einem Steuerwerk) ist zur Sicherung der Synchronität der Gesamtschaltung zu beachten, wie die Ausgabegrößen der Teilschaltwerke erzeugt werden. In den folgenden Überlegungen werden die Folgezustandsfunktion $f_z$ und die Ausgabefunktion $f_y$ zur Vereinfachung konzeptionell getrennt, obwohl sie gemeinsam realisiert sein können. Bild 5.9 zeigt zwei Möglichkeiten der Schaltwerksimplementierung. In Bild 5.9a hängt die Ausgabe y nur vom Zustand z ab, während sie in Bild 5.9b auch von der augenblicklichen Eingabe x beeinflußt wird. Ein Schaltwerk gemäß Bild 5.9a wird als *Moore-Schaltwerk* bezeichnet, die allgemeinere Struktur in Bild 5.9b als *Mealy-Schaltwerk*. Das logische Verhalten beider Schaltwerkstypen läßt sich leicht ineinander überführen [Gras 78], indem z. B. für jedes Paar (Mealy-Zustand, Ausgabe) ein Moore-Zustand eingeführt wird, aus dem die Ausgabe eindeutig decodiert werden kann. Neben der Anzahl der Zustände ändert sich hierbei allerdings auch das Zeitverhalten des Schaltwerks, da sich die Ausgabe bei einem Moore-Schaltwerk erst nach dem nächsten aktiven Taktsignal ändern kann.

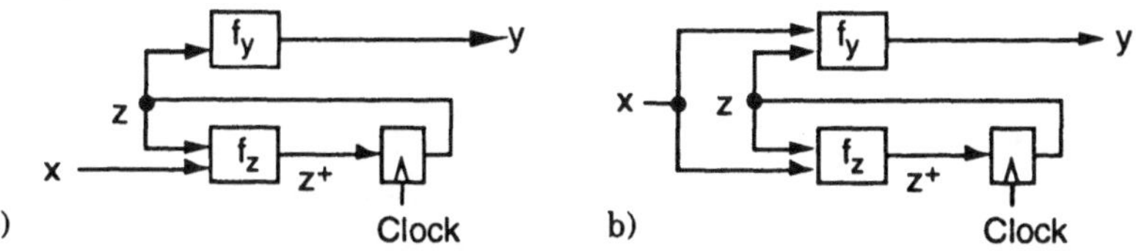

*Bild 5.9:* Moore- und Mealy-Schaltwerk

Gegeben seien zwei Schaltwerke mit den Eingangsvariablen $x_1$ bzw. $x_2$ und den Ausgangsvariablen $y_1$ bzw. $y_2$. Diese Schaltwerke können gemäß Bild 5.8c miteinander verbunden werden, indem jeweils ein Teil der Ausgangsvariablen des einen Schaltwerks zu Eingängen des anderen geführt wird. Sind beide Schaltwerke vom Moore-Typ, kann diese Zusammenschaltung u. U. zu langsam sein, da Änderungen in den Eingangsvariablen eines Schaltwerks erst nach zwei Takten zu einer an den Ausgängen beobachtbaren Reaktion des anderen Schaltwerks führen. Zur Beschleunigung kann eines der Moore-Schaltwerke in ein Mealy-Schaltwerk transformiert werden, indem die einem Zustand zugeordneten Ausgaben den zum betreffenden Zustand führenden Übergängen zugewiesen werden. Die Zusammenschaltung eines Moore-Schaltwerks mit einem Mealy-Schaltwerk erlaubt eine Reaktion bereits im nächstfolgenden Takt. Die Zusammenschaltung zweier Mealy-Schaltwerke führt zu einer nicht durch ein Speicherelement unterbrochenen Rückkopplung (Bild 5.10) und verletzt damit die in Abschnitt 5.1.1 geforderte Synchronitätsbedingung. Hier kann entweder in die Rückkopplung ein Register eingefügt werden, oder eines der Schaltwerke wird in ein Moore-Schaltwerk transformiert. Bei der Zusammenschaltung eines Operationswerks und dem zugehörigen Steuerwerk weist das Operationswerk im allgemeinen eine Moore-Struktur auf, so daß das Steuerwerk als Mealy-Schaltwerk entworfen werden kann.

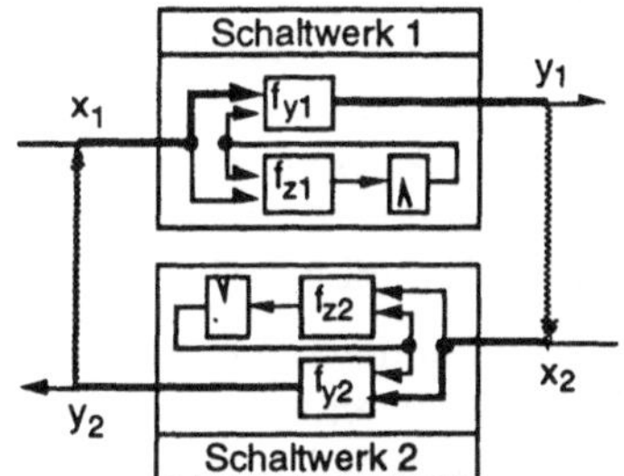

*Bild 5.10:* Zusammenschaltung zweier Mealy-Schaltwerke

### 5.1.3  Steuerwerksstrukturen

Im weiteren beschränkt sich die Darstellung dieses Kapitels auf Steuerwerke.
Bild 5.11 stellt als Beispiel die (vereinfachte) Grundstruktur des Hauptsteuer-
werks für den Mikroprozessor MC 68000 dar [MaNC 84]. Die kombinatorische
Logik (vgl. Bild 5.2) enthält in diesem Fall ROM-, PLA- und Multiplexer-Be-
standteile, für die Realisierung des Zustandsspeichers wurde ein ladbarer
Zähler verwendet. Im Prinzip ist die Auswahl der Realisierung der kombinatorischen Logik eine Aufgabe der Logiksynthese. Aufgrund der Vielzahl möglicher Strukturen und des hohen Aufwands, der mit dem Auffinden einer günstigen Schaltnetz-Realisierung selbst bei eingeschränkten strukturellen Möglichkeiten verbunden ist (vgl. Abschnitt 4), müssen beim automatisierten Entwurf jedoch bereits à priori bestimmte Strukturen für die Realierung der kombinatorischen Logik und des Zustandsspeichers ausgewählt werden.

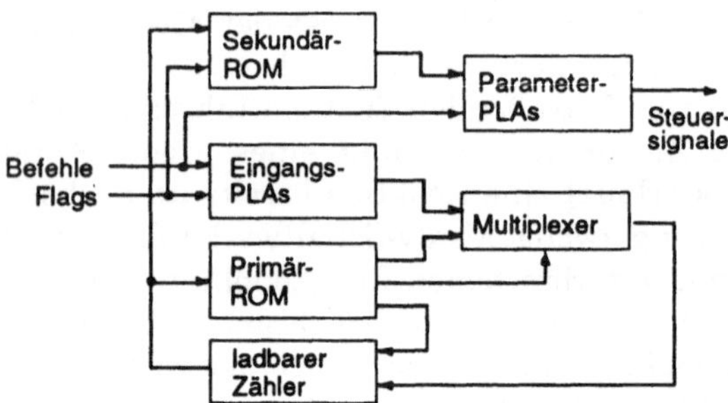


*Bild 5.11:* Grundstruktur des MC 68000-Hauptsteuerwerks

Als kombinatorische Grundbausteine kommen einfache Gatter (UND, NAND,
...), komplexe Gatter (Decoder, Multiplexer, ...) und zweistufige Makros (PLA,
ROM, ...) in Frage. Für das Zustandsregister können unterschiedliche Arten
von Flipflops (D-, T-, JK-), aus ihnen aufgebaute Register sowie ladbare „Zähler" (z. B. Dualzähler, Johnson-Zähler [AmEB 88] oder rückgekoppelte Schiebe-
register [Esch 92a]) verwendet werden. Je nach verwendetem Zustandsregister
ist die Realisierung einer anderen Ansteuerfunktion nötig (vgl. [Esch 92]).

*Beispiel 5.2:* Man betrachte ein Steuerwerk mit zwei Zustandsvariablen. Zu realisieren sei ein Zustandsübergang von 10 nach 11. Verwendet man als Zustandsspeicher zwei D-Flipflops, müssen diese mit 11 geladen werden. Bei T-
Flipflops ist stattdessen eine Ansteuerung mit 01 nötig, um den entsprechenden Zustandswechsel hervorzurufen. Betrachtet man einen ladbaren
Dualzähler, können die beiden parallelen Eingänge des Zählers mit beliebigen Werten (don't care) angesteuert werden, wenn der Zähler in die Betriebsart „Zählen" gebracht wird, da der Zähler den Folgezustand 11 dann
automatisch erzeugt.                                                      •

Zwei Kombinationen kombinatorischer und sequentieller Grundbausteine haben sich als Grundstrukturen für Steuerwerke durchgesetzt. Bei *mikroprogrammierten* Steuerwerken enthält die kombinatorische Logik als Kern einen Speicherbaustein (ROM), der durch zusätzliche Bauelemente wie Decoder und Multiplexer ergänzt sein kann. Als Zustandsspeicher wird ein ladbarer Dualzähler (Mikroprogrammzähler) verwendet. Mit Hilfe der Zustandsvariablen wird ein bestimmter Speicherbereich des ROMs adressiert, in dem die Steuervariablen und – falls nötig – die Folgeadresse abgelegt sind. Im allgemeinen werden die Adressen des Speichers mit Hilfe des Mikroprogrammzählers jedoch sequentiell durchlaufen. Dies entspricht der sequentiellen Abarbeitung eines Programms, in dem Sprünge möglich sind. Bei *festverdrahteten* Steuerwerken wird die kombinatorische Logik durch zwei- oder mehrstufige Schaltnetze realisiert und der Zustand in einer Anzahl von Flipflops (meist D-Flipflops) abgelegt.

Festverdrahtete Steuerwerke ermöglichen integrierte Lösungen mit geringerem Hardware-Aufwand, flexiblerer topologischer Struktur und größerer Geschwindigkeit. Da bei mikroprogrammierten Steuerwerken der Inhalt des Speichers durch Umprogrammierung leicht geändert werden kann, ist diese Lösung flexibler und ermöglicht eine leichtere Fehlerkorrektur. Zudem bieten die verwendeten Speicherbausteine den Vorteil einer großen Regularität der Implementierung. Durch die Verfügbarkeit programmierbarer Logikbausteine können inzwischen allerdings auch „festverdrahtete" Steuerwerke programmierbar realisiert werden. Dadurch wird die Grenze zwischen beiden Arten der Steuerwerksrealisierung mehr und mehr aufgelöst.

Optimierungsmöglichkeiten beim Entwurf mikroprogrammierter Steuerwerke liegen in der Auswahl der Grundstruktur, der Reduzierung des Adreßumfangs und der Wortbreite der Speicherbausteine (z. B. durch das Multiplexen von Eingangssignalen bzw. das Decodieren von Ausgangssignalen) und der Festlegung der gewünschten Verarbeitungsparallelität (z. B. durch die Serialisierung der Abfrage von Eingangsvariablen). Im weiteren werden hauptsächlich Syntheseverfahren für festverdrahtete Steuerwerke behandelt, Optimierungsverfahren für mikroprogrammierte Steuerwerke sind z.B. in [GrMo 70, Ager 76, Gras 78, LeSh 81] zu finden.


## 5.2 Entwurfsablauf


Beim Entwurf von Steuerwerken können zwei Arten der Optimierung unterschieden werden. Die *optimierte Synthese* (Abschnitt 5.2.2) führt von einer Spezifikation des Steuerwerksverhaltens in Form einer Zustandsbeschreibung zu einer optimierten Struktur, während die *Strukturoptimierung* (Abschnitt 5.2.1) eine bereits existierende Strukturbeschreibung in eine günstigere Struktur transformiert. Das zweite Vorgehen ist sinnvoll, wenn eine Zustandsbeschreibung des Schaltwerks nicht verfügbar bzw. zu aufwendig ist. Weiterhin können die Auswirkungen von Strukturmodifikationen auf die zu optimierende Gütefunktion im allgemeinen einfacher abgeschätzt werden als bei der optimierten Synthese. Dafür bietet die Verhaltensspezifikation mehr Freiheitsgrade der Optimierung als eine bereits festgelegte Struktur.

## 5.2.1 Strukturoptimierung

Die Optimierung der Struktur sequentieller Schaltungen erfordert eine Erweiterung der in Abschnitt 4.3.2 eingeführten booleschen Netze um Möglichkeiten zur Repräsentation von Speicherelementen. Zur Vereinfachung seien hier nur D-Flipflops berücksichtigt. Ein um die Repräsentation von D-Flipflops erweitertes boolesches Netz wird im folgenden als *synchrones Netz* bezeichnet. Darin wird der zyklenfreie Digraph (V, E) des booleschen Netzes zu einem bewerteten Digraphen mit der Gewichtsfunktion w: E $\rightarrow$ $\mathbb{N}^0$ erweitert. Die Bewertung einer Kante entspricht der Anzahl von entlang dieser Kante durchlaufenen D-Flipflops. Da es in synchronen Schaltungen keinen Rückkopplungspfad gibt, der nicht durch ein Flipflop unterbrochen wird, dürfen in dem Digraphen nur Zyklen positiver Länge auftreten.

*Beispiel 5.3:* Bild 5.12 stellt einer mit Hilfe eines booleschen Netzes modellierten Schaltnetzstruktur (5.12a) eine Struktur gegenüber, die zwei D-Flipflops enthält (5.12b). Das entsprechende synchrone Netz ist ebenfalls angegeben. Zur Vereinfachung wird eine Kantenbewertung von 0 im allgemeinen weggelassen.

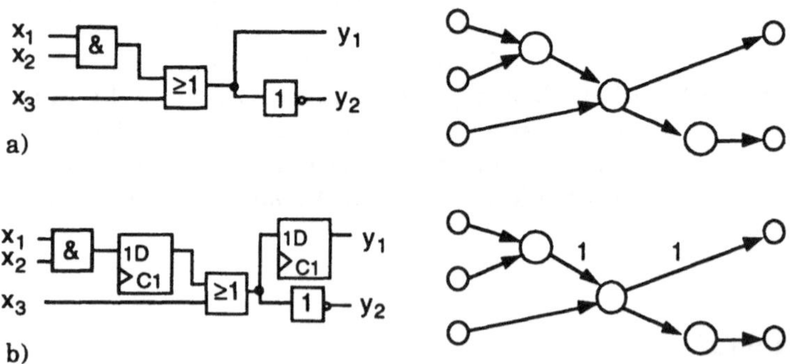


*Bild 5.12:* Boolesche und synchrone Netze

Im nachfolgend beschriebenen Vorgehen wird das Problem der Optimierung synchroner Netze auf das Problem der Optimierung boolescher Netze und damit auf das Vorgehen von Abschnitt 4.3 zurückgeführt [MSBS 91]. Dazu ist es notwendig, die Speicherelemente temporär aus der zu optimierenden Schaltung zu entfernen. Dies wird durch eine *Flipflop-Verschiebung (retiming)* [LeSa 91] möglich. Andere Vorschläge zur Strukturoptimierung sequentieller Schaltungen finden sich in [BaBR 91, DeMi 91, DaDe 92].

*Beispiel 5.3 (Forts.):* Das in Bild 5.12b realisierte Verhalten kann durch die Gleichungen

$$y_1(t) = \overline{x_1(t\text{-}2)\, x_2(t\text{-}2) \vee x_3(t\text{-}1)}$$

$$y_2(t) = \ x_1(t\text{-}1)\, x_2(t\text{-}1) \vee x_3(t)$$

beschrieben werden, wobei der zeitliche Verlauf durch die Abhängigkeit von einer Zeitvariablen t angegeben wird, die in Abschnitte der Länge einer Taktperiode eingeteilt ist. Eine Schaltung gleichen Verhaltens erhält man, wenn man das Flipflop vom Ausgang des UND-Gatters in Bild 5.13 zu dessen beiden Eingängen verschiebt.

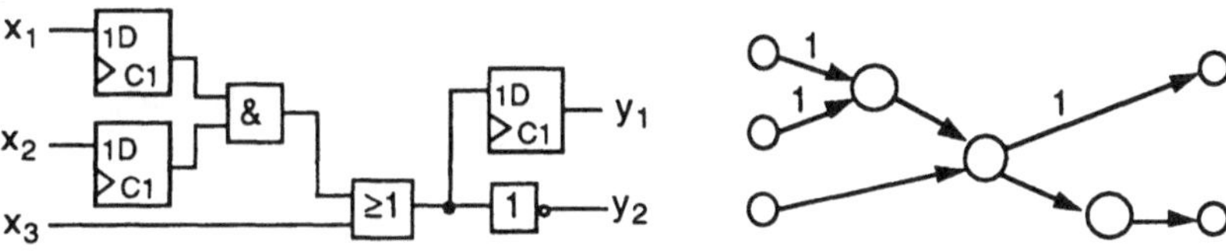

*Bild 5.13:* Synchrones Netz mit verschobenem Flipflop

Jede Flipflop-Verschiebung läßt sich durch eine Funktion L: V $\rightarrow$ **Z** repräsentieren, die alle Knoten $v_i \in$ V relativ zu ihren Vorgängern und Nachfolgern um eine gewisse Anzahl von Takten $L(v_i)$ nach hinten verschiebt. Zur Erhaltung der Funktionalität des Schaltwerks muß dabei $L(v_i) = 0$ für alle Ein- bzw. Ausgangsknoten $v_i \in$ I $\cup$ O gelten. Wird eine solche Verschiebung durchgeführt, ergibt sich die neue Gewichtsfunktion w' der Kanten zu

$$w'(v_j, v_k) = w(v_j, v_k) + L(v_k) - L(v_j). \tag{5.4}$$

Da zwischen zwei Knoten nur eine nichtnegative Anzahl von Flipflops plaziert werden kann, muß die Funktion L so gewählt werden, daß w'(e) $\geq$ 0 für alle Kanten e gilt. Allerdings muß diese Einschränkung nur dann gelten, wenn das manipulierte synchrone Netz auf eine Schaltung abgebildet werden soll; im Laufe der Optimierung können zwischenzeitlich auch negative Kantengewichte zugelassen werden.

*Beispiel 5.3 (Forts.):* Die Flipflop-Verschiebung zwischen Bild 5.12b und Bild 5.13 erfordert, daß die UND-Verknüpfung einen Takt später ausgeführt wird. Daher wird für den diese Verknüpfung repräsentierenden Knoten $v_i$ $L(v_i) = 1$ gesetzt. Entsprechend erhöht sich nach (5.4) das Gewicht der Eingangskanten von $v_i$ um 1, während das Gewicht der Ausgangskante um 1 reduziert wird.

Die Strukturoptimierung besteht aus den folgenden Schritten: Zunächst wird
im gegebenen synchronen Netz eine Flipflop-Verschiebung so durchgeführt,
daß alle Kanten e zwischen internen Knoten das Gewicht w(e) = 0 erhalten
(*periphere Flipflop-Verschiebung*). Das resultierende interne boolesche Netz
kann nun mit Hilfe der Methoden von Abschnitt 4.3 optimiert werden. Nach
der Optimierung wird eine weitere Flipflop-Verschiebung so durchgeführt,
daß alle Kanten zulässige Gewichte w(e) $\geq$ 0 zugewiesen bekommen und die
Gesamtsumme der Gewichte, d. h. die Anzahl der Flipflops, minimal wird. Ein
Nachteil dieses Vorgehens ist, daß der Flipflop-Aufwand während der Optimierung des booleschen Netzes unberücksichtigt bleibt und sich erst als Resul-
tat der abschließenden Flipflop-Verschiebung ergibt.

*Beispiel 5.4:* Gegeben sei die synchrone Schaltung von Bild 5.14a. Nach einer peripheren Flipflop-Verschiebung erhält man das synchrone Netz von Bild
5.14b mit dem entsprechenden internen booleschen Netz. Die beiden UND-
Gatter mit zwei Eingängen können nun zu einem UND-Gatter zusammengefaßt werden (Bild 5.14c). Schließlich wird eine weitere Flipflop-Verschiebung durchgeführt, um zu einem synchronen Netz mit nichtnegativen Gewichten zu kommen, das auf eine synchrone Schaltung abgebildet werden
kann (Bild 5.14d).

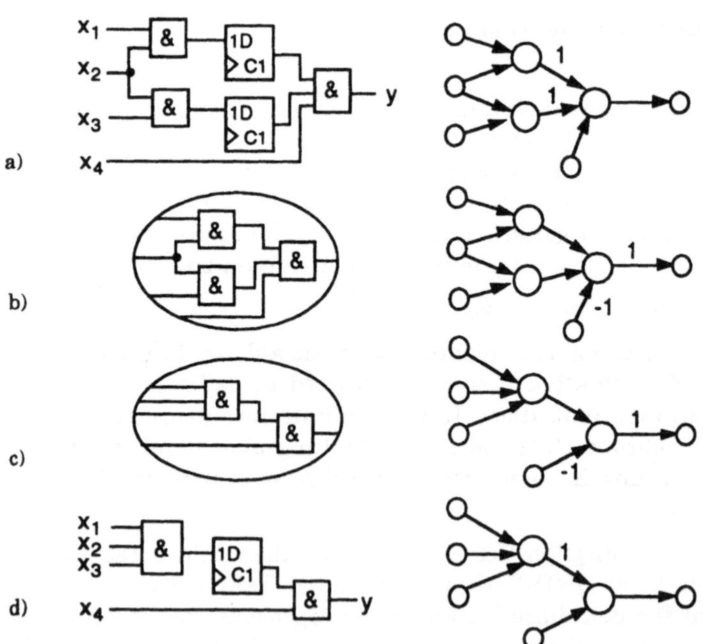


*Bild 5.14:* Strukturoptimierung mit peripherer Flipflop-Verschiebung

Zu klären sind bei diesem Vorgehen noch zwei Punkte. Zum einen ist nicht gesichert, daß eine Flipflop-Verschiebung an die Schaltungsperipherie möglich ist, zum anderen muß gewährleistet sein, daß nach einer Optimierung des booleschen Netzes eine Flipflop-Verschiebung existiert, die für alle Kanten des synchronen Netzes zu nichtnegativen Gewichten führt.

*Satz 5.1:* Eine periphere Flipflop-Verschiebung in einem synchronen Netz existiert, wenn $\alpha$) das synchrone Netz keine Zyklen enthält, $\beta$) keine Pfade unterschiedlicher Länge von einem Eingang zu einem Ausgang existieren und $\gamma$) es für alle Eingangsknoten $v_i$ eine ganze Zahl $a_i$ und für alle Ausgangsknoten $v_j$ eine ganze Zahl $b_j$ gibt, so daß die Länge aller Pfade von $v_i$ nach $v_j$ gleich $a_i + b_j$ ist.

Beweis: siehe [MSBS 91].                                                          ◆

Die Größen $a_i$ und $b_j$ aus $\gamma$) entsprechen den Gewichten der von Eingängen ausgehenden bzw. zu Ausgängen führenden Kanten nach einer peripheren Flipflop-Verschiebung (Bild 5.15). Da im verbleibenden Netz nur noch Kantengewichte $w = 0$ verbleiben dürfen, um eine rein boolesche Optimierung zu ermöglichen, darf es vor der Flipflop-Verschiebung keinen Pfad mit einer Länge ungleich $a_i + b_j$ geben. Falls eine periphere Flipflop-Verschiebung nicht existiert, muß die Schaltung in Teilschaltungen so partitioniert werden, daß für alle Teilschaltungen die Bedingungen von Satz 5.1 erfüllt werden. Jede der Teilschaltungen kann dann separat optimiert werden. Besondere Bedeutung hat dieses Vorgehen bei synchronen Netzen mit Zyklen. Hier werden zunächst sämtliche Zyklen aufgetrennt, wodurch an den Schnittstellen neue Ein- und Ausgabeknoten entstehen. Nach der Optimierung der aufgetrennten Schaltung wird die Schaltung an den Schnittstellen wieder verbunden. Da das Zeitverhalten von Ein- und Ausgängen durch eine Flipflop-Verschiebung nicht verändert wird und dies auch für die neu entstandenen Ein- und Ausgänge gilt, ist diese Zusammenfügung problemlos möglich.

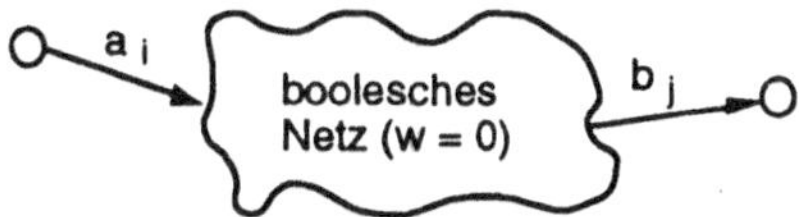


*Bild 5.15:* Situation nach peripherer Flipflop-Verschiebung

Zu klären ist noch, wann für ein synchrones Netz eine Flipflop-Verschiebung existiert, um nur Kanten mit nichtnegativen Gewichten zu erhalten.

*Satz 5.2:* Für ein synchrones Netz existiert genau dann eine zulässige Flipflop-Verschiebung, wenn alle Pfade von Ein- zu Ausgängen eine nichtnegative Länge besitzen, $\sum w(e) \geq 0$.

Beweis: siehe [MSBS 91].                                                          ◆

Während der Optimierung des booleschen Netzes können neue Pfade zwischen Ein- und Ausgangsknoten entstehen (Pseudo-Abhängigkeiten). Da die Gewichte der Ein- und Ausgangskanten $a_i$ und $b_j$ nach einer peripheren Flipflop-Verschiebung durchaus negativ sein können, solange nur für alle existierenden Pfade $a_i + b_j \geq 0$ gilt, kann ein durch die Optimierung hinzukommender neuer Pfad auch eine Länge kleiner 0 besitzen. Negative Zeitverschiebungen sind technisch jedoch nicht zu realisieren. Die Ergebnisse der booleschen Optimierung müssen daher stets daraufhin untersucht werden, ob eine entsprechende Pseudo-Abhängigkeit eingeführt wurde. Diese muß vor der abschließenden Flipflop-Verschiebung beseitigt werden.

*Beispiel 5.5:* Gegeben sei das (interne) Schaltnetz von Bild 5.16a mit den gegebenen Werten $a_i$ und $b_j$. Für dieses Netz ist die Bedingung von Satz 5.2 erfüllt, es existiert eine zulässige Flipflop-Verschiebung. Optimiert man das Schaltnetz gemäß Bild 5.16b, indem das ODER-Gatter mit drei Eingängen durch ein ODER-Gatter mit zwei Eingängen ersetzt wird, entsteht eine Pseudoabhängigkeit zwischen dem vierten Eingang und dem dritten Ausgang. Die Länge des dazwischenliegenden Pfades ist negativ, die resultierende Schaltung besitzt keine zulässige Flipflop-Verschiebung.

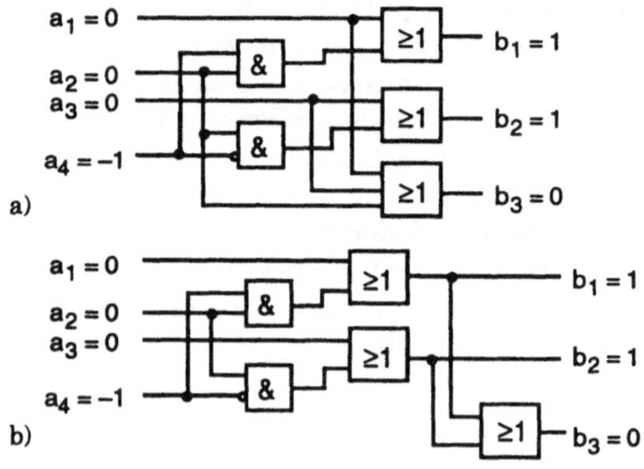

*Bild 5.16:* Netze mit und ohne zulässige Flipflop-Verschiebung

Das daraus resultierende Vorgehen bei der Strukturoptimierung sequentieller Schaltungen ist in Algorithmus 5.1 zusammengefaßt. Eingabe ist das synchrone Netz (V, E, w, F) mit dem zugrundeliegenden booleschen Netz (V, E, F) nach Abschnitt 4.3.2 und der Gewichtsfunktion w; es wird durch den Algorithmus entsprechend modifiziert. Nach der Zyklenauftrennung und Partitionierung wird eine periphere Flipflop-Verschiebung möglich, so daß das verbleibende interne boolesche Netz rein kombinatorisch optimiert werden kann. Danach wird durch eine zulässige Flipflop-Verschiebung wieder ein technisch realisierbares zeitliches Verhalten hergestellt, und die aufgetrennten Schaltungsteile werden wieder zusammengefügt.

*Algorithmus 5.1:* Optimierung synchroner Netze

```
procedure Strukturopt(V, E, w, F)
begin
    durchtrenne Zyklen in (V, E);
    while (Voraussetzungen von Satz 5.1 nicht erfüllt) do
        partitioniere Schaltung in Teile (Vp, Ep, wp, Fp);
    for (∀ Schaltungsteile (Vp, Ep, wp, Fp)) do
    begin
        wp := FF-Verschiebung_peripher(Vp, Ep, wp);
        repeat
            boolesche Optimierung von (Vp, Ep, Fp);
        until (Voraussetzung von Satz 5.2 erfüllt);
        wp := FF-Verschiebung_zulässig(Vp, Ep, wp);
    end
    Partitionierung und Zyklenauftrennung rückgängig machen;
end.
```

## 5.2.2  Optimierte Synthese

Das Ziel der optimierten Synthese ist es, die Verhaltensbeschreibung eines Steuerwerks in eine optimierte Strukturbeschreibung zu transformieren. Üblich ist dabei eine Modellierung des Steuerwerksverhaltens durch einen endlichen deterministischen Automaten (Definition 5.1). Andere Beschreibungsformen, z. B. mit Petri-Netzen [BKKR 86], *„state charts"* [DrHa 89] oder temporaler Logik [Lamp 89] bleiben im folgenden unberücksichtigt.

*Definition 5.1:* Ein *Steuerwerk* $S = (X, Y, Z, f_y^V, f_z^V, Z^0)$ ist die technische Realisierung eines deterministischen endlichen Automaten (*finite state machine, FSM*) mit der Eingabemenge X, der Ausgabemenge Y, der Zustandsmenge Z, einem Anfangszustand $Z^0 \in Z$, sowie einer Ausgabefunktion $f_y^V: X \times Z \to Y$ und einer (Zustands-)Übergangsfunktion $f_z^V: X \times Z \to Z$.

Dabei wurde ein Mealy-Automat zugrunde gelegt, für den Spezialfall von Moore-Automaten entfällt die Abhängigkeit der Ausgabefunktion von der Eingabe, $f_y^V: Z \to Y$. Die symbolischen Ein- und Ausgaben sowie die Zustände sind zur Unterscheidung von Größen der Strukturbeschreibung mit großen Buchstaben bezeichnet, die Ausgabe- und Übergangsfunktion mit dem hochgestellten Index V (Verhalten). Graphisch läßt sich das Verhalten eines Steuerwerks durch ein Zustandsübergangsgraphen (vgl. Beispiel 5.1) beschreiben.

*Definition 5.2:* Der *(Zustands-)Übergangsgraph* ZG = (Z, Ü) eines Steuerwerks $S$ ist ein gerichteter markierter Graph, dessen Knoten den Zuständen Z und dessen Kanten den Zustandsübergängen $\ddot{U} \subseteq Z \times Z$ des Steuerwerks entsprechen. Ein Zustandsübergang führt dabei von einem Zustand $Z_j$ zu einem Zustand $Z_k^+ = f_z^V(X_i, Z_j)$ und ist mit der zugehörigen Eingabe $X_i$ und der Ausgabe $Y_\ell = f_y^V(X_i, Z_j)$ markiert.

Die beiden das Verhalten des Steuerwerks festlegenden Funktionen $f_y{}^V$ und $f_z{}^V$ können stattdessen auch durch eine *Ablauftabelle* spezifiziert werden (Tabelle 5.1). Sie entspricht der in der folgenden Definition 5.3 eingeführten symbolischen Überdeckung eines Steuerwerks, ihre Zeilen entsprechen den dort definierten symbolischen Implikanten. Für undefinierte Ausgaben bzw. Folgezustände wird im folgenden das Symbol $\varepsilon$ verwendet.

*Tabelle 5.1:* Ablauftabelle eines Steuerwerks

| symbol.<br>Zustand | symbol.<br>Eingabe | symbol.<br>Folgezustand | symbol.<br>Ausgabe |
|---|---|---|---|
| $X_1$ | $Z_1$ | $Z_1{}^+$ | $Y_1$ |
| ... | ... | ... | ... |
| $X_i$ | $Z_j$ | $Z_k{}^+$ | $Y_\ell$ |
| ... | ... | ... | ... |

*Definition 5.3:* Ein *symbolischer Implikant* eines Steuerwerks $S$ ist ein 4-Tupel $I = (Z_i, X_j; Z_k{}^+, Y_\ell)$ mit $Z_i \in Z, X_j \in X, Z_k{}^+ \in Z \cup \{\varepsilon\}, Y_\ell \in Y \cup \{\varepsilon\}$ und

$$Z_k{}^+ = \begin{cases} \varepsilon \text{ falls } f_z{}^V(Z_i,X_j) \text{ undefiniert} \\ f_z{}^V(Z_i,X_j) \text{ sonst} \end{cases}, \quad Y_\ell = \begin{cases} \varepsilon \text{ falls } f_y{}^V(Z_i,X_j) \text{ undefiniert} \\ f_y{}^V(Z_i,X_j) \text{ sonst} \end{cases}$$

Die *symbolische Überdeckung* $C$ *(cover)* eines Steuerwerks $S$ ist die Menge aller zur Beschreibung des Steuerwerks notwendigen symbolischen Implikanten von $S$, $C = \{I = (Z_i, X_j; Z_k{}^+, Y_\ell) \mid Z_k{}^+ \neq \varepsilon \vee Y_\ell \neq \varepsilon\}$.

Um zu einer Strukturbeschreibung zu kommen, müssen die Schnittstellen des Steuerwerks nach außen eindeutig definiert werden. Dazu sind in einer digitalen Schaltung die symbolischen Eingaben aus X mit Hilfe von $p \geq \lceil \log_2 |X| \rceil$ binären Eingangssignalen $x_i$ und die symbolischen Ausgaben aus Y mit Hilfe von $q \geq \lceil \log_2 |Y| \rceil$ binären Ausgangssignalen $y_i$ zu codieren.

*Definition 5.4:* Die *Eingabecodierung* $\psi_X\colon X \to \{0, 1\}^p$ ordnet jeder symbolischen Eingabe injektiv eine p-dimensionale Eingabebelegung $e = (x_1, ..., x_p)$ zu. Die *Ausgabecodierung* $\psi_Y\colon Y \to \{0, 1, -\}^q$ ordnet jeder symbolischen Ausgabe injektiv eine q-dimensionale Ausgabebelegung $y = (y_1, ..., y_q)$ zu. Ist $y_i = -$, kann diese Ausgabevariable beliebig entweder zu 0 oder zu 1 verfügt werden (don't care).

Die Realisierung von Steuerwerken mit digitalen Bausteinen erfordert zudem eine Abbildung der symbolischen Zustände auf Inhalte binärer Speicherelemente. Es sei $n = |Z|$ die Anzahl von Zuständen. Dann werden zur Speicherung des Zustandes

$$r \geq r_0, \qquad r_0 = \lceil \log_2 n \rceil \tag{5.5}$$

binäre Speicherelemente benötigt. Der Inhalt des i-ten Speicherelements sei mit $z_i$ bezeichnet.

*Definition 5.5:* Die *Zustandscodierung* $\psi_Z$: $Z \to \{0,1\}^r$ ordnet jedem symbolischen Zustand injektiv eine r-dimensionale Zustandsbelegung $z = (z_1, ..., z_r)$ zu.

Wie in Beispiel 5.2 gezeigt, ist je nach Art der verwendeten Speicherelemente für die Ersetzung der augenblicklichen Zustandsbelegung z durch die neue Belegung $z^+$ eine andere Ansteuerung der Speicherelemente nötig. Bei der Verwendung von D-Flipflops ist die Ansteuerfunktion gleich der Folgezustandsfunktion. Mit den drei Codierungen $\psi_Z$, $\psi_X$ und $\psi_Y$ ist dann die Spezifikation der Schaltnetzelemente des Steuerwerks festgelegt.

Die symbolischen Implikanten $(Z_i, X_j; Z_k^+, Y_\ell)$ eines Steuerwerks $S$ werden durch die Codierung in boolesche Implikanten $(z, x; z^+, y)$ mit $z = \psi_Z(Z_i)$, $x = \psi_X(X_j)$, $z^+ = \psi_Z(Z_k^+)$ und $y = \psi_Y(Y_\ell)$ verwandelt, wobei für die nicht definierten Folgezustände und Ausgaben don't cares eingesetzt werden, $\psi_Z(\varepsilon) = \{-\}^r$, $\psi_Y(\varepsilon) = \{-\}^q$. Die symbolische Überdeckung $C$ des Steuerwerks $S$ geht dadurch in die Spezifikation eines Schaltnetzes über, das mit den in Kapitel 4 beschriebenen Verfahren optimiert werden kann. Die zu implementierende Ausgabefunktion $f_y \equiv f_y^V[\psi_Z, \psi_X, \psi_Y]$ ist durch

$$f_y: \{0, 1, -\}^{p+r} \to \{0, 1, -\}^q, \quad f_y(\psi_Z(Z_i), \psi_X(X_j)) = \psi_Y(f_y^V(Z_i, X_j)), \tag{5.6a}$$

die Übergangsfunktion $f_z \equiv f_z^V[\psi_Z, \psi_X]$ durch

$$f_z: \{0, 1, -\}^{p+r} \to \{0, 1, -\}^r, \quad f_z(\psi_Z(Z_i), \psi_X(X_j)) = \psi_Z(f_z^V(Z_i, X_j)) \tag{5.6b}$$

gegeben (vgl. Bild 5.2).

*Beispiel 5.6:* Gegeben sei ein Teil des Steuerwerks eines primitiven Prozessors (Tabelle 5.2). Das Steuerwerk muß aufgrund des im Befehlsregister abgelegten Befehlswortes eine bestimmte Folge von Steuersignalen erzeugen. Die Befehle des Prozessors seien mit LD (*load*), ST (*store*), ADD, NAND, JNZ (*jump if not zero*) und JMP (*jump*) bezeichnet, sie entsprechen den symbolischen Eingaben des Steuerwerks. Die für den modellierten Steuerwerksteil relevanten symbolischen Ausgaben heißen SA, SB, SC, SD. Das Steuerwerk hat n = 2 Zustände A und B.

*Tabelle 5.2:* Ablauftabelle des Prozessor-Steuerwerks

| Zustand | Befehl | Folgezustand | Steuersignal |
|---------|--------|--------------|--------------|
| A | LD | B | SA |
| B | LD | A | $\varepsilon$ |
| A | ST | B | SA |
| B | ST | A | $\varepsilon$ |
| A | ADD | A | SB |
| A | NAND | A | SC |
| A | JNZ | A | SD |
| A | JMP | A | SD |

Zur Codierung der Befehle werden $p = 3$ binäre Variablen verwendet, wobei $\psi_X(LD) = 000$, $\psi_X(ST) = 001$, $\psi_X(ADD) = 100$, $\psi_X(NAND) = 101$, $\psi_X(JNZ) = 010$, $\psi_X(JMP) = 011$ gesetzt wird. Die Ausgabe wird mit $q = 2$ Variablen codiert, wobei $\psi_Y(SA) = 01$, $\psi_Y(SB) = 11$, $\psi_Y(SC) = 10$, $\psi_Y(SD) = 00$ gesetzt wird. Schließlich werden noch die Zustände, z. B. mit $r = r_0 = \lceil \log_2 2 \rceil = 1$ Zustandsvariablen, codiert, $\psi_Z(A) = 0$, $\psi_Z(B) = 1$. Setzt man diese Werte in Tabelle 5.2 ein, erhält man die Funktionstabelle eines Bündelschaltnetzes zur Realisierung der Ausgabe - und Übergangsfunktion in Tabelle 5.3.

*Tabelle 5.3:* Codierte Ablauftabelle des Prozessor-Steuerwerks

| Zustands-belegung | Befehlswort | Folgezustands-belegung | Steuerbelegung |
|---|---|---|---|
| 0 | 0 0 0 | 1 | 0 1 |
| 1 | 0 0 0 | 0 | - - |
| 0 | 0 0 1 | 1 | 0 1 |
| 1 | 0 0 1 | 0 | - - |
| 0 | 1 0 0 | 0 | 1 1 |
| 0 | 1 0 1 | 0 | 1 0 |
| 0 | 0 1 0 | 0 | 0 0 |
| 0 | 0 1 1 | 0 | 0 0 |

In den Definitionen 5.4 und 5.5 wurden Codierungen als Abbildungen in eine Menge von Belegungen eingeführt. Die Voraussetzung, daß es sich um eine Abbildung handelt, ist jedoch nicht unbedingt notwendig. Es ist auch möglich, einer symbolischen Größe mehrere Codewörter zuzuweisen und diese dadurch effektiv in mehrere äquivalente Größen der Implementierung aufzuspalten. Diese Technik findet allerdings hauptsächlich bei Zustandsvariablen asynchroner Schaltwerke Anwendung, um kritische Wettläufe zu vermeiden [Unge 69]; sie führt bei synchronen Schaltungen zu Problemen u. a. beim Test [DMNS 88] und bleibt daher im folgenden unberücksichtigt.

Die bei der Umsetzung einer Zustands- in eine Strukturbeschreibung möglichen Optimierungen können in die vier Klassen Beschreibungsoptimierung, Schnittstellenoptimierung, Strukturoptimierung und Implementierungsoptimierung eingeteilt werden.

- Das Ziel der *Beschreibungsoptimierung* ist es, eine möglichst effizient implementierbare Verhaltensbeschreibung zu erzeugen. So erfordert die Spezifikation undefinierter Ausgaben oder Zustandsübergänge zwar im allgemeinen einen erhöhten Entwurfsaufwand, da ein Entwerfer sich darüber klarwerden muß, ob z. B. eine bestimmte Eingabe-/Zustandskombination wirklich nie auftritt; durch die daraus resultierenden don't cares entstehen jedoch Freiheitsgrade, die während der Logiksynthese vorteilhaft ausgenutzt werden können. Auch die Ausnutzung von Freiheitsgraden, die in der oben definierten Zustandsübergangsbeschreibung nicht formulierbar sind, kann Vorteile bringen. So ist es unter Umständen möglich, bestimmte

Statusvariablen (siehe Bild 5.1) alternativ in mehreren Zuständen abzufragen oder beliebig einen von mehreren Folgezuständen auszuwählen [MeLi 90]. Auch bei den Steuervariablen kann eine Auswahl unter mehreren Belegungen möglich sein [EvHö 92], was die zugrundeliegende boolesche Funktion in eine boolesche Relation überführt [BrSo 89]. Zu den Verfahren der Beschreibungsoptimierung kann auch die Zustandsreduktion gerechnet werden, bei der äquivalente oder verträgliche Zustände der Verhaltensbeschreibung zusammengefaßt werden (Abschnitt 5.5).

- Gegenstand der *Strukturoptimierung* ist die Auswahl der zu verwendenden kombinatorischen und sequentiellen Bausteine sowie der groben Festlegung ihrer Verbindungsstruktur (Register-Transfer-Struktur). Darunter fällt auch die Dekomposition des Schaltnetzanteils in mehrere Teilschaltnetze, die jeweils getrennt z. B. durch PLAs oder ROMs realisiert werden. Wir beschränken uns im folgenden auf festverdrahtete Steuerwerke (vgl. Abschnitt 5.1.3).

- Bei der *Schnittstellenoptimierung* geht es darum, die Kommunikation des Steuerwerks mit dem Operationswerk, anderen Steuerwerken oder der Systemumgebung möglichst effizient zu gestalten. Hier ist es z. B. möglich, Steuerfunktionen in das Operationswerk auszulagern (lokale Steuerung) oder die Codierung von Schnittstellensignalen zu optimieren (Abschnitt 5.3).

- Die *Implementierungsoptimierung* umfaßt die Untersuchung aller Möglichkeiten, die bei festgelegter Register-Transfer-Struktur noch bestehen. Hierzu gehören die Festlegung der Zustandscodierung, die Gegenstand von Abschnitt 5.4 ist, und die Minimierung der vorgesehenen Blöcke kombinatorischer Logik (vgl. Kapitel 4).

## 5.3 Schnittstellenoptimierung

### 5.3.1 Symbolische und mehrwertige Variablen

Wie in Beispiel 5.6 gezeigt, ist die Codierung der Ein- und Ausgabesignale eines Steuerwerks nicht immer vollständig festgelegt. Das folgende Beispiel 5.7 veranschaulicht einen Fall, in dem die Codierung der Signale zur Steuerung eines Operationswerks keinen Einfluß auf dessen Realisierungsaufwand hat. Dieser Freiheitsgrad kann bei der Steuerwerkssynthese ausgenutzt werden, um den Realisierungsaufwand des Steuerwerks zu minimieren.

*Beispiel 5.7:* Man betrachte ein Operationswerk, in dem über einen Multiplexer von drei Datenleitungen eine ausgewählt werden soll (Bild 5.17a). Ist die Datenleitung $D_0$ durchzuschalten, müssen die beiden Steuervariablen $S_1$ und $S_0$ auf 00 gesetzt werden, bei $D_1$ auf 01 und bei $D_2$ auf 10. Da die Eingänge des Multiplexers beliebig permutiert werden können, z. B. wie in Bild 5.17b, ver-

ändert sich die Komponentenanzahl des Operationswerks bei einer anderen
Codierung der Steuerinformation „$D_0$ durchschalten", „$D_1$ durchschalten"
und „$D_2$ durchschalten" mit veränderten Steuervariablen $S_1'$ und $S_0'$ nicht.
Die Ausgabelogik des Steuerwerks kann durch die modifizierte Codierung
aber entscheidend verändert werden. Zusätzlich kann in Bild 5.17b „D1
durchschalten" sowohl mit der Steuerbelegung 10 als auch mit 11 realisiert
werden, d. h. die Belegung der Steuervariablen $S_0'$ ist gleichgültig. Diese
don't care-Belegung kann bei der Minimierung der Ausgabelogik des
Steuerwerks so verfügt werden, daß die Ausgabelogik möglichst effizient implementiert werden kann.

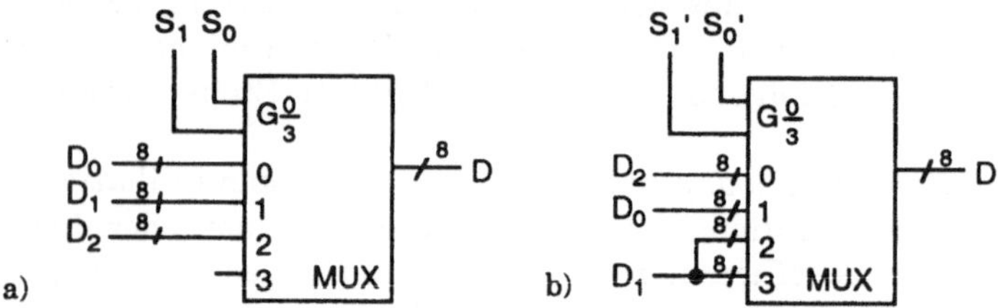

*Bild 5.17:* Ansteuerung von Multiplexern mit beliebigen Steuersignalen

Im allgemeinen Fall enthält die Spezifikation eines zu entwerfenden Steuerwerks sowohl vorcodierte binäre Ein- und Ausgangsvariablen als auch noch
zu codierende *symbolische* Ein- und Ausgaben. In Beispiel 5.2 waren die Signale zur Kommunikation zwischen Zähler und Merker bereits definiert und binär codiert, während die Ausgaben des für Beispiel 5.7 notwendigen Steuerwerks nur symbolisch benannt sind (z. B. „$D_0$ durchschalten") und ihre
Codierung damit noch optimiert werden kann.

Zur Vereinfachung wird im folgenden die optimierte Codierung von symbolischen Ein- und Ausgaben getrennt betrachtet. Bei der Codierung symbolischer
Eingaben in Abschnitt 5.3.2 wird davon ausgegangen, daß eventuell auftretende symbolische Ausgaben und Zustände bereits codiert sind. Damit braucht
man bei der Eingabecodierung nur ein *Schaltnetz* mit binären und symbolischen Eingaben und binären Ausgaben zu betrachten (Bild 5.18a). Analog wird
bei der Codierung symbolischer Ausgaben in Abschnitt 5.3.3 davon ausgegangen, daß alle Eingaben und Zustände binär codiert sind und damit nur ein
Schaltnetz mit binären Eingaben und binären und symbolischen Ausgaben betrachtet werden muß (Bild 5.18b). Das Problem der gleichzeitigen Codierung
symbolischer Ein- und Ausgaben stellt einen Spezialfall des Problems der Zustandscodierung dar und wird in Abschnitt 5.4 behandelt.

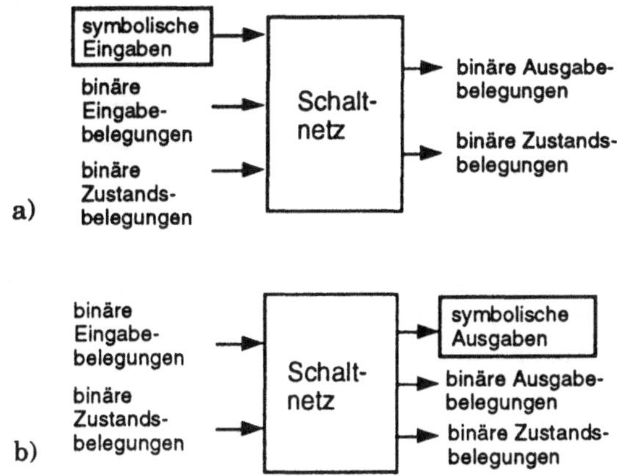


*Bild 5.18:* Aufgabenstellung der Ein- und Ausgabecodierung

*Beispiel 5.8:* Im folgenden wird häufig auf das Schaltnetz von Tabelle 5.4 zurückgegriffen, in dem zwei symbolische Eingaben zu einer symbolischen Ausgabe verarbeitet werden. Die symbolischen Eingaben stellen Befehlsbezeichnung und Adressierungsart (DIR - direkt, IND - indirekt, IX - indiziert) im Befehlswort eines Prozessors dar, die symbolische Ausgabe repräsentiert eine Steuerbelegung [DeMi 87]. Es ist eine Codierung der Befehlsbezeichnungen, Adressierungsarten und Steuerbelegungen zu finden, die zu einem zweistufigen Schaltnetz minimaler Produkttermanzahl führt.

*Tabelle 5.4:* Schaltnetz mit symbolischen Ein- und Ausgaben

| Befehl | Addressierung | Steuerbelegung |
|--------|---------------|----------------|
| AND | DIR | SIG B |
| AND | IX | SIG A |
| AND | IND | SIG B |
| OR | DIR | SIG B |
| OR | IX | SIG A |
| OR | IND | SIG D |
| ADD | DIR | SIG C |
| ADD | IX | SIG A |
| ADD | IND | SIG C |
| JMP | DIR | SIG C |
| JMP | IX | SIG A |
| JMP | IND | SIG D |

Da Abschnitt 5.3.2 zunächst nur das Problem der Eingabecodierung behandelt, wird dort eine feste Codierung der vier Steuerbelegungen SIG A, SIG B, SIG C, SIG D mit 1000, 0100, 0010 und 0001 angenommen. Durch diese Codierung bleiben die Produktterme der vier Steuerbelegungen disjunkt, bezüglich der Ausgabecodierung wird also keine Festlegung getroffen. Die resul-

tierende Eingabecodierung wird dann als Grundlage der Ausgabecodierung
in Abschnitt 5.3.3 benutzt.                                              •

Das prinzipielle Vorgehen bei der Ein- und Ausgabecodierung ist identisch mit
dem der Zustandscodierung. Die symbolischen Größen werden als *mehrwerti-
ge* Variablen interpretiert, die einen von n Werten {0, 1, …, n–1} annehmen
[DeBS 85], n ≥ 1. Die Schaltnetze von Bild 5.18 werden dann zu „mehrwertigen
Schaltnetzen", die entsprechende mehrwertige Signale verarbeiten müssen.
Ausführlichere Darstellungen mehrwertiger Logiken findet man z. B. in
[Hurs 84, Rine 77]. Durch die Erweiterung von Verfahren der (binären) Logikminimierung auf mehrwertige Größen, können auch solche mehrwertigen
Schaltnetze „minimiert" werden[*]. Bei der Minimierung können zum Beispiel
unterschiedliche mehrwertige Variablenbelegungen zusammengefaßt werden. Das Ziel der Minimierung ist es, ein mehrwertiges Schaltnetz zu erhalten,
dessen Größe eine untere Schranke für alle Schaltnetze darstellt, die man
durch eine beliebige binäre Codierung der mehrwertigen Variablen gewinnen
kann. An dieser Stelle ist es nicht notwendig, diesen Zusammenhang im Detail
zu verstehen, er wird im weiteren Verlauf der Darstellung noch deutlicher
werden.

Im folgenden werden hauptsächlich Codierungen für zweistufige Schaltungen
betrachtet; in diesem Fall sollen mehrwertige Schaltnetze mit minimaler Produkttermanzahl erzeugt werden. Für mehrwertige und mehrstufige Schaltnetze sei auf [MaBS 89, LMBS 90] verwiesen.

*Beispiel 5.8 (Forts.):* Die Befehlsbezeichnung entspricht einer vierwertigen Eingabegröße (mit den Werten AND, OR, ADD, JMP), die Adressierungsart einer dreiwertigen Eingabegröße (mit den Werten DIR, IND, IX). Die Steuerbelegung ist vierwertig (mit den Werten SIG A, SIG B, SIG C, SIG D). Die Darstellung in Tabelle 5.4 entspricht der zweistufigen Darstellung einer mehrwertigen Funktion mit 12 Produkttermen. Kann man mehrere Zeilen der
Funktionstabelle zusammenfassen, wird dadurch die Anzahl der Produktterme reduziert.                                                         •

Die eigentliche Codierung zerfällt in zwei Schritte. Zunächst wird eine mehrwertige Logikminimierung durchgeführt, die eine optimale Repräsentation
der Schaltfunktion unabhängig von der Codierung symbolischer Größen erzeugt. Aus dem Ergebnis können Bedingungen abgeleitet werden, die eine Codierung erfüllen muß, damit ein binäres Schaltnetz ebenfalls optimal realisiert
werden kann. In einem zweiten Schritt muß nun eine Abbildung der symbolischen auf binäre Größen so gefunden werden, daß möglichst viele der vorher hergeleiteten Bedingungen erfüllt werden. Dieser Schritt stellt auch eine
Teilaufgabe der Zustandscodierung dar und wird deshalb in Abschnitt 5.4 behandelt.

---

[*] Man beachte den Unterschied zwischen der hier behandelten mehr*wertigen* und der in
Kapitel 4.3 behandelten mehr*stufigen* Minimierung.

## 5.3.2 Eingabecodierung

### 5.3.2.1 Minimierung mit mehrwertigen Eingaben

In Abschnitt 3.3.1 wurden zweiwertige Bündelfunktionen mit n Eingaben und m Ausgaben $f: \{0, 1\}^n \to \{0, 1\}^m$ betrachtet. Bei der Eingabecodierung ist eine Funktion mit n mehrwertigen Eingaben und m zweiwertigen Ausgaben zu minimieren. Die entsprechende Bündelfunktion lautet

$$f: P_1 \times P_2 \times ... \times P_n \to \{0, 1\}^m, \text{ wobei } P_i = \{0, 1, ..., p_i{-}1\}. \qquad (5.7)$$

Im Spezialfall einer zweiwertigen Eingabevariablen i gilt $p_i = 2$, für echte mehrwertige Eingabevariablen ist $p_i > 2$. Ähnlich wie Funktionen mit binären Variablen lassen sich auch Funktionen des Typs (5.7) mit Hilfe einer Würfeldarstellung repräsentieren, wobei nun aber in der i-ten Dimension nicht nur zwei sondern $p_i$ mögliche Werte zu berücksichtigen sind.

Die *Belegung* einer symbolischen Variablen $X_i$ entspricht einer nichtleeren Teilmenge von Werten aus $P_i$. Zum Verständnis dieser Definition ist es hilfreich, den Spezialfall zweiwertiger Eingabevariablen zu betrachten Hier gibt es in einer Belegung neben den beiden binären Werten 0 und 1 als dritte Möglichkeit den Eintrag don't care. Zwei Würfel, die sich nur in einer Eingabevariablen unterscheiden und dort die Belegungen 0 und 1 besitzen, können zusammengefaßt werden, wodurch in dieser Eingabevariablen die Belegung don't care entsteht. Sie kann auch durch die Teilmenge $\{0, 1\}$ repräsentiert werden, für beide Werte der Teilmenge wird die Belegung aktiviert. Bei symbolischen Eingangsvariablen mit $p_i > 2$ können beliebige symbolische Werte zusammengefaßt werden, diese Zusammenfassung führt dann zu Belegungen mit Teilmengen $X_i \subseteq P_i$, die mehr als einen symbolischen Wert enthalten, $|X_i| > 1$. Gehören alle symbolischen Werte zur Belegung, $X_i = P_i$, entspricht dies wie im zweiwertigen Fall einem don't care.

*Beispiel 5.8 (Forts.):* Die in Tabelle 5.4 den Befehl bezeichnende Variable sei mit $X_1$, die Variable für die Adressierungsart mit $X_2$ bezeichnet. Es gilt $p_1 = 4$ und $p_2 = 3$, wobei die symbolischen Werte in beliebiger Weise eineindeutig auf Werte des Bereiches 0 bis $p_i - 1$ abgebildet werden. Faßt man die Werte $X_1 = \{AND\}$ und $X_1 = \{ADD\}$ zusammen, erhält man die Variablenbelegung $X_1 = \{AND, ADD\}$.                                                                     •

Ein binärer Produktterm entspricht einer Belegung der n Eingabevariablen mit 0, 1 und don't care, ähnlich entspricht ein *mehrwertiger Produktterm* X einer mehrwertigen Belegung der n Eingabevariablen $(X_1, ..., X_n)$. Ein mehrwertiger *Minterm* ist ein Produktterm, in dem jede Variable genau einen Wert repräsentiert, $|X_1| = ... = |X_n| = 1$. Die einzelnen Zeilen der Tabelle 5.4 stellen jeweils mehrwertige Minterme dar. Statt der bei zweiwertigen Funktionen $2^n$ möglichen Minterme gibt es nun

$$\prod_{i=1}^{n} p_i \qquad (5.8)$$

mögliche Minterme. Ein Produktterm $X^p$ *überdeckt* einen Minterm $X^m$, wenn
für alle Variablen i $X_i^m \subseteq X_i^p$ gilt. Die UND-Verknüpfung zweier Produktterme entspricht der Schnittmenge der von den Produkttermen überdeckten Minterme, die ODER-Verknüpfung ihrer Vereinigungsmenge. Aufgabe der mehrwertigen Minimierung ist es, alle Einsstellen-Minterme einer Bündelfunktion
mit einer minimalen Anzahl von Produkttermen zu überdecken, ohne einen
Nullstellen-Minterm zu erfassen. Die resultierende Darstellung wird als minimierte symbolische Überdeckung $C_{min}$ bezeichnet. Detailliertere Darstellungen der mehrwertigen Minimierung findet man z. B. in [Guim 87, RuSa 87].

*Beispiel 5.8 (Forts.):* Die disjunktiv verknüpften Minterme ({AND}, {IX}), ({OR},
{IX}), ({ADD}, {IX}) und ({JMP}, {IX}) der Ausgabefunktion für SIG A können
wie in der ersten Zeile der Tabelle 5.5 gezeigt zum Produktterm ({AND, OR,
ADD, JMP}, {IX}) zusammengefaßt werden. Die Belegung der Variablen $X_1$
umfaßt in diesem Produktterm alle Elemente von $P_1$, bei binären Variablen
entspräche dies einer don't care-Eingangsbelegung. In der minimalen
Überdeckung $C_{min}$ der Funktion f: $P_1 \times P_2 \rightarrow \{0, 1\}^4$ in Tabelle 5.5 werden
statt ursprünglich zwölf nur noch sechs Produktterme benötigt.

*Tabelle 5.5:* Minimierte Funktion mit mehrwertigen Eingaben

| $X_1$ | $X_2$ | Y |
|---|---|---|
| AND, OR ADD, JMP | IX | 1 0 0 0 |
| AND, OR | DIR | 0 1 0 0 |
| AND | DIR, IND | 0 1 0 0 |
| ADD | DIR, IND | 0 0 1 0 |
| ADD, JMP | DIR | 0 0 1 0 |
| OR, JMP | IND | 0 0 0 1 |

## 5.3.2.2 Rückführung auf die zweiwertige Minimierung

Bevor auf die Eingabecodierung selbst eingegangen wird, stellt dieser Abschnitt zunächst noch eine Möglichkeit vor, um die Minimierung mit mehrwertigen Eingaben in eine Form zu bringen, die direkt mit den in Abschnitt 4
eingeführten Konzepten zur *zwei*wertigen Logikminimierung zu behandeln
ist. Dabei wird jede $p_i$-wertige Größe mit $p_i > 2$ durch eine 1-aus-$p_i$-Codierung
in $p_i$ zweiwertige Größen verwandelt. Jeder mehrwertige Minterm wird dann
durch eine zweiwertige Belegung repräsentiert, in der unter den $p_i$ einer
mehrwertigen Größe zugeordneten binären Werten genau einer Eins ist. Alle
anderen binären Belegungen entsprechen keinem mehrwertigen Minterm,
der ihnen zuzuordnende Funktionswert ist don't care.

*Beispiel 5.8 (Forts.):* Die vierwertige Variable $X_1$ wird auf vier binäre Variablen abgebildet. AND wird durch die Belegung 1000, OR durch 0100, ADD durch 0010 und JMP durch 0001 repräsentiert. In keiner einer mehrwertigen Variablen entsprechenden binären Belegung kann 0000 oder 1100 auftreten, da diese Belegungen keine 1-aus-4-Codewörter darstellen. Setzt man die Funktionswerte aller nicht zulässigen binären Belegungen zu don't care, kann die disjunktive Zusammenfassung z. B. von AND und OR durch die Belegung --00 ausgedrückt werden. Alle darin enthaltenen binären Belegungen entsprechen entweder den zusammenzufassenden mehrwertigen Variablen (1000, 0100) oder don't care-Belegungen (0000, 1100). •

Wird die aus der mehrwertigen Funktion entstandene zweiwertige Repräsentation minimiert, können somit wie gewünscht beliebige mehrwertige Größen zusammengefaßt werden. Ein zweiwertig minimierter Produktterm enthält Variablenbelegungen folgenden Typs:

* Eine Belegung besteht nur aus don't cares. In diesem Fall ist die Ausgabe für sämtliche symbolischen Werte der Variablen gültig. Dies ist z. B. für die Variable $X_1$ im ersten Produktterm von Tabelle 5.5 der Fall.
* Eine Belegung besteht aus einer Eins und don't cares für die restlichen binären Variablen. In diesem Fall konnte der entsprechende symbolische Wert mit keinem anderen symbolischen Wert zusammengefaßt werden. Die Nullen der ursprünglichen 1-aus-$p_i$-Codierung wurden während der Literalminimierung der zweiwertigen Minimierung (vgl. Algorithmus 4.3) durch Zusammenfassung des Einsstellen-Minterms mit don't care-Mintermen allerdings durch don't cares ersetzt.
* Eine Belegung besteht aus Nullen und don't cares. In diesem Fall wurden mehrere symbolische Werte zusammengefaßt, alle nicht zur Ausgabe gehörenden symbolischen Werte sind durch Nullen repräsentiert (vgl. die Zusammenfassung von AND und OR im letzten Beispiel).

Durch die Rückübersetzung des Minimierungsergebnisses in mehrwertige Form erhält man das Ergebnis der mehrwertigen Minimierung.

*Beispiel 5.8 (Forts.):* Repräsentiert man die mehrwertige Funktion von Tabelle 5.5 mit Hilfe zweiwertiger Belegungen und minimiert diese, erhält man das Ergebnis von Tabelle 5.6.

*Tabelle 5.6:* Zweiwertig minimierte Funktion mit mehrwertigen Eingaben

| $X_1$ | $X_2$ | Y |
|---|---|---|
| - - - - | - 1 - | 1 0 0 0 |
| - - 0 0 | 1 - - | 0 1 0 0 |
| 1 - - - | - 0 - | 0 1 0 0 |
| - - 1 - | - 0 - | 0 0 1 0 |
| 0 0 - - | 1 - - | 0 0 1 0 |
| 0 - 0 - | - - 1 | 0 0 0 1 |

Dabei wurde für die dreiwertige Variable $X_2$ der Wert DIR durch 100, IX durch 010 und IND durch 001 codiert. Die Tabelle kann leicht in die mehrwertige Form von Tabelle 5.5 rückübersetzt werden.                                          •

### 5.3.2.3  Zusammenfassungsbedingungen

Die mehrwertige Minimierung erlaubt es, beliebige symbolische Werte einer Variablen zusammenzufassen. Um die resultierende minimale Repräsentation nach Möglichkeit auch im binären Bereich zu erhalten, müssen die den symbolischen Werten zugewiesenen Codewörter gewisse Bedingungen, sogenannte *Codierbedingungen*, erfüllen. Im Falle der Codierung mehrwertiger Eingaben ergibt jede Menge symbolischer Eingabewerte aus $C_{min}$, deren Elemente so codiert werden sollen, daß die ihnen zugewiesenen binären Codewörter zusammengefaßt werden können, eine *Zusammenfassungsbedingung*.

*Beispiel 5.8 (Forts.):* Im zweiten Produktterm von Tabelle 5.5 sind die symbolischen Werte AND und OR zusammengefaßt, im vorletzten ADD und JMP und im letzten OR und JMP. Dies entspricht drei Zusammenfassungsbedingungen {AND, OR}, {ADD, JMP}, {OR, JMP}. Die Zusammenfassung in der ersten Zeile von Tabelle 5.5 ist für beliebige Codierungen möglich und braucht deshalb nicht berücksichtigt zu werden. Codiert man die symbolische Variable $X_1$ mit zwei binären Variablen, werden die Zusammenfassungsbedingungen z. B. von der Codierung $\psi_X(\text{AND}) = 00$, $\psi_X(\text{ADD}) = 10$, $\psi_X(\text{OR}) = 01$, $\psi_X(\text{JMP}) = 11$ erfüllt, die binäre Funktion kann mit der minimalen Anzahl von sechs Produkttermen in Tabelle 5.7 realisiert werden.

*Tabelle 5.7:* Minimierte Funktion mit binär codierten Eingaben

| $X_1$ | $X_2$ | Y |
|-------|-------|------|
| - -   | 1 0   | 1 0 0 0 |
| 0 -   | 0 0   | 0 1 0 0 |
| 0 0   | 0 -   | 0 1 0 0 |
| 1 0   | 0 -   | 0 0 1 0 |
| 1 -   | 0 0   | 0 0 1 0 |
| - 1   | 0 1   | 0 0 0 1 |

Würde man stattdessen AND mit 00 und OR mit 11 codieren, könnten die beiden symbolischen Größen im binären Fall nicht mehr zusammengefaßt werden, da die „kleinste" beide überdeckende Belegung – – auch die Codeworte der symbolischen Variablen ADD und JMP mitüberdecken würde.     •

Die Aufgabe der Codierung ist es demnach, alle symbolischen Variablenwerte binären Codeworten so zuzuweisen, daß die symbolischen Werte jeder Zusammenfassungsbedingung im binären Fall zusammengefaßt werden können, ohne daß ein Element außerhalb der Zusammenfassungsbedingung in der binär zusammengefaßten Belegung enthalten wäre.

*Definition 5.6:* Eine Zusammenfassungsbedingung heißt *erfüllt*, wenn alle Elemente der zugehörigen Menge symbolischer Eingaben in einem booleschen Unterraum U des Coderaums so codiert sind, daß kein Codewort eines nicht in dieser Bedingung enthaltenen symbolischen Wertes im Unterraum U enthalten ist.

*Beispiel 5.9:* Zu erfüllen sei die Zusammenfassungsbedingung {A, B, C}, wobei zwei weitere symbolische Werte D und E zu berücksichtigen seien. Zur Codierung werden drei binäre Variablen verwendet, der Coderaum $\{0, 1\}^3$ ist in Bild 5.19 illustriert. A, B und C werden nun im schraffierten zweidimensionalen Unterraum 0 – – durch Zuweisung zu den Codeworten 001, 000 und 011 codiert, D und E außerhalb dieses Unterraums. Damit können die symbolischen Größen A, B und C auch binär codiert zusammengefaßt werden, ohne daß ein weiterer symbolischer Wert mit überdeckt würde.

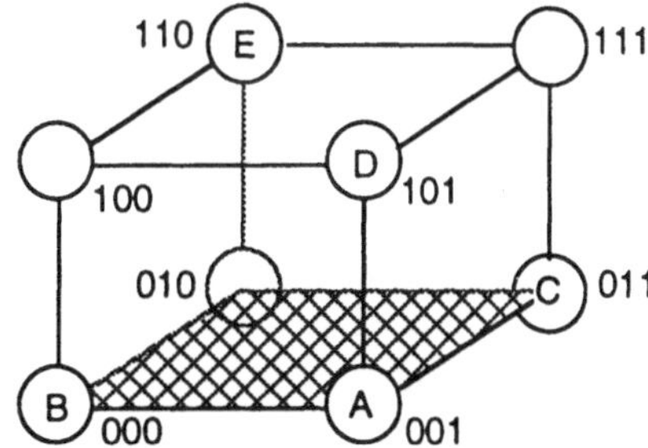


*Bild 5.19:* Erfüllung von Zusammenfassungsbedingungen

*Satz 5.3:* Eine Eingabecodierung, die alle in $C_{min}$ enthaltenen Zusammenfassungsbedingungen erfüllt, ermöglicht eine Realisierung der $C_{min}$ zugrundeliegenden Funktion mit minimaler Produkttermanzahl.

Beweis: Die Codierung $\psi_X$ erfülle alle Zusammenfassungsbedingungen. Dann kann mit dieser Codierung jeder Produktterm der minimalen symbolischen Überdeckung $C_{min}$ eins zu eins in einen Produktterm der booleschen Überdeckung transformiert werden, die Produkttermanzahl in beiden Fällen ist identisch. Man nehme nun an, es gebe eine andere Codierung $\psi_X'$, die zu einer geringeren Produkttermanzahl führt. In diesem Fall könnte die Funktion auch symbolisch mit einer geringeren Produkttermanzahl als in $C_{min}$ dargestellt werden, d. h. die minimale Überdeckung $C_{min}$ wäre nicht minimal, was einen Widerspruch darstellt.                                   ◆

Die Frage, ob für alle symbolischen Überdeckungen $C_{min}$ Codierungen existieren, die alle Zusammenfassungsbedingungen erfüllen, kann nach Abschnitt 5.3.2.2 bejaht werden, da eine 1-aus-$p_i$-Codierung von $p_i$-wertigen symbolischen Variablen stets alle Zusammenfassungsbedingungen erfüllt. Allerdings hängt der Aufwand zur PLA-Realisierung einer Funktion nicht nur von der Anzahl

der Produktterme, sondern auch von der Anzahl der Eingaben ab (vgl. Bild
2.30). Eine 1-aus-$p_i$-Codierung führt zu $p_i$ binären Eingaben, während bei einer
Codierung mit minimaler Bitbreite $\lceil \log_2 p_i \rceil$ binäre Eingaben ausreichen. Deshalb sind Codierungen gesucht, die nicht nur die Zusammenfassungsbedingungen erfüllen, sondern auch mit einer minimalen Bitanzahl auskommen.
Eine solche Codierung muß nicht immer existieren. Verfahren, um trotzdem
zu Lösungen zu gelangen, werden in Abschnitt 5.4.4 vorgestellt.

Problematisch ist weiterhin, daß das Problem der symbolischen Minimierung
als Erweiterung des booleschen Minimierungsproblems NP-vollständig ist. Zu
seiner Lösung greift man daher auf heuristische Verfahren entsprechend
Abschnitt 4.2.4 zurück, die unter Umständen zu einer suboptimalen symbolischen Überdeckung führen. Für die daraus hergeleiteten Codierbedingungen
gilt Satz 5.3 nicht.


### 5.3.3  Ausgabecodierung

#### 5.3.3.1  *Minimierung mit mehrwertigen Ausgaben*

Bei der Ausgabecodierung ist eine Funktion mit n zweiwertigen  Eingaben und
m mehrwertigen Ausgaben zu minimieren. Die entsprechende Bündelfunktion lautet

$$f\colon \{0,\,1\}^n \;\rightarrow\; Q_1 \times Q_2 \times \ldots \times Q_m, \text{ wobei } Q_i = \{0,\,1,\,\ldots,\,q_i-1\}. \tag{5.8}$$

Die Hauptidee der Minimierung besteht darin, Halbordnungen $(Q_i,\,\subseteq)$ auf den
Mengen $Q_i$ so einzuführen, daß es dadurch möglich wird, die Anzahl der Produktterme maximal zu reduzieren. Zur Vereinfachung werden im folgenden
nur Funktionen mit *einer* mehrwertigen Ausgabe betrachtet.

*Beispiel 5.10:* Man betrachte den Ausgabeteil eines PLA und nehme an, daß
zwei Produktterme bei der gleichen Eingabebelegung aktiviert werden. Der
eine Produktterm führe zur Ausgabe 100, der andere zu 101. Die Ausgabe
des PLA ist bei der betrachteten Eingabebelegung 101, da durch die disjunktive Verknüpfung im Ausgabefeld die Ausgabe 100 durch 101 *dominiert*
(überschrieben) wird. Man kann leicht prüfen, daß durch diese Dominanzrelation eine Halbordnung auf der Menge der Ausgaben festgelegt wird.
Bezeichnet man die Dominanzrelation mit dem Symbol $\subseteq$, gilt $100 \subseteq 101$.    •

Allgemein gilt für die Codewörter $\psi_Y(s_1)$ und $\psi_Y(s_2)$ zweier symbolischer Aus-
gaben $s_1$ und $s_2$, daß $\psi_Y(s_1) \subseteq \psi_Y(s_2)$ genau dann, wenn $\psi_Y(s_1) \vee \psi_Y(s_2) = \psi_Y(s_2)$.
Um diese Beziehung auch bei der symbolischen Minimierung ausnutzen zu
können, muß die Dominanzrelation auf symbolische Werte übertragen werden.
Die Disjunktion zweier symbolischer Werte $s_1 \subseteq s_2$ aus $Q_i$ ergibt dann $s_2$. Die
Halbordnung $(Q_i,\,\subseteq)$ ist während der symbolischen Minimierung so festzulegen, daß die Anzahl der Produktterme möglichst stark reduziert werden
kann. Es seien $X^1$ und $X^2$ Produktterme mit den symbolischen Ausgaben $s_1$
und $s_2$, $s_1 \subseteq s_2$. Dann kann die Eingabebelegung von $X^2$ während der Minimie-

rung von $X^1$ als don't care-Belegung betrachtet werden. Liegt diese Eingabebelegung an, wird zwar unter Umständen neben $s_2$ auch $s_1$ aktiviert, da $s_2$ aber dominiert, ändert sich an der erzeugten Ausgabe nichts.

*Beispiel 5.11:* Es seien drei Produktterme $X^j$ mit zwei binären Eingaben und einer mehrwertigen Ausgabe gegeben, $X^1 = (01; A)$, $X^2 = (00; B)$ und $X^3 = (1-; B)$. Legt man als Dominanzrelation $B \subseteq A$ fest, kann die Eingabebelegung 01 von $X^1$ für die Minimierung von $X^2$ und $X^3$ als don't care betrachtet werden. Dadurch können die Produktterme $X^2$ und $X^3$ zu einem Produktterm $X^{2'} = (--;$ $B)$ zusammengefaßt werden. Trotzdem entsteht bei $B \subseteq A$ für die Eingabebelegung 01 die richtige Ausgabe: Die disjunktive Verknüpfung von $X^1$ und $X^{2'}$ ergibt aufgrund der Dominanzrelation die gewünschte symbolische Ausgabe $A \vee B = A$. Eine mögliche Codierung von A und B, die diese Dominanz auch im binären Fall sichert, ist $\psi_Y(A) = 1$, $\psi_Y(B) = 0$.                             •

Algorithmus 5.2 faßt das Vorgehen bei der Minimierung mit einer q-wertigen Ausgabe $s \in Q = \{s_1, ..., s_q\}$ zusammen [DeMi 86]. Jeder der q Werte $s_i$ führt zu einer Einsstellenmenge $E_i$, in der alle Minterme enthalten sind, bei denen der Wert $s_i$ ausgegeben wird. Für jeden symbolischen Wert $s_i$ versucht man, die zu ihm gehörenden Produktterme zusammenzufassen. Die Zusammenfassung wird durch die Einsstellen $E_j$ symbolischer Werte $s_j$ beschränkt, die von $s_i$ dominiert werden sollen. Würde eine solche Einsstelle $E_j$ erfaßt, müßte nämlich zur Erhaltung der Funktionalität $s_i \subseteq s_j$ gefordert werden, was einen Widerspruch zu $s_j \subseteq s_i$ darstellt. In $C_{min}$ werden sukzessive die minimierten Produktterme gesammelt. Die zur Minimierung der Produkttermanzahl notwendigen Dominanzbeziehungen werden in einem Graphen (Q, Dom) festgehalten, wobei die Kantenmenge Dom alle Paare $(s_j, s_i)$ symbolischer Werte enthält, für die $s_i \subseteq s_j$ gelten soll. Die zur Beschränkung der Zusammenfassung von Produkttermen nötige Nullstellenmenge ist durch die Indexmenge

$$J = \{\, j \,|\, \exists \text{ Pfad von } s_i \text{ nach } s_j \text{ in } (Q, Dom)\},$$

gegeben, sie verhindert widersprüchliche Dominanzbedingungen.

*Algorithmus 5.2:* **Minimierung mit mehrwertigen Ausgaben**

```
function Minim_m_aus(E₁, ..., E_q)
begin
    Dom := ∅;  C_min := ∅;
    for k := 1 to q do
    begin
        i := select(k);
        N := ∪_{j∈J} E_j;
        M_i := minim'(E_i, N);
        C_min := C_min ∪ M_i;
        Dom := Dom ∪ {(s_j, s_i) | M_i ⊓ E_j ≠ ∅};
    end
    return(C_min, Dom);
end.
```

Ähnlich wie bei der Minimierung mit zweiwertigen Ausgaben ist das Vorgehen auch hier heuristisch. Die Qualität der Lösung hängt z. B. stark von der Reihenfolge der Behandlung einzelner symbolischer Werte, die durch die Funktion *select* festgelegt wird, ab. Zunächst sollten solche Werte ausgewählt werden, bei denen die Produkttermanzahl möglichst weit reduziert werden kann, ohne daß dadurch eine große Anzahl von Dominanzbedingungen entsteht. Zur Minimierung *minim'* kann ein Verfahren ähnlich Algorithmus 4.3 (espressoII-Algorithmus) verwendet werden, statt wie dort die DC-Menge ist hier aber die Nullstellenmenge gegeben. Außerdem darf keine Literalminimierung durchgeführt werden, um nicht für die Reduzierung der Produkttermanzahl unnötige Dominanzbedingungen zu erhalten. Weitere Details findet man in [DeMi 86].

*Beispiel 5.8 (Forts.):* Man betrachte das in Tabelle 5.4 gegebene Schaltnetz mit der in Abschnitt 5.3.2 (Tabelle 5.7) hergeleiteten Eingabecodierung. Eingaben von Algorithmus 5.2 sind die vier Einsstellenmengen $E_1 = \{(- - 1\ 0)\}$ für SIG A, $E_2 = \{(0 - 0\ 0), (0\ 0\ 0\ -)\}$ für SIG B, $E_3 = \{(1\ 0\ 0\ -), (1 - 0\ 0)\}$ für SIG C und $E_4 = \{(- 1\ 0\ 1)\}$ für SIG D. Durch die Funktion *select* werde zuerst SIG B ausgewählt, d. h. man versucht, die beiden Produktterme von $E_2$ zusammenzufassen. Die dafür maßgebliche Nullstellenmenge N ist leer, da anfangs keine Dominanzbeziehungen vorausgesetzt werden. Es ergibt sich $M_2 = \{(0 - 0\ -)\}$. Schneidet man diese Menge mit den Einsstellenmengen der anderen symbolischen Ausgaben, ergibt sich eine nichtleere Schnittmenge nur mit $E_4$, $M_2 \cap E_4 = \{(0\ 1\ 0\ 1)\}$. Um die Zusammenfassung zu ermöglichen, muß SIG B also von SIG D dominiert werden, dies wird in Dom vermerkt. Es ist danach nicht mehr möglich, eine Zusammenfassung vorzunehmen, die SIG D $\subseteq$ SIG B erfordert, da diese Bedingung zu einem Zyklus in Dom führen würde. Entsprechend sind bei der Auswahl und Minimierung von SIG D alle Elemente von $E_2$ in der relevanten Nullstellenmenge zu berücksichtigen.

Nach abgeschlossener Minimierung erhält man die minimierte Überdeckung in Tabelle 5.8 und die Dominanzbeziehungen SIG B $\subseteq$ SIG D und SIG C $\subseteq$ SIG D. Durch die erste Dominanzbeziehung gelangte die Eingabebelegung $-1\ 01$ in die DC-Menge von SIG B, so daß durch Ausnutzung der Belegung $01\ 01$ für SIG B die beiden Produktterme für SIG B zusammengefaßt werden konnten. Durch die zweite Dominanzbeziehung wurde ähnliches für SIG C möglich.

*Tabelle 5.8:* Minimierte Funktion mit mehrwertigen Ausgaben

| $X_1$ | $X_2$ | Y |
|-------|-------|-------|
| - -   | 1 0   | SIG A |
| 0 -   | 0 -   | SIG B |
| 1 -   | 0 -   | SIG C |
| - 1   | 0 1   | SIG D |

### 5.3.3.2 Disjunktions- und Dominanzbedingungen

Wie in Abschnitt 5.3.2 erhält man als Ergebnis der mehrwertigen Minimierung gewisse Codierbedingungen. Bei der Ausgabecodierung entsprechen die Codierbedingungen Dominanzbeziehungen zwischen symbolischen Ausgabewerten aus $C_{min}$, die in entsprechende Dominanzbeziehungen zwischen binären Codewörtern transformiert werden müssen. Jede *Dominanzbedingung* besteht demgemäß aus einem Paar symbolischer Werte $s_1 \subseteq s_2$.

*Definition 5.7:* Eine Dominanzbedingung $s_1 \subseteq s_2$ heißt *erfüllt*, wenn die Codierung so gewählt wird, daß allen Einsen einer Bitposition aus $s_1$ entsprechende Einsen in der Bitposition aus $s_2$ gegenüberstehen.

*Beispiel 5.8 (Forts.):* Die Ausgabecodierung $\psi_Y(\text{SIG A}) = 00$, $\psi_Y(\text{SIG B}) = 10$, $\psi_Y(\text{SIG C}) = 01$, $\psi_Y(\text{SIG D}) = 11$ erfüllt alle Dominanzbedingungen. Durch Einsetzen dieser Codewörter in Tabelle 5.8 erhält man eine Realisierung des Schaltnetzes von Tabelle 5.4 mit vier Produkttermen. Eine PLA-Realisierung kommt sogar mit drei Produkttermen aus, da eine Ausgabe mit lauter Nullen (für SIG A) der Standard-Ausgabe des PLAs entspricht, die auch ohne Implementierung eines Produktterms zustandekommt.                                •

Oft wird die am häufigsten auftretende symbolische Ausgabe mit Nullen codiert, da dann keiner ihrer Produktterme zur Einsmenge der zu realisierenden Funktion beiträgt [ToBo 75, DeSV 83, AcCa 85].

Eine Eingabecodierung, die alle Zusammenfassungsbedingungen erfüllt, minimiert die Produktterm-Anzahl (Satz 5.3). Eine Ausgabecodierung, die alle Dominanzbedingungen erfüllt, führt dagegen nicht notwendigerweise zu einer Realisierung mit minimaler Produkttermanzahl. Der Grund liegt darin, daß bei der mehrwertigen Minimierung die Einsstellenmenge jedes symbolischen Wertes getrennt minimiert wird (vgl. die q Minimierungsdurchläufe in Algorithmus 5.2). Im binären Fall ist eine weitergehende Minimierung dadurch möglich, daß die Einsstellenmenge $E_i$ einer symbolischen Ausgabevariablen $s_i$ unter Umständen dadurch verkleinert werden kann, daß die Einsstellen dominierter Ausgabevariablen zur Realisierung von $s_j$ herangezogen werden.

*Beispiel 5.12:* Gegeben seien die drei symbolischen Produktterme (01; A), (00; B) und (11; C). Da für jeden symbolischen Ausgabewert nur ein Produktterm vorhanden ist, ist keine weitere Minimierung mit Algorithmus 5.2 möglich. Wird jedoch A mit 11, B mit 01 und C mit 10 codiert, können diese Produktterme binär zu zwei Produkttermen (0–; 01) und (–1; 10) zusammengefaßt werden. Der Minterm (00; 01) erzeugt die Ausgabe B, der Minterm (11; 10) die Ausgabe C und die verbleibenden Minterme (01; 10) und (01; 01) zusammen die Ausgabe A. In symbolischer Form würde diese Zusammenfassung durch die Produktterme (0–; B) und (–1; C) repräsentiert, wobei als zusätzliche Bedingung $\psi_Y(A) = \psi_Y(B) \vee \psi_Y(C)$ gefordert werden muß.                •

Da der Aufwand, solche *Disjunktionsbedingungen* zu erzeugen und zu nutzen, sehr hoch ist [DeNe 91], werden sie im folgenden nicht weiter betrachtet.

## 5.4  Zustandscodierung

### 5.4.1  Allgemeines

Der Einfluß der Zustandscodierung auf die Realisierungskomplexität von festverdrahteten oder PLA-Steuerwerken wurde teilweise als sehr gering einge-
schätzt oder auch ganz geleugnet (vgl. [Wend 74, GiLi 80]). In [Brow 81] wird
die Ansicht vertreten, die Suche nach günstigen Zustandscodierungen sei
prinzipiell nicht automatisierbar, und selbst neuere Synthesesysteme verzichten manchmal auf dieses Minimierungspotential (z. B. [EbKK 88]). Es ist tatsächlich unmöglich, die Qualität einer bestimmten Zustandscodierung $\psi_Z$ *direkt* zu evaluieren, indem man nur die Codewörter betrachtet. Allerdings ergeben sich nach der Minimierung von $f_y$ und $f_z$ für eine bestimmte Zieltechnologie abhängig von der Zustandscodierung sehr starke Unterschiede im Aufwand zur Implementierung des Steuerwerks.

*Beispiel 5.13:* Daß die Wahl einer günstigen Zustandscodierung unabdingbar
   für die flächeneffiziente Realisierung von Steuerwerken ist, zeigt das folgende Beispiel sehr deutlich. Das Verhalten eines seriellen 3-Bit-Schieberegi-
   sters kann durch eine Verhaltensbeschreibung mit acht Zuständen, einem
   seriellen Eingang und einem seriellen Ausgang modelliert werden. Die Implementierung dieses Schieberegisters mit minimaler Transistoranzahl ist
   bekannt und benötigt außer drei Flipflops keine weiteren Schaltelemente
   (Bild 5.20). Die Realisierung in Bild 5.20 entspricht *einer* Möglichkeit, die
   acht Zustände mit 3-Bit-Codewörtern zu codieren.

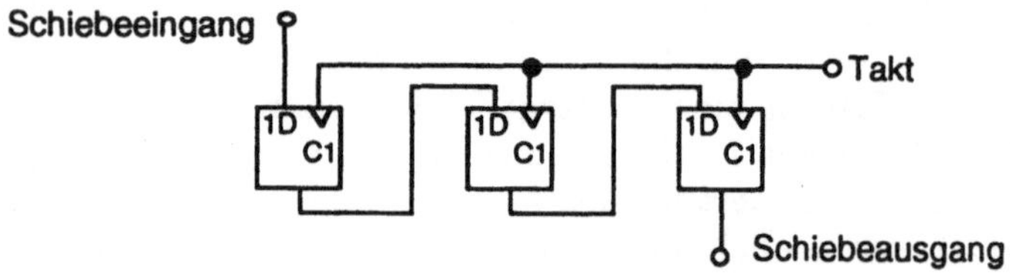


*Bild 5.20:* Optimale Implementierung eines 3-Bit-Schieberegisters

Überprüft man auch alle anderen Möglichkeiten der Zustandscodierung
und führt anschließend jeweils eine mehrstufige Logikminimierung durch,
erhält man für die notwendige Anzahl von Transistoren zur Realisierung
der kombinatorischen Logik* die Verteilung in Bild 5.21.

---

* Es wurde eine Realisierung mit Komplexgattern in statischer CMOS-Technologie angenommen.

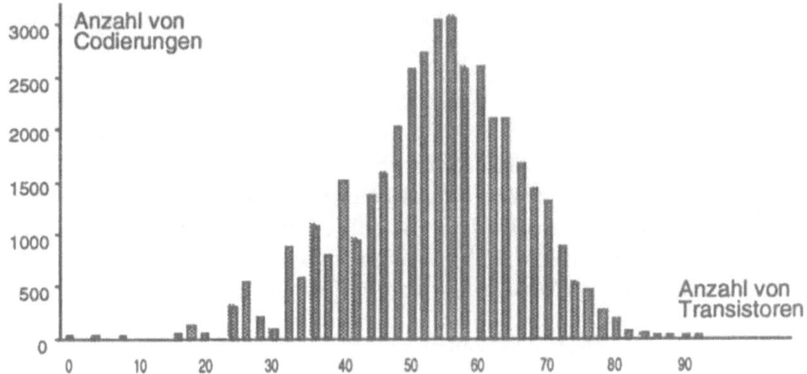


*Bild 5.21:* Aufwand kombinatorischer Logik bei verschiedenen Zustandscodierungen

Eine ungünstige Codierung kann dazu führen, daß für die kombinatorische Logik bis zu 92 zusätzliche Transistoren benötigt werden. Aus Bild 5.21 geht deutlich hervor, daß es relativ unwahrscheinlich ist, rein zufällig eine sehr gute Zustandscodierung zu wählen.                                        •

## 5.4.2  Optimierungsmöglichkeiten

Bei der Minimierung des Realisierungsaufwands eines Schaltwerks hängt die Qualität der Zustandscodierung von der Komplexität der kombinatorischen Logik ab, d. h. von dem Aufwand, die resultierenden booleschen Funktionen $f_y$ und $f_z$ nach (5.6) zu implementieren. Um das zu lösende Problem als Entscheidungsproblem zu formulieren, wird die Existenz einer Kostenfunktion K vorausgesetzt, welche für eine boolesche Bündelfunktion f die für die zugrundegelegte Schaltungsstruktur und den verwendeten Entwurfsstil der kombinatorischen Logik maßgebliche Realisierungskomplexität K(f) angibt.

Problem OZC (optimale Zustandscodierung)
*Vorgabe:*  Ein Steuerwerk $S = (X, Y, Z, f_y{}^V, f_z{}^V, Z^0)$ mit bereits festgelegter Eingabecodierung $\psi_X: X \to \{0,1\}^p$ und Ausgabecodierung $\psi_Y: Y \to \{0,1,-\}^q$ sowie eine Schranke $K_{max} \in \mathbb{N}$.
*Frage:*  Gibt es eine Zustandscodierung $\psi_Z: Z \to \{0,1\}^r$, so daß für die Realisierungskomplexität des Funktionsbündels $f[\psi_Z] = f_z[\psi_Z] \times f_y[\psi_Z]$

$$K(f[\psi_Z]) \le K_{max}$$

gilt?

Bei einer Codierung von n Zuständen mit $r \ge \lceil ld\ n \rceil$ Bit gibt es $\binom{2^r}{n}$ Möglichkeiten, die n Codewörter aus den $2^r$ möglichen auszuwählen. Weiterhin können diese Codewörter auf n! Arten den n Zuständen zugewiesen werden. Der Vektor der Belegungen einer Zustandsvariablen $z_i$, $1 \le i \le r$, wird als Codierspalte bezeichnet. Da die Komplexität der kombinatorischen Logik von einer Permutation der einzelnen Codierspalten unabhängig ist und es r! solche Permutationen gibt, erhält man

$$ZC(r, n) = \frac{2^r!}{(2^r - n)!\, r!} \tag{5.9}$$

mögliche nichtäquivalente Zustandscodierungen [WeSm 67]. Falls bei einem bestimmten Entwurfsstil eine Komplementierung von Codierspalten die Realisierungskomplexität nicht beeinflußt (z. B. bei T-Flipflops), wird $ZC(r, n)$ um einen Faktor $2^r$ verkleinert [McUn 59]. Die Größenordnung von $ZC(r, n)$ ist in Tabelle 5.9 für verschiedene Werte von n und r illustriert.

*Tabelle 5.9:* Anzahl von Codiermöglichkeiten

| n | r | $ZC(r, n)$ |
|---|---|---|
| 3 | 2 | 12 |
| 4 | 2 | 12 |
| 5 | 3 | 1120 |
| 10 | 4 | $1{,}2 \cdot 10^9$ |
| 15 | 4 | $8{,}7 \cdot 10^{11}$ |
| 20 | 5 | $4{,}6 \cdot 10^{24}$ |

Es ist offensichtlich, daß die Größe des Lösungsraumes nicht nur exponentiell mit der Anzahl der Zustände ansteigt, sondern daß dieses Wachstum so stark ist, daß eine vollständige Enumeration aller Lösungen nur für triviale Beispiele möglich ist. Weiterhin gilt für zweistufige (PLA-) oder mehrstufige Realisierungen der kombinatorischen Logik der folgende Satz 5.4 (vgl. [WoKA 88]).

*Satz 5.4:* OZC ist NP-hart.

Beweis: Gäbe es einen polynomialen Algorithmus zur Lösung von OZC, könnte man einen polynomialen Algorithmus zur Logikminimierung konstruieren. Man betrachtet dazu ein Problem OZC mit $ZC(r, n) = 1$, d. h. ein zu einem Schaltnetz degeneriertes Schaltwerk, und bestimmt dessen Realisierungskomplexität. Da die Logikminimierung sowohl für zweistufige als auch für mehrstufige Schaltungen nach Abschnitt 4.1.3 ein NP-vollständiges Problem darstellt, folgt daraus, daß OZC NP-hart ist.                              ♦

Um das Zustandscodierungsproblem effizient zu lösen, muß man daher auf Heuristiken zurückgreifen. Eine Übersicht über solche Heuristiken bietet [Esch 93]. Die meisten Verfahren können konzeptuell in zwei Phasen unterteilt werden: Zuerst wird eine Menge von Codierbedingungen erzeugt, danach werden die Zustände so codiert, daß möglichst viele dieser Codierbedingungen erfüllt werden. Die Codierbedingungen sind dabei so konstruiert, daß entsprechende Codierungen mit großer Wahrscheinlichkeit zu günstigen Realisierungen der kombinatorischen Logik führen. Die Kostenfunktion für einen gegebenen Entwurfsstil ist somit implizit in den dafür herzuleitenden Codierbedingungen enthalten.

### 5.4.3  Codierbedingungen

Interpretiert man die Zustände als symbolische Werte einer mehrwertigen Variablen, kann eine Zustandsübergangstabelle wie die mehrwertigen Funktionen in Abschnitt 5.3 minimiert werden. Die resultierenden Codierbedingungen entsprechen den bereits in Abschnitt 5.3 eingeführten Zusammenfassungs- und Dominanzbedingungen. Ähnliche Bedingungen wurden bereits sehr früh eingeführt [Hump 58, Arms 62, Frie 75, ToBo 75], die heute übliche Formulierung geht zurück auf [DeSV 83, DeMi 86, SaCS 87, SaDP 89]. Im Gegensatz zur Ein- und Ausgabecodierung müssen bei der Zustandscodierung beide Arten von Codierbedingungen gleichzeitig erfüllt werden, da die Zustände gleichzeitig symbolische Ein- und Ausgaben darstellen. Sind zusätzliche symbolische Ein- und Ausgaben vorhanden, werden diese entsprechend behandelt (Bild 5.22). Unter Umständen können die Codewörter gewisser Zustands- und Ausgangsvariablen auch zusammengefaßt werden [RoST 92].

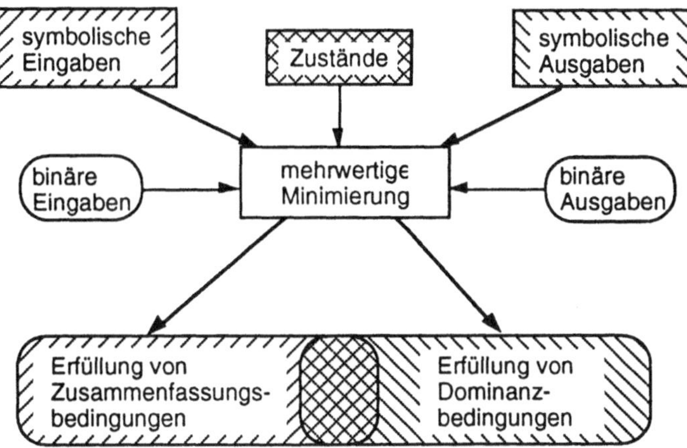


*Bild 5.22:* Zusammenhang von Eingabe-, Zustands- und Ausgabecodierung

*Beispiel 5.14:* Gegeben sei das Schaltwerk in Tabelle 5.10a. Durch eine Minimierung mit mehrwertigen Eingaben erhält man das Ergebnis von Tabelle 5.10b. Produktterme wurden dabei zusammengefaßt, wenn sie in den binär codierten Eingabewerten sowie in den Folgezustands- und Ausgabewerten übereinstimmen. Dieser Tabelle kann man bereits die Zusammenfassungs- bedingungen entnehmen. Eine Minimierung mit mehrwertigen Ein- und Ausgaben liefert Tabelle 5.10c. In ihr sind auch Dominanzbedingungen spezifiziert. Die Codewörter der Zustände müssen beiden Arten von Bedingungen gleichzeitig genügen.

*Tabelle 5.10a:* Ablauftabelle eines Steuerwerks

| Zustand | Eingabe | Folgezustand | Ausgabe |
|---------|---------|--------------|---------|
| A | - 0 | A | 0 1 |
| A | - 1 | B | 0 0 |
| B | - 0 | A | 0 1 |
| B | 0 1 | C | 1 1 |
| B | 1 1 | B | 0 0 |
| C | - 0 | A | 0 1 |
| C | - 1 | D | 1 0 |
| D | - 0 | A | 0 1 |
| D | 0 1 | C | 1 1 |
| D | 1 1 | D | 1 0 |

*Tabelle 5.10b:* Ablauftabelle mit mehrwertig minimierten Eingaben

| Zustand | Eingabe | Folgezustand | Ausgabe |
|---------|---------|--------------|---------|
| A, B, C, D | - 0 | A | 0 1 |
| A, B | 1 1 | B | 0 0 |
| A | 0 1 | B | 0 0 |
| B, D | 0 1 | C | 1 1 |
| C, D | 1 1 | D | 1 0 |
| C | 0 1 | D | 1 0 |

*Tabelle 5.10c:* Ablauftabelle mit mehrwertig minimierten Ein- und Ausgaben

| Zustand | Eingabe | Folgezustand | Ausgabe |
|---------|---------|--------------|---------|
| A, B, C, D | - 0 | A | 0 1 |
| A, B | - 1 | $B \subseteq C$ | 0 0 |
| B, D | 0 1 | C | 1 1 |
| C, D | - 1 | $D \subseteq C$ | 1 0 |

*Definition 5.8:* Die *Zusammenfassungsmatrix* einer minimierten symbolischen Überdeckung $C_{min}$ ist eine $| C_{min} | \times n$ - Matrix $ZM = (x_{ij})$, $x_{ij} \in \{0,1\}$, mit $x_{ij} = 1$, wenn Zustand $Z_i$ in der Eingabemenge des j-ten Produktterms aus $C_{min}$ enthalten ist und $x_{ij} = 0$ sonst.

*Definition 5.9:* Die *Dominanzmatrix* einer minimierten symbolischen Überdeckung $C_{min}$ ist eine $n \times n$ - Matrix $DM = (x_{ij})$, $x_{ij} \in \{0,1\}$, mit $x_{ij} = 1$, wenn die Codierung von Zustand $Z_i$ die von Zustand $Z_j$ dominieren soll.

Beim Ausfüllen der Dominanzmatrix ist zu beachten, daß die Dominanzrelation transitiv ist. Gehen aus der mehrwertigen Minimierung also die Dominanzbeziehungen $Z_j \subseteq Z_i$ und $Z_k \subseteq Z_j$ hervor, muß auch $Z_k \subseteq Z_i$ gelten.

*Beispiel 5.14 (Forts.):* Für das Beispiel von Tabelle 5.10c mit $Z_1 = A$, ..., $Z_4 = D$ erhält man die Matrizen

$$ZM = \begin{pmatrix} 1 & 1 & 1 & 1 \\ 1 & 1 & 0 & 0 \\ 0 & 1 & 0 & 1 \\ 0 & 0 & 1 & 1 \end{pmatrix} \quad \text{und} \quad DM = \begin{pmatrix} 0 & 0 & 0 & 0 \\ 0 & 0 & 0 & 0 \\ 0 & 1 & 0 & 1 \\ 0 & 0 & 0 & 0 \end{pmatrix}. \qquad \blacklozenge$$

Reihen in ZM, die gleich der komponentenweisen UND-Verknüpfung anderer Reihen sind, können gestrichen werden, da die Erfüllung jener Zusammenfassungsbedingungen die Erfüllung der gestrichenen Bedingung garantiert. Auch Reihen, die nur aus Nullen, nur aus Einsen oder nur aus einer Eins bestehen, können offensichtlich gestrichen werden.

Im allgemeinen ist es nicht möglich, alle Codierbedingungen (Zusammenfassungs- und Dominanzbedingungen) mit Codewörtern minimaler Länge $r_0 = \lceil ld\, n \rceil$ zu erfüllen. Durch die Erhöhung der Anzahl von Codebits r über $r_0$ hinaus, können mehr Codierbedingungen erfüllt werden, allerdings ist die daraus resultierende Vereinfachung der kombinatorischen Logik mit einer steigenden Anzahl von zu erzeugenden Zustandsvariablen und Flipflops verbunden. Für PLA-Realisierungen der kombinatorischen Logik wurde festgestellt, daß eine Erhöhung über $r_0$ bzw. $r_0+1$ hinaus kaum jemals zu einer Flächenreduktion führt [HuQu 88, Kais 89, ViSa 89], da jede zusätzliche Codiervariable zu drei zusätzlichen PLA-Spalten (komplementierte und unkomplementierte Eingabespalten sowie Ausgabespalten) führt (vgl. Bild 2.30).

Für den Fall, daß nicht alle Codierbedingungen mit einer vorgegebenen Codelänge r erfüllt werden können, werden zwei Lösungen vorgeschlagen. Meistens wird eine Bewertungsfunktion definiert, die es erlaubt, die Codierbedingungen nach ihrem geschätzten „Einsparpotential" zu sortieren. Codierbedingungen, deren Erfüllung die größte Einsparung an kombinatorischer Logik erwarten läßt, werden dann zuerst erfüllt. Ein anderer Ansatz ist es, zunächst die Forderung nach Injektivität der zu findenden Codierung $\psi_Z$ aufzugeben, d. h. ein Codewort auch zur Codierung mehrerer Zustände nutzen zu können und dadurch *alle* Codierbedingungen zu erfüllen. In einer Nachverarbeitung wird die Injektivität dann wiederhergestellt, indem die Zustandsbelegungen, die mehrfach genutzt wurden, modifiziert werden [Copp 86].

*Definition 5.10:* Die *Codiermatrix* eines Steuerwerks $S$ ist eine $n \times r$ - Matrix $E = (e_{ij})$, $e_{ij} \in \{0,1\}$, mit n Zeilen aus den r-Bit-Codewörtern aller Zustände.

*Satz 5.5:* Die Codierung mit der transponierten Zusammenfassungsmatrix, d. h. der Codiermatrix $E_Z = ZM^T$, erfüllt alle Zusammenfassungsbedingungen.

Beweis: siehe [DeBS 85].                                                        ♦

*Satz 5.6:* Eine Codierung mit der Codiermatrix $E_D = \overline{DM}^{\,T}$, wobei $\overline{DM}$ für die elementweise Komplementierung von DM steht, erfüllt alle Dominanzbedingungen.

Beweis: siehe [DeMi 86].                                                        ♦

*Beispiel 5.14 (Forts.):* Die aus diesen Sätzen resultierenden Codierungen sind

$$E_Z = \begin{pmatrix} 1 & 1 & 0 & 0 \\ 1 & 1 & 1 & 0 \\ 1 & 0 & 0 & 1 \\ 1 & 0 & 1 & 1 \end{pmatrix} \qquad E_D = \begin{pmatrix} 1 & 1 & 1 & 1 \\ 1 & 1 & 0 & 1 \\ 1 & 1 & 1 & 1 \\ 1 & 1 & 0 & 1 \end{pmatrix}.$$

Im allgemeinen sind weder alle Spalten von $E_Z$ oder $E_D$ notwendig, noch ist die resultierende Codierung injektiv. Ernster als dieses Problem, das leicht durch das Streichen bzw. Hinzufügen von Spalten gelöst werden kann, ist die Tatsache, daß zur Codierung prinzipiell $|C_{min}|$ bzw. n Codebits benötigt werden, wobei im allgemeinen $|C_{min}| \gg r_0$ bzw. $n \gg r_0$ gilt. Deshalb sind diese Codierungen für praktische Anwendungen irrelevant. Immerhin ist die Existenz von Codierungen, die entweder alle Zusammenfassungsbedingungen oder alle Dominanzbedingungen erfüllen, gezeigt. Sollen jedoch beide Arten von Bedingungen gleichzeitig erfüllt werden, lassen sich Beispiele konstruieren, die zu widersprüchlichen Codierbedingungen führen.

### 5.4.4 Codezuweisung

#### 5.4.4.1 Verfahrensübersicht

Nachdem über die Codierbedingungen implizit eine Kostenfunktion definiert ist, benötigt man ein Verfahren, das diese Kostenfunktion minimiert, d. h. eine Codierung findet, die möglichst wenige der Bedingungen verletzt. Eine Übersicht über solche Verfahren gibt Bild 5.23. Konstruktive Verfahren gehen vom uncodierten Steuerwerk aus und versuchen, einen Zustandscode so zu konstruieren, daß möglichst viele Codierbedingungen erfüllt sind. Iterative Verfahren starten mit einer (beliebigen) vorgegebenen Codierung und versuchen, diese Lösung fortlaufend so zu modifizieren, daß in der endgültigen Lösung möglichst wenige Codierbedingungen verletzt werden.

*Bild 5.23:* Übersicht über Verfahren zur Codezuweisung

Die iterativen Verfahren lassen sich weiter unterteilen in Abstiegsverfahren und probabilistische Verfahren wie „simulated annealing" [KiGV 83]. Bei den Abstiegsverfahren wird eine Modifikation der Ausgangslösung nur vorgenommen, wenn die neue Lösung zu einem geringeren Kostenfunktionswert führt. Dabei besteht die Gefahr, nur zu einem lokalen Minimum der Kostenfunktion zu gelangen. „Simulated annealing" versucht dieses Problem dadurch zu vermeiden, daß mit einer gewissen, im Verlauf der Berechnung sinkenden Wahrscheinlichkeit auch Lösungen akzeptiert werden, deren Kostenfunktionswert höher als bei der alten Lösung liegt. Ein Beispiel für den Einsatz iterativer Verfahren findet man in [LiNe 89].

Die meisten Codezuweisungsverfahren sind konstruktiv. Wird explizit eine Gütefunktion der Codierung definiert, kann eine globale Minimierung der Kostenfunktion durchgeführt werden. Ein solcher Ansatz wird in Abschnitt 5.4.4.3 vorgestellt [Esch 92]. Andere Ansätze basieren auf Heuristiken zur Erfüllung von Codierbedingungen.

Um die Komplexität zu reduzieren, zerlegt man das Problem häufig rekursiv in Teilprobleme („divide et impera"). Dabei bieten sich zwei Arten der Unterteilung an: Man kann die Zustandsmenge Z in Teilmengen mit einem und $|Z|-1$ Zuständen zerlegen und zunächst den einen Zustand codieren. Dies führt zur *zeilenbasierten Codierung*, bei der die Codiermatrix Zeile für Zeile (Zustand für Zustand) festgelegt wird (Bild 5.24a). Zerlegt man die Zustandsmenge stattdessen in näherungsweise gleichgroße Teilmengen und codiert jede dieser Teilmengen in einer Variablen entweder mit 0 oder 1, gelangt man zur *spaltenbasierten Codierung*, bei der die Codiermatrix E Spalte für Spalte (Codevariable für Codevariable) festgelegt wird (Bild 5.24b). Spalten- und zeilenbasierte Verfahren lassen sich auch kombinieren, was besonders dann sinnvoll ist, wenn die Anzahl der Codierspalten r nicht von vornherein z. B. zu $r_0$ festgelegt wird (Bild 5.24c).

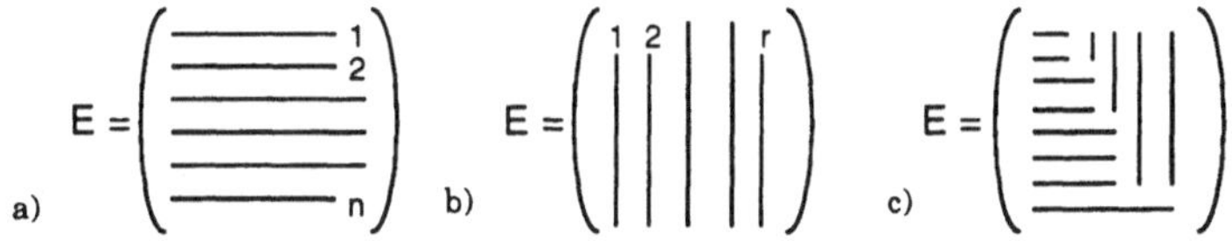

*Bild 5.24:* Konstruktive Codierverfahren

Bei der zeilenbasierten Methode muß in jedem Schritt zunächst ein zu codierender Zustand und dann ein Codewort für diesen Zustand ausgewählt werden. Dabei wird meist mit dem Zustand begonnen, der an den meisten Zusammenfassungsbedingungen beteiligt ist. Im weiteren werden Zustände ausgewählt, die mit den bereits codierten Zuständen die meisten Bedingungen gemeinsam haben. Auch hier ist das Codewort so zu wählen, daß möglichst viele Codierbedingungen erfüllt werden. Diese Form der Codierung wird in [DeSV 83, DeBS 85, SaCS 87, SaDP 89, ViSa 89, ViSa 90] angewendet. Für mehrstufige Logik wird in [DMNS 88a] ein zeilenbasiertes Verfahren vorgeschlagen.

In Abschnitt 5.4.4.2 wird prototypisch ein spaltenbasiertes Verfahren vorgestellt [DeMi 86]. Ein ähnlicher Ansatz wird auch in [RNRA 89] verfolgt; grundlegende Ideen gehen auf [Arms 62, PaSa 83, AcCa 85] zurück. Die vorherige Untersuchung der Codierbedingungen auf gleichzeitige Erfüllbarkeit kann auf ein Verträglichkeitsproblem zurückgeführt werden [AcCa 85, SVBS 91, YaCi 91, CiSD 91]. In [DoMc 64, Torn 68, StHR 72, NoRh 76] versucht man, ohne Codierbedingungen auszukommen und die Güte von Codierspalten direkt abzuschätzen. Für mehrstufige Logik wurden spaltenbasierte Algorithmen in [WoKA 88, BoCB 89] vorgeschlagen. Statt einer rekursiven *Partitionierung* der Zustandsmenge in zwei Teilmengen ist auch eine rekursive *Zusammenfassung* von Zustandspaaren möglich, wobei jedes der Paare eine Zustandsvariable gemeinsam hat [ToBo 75, VaTr 88]. In einem gewissen Sinne kehrt sich dadurch die Reihenfolge der Codierung von Spalten gerade um.

### 5.4.4.2  Spaltenbasierte Codezuweisung

Die spaltenbasierte Codierung kann mit Hilfe von Partitionen $\varphi_i$ der Zustandsmenge Z beschrieben werden (vgl. Abschnitt 3.2.3).

*Definition 5.11:* Eine *Codierungspartition* $\varphi_i$ ist eine Partition der Zustandsmenge Z eines Steuerwerks in zwei Blöcke. Eine *Codierspalte* $\psi_i$ ordnet jeder Codierungspartition eine binäre Zustandsvariable $z_i$ so zu, daß Zustände des einen Blocks mit $z_i = 0$, Zustände des anderen Blocks mit $z_i = 1$ codiert werden, $\psi_i : \varphi_i \to \{0,1\}$.

*Beispiel 5.14 (Forts.):* Die Zustände A, B, C und D seien gemäß der Matrix

$$E = \begin{pmatrix} 0 & 1 \\ 0 & 0 \\ 1 & 1 \\ 1 & 0 \end{pmatrix}$$

codiert. Die erste Codierspalte entspricht einer Partition $\varphi_1 = \{\{A, B\}, \{C, D\}\}$, die zweite einer Partition $\varphi_2 = \{\{A, C\}, \{B, D\}\}$ der Zustandsmenge. Die Blöcke der ersten Partition werden durch $\psi_1(\{A, B\}) = 0$ und $\psi_1(\{C, D\}) = 1$ auf eine binäre Zustandsvariable $z_1$ abgebildet. Für die zweite Partition gilt $\psi_2(\{A, C\}) = 1$ und $\psi_2(\{B, D\}) = 0$. Das Produkt der beiden Codierungspartitionen $\varphi_1$ und $\varphi_2$ ist gleich der Nullpartition $\{\{A\}, \{B\}, \{C\}, \{D\}\}$, dadurch ist sichergestellt, daß sich alle Codewörter voneinander unterscheiden.                                        •

*Satz 5.7:* Das Produkt aller zu einer gültigen Zustandscodierung mit r Bits gehörenden Codierungspartitionen $\varphi_1, ... \varphi_r$ ist gleich der Nullpartition,

$$\prod_{i=1}^{r} \varphi_i = O, \tag{5.10a}$$

für eine beliebige Teilmenge von $j \leq r$ Codierungspartitionen gilt

$$c\left(\prod_{i=1}^{j} \varphi_i\right) \leq 2^{r-j}. \tag{5.10b}$$

Beweis: Gilt (5.10a) nicht, so gibt es einen Block der Produktpartition mit mindestens zwei Zuständen. Alle Zustände dieses Blocks gehören zu identischen Codierungspartitionen $\phi_i$, $1 \leq i \leq r$, haben also auch identische Codierspalten $\psi_i$. Die zugehörige Codierabbildung ist daher nicht wie in Definition 5.5 gefordert injektiv.

Betrachtet man alle Zustände, die in einer Teilmenge von j Codierspalten gleich codiert wurden, so können diese mit den restlichen $r - j$ Spalten in maximal $2^{r-j}$ Teilmengen aufgeteilt werden. Enthält ein Block nach j Codierspalten im Gegensatz zu (5.10b) mehr als $2^{r-j}$ Zustände, ist (5.10a) daher auf keinen Fall zu erfüllen.                                                      ♦

In Bild 5.25 wird der Prozeß der spaltenbasierten Codierung mit Hilfe eines Suchbaumes illustriert. Seine Wurzel repräsentiert die Anfangssituation ohne Festlegung von Codierspalten. Die Knoten des Suchbaums in Ebene i entsprechen den Teilcodierungen $(\psi_1, \dots \psi_i)$ der ersten i Codierspalten $z_1, \dots z_i$, seine Zweige ergeben sich aus den nach Ungleichung (5.10b) zulässigen Codierspalten für die nächste Zustandsvariable $z_{i+1}$. Die Qualität der Codierung hängt stark von der heuristisch festgelegten Reihenfolge der Behandlung von Teilproblemen ab. Dabei wird im allgemeinen ein *Greedy*-Verfahren angewendet, d. h. im Suchbaum von Bild 5.25 wird nur ein Pfad von der Wurzel zu einem Blatt verfolgt, da die Untersuchung alternativer Pfade zu viel Rechenzeit beanspruchen würde.

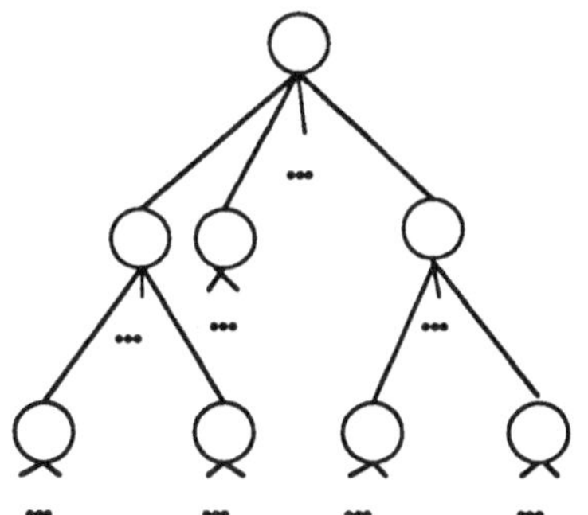


*Bild 5.25:* Suchbaum für optimalen Zustandscode

Allgemein gibt es für n Zustände

$$\sum_{i=1}^{n-1} \binom{n}{i} = 2^n - 2$$

mögliche Codierspalten, da nur die beiden mit konstant Null und Eins codierten Spalten ausgeschlossen werden können. Beschränkt man die Anzahl auszuwählender Spalten auf die minimale Anzahl $r_0 = \lceil \text{ld } n \rceil$, so können alle Spalten, in denen mehr als $2^{r_0-1}$ oder weniger als $n - 2^{r_0-1}$ Zustände mit einer

Eins codiert werden, nach (5.10b) nicht zu einer zulässigen Lösung führen. Damit verbleiben

$$ZS(n) = \sum_{i=n-2^{\lceil ld\,n\rceil-1}}^{2^{\lceil ld\,n\rceil-1}} \binom{n}{i} \tag{5.11}$$

mögliche Codierspalten [NoRh 76] bzw. $\frac{1}{2}$ ZS(n), wenn die Komplementierung von Codierspalten ohne Bedeutung ist [DoMc 64].

*Beispiel 5.14 (Forts.):* Für n = 4 müssen in jeder Spalte zwei Einsen und zwei Nullen verwendet werden, um insgesamt mit zwei Zustandsvariablen auszukommen. Man erhält daher ZS(4) = $\binom{4}{2}$ = 6 mögliche Codierspalten. Sie lauten $(0\ 0\ 1\ 1)^T$, $(0\ 1\ 0\ 1)^T$, $(0\ 1\ 1\ 0)^T$, $(1\ 0\ 0\ 1)^T$, $(1\ 0\ 1\ 0)^T$ und $(1\ 1\ 0\ 0)^T$. Allerdings dürfen Codierspalten nur so kombiniert werden, daß Bedingung (5.10) erfüllt bleibt. Für die weiter oben angegebene Codiermatrix E wurden die erste und die vorletzte Codierspalte verwendet.    •

Codierspalten können nach der Anzahl zumindest partiell erfüllter Codierbedingungen bewertet werden. An jedem Verzweigungspunkt des Suchbaumes in Bild 5.25 wird diejenige Codierspalte ausgewählt, die zur maximalen Erfüllung von Codierbedingungen beiträgt. Nach Satz 5.5 bietet es sich an, eine Zeile der Zusammenfassungsmatrix als Codierspalte zu wählen, da dann die in dieser Zeile repräsentierte Zusammenfassungsbedingung sicher erfüllt wird. Alle zusammenzufassenden Zustände liegen dann in dem durch $z_j = 1$ charakterisierten Unterraum des booleschen Raumes. Durch die Erfüllung einer Zusammenfassungsbedingung können auch andere Zusammenfassungsbedingungen zumindest teilweise erfüllt werden, was bei der Bewertung zur Auswahl einer Codierspalte berücksichtigt wird. Nach jeder codierten Spalte wird die Zusammenfassungsmatrix aktualisiert. Fälle, in denen es nicht mehr darauf ankommt, ob der Zustand in einer Codierbedingung berücksichtigt wird, werden markiert.

*Beispiel 5.14 (Forts.):* In Bild 5.26 ist nach der Verwendung der letzten Zeile von ZM als Codierspalte $z_1$ auch die erste Zusammenfassungsbedingung bereits erfüllt. Dementsprechend braucht diese für spätere Codierspalten nicht mehr berücksichtigt zu werden und wird wie auch die andere erfüllte Zusammenfassungsbedingung in der dritten Zeile von ZM' entsprechend markiert.

$$
\begin{array}{ccc}
\begin{array}{l}\text{ursprüngliche}\\ \text{Zusammenfassungs-}\\ \text{matrix}\end{array} &
\text{Codierspalte } z_1 &
\begin{array}{l}\text{aktualisierte}\\ \text{Zusammenfassungsmatrix}\end{array}\\[2ex]
ZM = \begin{pmatrix} 1 & 1 & 0 & 0 \\ 0 & 1 & 0 & 1 \\ 0 & 0 & 1 & 1 \end{pmatrix} &
\begin{array}{c|c} A & 0 \\ B & 0 \\ C & 1 \\ D & 1 \end{array} &
ZM' = \begin{pmatrix} * & * & * & * \\ 0 & 1 & 0 & 1 \\ * & * & * & * \end{pmatrix}
\end{array}
$$

*Bild 5.26:* Erfüllung von Zusammenfassungsbedingungen    •

Allerdings werden durch die alleinige Berücksichtigung von Zusammenfassungsbedingungen möglicherweise Domininanzbedingungen verletzt. Dies ist dann der Fall, wenn ein außerhalb der Zusammenfassungsbedingung liegender Zustand (mit 0 codiert) einen innerhalb liegenden Zustand (mit 1 codiert) dominieren soll. Hier kann u. U. die Komplementierung der Codierspalte eine Lösung bieten.

*Beispiel 5.14 (Forts.):* Wählt man in Bild 5.26 die verbleibende Zeile von ZM' als Codierspalte $z_2$, sind zwar alle Zusammenfassungsbedingungen erfüllt, die Dominanzbedingungen $B \subseteq C$ und $D \subseteq C$ sind jedoch verletzt. Komplementiert man die Spalte, werden auch die Dominanzbedingungen erfüllt. Man erhält die bereits am Anfang des Abschnitts dargestellte Codiermatrix E. Setzt man die Codierung in Tabelle 5.10c ein, ergibt sich das Ergebnis von Tabelle 5.11. In einem PLA muß die zweite Zeile nicht realisiert werden, da der Ausgabeteil nur Nullen enthält. Man benötigt zur Implementierung der Übergangs- und Ausgabelogik des in Tabelle 5.10a gegebenen Steuerwerks also nur ein PLA mit drei Produkttermen.

*Tabelle 5.11:* Funktionstabelle des Steuerwerks

| Zustand | Eingabe | Folgezustand | Ausgabe |
|---------|---------|--------------|---------|
| - - | - 0 | 0 1 | 0 1 |
| 0 - | - 1 | 0 0 | 0 0 |
| - 0 | 0 1 | 1 1 | 1 1 |
| 1 - | - 1 | 1 0 | 1 0 |

In anderen Fällen kann eine Codierspalte manchmal durch ein Paar von Codierspalten ersetzt werden, das dann beide Codierbedingungen erfüllt: Vorher mit Eins codierte zusammenzufassende Zustände werden mit 01 codiert; vorher mit Null codierte Zustände, die einen mit 01 codierten Zustand dominieren sollen, werden mit 11 codiert, alle anderen Zustände mit 00 [DeMi 86].

*Beispiel 5.15:* Nach der Codierung mit einer Reihe der Zusammenfassungsmatrix ist in Bild 5.27 die entsprechende Zusammenfassungsbedingung erfüllt. Die Dominanzrelation $A \supseteq C$ wird dadurch jedoch verletzt. Indem die zusammenzufassenden Zustände C und D mit 01, A mit 11 und B mit 00 codiert werden, sind alle Codierbedingungen zu erfüllen.

*Bild 5.27:* Spaltenweise Erfüllung von Codierbedingungen

### 5.4.4.3  Codezuweisung mit Kostenfunktion

Da eine Zustandscodierung $\psi_Z$ für nichttriviale Steuerwerke nach Satz 5.4
nicht durch eine direkte Optimierung der Kostenfunktion $K(f(\psi_Z))$ ermittelt
werden kann, wird im folgenden eine auf den Codierbedingungen basierende
Zielfunktion $\kappa(\psi_Z)$ betrachtet, deren Optimierung zu „günstigen" Lösungen bezüglich $K(f(\psi_Z))$ führt. Prinzipiell kann man das Problem in der dargestellten
Form als Mehrzieloptimierungsproblem betrachten. Für eine zweistufige Realisierung der kombinatorischen Logik gilt es, durch die Wahl einer Codierung
gleichzeitig

- die Anzahl nicht erfüllter Zusammenfassungsbedingungen zu minimieren und
- die Anzahl nicht erfüllter Dominanzbedingungen zu minimieren.

Es sei $\alpha_{ij}$ die Anzahl von Zusammenfassungsbedingungen in der minimierten
symbolischen Überdeckung $C_{\min}$, in denen sowohl Zustand $Z_i$ als auch Zustand $Z_j$ enthalten sind, und es gelte $\alpha_{ii} = 0$ für alle Zustände $Z_i$. Es sei weiterhin $\delta_{k\ell}$ die Hamming-Distanz der r-Bit-Codebelegungen k und $\ell$, d. h. die
Anzahl der Bitpositionen, in denen sich beide Codebelegungen unterscheiden.
In einer guten Zustandscodierung werden Zustandspaare, die in vielen Zusammenfassungsbedingungen gemeinsam enthalten sind, Codewörtern mit
geringer Hamming-Distanz zugewiesen. Dies wird durch eine Codierung $\psi_Z$
mit einem minimalen Wert von

$$\alpha(\psi_Z) = \sum_{i,j} \alpha(i,j,\psi_Z) \qquad \text{mit } \alpha(i,j,\psi_Z) := \frac{1}{2} \cdot \alpha_{ij} \cdot \delta_{\psi_Z(i)\psi_Z(j)} \qquad (5.12a)$$

gewährleistet (Bild 5.28a). Der Faktor $\frac{1}{2}$ berücksichtigt, daß $\alpha_{ij} = \alpha_{ji}$ und $\delta_{k\ell} = \delta_{\ell k}$ gilt, und vermeidet damit die doppelte Zählung eines Zustandsübergangs.
In [EsWu 92] wird gezeigt, daß mit Hilfe von leicht modifizierten Kostenkoeffi-
zienten $\delta_{k\ell}$ gewisse Optimalitätseigenschaften der durch Minimierung von
$\alpha(\psi_Z)$ erzeugten Codierung garantiert werden können.

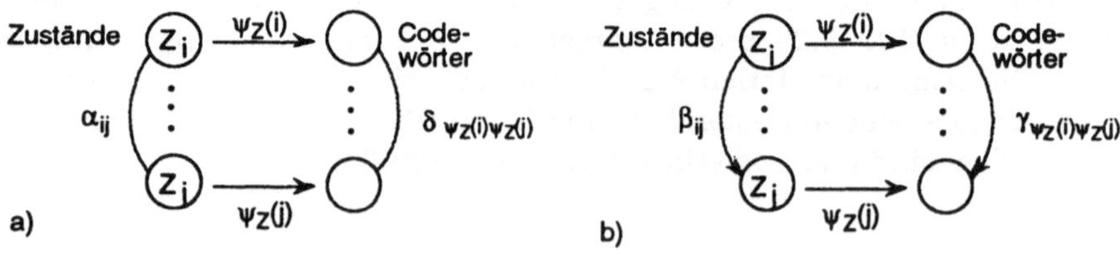


*Bild 5.28:* Veranschaulichung der Kostenfunktionen $\alpha(\psi_Z)$ und $\beta(\psi_Z)$

*Beispiel 5.14 (Forts.):* Für die minimierte symbolische Überdeckung von Tabelle
5.10c erhält man die Werte $\alpha_{AB} = 2$, $\alpha_{AC} = 1$, $\alpha_{AD} = 1$, $\alpha_{BC} = 1$, $\alpha_{BD} = 2$ und
$\alpha_{CD} = 2$. Bezeichnet man die 2-Bit-Codewörter 00, 01, 10 und 11 mit den
Indizes 0, 1, 2 und 3, erhält man für die Hamming-Distanzen $\delta_{01} = 1$, $\delta_{02} = 1$,

$\delta_{03} = 2$, $\delta_{12} = 2$, $\delta_{13} = 1$ und $\delta_{23} = 1$. Der minimale Wert der Kostenfunktion $\alpha(\psi_Z)$ wird z. B. für die Codierung $\psi_Z(A) = 01$, $\psi_Z(B) = 00$, $\psi_Z(C) = 11$ und $\psi_Z(D) = 10$ von Abschnitt 5.4.4.2 erzielt, da hier alle Zustandspaare mit dem größeren Wert $\alpha_{ij} = 2$ auf Codewörter kleinerer Distanz ($\delta_{k\ell} = 1$) abgebildet werden. Diese Codierung erfüllt alle Zusammenfassungsbedingungen. •

Auf ähnliche Art kann die Anzahl nicht erfüllter Dominanzbedingungen minimiert werden. Es sei $\beta_{ij}$ die Anzahl symbolischer Implikanten in $C_{min}$, für die Zustand $Z_j$ durch Zustand $Z_i$ dominiert werden soll. Weiterhin sei $\gamma_{k\ell}$ eine boolesche Variable mit $\gamma_{k\ell} = 0$, wenn die Codebelegung k die Codebelegung $\ell$ dominiert, $k \supseteq \ell$, sonst gilt $\gamma_{k\ell} = 1$. Jede verletzte Dominanzbedingung erhöht dann den Wert von

$$\beta(\psi_Z) = \sum_{i,j} \beta(i,j,\psi_Z) \qquad \text{mit } \beta(i,j,\psi_Z) := \beta_{ij} \cdot \gamma_{\psi_Z(i)\psi_Z(j)} \qquad (5.12b)$$

(vgl. Bild 5.28b), wenn Zustand $Z_i$ einen anderen Zustand $Z_j$ dominieren soll ($\beta_{ij} > 0$), aber das Codewort $\psi_Z(i)$ für Zustand $Z_i$ das Codewort $\psi_Z(j)$ für Zustand $Z_j$ nicht dominiert ($\gamma_{\psi_Z(i)\psi_Z(j)} > 0$).

*Beispiel 5.14 (Forts.):* Man erhält die Werte $\beta_{CB} = 1$, $\beta_{CD} = 1$ und $\beta_{ij} = 0$ sonst. Weiterhin gilt für die wie oben indizierten Codewörter $\gamma_{10} = 0$, $\gamma_{20} = 0$, $\gamma_{30} = 0$, $\gamma_{31} = 0$, $\gamma_{32} = 0$ und $\gamma_{k\ell} = 1$ sonst. Für die oben benutzte Codierung $\psi_Z$ wird auch das Minimum der Kostenfunktion $\beta(\psi_Z)$ erzielt, da alle Zustandspaare mit Dominanzbeziehungen $\beta_{ij} = 1$ auf entsprechende Paare von Codewörtern ($\gamma_{k\ell} = 0$) abgebildet werden. Die Codierung $\psi_Z$ stellt eine perfekte Lösung des Mehrzieloptimierungsproblems dar. •

Im allgemeinen Fall muß keine perfekte Lösung des Mehrzieloptimierungsproblems existieren. Als Kompromißzielfunktion bietet sich eine skalare Präferenzfunktion

$$\kappa(\psi_Z) = k_1 \, \alpha(\psi_Z) + k_2 \, \beta(\psi_Z) \qquad (5.12c)$$

mit konstanten Gewichtungsfaktoren $k_1$, $k_2 \geq 0$ an, wobei sich die Gewichtungsfaktoren nach der Wahrscheinlichkeit richten, mit der die Erfüllung einer Codierbedingung zu einer Reduktion der Komplexität der kombinatorischen Logik führt. Die Minimierung der Kostenfunktionen (5.12a) und (5.12b) führt auf ein quadratisches Zuordnungsproblem (vgl. [GaNe 72]):

**Problem QZP (quadratisches Zuordnungsproblem)**
*Vorgabe:* Kostenkoeffizienten $c_{ij} \in \mathbb{N}$, $1 \leq i, j \leq n$, Distanzen $d_{k\ell} \in \mathbb{N}$, $1 \leq k, \ell \leq m$ und eine Konstante $K \in \mathbb{N}$.
*Frage:* Gibt es eine eineindeutige Zuordnung $\psi$: $\{1, 2, ..., n\} \rightarrow \{1, 2, ..., m\}$

$$\text{mit } \sum_{i=1}^{n} \sum_{j=1}^{n} c_{ij} \, d_{\psi(i)\psi(j)} \leq K \, ?$$

Das Problem QZP gehört zur Klasse der NP-vollständigen Probleme [SaGo 76, GaJo 79]. Aufgrund seiner Wichtigkeit für viele Anwendungen wurde jedoch eine Vielzahl heuristischer Lösungsmethoden entwickelt (vgl. [Burk 84]). Der Hauptvorteil der Formulierung einer Kostenfunktion ist, daß eine globale Optimierung der Erfüllung aller Codierbedingungen durchgeführt werden kann, während Codierbedingungen sonst nacheinander abgearbeitet werden.

## 5.5  Zustandsreduktion

### 5.5.1  Vollständig spezifizierte Steuerwerke

Die Anzahl der Zustände in Zustandsbeschreibungen von Steuerwerken ist häufig größer, als es zur Beschreibung ihres Verhaltens notwendig wäre. So kann ein Entwerfer ohne Absicht überflüssige Zustände spezifiziert haben, die Steuerwerksspezifikation kann wie in Beispiel 5.1 angedeutet durch die Zusammenfassung mehrerer Teilspezifikationen entstanden sein, oder es wurde eine Moore-/Mealy-Wandlung durch Verschieben der Ausgabeinformation zu den Vorgängerkanten aller Zustände durchgeführt. Zunächst seien vollständig spezifizierte Steuerwerke betrachtet.

*Definition 5.12:* Zwei Zustände $Z_1$ und $Z_2$ eines Steuerwerks sind genau dann *äquivalent*, $Z_1 \approx Z_2$, wenn bei jeder für $Z_1$ oder $Z_2$ zulässigen Eingabefolge ausgehend von jedem der beiden Zustände die gleiche Ausgabefolge erzeugt wird.

Es ist leicht nachzuprüfen, daß die Relation „Äquivalenz zweier Zustände" eine Äquivalenzrelation darstellt.

*Satz 5.8:* Zwei Zustände $Z_1$ und $Z_2$ sind genau dann äquivalent, wenn
  a) $\forall X_i \in X: f_y{}^V(X_i, Z_1) = f_y{}^V(X_i, Z_2)$ und
  b) $\forall X_i \in X: f_z{}^V(X_i, Z_1) \approx f_z{}^V(X_i, Z_2)$.

Beweis (indirekt): $\alpha)$ $\Rightarrow$: Bedingung a) sei verletzt. Dann gibt es eine Eingabe $X_i$, für die das Steuerwerk in beiden Zuständen unterschiedliche Ausgaben erzeugt, d. h. die Zustände können nicht äquivalent sein. Wenn Bedingung b) verletzt ist, gibt es eine Eingabe $X_i$, für die ein Paar nicht äquivalenter Zustände $Z_1{}'$ und $Z_2{}'$ erzeugt wird. Da es für dieses Zustandspaar dann eine Eingabefolge gibt, die zu unterschiedlichen Ausgabefolgen führt, können auch $Z_1$ und $Z_2$ nicht äquivalent sein. $\beta)$ $\Leftarrow$: Die Zustände seien nicht äquivalent. Dann wird bei einer gewissen Eingabe $X_i$ entweder direkt eine unterschiedliche Ausgabe erzeugt (Bedingung a) verletzt) oder in ein Paar von Folgezuständen verzweigt, für die eine Eingabefolge existiert, so daß eine unterschiedliche Ausgabefolge erzeugt wird (Bedingung b) verletzt).          ◆

Existieren in einer Steuerwerksspezifikation äquivalente Zustände $Z_1$ und $Z_2$, können diese zu einem neuen Zustand $Z_{1/2}$ zusammengefaßt werden. Alle Zustandsübergänge $(Z_i, X_i; Z_1, Y_i)$ werden in Übergänge $(Z_i, X_i; Z_{1/2}, Y_i)$ verwandelt, alle Übergänge $(Z_j, X_j; Z_2, Y_j)$ in Übergänge $(Z_j, X_j; Z_{1/2}, Y_j)$. Von

$Z_{1/2}$ ausgehende Übergänge entsprechen entweder den von $Z_1$ ausgehenden oder den von $Z_2$ ausgehenden Übergängen. Ein Schaltwerk mit minimaler Zustandsanzahl erhält man, indem man in der Menge aller Zustände die Äquivalenzklassen bestimmt und alle Zustände einer Äquivalenzklasse durch einen Zustand ersetzt.

Nicht äquivalente Zustände erkennt man durch Überprüfung der Bedingungen von Satz 5.8. Zwei Zustände sind genau dann nicht äquivalent, wenn Bedingung a) oder Bedingung b) verletzt wird. Bedingung a) ist für alle Zustandspaare direkt nachzuprüfen. Bekannte Nicht-Äquivalenzen ermöglichen durch rekursive Überprüfung von Bedingung b) die Erkennung weiterer Nicht-Äquivalenzen. In [Hopc 71] wird ein $O(|Z| \log |Z|)$-Verfahren zur maximalen Reduktion der Zustandsanzahl in Steuerwerken mit $|Z|$ Zuständen angegeben.

*Beispiel 5.16:* Gegeben sei das Steuerwerk in Tabelle 5.12a. Aus den Ausgabevariablen kann mit Bedingung a) geschlossen werden, daß die Zustände A und C, A und D, B und C sowie B und D nicht äquivalent sein können. Danach kann noch mit Hilfe von Bedingung b) die Nicht-Äquivalenz von C und D festgestellt werden. Die verbleibenden Zustände A und B erzeugen bei gleicher Eingabefolge stets identische Ausgabefolgen, sind also äquivalent. Daraus resultiert eine Zerlegung der Zustände in die Äquivalenzklassen $\pi = \{\{A, B\}, \{C\}, \{D\}\}$ und die minimierte Steuerwerkstabelle 5.12b.

*Tabelle 5.12:* Beispiel zur Zustandsreduktion in vollständig spezifizierten Steuerwerken

| Z | X | $Z^+$ | Y |
|---|---|---|---|
| A | 0 | A | 0 |
| A | 1 | C | 1 |
| B | 0 | B | 0 |
| B | 1 | C | 1 |
| C | 0 | D | 1 |
| C | 1 | A | 0 |
| D | 0 | C | 1 |
| D | 1 | B | 0 |

a)

| Z | X | $Z^+$ | Y |
|---|---|---|---|
| A/B | 0 | A/B | 0 |
| A/B | 1 | C | 1 |
| C | 0 | D | 1 |
| C | 1 | A/B | 0 |
| D | 0 | C | 1 |
| D | 1 | A/B | 0 |

b)

Die Zusammenfassung äquivalenter Zustände reduziert die Zustandsanzahl und damit unter Umständen die Anzahl notwendiger Zustandsvariablen. Dies erleichtert auch den Test [DMNS 88]. Während der Zustandscodierung sind weniger Codierbedingungen zu berücksichtigen, die Komplexität des Entwurfs wird reduziert. Die Spezifikation wird kleiner, bei einer manuell erstellten Spezifikation kann allerdings die vom Entwerfer mit bestimmten Zuständen verbundene Semantik verlorengehen. Bei unvollständig spezifizierten Steuerwerken kann außerdem durch eine Zustandsreduktion die Anzahl der für die Minimierung relevanten don't cares stark reduziert werden, so daß Freiheitsgrade des Entwurfs verlorengehen.

### 5.5.2  Unvollständig spezifizierte Steuerwerke

Im allgemeinen Fall enthält die Verhaltensbeschreibung von Steuerwerken unspezifizierte Ausgaben und Folgezustände, die zur Minimierung ausgenutzt werden können. Ist in einem bestimmten Zustand $Z_i$ der Folgezustand nicht spezifiziert, kann er so verfügt werden, daß er dem Folgezustand $Z_j^+$ in einem anderen Zustand $Z_j$ entspricht und die beiden Zustände $Z_i$ und $Z_j$ damit möglicherweise zusammengefaßt werden können. Ähnliches gilt für unspezifizierte Ausgaben.

*Definition 5.13:* Zwei codierte Ausgaben $y^1 = (y_1{}^1, y_2{}^1, ..., y_q{}^1)$ und $y^2 = (y_1{}^2, y_2{}^2, ...,$ $y_q{}^2)$ heißen *verträglich*, $y^1 \sim y^2$, wenn $\forall i$: $y_i{}^1 = y_i{}^2$ , $y_i{}^1 = -$ oder $y_i{}^2 = -$ .

Zwei Zustände, deren Ausgaben verträglich sind und deren Folgezustände zusammengefaßt werden können, heißen *verträglich*.

*Satz 5.9:* Zwei Zustände $Z_1$ und $Z_2$ sind genau dann verträglich, $Z_1 \sim Z_2$, wenn
  a) $\forall X_i \in X$: $f_y(X_i, Z_1) \sim f_y(X_i, Z_2)$ und
  b) $\forall X_i \in X$: $f_z{}^V(X_i, Z_1) \sim f_z{}^V(X_i, Z_2)$ oder $f_z{}^V(X_i, Z_1) = \varepsilon$ oder $f_z{}^V(X_i, Z_2) = \varepsilon$.

Beweis: analog zum Beweis von Satz 5.8.                                    ◆

Es ist leicht nachzuprüfen, daß die Relation „Verträglichkeit zweier Zustände" eine Verträglichkeitsrelation darstellt. Das Problem der Suche nach einem Steuerwerk mit minimaler Zustandsanzahl wird im folgenden als Entscheidungsproblem formalisiert.

Problem SMZ (Steuerwerk minimaler Zustandszahl)
*Vorgabe:*  Steuerwerk $S = (X, Y, Z, f_y{}^V, f_z{}^V, Z^0)$ mit unvollständig definierten
        Funktionen $f_y{}^V$ und $f_y{}^Z$ und eine Konstante $K \in \mathbb{N}$.
*Frage:*   Können $f_y{}^V$ und $f_y{}^Z$ zu vollständig definierten Funktionen erweitert
        werden, so daß das resultierende Steuerwerk ein äquivalentes
        Steuerwerk mit maximal K Zuständen besitzt?

Das Problem SMZ ist NP-vollständig [Pfle 73]. Aus diesem Grund wurde im Laufe der Zeit eine Vielzahl von Heuristiken zur Bestimmung unvollständig spezifizierter Steuerwerke mit näherungsweise minimaler Zustandsanzahl entwickelt. Ein Überblick ist in [ReMe 86] enthalten. Im folgenden wird gezeigt, daß eine exakte Formulierung des Problems mit Hilfe des bereits in Abschnitt 3.4.3 eingeführten binären Überdeckungsproblems möglich ist [GrLu 68].

In Satz 5.9 wird gefordert, daß in allen Übergängen, die von verträglichen Zuständen ausgehen, die Ausgaben verträglich sein müssen, und daß die Folgezustände nie unverträglich sein dürfen, wenn sie spezifiziert sind. Diese Forderungen können dazu genutzt werden, sukzessive alle Paare unverträglicher Zustände zu erkennen, ähnlich wie in Abschnitt 5.5.1 sukzessive die Paare nicht äquivalenter Zustände erkannt wurden.

*Beispiel 5.17:* Man betrachte das in Tabelle 5.13 spezifizierte Steuerwerk.

*Tabelle 5.13:* Unvollständig spezifiziertes Steuerwerk

| Z | X | $Z^+$ | Y | | Z | X | $Z^+$ | Y |
|---|---|---|---|---|---|---|---|---|
| A | 0 0 | B | 0 | | C | 0 1 | D | 1 |
| A | 0 1 | - | - | | C | 1 0 | - | - |
| A | 1 0 | C | - | | C | 1 1 | E | 0 |
| A | 1 1 | B | 0 | | D | 0 0 | - | - |
| B | 0 0 | C | 0 | | D | 0 1 | A | 1 |
| B | 0 1 | E | 1 | | D | 1 0 | B | - |
| B | 1 0 | B | 0 | | D | 1 1 | - | - |
| B | 1 1 | - | - | | E | 0 - | - | - |
| C | 0 0 | C | 0 | | E | 1 0 | A | 1 |
| ... | | $\rightarrow$ | | | E | 1 1 | - | - |

Man erkennt sofort, daß die Zustände B und E bei der Eingabebelegung 10 zu verschiedenen Ausgaben führen und daher unverträglich sind. Bei anderen Zustandspaaren hängt die Verträglichkeit von der Verträglichkeit der Folgezustandspaare ab. So sind die Zustände A und B dann verträglich, wenn auch B und C verträglich sind (Eingabebelegungen 00 und 10). In der Verträglichkeitshalbmatrix von Bild 5.29a sind erwiesene Unverträglichkeiten durch ein Kreuz gekennzeichnet, während in Fällen wie dem des Zustandspaares A/B alle für die Verträglichkeit maßgeblichen Folgezustandspaare eingetragen sind.

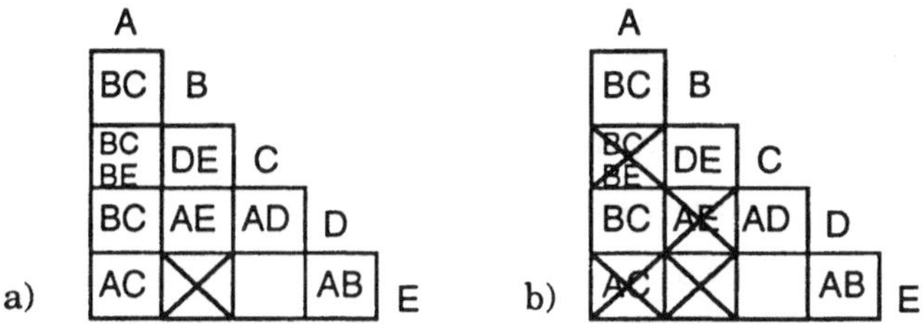

*Bild 5.29:* Verträglichkeitshalbmatrizen für das Steuerwerk von Tabelle 5.12

Da B und E unverträglich sind, kann auch die Unverträglichkeit von A und C festgestellt werden, woraus die Unverträglichkeit von A und E folgt. Daraus folgt schließlich noch die Unverträglichkeit von B und D. Diese Unverträglichkeiten sind in Bild 5.29b zusätzlich markiert.

Für die nun explizit vorliegende Verträglichkeitsrelation kann die Menge $\tau$ der maximalen Verträglichkeitsklassen $M_i$ bestimmt werden, die es erlauben, möglichst viele verträgliche Zustände zu einem neuen Zustand zusammenzufassen. Durch die Lösung eines Überdeckungsproblems erhält man eine Überdeckung $\tau'$ mit der minimalen Anzahl von Verträglichkeitsklassen – d. h. neuen Zuständen –, die notwendig ist, um alle Zustände zu repräsentieren.

Allerdings ist dabei zusätzlich zu beachten, daß die Verträglichkeit gewisser Zustandspaare die Verträglichkeit anderer Zustandspaare *impliziert*. Eine Überdeckung $\tau_a$, in der solche Implikationen erfüllt sind, heißt *abgeschlossen*.

*Beispiel 5.17 (Forts.):* Die maximalen Verträglichkeitsklassen für die Relation in Bild 5.29b sind $\tau = \{\{A, B\}, \{A, D\}, \{B, C\}, \{C, D, E\}\}$. $\tau' = \{\{A, B\}, \{C, D, E\}\}$ stellt eine minimale, aber nicht abgeschlossene Überdeckung der Zustandsmenge mit Verträglichkeitsklassen dar. So ist z. B. nicht berücksichtigt, daß die Zusammenfassung von A und B voraussetzt, daß auch B und C zusammengefaßt sind (linkes oberes Kästchen in Bild 5.29b). Wohin sollte sonst im neuen Zustand A/B bei den Eingabebelegungen 00 und 10 verzweigt werden? $\{A, B\} \in \tau_a$ impliziert auch $\{B, C\} \subseteq x \in \tau_a$. Lediglich die Zusammenfassung von C und E ist ohne die Befriedigung weiterer Anforderungen möglich.   •

Zur algebraischen Formulierung des Problems wird für jede Verträglichkeitsklasse $M_i \in \tau$ eine boolesche Variable $x_i$ definiert, wobei $x_i = 1$, falls $M_i$ zur minimalen abgeschlossenen Überdeckung $\tau_a$ gehört und $x_i = 0$, falls $M_i \notin \tau_a$. Um ein Schaltwerk mit minimaler Zustandsanzahl zu erhalten, muß die Summe

$$\sum_{i=1}^{|\tau|} x_i \tag{5.13}$$

minimiert werden, unter der Nebenbedingung, daß alle Zustände erfaßt sind (vgl. (3.14)) und alle Implikationen erfüllt werden. Aufgrund der Implikationen handelt es sich dabei um ein binäres Überdeckungsproblem.

*Beispiel 5.17 (Forts.):* Die den vier Verträglichkeitsklassen zugeordneten booleschen Variablen seien $x_1$ für $\{A, B\}$, $x_2$ für $\{A, D\}$, $x_3$ für $\{B, C\}$ und $x_4$ für $\{C, D, E\}$. Zu minimieren ist die Summe dieser Variablen. Die Überdeckungsbedingung ist nach (3.14) durch die Konjunktion

$$\ddot{U} = (x_1 \vee x_2)(x_1 \vee x_3)(x_3 \vee x_4)(x_2 \vee x_4)\,x_4$$

gegeben, da z. B. der Zustand A durch $x_1 = 1$ oder $x_2 = 1$ erfaßt wird (erster Term), während für die Überdeckung des Zustands E $x_4 = 1$ notwendig ist (letzter Term). Zusätzlich ist die Implikationsbedingung

$$\begin{aligned}
I &= (x_1 \Rightarrow x_3)(x_2 \Rightarrow x_3)(x_3 \Rightarrow x_4)(x_4 \Rightarrow x_2)(x_4 \Rightarrow x_1) \\
&= (\bar{x}_1 \vee x_3)(\bar{x}_2 \vee x_3)(\bar{x}_3 \vee x_4)(\bar{x}_4 \vee x_2)(\bar{x}_4 \vee x_1)
\end{aligned}$$

zu erfüllen. So erfordert nach Bild 5.29b z. B. die Verträglichkeit von A und B ($x_1 = 1$), daß B und C zusammengefaßt sind ($x_3 = 1$). Die Minimierung von (5.13) unter der Nebenbedingung $\ddot{U} \wedge I = 1$ liefert $x_1 = x_2 = x_3 = x_4 = 1$. Zur Sicherung der Abgeschlossenheit müssen also vier Zustände erhalten bleiben, manche der Ausgangszustände sind in mehreren Verträglichkeitsklassen enthalten. Das resultierende Steuerwerk ist in Tabelle 5.14 angegeben, jede Verträglichkeitsklasse mit der booleschen Variablen $x_i$ wurde durch den Index i bezeichnet.

*Tabelle 5.14:* Steuerwerk mit reduzierter Zustandsanzahl

| Z | X | Z$^+$ | Y |
|---|---|---|---|
| 1 | 0 0 | 3 | 0 |
| 1 | 0 1 | 4 | 1 |
| 1 | 1 0 | 3 | 0 |
| 1 | 1 1 | 1 oder 3 | 0 |
| 2 | 0 0 | 1 oder 3 | 0 |
| 2 | 0 1 | 1 oder 2 | 1 |
| 2 | 1 0 | 3 | - |
| 2 | 1 1 | 1 oder 3 | 0 |
| 3 | 0 0 | 3 oder 4 | 0 |
| 3 | 0 1 | 4 | 1 |
| 3 | 1 0 | 1 oder 3 | 0 |
| 3 | 1 1 | 4 | 0 |
| 4 | 0 0 | 3 oder 4 | 0 |
| 4 | 0 1 | 2 | 1 |
| 4 | 1 0 | 1 | 1 |
| 4 | 1 1 | 4 | 0 |

Man erkennt, daß in der resultierenden Spezifikation sehr viele don't cares verfügt werden mußten, was die Freiheitsgrade der nachfolgenden Minimierung einschränkt. Für einige Übergänge kann der Folgezustand beliebig aus einer von zwei Möglichkeiten ausgewählt werden, da hier aus allen zusammengefaßten Zuständen in einen Folgezustand verzweigt wird, der zu mehreren Verträglichkeitsklassen gehört. Bereits in Abschnitt 5.2.2 wurde erwähnt, daß sich derartige Freiheitsgrade von heutigen Syntheseprogrammen nur schwer nutzen lassen. So würde die Berücksichtigung von alternativen Folgezuständen bei der Zustandscodierung die ohnehin schon schwierige Behandlung von Codierbedingungen weiter erschweren.


## 5.6  Übungsaufgaben


**Ü 5.1**   Gegeben sei eine Schaltung mit zwei Teilschaltnetzen, die über Latches gemäß Bild 5.4b verbunden sind. Die Verzögerungszeit der beiden Latches betrage 5 ns, die der beiden Schaltnetze 15 ns und 25 ns. Wie müssen die Latches getaktet werden, damit eine obere Grenze der Taktfrequenz von 20 MHz erreicht wird?

**Ü 5.2**   Ein aus zwei Teilschaltwerken $S_1$ und $S_2$ bestehendes Schaltwerk $S$ sei durch die Ablauftabellen 5.15 der Teilschaltwerke gegeben.

*Tabelle 5.15:* Ablauftabellen zweier Teilschaltwerke

| Z | $X_1X_2$ | $Z^+$ | $Y_1$ |
|---|---|---|---|
| A | 0 – | A | 0 |
| A | 1 – | B | 0 |
| B | – 0 | B | 0 |
| B | – 1 | A | 1 |

| Z | $Y_1Y_2$ | $Z^+$ | U |
|---|---|---|---|
| C | 0 1 | D | 0 |
| C | 1 – | C | 0 |
| C | – 0 | C | 0 |
| D | 1 1 | C | 1 |
| D | 1 0 | D | 0 |
| D | 0 – | C | 0 |

a) Welche Dekompositionsform wurde realisiert?

b) Es handelt sich bei beiden Teilschaltwerken um Mealy-Schaltwerke. Führt dies zu Problemen? Warum bzw. warum nicht?

c) Geben Sie eine obere Grenze der Zustandszahl des Gesamtschaltwerks an.

d) Geben Sie eine Ablauftabelle für das Gesamtschaltwerk mit der Ausgabe u an, indem Sie jeden Zustand von $S_1$ mit jedem Zustand von $S_2$ zum Gesamtzustand von $S$ kombinieren.

e) Läßt sich die Anzahl der Zustände reduzieren?

**Ü 5.3**  Die synchrone Schaltungsstruktur in Bild 5.30 sei zu optimieren.

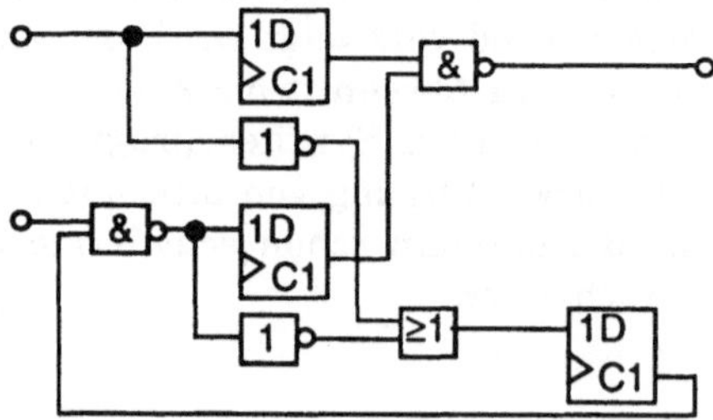

*Bild 5.30:* Beispiel einer synchronen Schaltungsstruktur

a) Repräsentieren Sie die Schaltung mit einem synchronen Netz.

b) Trennen Sie Zyklen in geeigneter Weise auf.

c) Führen Sie eine periphere Flipflop-Verschiebung durch.

d) Optimieren Sie das interne boolesche Netz.

e) Geben Sie das Schaltbild der optimierten Schaltung an. Vergleichen Sie das Ergebnis mit der gegebenen Struktur.

**Ü 5.4**  Vergleichen Sie die Strukturoptimierung aus Ü 5.3 mit einer optimierten Synthese.

a) Geben Sie den Übergangsgraphen des Schaltwerks von Bild 5.30 an.

b) Reduzieren Sie die Zustandsanzahl des Schaltwerks, codieren Sie die Zustände, und minimieren Sie nun die kombinatorische Logik.

**Ü 5.5** Gegeben sei ein Operationswerk mit zwei Registern Reg1 und Reg2. Diese werden in den vier Zuständen NOP, SWAP, IN und SHIFT des zugehörigen Steuerwerks über 4:1-Multiplexer wie folgt geladen (Ein1 und Ein2 sind Eingänge des Operationswerks):

| | | |
|---|---|---|
| NOP: | Reg1 := Reg1; | Reg2 := Reg2; |
| SWAP: | Reg1 := Reg2; | Reg2 := Reg1; |
| IN: | Reg1 := Ein1; | Reg2 := Ein2; |
| SHIFT: | Reg1 := Ein1; | Reg2 := Reg1; |

a) Zeichnen Sie ein Prinzipschaltbild des Operationswerks.

b) Die Codierung der Zustände sei mit 00 für NOP, 01 für SWAP, 10 für IN und 11 für SHIFT vorgegeben. Codieren Sie die Variablen zur Ansteuerung der Multiplexer so, daß der Aufwand zur Erzeugung der Ansteuervariablen minimal wird.

c) Ersetzen Sie die 4:1-Multiplexer durch je zwei 2:1-Multiplexer. Können die Ansteuervariablen beibehalten werden?

**Ü 5.6** Gegeben sei die folgende Funktionstabelle 5.16 einer mehrwertigen Funktion f: {A, B, C, D, E} × {1, 2, 3} → {U, V, W} mit zwei symbolischen Eingaben und einer symbolischen Ausgabe.

*Tabelle 5.16:* Funktion mit symbolischen Ein- und Ausgaben

| $X_1$ | $X_2$ | Y | $X_1$ | $X_2$ | Y |
|---|---|---|---|---|---|
| A | 1 | U | C | 1 | V |
| A | 2 | V | D | 1 | U |
| A | 3 | W | D | 2 | V |
| B | 1 | V | D | 3 | U |
| B | 2 | W | E | 1 | U |
| B | 3 | W | E | 2 | V |
| ... | | → | E | 3 | U |

a) Repräsentieren Sie die Eingabevariablen mit 1-aus-$p_i$-Codierungen.

b) Reduzieren Sie für jeden Ausgabewert separat die Anzahl der Produktterme soweit wie möglich.

c) Geben Sie die zu erfüllenden Zusammenfassungsbedingungen an.

d) Reduzieren Sie durch die Festlegung von Dominanzbeziehungen die Anzahl von Produkttermen weiter. Verändern sich dadurch die Zusammenfassungsbedingungen?

e) Geben Sie eine optimierte Ein- und Ausgabecodierung an.

f) Ersetzen Sie in Tabelle 5.16 die Variable Y durch $X_2^+$, wobei der Wert U durch 1, V durch 2 und W durch 3 ersetzt wird. Interpretieren Sie die Tabelle als Ablauftabelle eines Steuerwerks und $X_2$ als Zustand. Geben Sie eine optimierte Zustandscodierung an.

**Ü 5.7** Gegeben sei folgende Teilcodierung der Zustände für ein Steuerwerk mit sechs Zuständen: A → 00, B → 00, C → 11, D → 10, E → 11, F → 10.

a) Wie viele zusätzliche Zustandsvariablen werden zur Codierung mindestens benötigt?

b) Die aktuelle Zusammenfassungsmatrix habe die Form

$$ZM = \begin{pmatrix} * & * & * & * & * & * \\ 0 & 1 & 1 & * & * & * \\ * & * & 1 & 0 & 0 & 1 \end{pmatrix}.$$

Erweitern Sie die Codierung mit einer Zustandsvariablen so, daß alle Zusammenfassungsbedingungen erfüllt werden.

c) Modifizieren Sie gegebenenfalls die Codierung, so daß die Dominanzbedingungen $A \subseteq C$ und $C \subseteq E$ erfüllt werden.

**Ü 5.8**    Nehmen Sie an, in Beispiel 5.17 sollten die Zustände A und D aus bestimmten Gründen nicht zusammengefaßt werden.

a) Modifizieren Sie die Verträglichkeitshalbmatrix entsprechend.

b) Bestimmen Sie nun die maximalen Verträglichkeitsklassen von Zuständen.

c) Lösen Sie das binäre Überdeckungsproblem zur Bestimmung der minimalen Zustandsanzahl.

# 6 Weitere Entwurfswerkzeuge

## 6.1 Datenpfadentwurf

Das Verhalten sequentieller Schaltungen zur Verknüpfung von n-Bit-Daten kann, wie in Kapitel 5 erläutert, im allgemeinen nicht in Form einer Zustandsbeschreibung spezifiziert werden. Aus diesem Grund werden beim Entwurf von Operationswerken (Datenpfaden) andere Beschreibungsformen und Entwurfsmethoden verwendet. Dieser Abschnitt beschränkt sich darauf, einige Grundlagen des Datenpfadentwurfs ohne Anspruch auf Vollständigkeit anschaulich darzustellen. Eine Anzahl aktueller Monographien bietet detailliertere Beschreibungen der verschiedenen Ansätze zur Datenpfadsynthese [TLWN 89, GeEl 91, WaCa 91, CaWo 92, GDWL 92, KuDe 92, MaRo 92, MiLD 92, Marw 93].

### 6.1.1 Grundbausteine

Während beim Entwurf festverdrahteter Steuerwerke Grundbausteine wie Gatter oder Flipflops verwendet werden, basiert der Entwurf von Operationswerken auf Bausteinen der Register-Transfer-Ebene wie Addierern, Multiplizierern, ALUs und Registern. Solche Bausteine können, wie in Abschnitt 2.3.2 beschrieben, als parametrisierbare Makrozellen in einer Bibliothek enthalten sein, seltener werden sie durch Synthese aus einer Verhaltensbeschreibung speziell für die Verwendung in nur einer Schaltung erzeugt.

Ähnlich wie beim Logikentwurf strebt man auch beim Datenpfadentwurf eine möglichst weitgehende Unabhängigkeit des Entwurfs von der im Einzelfall verwendeten Zielbibliothek an. Deshalb benutzt man für die Abbildung des Verhaltens auf eine Struktur zur prinzipiellen Festlegung der Grundstruktur zunächst abstrakte Bauelemente und transformiert diese mit den in Kapitel 4 bereitgestellten Hilfsmitteln erst nachträglich in die tatsächlich zur Verfügung stehenden Makro- und Standardzellen.

Die abstrakten Bauelemente lassen sich in Funktionsbausteine, Bausteine zum Datentransport und Speicherbausteine aufteilen. Eine Übersicht über die üblichen Funktionsbausteine gibt Tabelle 6.1. Die dadurch zur Verfügung gestellten Funktionen entsprechen im wesentlichen denen elementarer Operationen im Befehlssatz von Mikroprozessoren. Der Aufbau von Standardschaltungen zur Durchführung arithmetischer Verknüpfungen wie Additionen und Multiplikationen wird z. B. in [Span 76, GiLi 80] beschrieben.

*Tabelle 6.1:* Funktionalität abstrakter Bausteine

| Name des Funktionsbausteins | Funktion |
| --- | --- |
| Baustein zur komponentenweisen logischen Verknüpfung | $a \wedge b, a \vee b, a \oplus b, a \leftrightarrow b,$ ... |
| Baustein zur komponentenweisen Komplementierung | $\bar{a}$ |
| Addierer, Subtrahierer | $a + b, a - b$ |
| Inkrement(ier)er, Dekrement(ier)er | $a + 1, a - 1$ |
| Multiplizierer, Dividierer | $a \cdot b, a / b$ |
| Shifter | $a \gg s, a \ll s$ |
| Vergleicher | $a < b, a > b, a = b,$ ... |

Während die Bausteine zur Komplementierung, Inkrementierung und Dekrementierung einstellige Operationen realisieren, werden durch die anderen Bausteine je zwei Operanden miteinander verknüpft. Die einstelligen Operationen könnten zwar auch durch entsprechende Belegung der Eingänge von Bausteinen für zweistellige Operationen realisiert werden (z. B. $\bar{a} = a \oplus b$ mit $b = 1$), wird jedoch nur die einstellige Operation benötigt, kann diese mit einer weniger aufwendigen Schaltung realisiert werden. Durch einen Shifter kann eine n-Bit-Größe um s Bit nach rechts oder links verschoben werden, wodurch eine Division durch $2^s$ oder eine Multiplikation mit $2^s$ realisiert werden kann. Ein Vergleicher liefert ein 1-Bit-Ergebnis, das zur direkten Steuerung anderer Operationen oder als Eingang des Steuerwerks genutzt werden kann. Neben den in Tabelle 6.1 aufgeführten Grundelementen können auch ALUs (arithmetisch-logische Einheiten) verwendet werden, mit denen je nach Ansteuerung durch gewisse Steuersignale eine Funktion aus einem vorgegebenen Funktionsvorrat von Grundfunktionen realisiert werden kann.

Jeder der Funktionsbausteine kann durch eine gewisse Wortbreite n personalisiert werden. Sind die zu verknüpfenden Daten nicht in einer n-Bit-Festkommadarstellung, sondern in einer Gleitkommadarstellung gegeben, können auch dafür abstrakte Funktionsbausteine verwendet werden. Diese sind dann bei der Technologieabbildung auf tatsächlich zur Verfügung stehende Bausteine abzubilden. Je nach Implementierung benötigt ein Funktionsbaustein eine gewisse Fläche und Verarbeitungszeit. Bei komplexeren Funktionsbausteinen ist häufig eine sequentielle Realisierung nötig, bei der Resultate erst nach einer gewissen Anzahl von Takten zur Verfügung stehen.

Wie bereits in Abschnitt 4 erwähnt, ergibt sich häufig ein Konflikt zwischen den Forderungen nach geringer Fläche und geringer Verarbeitungszeit. Typisch ist hier die Abhängigkeit in Bild 6.1. So benötigt ein Carry-ripple-Addierer weniger Fläche als ein Carry-lookahead-Addierer, führt aber zu einer längeren Verarbeitungszeit. Aufgabe des Entwurfs ist es nicht nur, die gewünschte Funktionalität durch eine Verbindung von Funktionsbausteinen zu implementieren, sondern auch durch Auswahl der entsprechenden Funktionsbausteine eine vorgegebene Zielfunktion zu optimieren.

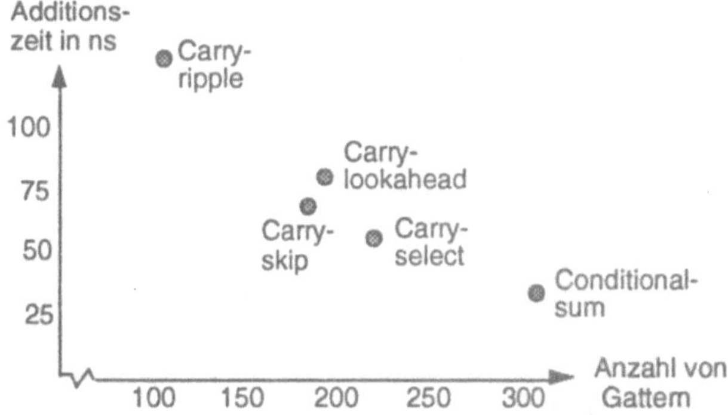


*Bild 6.1:* Charakteristiken verschiedener Implementierungen von 32-Bit-Addierern

Daten müssen nicht nur verknüpft, sondern auch zwischen den einzelnen Funktionsbausteinen hin- und hertransportiert werden. Prinzipiell gibt es zwei Möglichkeiten des Datentransports. *Dedizierte Verbindungen* zwischen zwei Funktionsbausteinen ermöglichen es einem Baustein, Resultate an einen zweiten Baustein zu senden. Ist der Empfänger gleichzeitig noch an andere Sender angeschlossen, müssen die zu verarbeitenden Daten am Eingang des Empfängers durch einen Multiplexer ausgewählt werden, der z. B. durch das Steuerwerk gesteuert wird (Bild 6.2a). *Bus-Verbindungen* erlauben mehreren angeschlossenen Einheiten die Kommunikation untereinander über Datensammelleitungen (Bild 6.2b). Jeweils nur eine der an einen Bus angeschlossenen Einheiten darf senden, während alle anderen Einheiten die Daten empfangen können. Mehrere potentielle Sender können über Tristate-Treiber (vgl. Bild 2.17) an einen Bus angeschlossen werden. Auch hier werden die tatsächlich durchgeschalteten Verbindungen durch Steuersignale festgelegt, welche die Treiber entsprechend ansteuern.

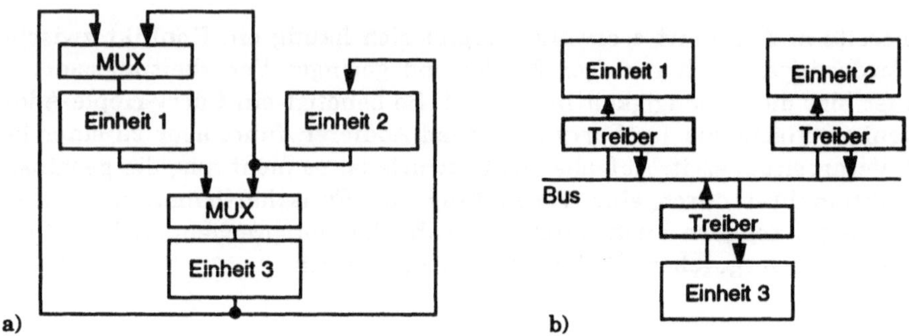



*Bild 6.2:* Dedizierte und busorientierte Verbindungsstruktur

Bei dedizierten Verbindungen ist jede Leitung ausschließlich für die Kommunikation zwischen einem bestimmten Sender und Empfänger reserviert, wodurch die Leitung unter Umständen nicht ausgelastet wird. Geht man von einer busorientierten Verbindungsstruktur aus, kommt es zu Konflikten, wenn über einen Bus mehrere Kommunikationswege gleichzeitig durchgeschaltet werden sollen. Um alle notwendigen Datentransporte durchzuführen, sind dann mehrere Busse notwendig. Multiplexer-Strukturen eignen sich besser für Schaltungsrealisierungen mit Standardzellen, busorientierte Verbindungsstrukturen sind für solche Entwürfe günstiger, die durch Modulgeneratoren erzeugte Datenpfad-Makros enthalten (vgl. Abschnitt 2.3.2).

Während Verbindungswege die räumliche Verbindung von Operationen ermöglichen, dienen Speicherelemente zur zeitlichen Verbindung. Das einfachste Speicherelement ist ein n-Bit-Register, das abhängig von einem Steuersignal seinen augenblicklichen Zustand halten oder einen neuen Zustand laden kann. Dadurch wird es notwendig, jedes Register durch eigene Steuersignale zu versorgen. Um diesen Aufwand zu reduzieren, kann man mehrere Register zu einer *Registergruppe* (*register file*) zusammenfassen. Das zu verändernde oder auszulesende Register der Gruppe wird dann durch eine Adresse spezifiziert, ein zentrales Steuersignal für die gesamte Registergruppe legt fest, ob gelesen oder geschrieben werden soll. Allerdings kann jeweils nur auf ein Register einer Gruppe zugegriffen werden. Führt man diese Möglichkeit weiter, kommt man zur Speicherung von Daten in RAMs (vgl. Abschnitt 2.4.1), die u. U. auf dem zu entwerfenden Chip integriert werden können. Weitere Möglichkeiten zur temporären Speicherung von Daten bestehen in der Verwendung von Kellerspeichern oder Assoziativspeichern.

### 6.1.2  Verhaltensbeschreibung mit Flußgraphen

Das Verhalten von Datenpfaden kann mit Hilfe von Datenflußgraphen beschrieben werden (Beispiel 6.1).

*Beispiel 6.1:* Es sei die Differentialgleichung y''(x) + e x y'(x) + f y(x) = 0 gegeben. Sind die Anfangswerte x = b, y(b) und y'(b) bekannt, kann ein gesuchter Wert y(a) unter Benutzung einer Schrittweite dx mit dem iterativen Algorithmus

```
while (x < a) do
begin
    xneu := x + dx;
    yneu := y + y' dx;
    y'neu := y' - e x y'dx - f y dx;
    x := xneu; y := yneu; y' := y'neu;
end
```

näherungsweise berechnet werden. Es sei eine Schaltung zur Ausführung dieses Algorithmus zu entwerfen. •

Das Verhalten des Datenpfades ist so zu modellieren, daß es der gegebenen algorithmischen Beschreibung entspricht. Zunächst wird der Steuerfluß vom Datenfluß getrennt. Im Datenpfad muß nur die Möglichkeit geschaffen werden, alle im Algorithmus auftretenden Operationen durchzuführen. Es ist Aufgabe des Steuerwerks, sicherzustellen, daß bei Steuerflußbefehlen wie Verzweigungen oder Schleifen die gewünschten Operationen auf den richtigen Daten ausgeführt werden. Die Operationen, ihre Ein- und Ausgangsgrößen sowie die Abhängigkeiten zwischen verschiedenen Operationen werden in einem Datenflußgraphen festgehalten, die Steuerabhängigkeiten in einem Steuerflußgraphen. Der Steuerflußgraph stellt die Grundlage der Zustandsübergangsbeschreibung des Steuerwerks und damit des Steuerwerksentwurfs dar.

Der *Datenflußgraph* (O, E) enthält einen Knoten für jede auszuführende Operation und gerichtete Kanten $(o_1, o_2)$ zwischen je zwei Operationen $o_1, o_2 \in O$, bei denen das Ergebnis der Operation $o_1$ als Eingabe der Operation $o_2$ benötigt wird. Die Eingabedaten des zu implementierenden Algorithmus werden auf Knoten ohne Vorgänger abgebildet, von denen Kanten zu allen Operationen führen, in denen diese Eingabedaten verwendet werden. Entsprechend werden Ausgabedaten auf Knoten ohne Nachfolger abgebildet, die als Vorgänger den Knoten besitzen, in dem das Ausgabeergebnis erzeugt wird. Datenflußgraphen ähneln damit booleschen Netzen (vgl. Abschnitt 4.3.2), wobei allerdings nicht einzelne Signale, sondern Datenworte verarbeitet werden und den Knoten daher auch keine boolesche Funktion, sondern eine beliebige arithmetische oder logische Verknüpfung zugeordnet ist.

*Beispiel 6.1 (Forts.):* Der Datenflußgraph für den Algorithmus zur Lösung der gegebenen Differentialgleichung ist in Bild 6.3 veranschaulicht. Die Operationen sind zur besseren Unterscheidung von 1 bis 10 durchnumeriert. Als Eingabedaten enthält der Datenflußgraph die Variablen x, y und y' sowie die Konstanten dx, a, e und f. Es werden die Ausgaben xneu, yneu, y'neu erzeugt. Die 1-Bit-Ausgabe der Vergleichsoperation $<_9$ wird zum Steuerwerk geführt, um die korrekte Abarbeitung der Schleife zu gewährleisten.

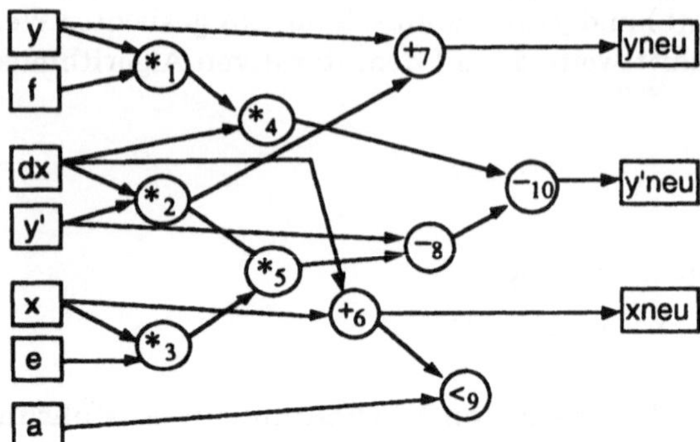

*Bild 6.3:* Beispiel-Datenflußgraph

Während der Umsetzung des Algorithmus in einen Datenflußgraphen werden
bereits einige Entwurfsentscheidungen getroffen. So wurde die Multiplikation
e x y' dx in Beispiel 6.1 in drei Multiplikationen von je zwei Werten zerlegt, wodurch es möglich wurde, das Ergebnis der Multiplikation y' dx sowohl zur Berechnung von yneu als auch zur Berechnung von y'neu zu verwenden. Wäre
die Konstante e = 2, könnte die Multiplikation e x auch durch ein einfaches
Linksschieben von x ersetzt werden. Die Umformung einer algorithmischen
Beschreibung in einen Datenflußgraphen, der für die weitere Behandlung optimiert ist, ähnelt der Übersetzung eines in einer problemorientierten Sprache
verfaßten Programms in eine Assembler-Sprache.

### 6.1.3   Scheduling, Allokation und Zuweisung

#### 6.1.3.1   Grundsätzliches zur Datenpfadsynthese

Die Aufgabe des Entwurfs ist es, das durch einen Flußgraphen beschriebene
Verhalten eines Datenpfades in eine Verschaltung der Grundelemente aus
Abschnitt 6.1.2 zu überführen. Dazu sind folgende Teilaufgaben zu lösen:

- *Allokation:* Es muß festgelegt werden, wie viele Grundbausteine welcher
  Art zu verwenden sind. Je mehr Grundbausteine zur Verfügung gestellt
  werden, desto größer wird tendenziell die benötigte Chipfläche.
- *Ablaufplanung (Scheduling):* Es muß festgelegt werden, welche Operationen wann auszuführen sind. Je mehr Operationen zur gleichen Zeit parallel ausgeführt werden, desto kürzer wird tendenziell die Zeit, die zur Abarbeitung des Algorithmus benötigt wird. Allerdings müssen entsprechende
  Bausteine zur Durchführung der Operationen allokiert worden sein.
- *Zuweisung:* Wenn bekannt ist, welche Bausteine zur Verfügung stehen
  und welche Operationen wann durchgeführt werden sollen, muß noch fest-

gelegt werden, welche Operation auf welchem Baustein ausgeführt wird. Einschränkungen der Zuweisungsmöglichkeiten ergeben sich z. B. dadurch, daß zwei gleichzeitig auszuführende Operationen nicht demselben Funktionsbaustein zugewiesen werden können. Nach der Art der behandelten Bausteine kann man die Zuweisung von Funktionsbausteinen, die Zuweisung von Speicherelementen und die Zuweisung von Verbindungswegen unterscheiden.

Das Problem der Datenpfadsynthese besteht zum einen darin, daß die aufgeführten Teilaufgaben schwer optimal zu lösen und im allgemeinen NP-vollständig sind. Zum anderen hängen die Lösungen der Teilaufgaben stark voneinander ab, und für eine optimale Lösung müßten eigentlich alle Teilaufgaben gleichzeitig betrachtet werden. Zudem handelt es sich um ein Mehrzieloptimierungsproblem, bei dem der Wert der gleichzeitig zu minimierenden Kostenfunktionen Verarbeitungszeit und Schaltungsfläche während der Synthese nur sehr unbefriedigend abzuschätzen ist.

### 6.1.3.2 Scheduling

Zunächst wird zur Vereinfachung vorausgesetzt, daß die Zeit in diskrete Verarbeitungsschritte unterteilt ist und jede Operation in einem Schritt ausgeführt werden kann. Beim Scheduling lassen sich dann zwei Grundaufgaben unterscheiden. Eine Möglichkeit besteht darin, die zur Verarbeitung benötigten Bauelemente unter der Nebenbedingung zu minimieren, daß die Anzahl der Verarbeitungsschritte eine gewisse Grenze nicht überschreitet. Hierzu eignet sich z. B. die Heuristik des *kräftebasierten Scheduling* [PaKn 87]. Entsprechend kann auch die Anzahl der Verarbeitungsschritte unter der Nebenbedingung, daß die Anzahl der Funktionsbausteine eine bestimmte Maximalanzahl nicht überschreitet, minimiert werden. Die Maximalanzahl von Funktionsbausteinen kann durch eine initiale Allokation festgelegt werden, die auf einer vorgegebenen Grenze für die Schaltungsfläche basiert. Für diese Scheduling-Aufgabe ist das *Listenscheduling* geeignet. Dieses wird im folgenden beispielhaft noch näher betrachtet. Zunächst werden jedoch noch die elementaren Begriffe *ASAP-* und *ALAP-Scheduling* eingeführt.

Beim ASAP-Scheduling wird jede Operation zum frühestmöglichen Zeitpunkt ausgeführt, beim ALAP-Scheduling zum spätesten Zeitpunkt, der es ermöglicht, eine gewisse Verarbeitungszeit nicht zu überschreiten. Mit Hilfe des Algorithmus 3.4 kann man den längsten Pfad im Datenflußgraphen bestimmen. Geht man davon aus, daß die Anzahl der Verarbeitungsschritte minimiert werden soll, legen die beiden Größen $\ell^+(v_i)$ und $\ell^-(v_i)$ für jeden Knoten $v_i$ des Datenflußgraphen und damit für jede Operation fest, in welchem Schritt die Operation frühestens ausgeführt werden kann bzw. wann sie spätestens ausgeführt sein muß. Operationen auf dem längsten Pfad sind auf genau einen Verarbeitungsschritt $\ell^+(v_i) = \ell^-(v_i)$ festgelegt. Legt man alle Operationen auf den Schritt $\ell^+(v_i)$, entspricht dies einem *ASAP-Schedule* (*as soon as possible*), beim Schritt $\ell^-(v_i)$ einem *ALAP-Schedule* (*as late as possible*).

*Beispiel 6.1 (Forts.):* Die Ergebnisse des ASAP- und ALAP-Scheduling sind in der folgenden Tabelle 6.2 zusammengefaßt. Die Operationen sind jeweils nach den Werten $\ell^+$ und $\ell^-$ sortiert, die angeben, in welchem Verarbeitungsschritt eine Operation ausgeführt wird.

*Tabelle 6.2:* Ergebnisse des ASAP- und ALAP-Scheduling

| $\ell^+ = t_{ASAP}$ | Operation | $\ell^- = t_{ALAP}$ | Operation |
|---|---|---|---|
| 1 | $*_1$, $*_2$, $*_3$, $+_6$ | 1 | $*_2$, $*_3$ |
| 2 | $*_4$, $*_5$, $+_7$, $<_9$ | 2 | $*_1$, $*_5$ |
| 3 | $-_8$ | 3 | $*_4$, $+_6$, $-_8$ |
| 4 | $-_{10}$ | 4 | $+_7$, $<_9$, $-_{10}$ |

Beim ASAP- und ALAP-Scheduling bleibt die Anzahl notwendiger Funktionseinheiten unberücksichtigt. Dies ist beim *Listenscheduling* anders, wo eine Maximalanzahl von Funktionsbausteinen vorgegeben werden kann. Alle in einem bestimmten Verarbeitungsschritt ausführbaren Operationen werden in eine Liste aufgenommen. Im ersten Schritt sind alle Operationen des Datenflußgraphen ausführbar, die nur Eingangsknoten des Datenflußgraphen als Vorgänger besitzen. In späteren Schritten werden Operationen ausführbar, deren Vorgänger vorhergehenden Schritten zugewiesen wurden. Die Operationen der Liste werden durch eine Heuristik in der Reihenfolge ihrer „Dringlichkeit" sortiert. So erscheint es z. B. sinnvoll, Operationen auf dem längsten Pfad des Datenflußgraphen so früh wie möglich auszuführen. Operationen werden dem augenblicklichen Schritt in der Reihenfolge absteigender Dringlichkeit zugewiesen, bis die vorgegebene Anzahl von Funktionsbausteinen ausgeschöpft ist. Dieser Vorgang wird für die nachfolgenden Schritte so lange wiederholt, bis alle Operationen ausgeführt sind.

*Beispiel 6.1 (Forts.):* Für die Realisierung der Schaltung sollen zwei Multiplizierer und zwei multifunktionale Bausteine zur Durchführung von Additionen, Subtraktionen und Vergleichen zur Verfügung stehen. Während des ersten Verarbeitungsschrittes sind die Operationen $*_1$, $*_2$, $*_3$ und $+_6$ ausführbar. Die Dringlichkeit einer Operation sei durch die Länge des längsten Pfades bis zu einem Ausgang des Datenflußgraphen gegeben, die Operationen $*_2$ und $*_3$ sind damit dringlicher als Operation $*_1$. Die entsprechend sortierte Liste für die Multiplizierer lautet ($*_2$, $*_3$; $*_1$); da zwei Multiplizierer zur Verfügung stehen, werden die Operationen $*_2$ und $*_3$ im ersten Schritt ausgeführt. Zur Ausführung auf den multifunktionalen Bausteinen steht nur die Operation $+_6$ bereit, sie kann gleichfalls im ersten Schritt plaziert werden. Durch diese Festlegungen sind im zweiten Schritt die Operationen $*_1$, $*_5$, $+_7$ und $<_9$ ausführbar. In Bild 6.4 ist das Ergebnis der Weiterführung dieses Listenscheduling durch vertikale Linien repräsentiert, die einzelne Verarbeitungsschritte voneinander trennen.

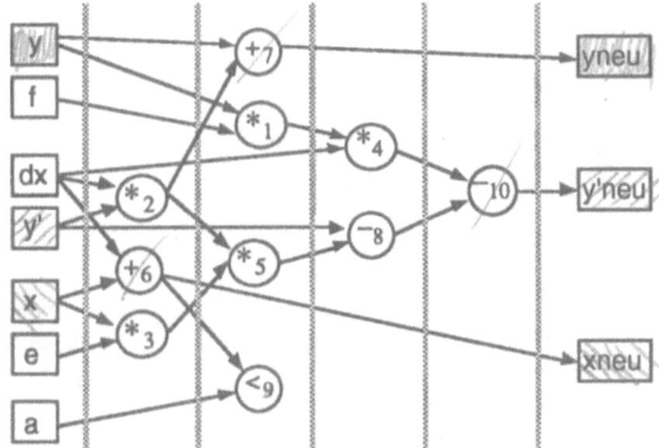


*Bild 6.4:* Ergebnis des Listenscheduling

Mit den oben vorgegebenen Hardware-Ressourcen wird wie beim ASAP-
und ALAP-Schedule die minimale Anzahl von vier Verarbeitungsschritten
benötigt. Im Vergleich zum ASAP-Schedule spart man einen Multiplizierer
ein, im Vergleich zum ALAP-Schedule einen Baustein für Additionen, Subtraktionen und Vergleiche.                                                    •

### 6.1.3.3  Zuweisung

Die Aufgabe der Zuweisung ist es, den Gesamtschaltungsaufwand zu minimieren. Um diese Aufgabe zu vereinfachen, werden der Aufwand für Funktionsbausteine, für Speicherelemente und für Verbindungswege im allgemeinen getrennt minimiert, wodurch insgesamt nur ein suboptimales Ergebnis
erzeugt werden kann. Zunächst sei die Minimierung der Anzahl von Funktionsbausteinen betrachtet.

Zwei Operationen eines Typs auf Daten derselben Wortbreite können mit demselben Funktionsbaustein durchgeführt werden, wenn sie unterschiedlichen
Verarbeitungsschritten zugewiesen wurden. Die Relation „können zusammen
auf einer Funktionseinheit durchgeführt werden" ist eine Verträglichkeitsrelation. Repräsentiert man die Operationen als Knoten eines Graphen und verbindet zwei Knoten dann, wenn die Operationen verträglich sind, wird die Minimierung der Funktionseinheiten auf das Problem der Überdeckung aller
Knoten des Graphen mit einer minimalen Anzahl von Cliquen abgebildet (vgl.
Abschnitt 3.4).

*Beispiel 6.1 (Forts.):* Für die Zuweisung von Operationen zu Verarbeitungsschritten in Bild 6.4 erhält man den Graphen in Bild 6.5. Da die verwendeten
Funktionseinheiten zur Multiplikation nicht gleichzeitig addieren, subtra-
hieren oder vergleichen können, wie auch die ebenfalls verwendeten multifunktionalen Bausteine keine Multiplikationen durchführen können, sind
Multiplikationen und andere Operationen prinzipiell nicht auf derselben
Funktionseinheit durchführbar.

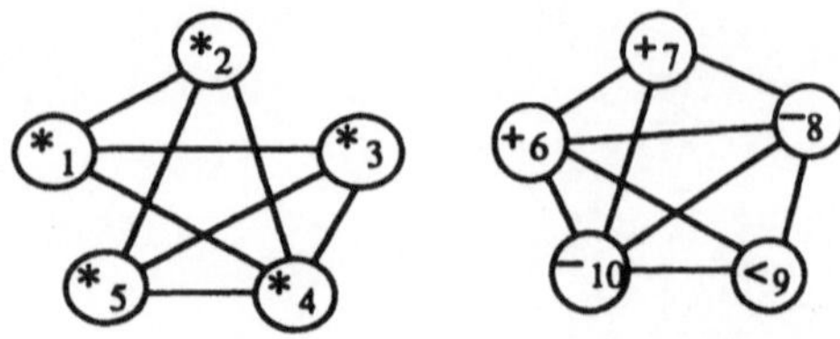

*Bild 6.5:* Zuweisung von Funktionseinheiten

Eine mögliche Zuweisung mit minimaler Anzahl von Funktionseinheiten ist durch die Zerlegung {{*1, *3, *4}, {*2, *5}, {+7}, {+6, −8, >9, −10}} gegeben.     •

Auf ähnliche Weise können Speicherelemente zur Speicherung mehrerer Werte gleicher Wortbreite verwendet werden. Zu speichern sind dabei alle Werte, die in einem Taktschritt erzeugt und in einem späteren Taktschritt benötigt werden. Als *Lebenszeit* eines Wertes bezeichnet man die Zeitspanne von seiner Erzeugung bis zur letzten Verwendung. Zwei Werte können nicht in einem Register zusammengefaßt werden, wenn ihre Lebenszeiten sich überlappen. Da auch die Relation „können in einem Register zusammengefaßt werden" eine Verträglichkeitsrelation darstellt, sind die gleichen Algorithmen wie für die Zuweisung von Funktionseinheiten anwendbar.

*Beispiel 6.1 (Forts.):* Die Lebenszeit der Konstanten a, e, f und dx erstreckt sich über die gesamte Verarbeitungszeit, sie müssen daher in eigenen Registern abgelegt werden. Der Wert y' ist zwischen dem ersten und dritten Verarbeitungsschritt lebendig, y'neu zwischen dem vierten und fünften Verarbeitungsschritt. Entsprechend sind die Paare x/xneu und y/yneu verträglich. Um zwischen den einzelnen Schleifendurchläufen des Algorithmus einen Transfer der Werte xneu, yneu und y'neu in andere Register für x, y und y' einzusparen, werden die entsprechenden Werte von vornherein in je ein Register zusammengefaßt. Die restlichen möglichen Zusammenfassungen sind in der Halbmatrix von Bild 6.6 zusammengestellt. Die zu speichernden Zwischenwerte, d. h. alle Kanten des Datenflußgraphen, die Grenzen zwischen Verarbeitungsschritten überschreiten, sind dabei mit $w_i$ bezeichnet, wobei i die Nummer der Operation darstellt, die den Wert $w_i$ erzeugt.

| $w_1$ | | | | | |
|---|---|---|---|---|---|
| 1 | $w_2$ | | | | |
| 1 | | $w_3$ | | | |
| 1 | 1 | 1 | $w_4$ | | |
| | 1 | 1 | 1 | $w_5$ | |
| 1 | 1 | 1 | | 1 | $w_8$ |

*Bild 6.6:* Verträglichkeitshalbmatrix für die Zusammenfassung von Werten in Registern

Eine mögliche Zerlegung der Werte in eine minimale Zahl von Verträglichkeitsklassen ist durch $\pi = \{\{w_1, w_3, w_4\}, \{w_2, w_5, w_8\}\}$ gegeben. Es gilt $b(\pi) = |\pi| = 2$, so daß neben den sieben Registern für a, e, f, dx, x/xneu, y/yneu und y'/y'neu zwei weitere Register benötigt werden.                    •

Durch die Zuweisung von Operationen zu Funktionseinheiten und von Werten zu Registern sind die notwendigen Datentransfers festgelegt. Wird die Verbindungsstruktur bei diesen Zuweisungen nicht berücksichtigt, kann die Implementierung der Datentransfers sehr aufwendig werden und neben einer großen Verdrahtungsfläche viele Multiplexer bzw. Bustreiber erfordern. Daher ist es notwendig, die Zuweisungsverfahren durch spezielle Heuristiken zu ergänzen, die zu einer günstigen Verbindungsstruktur führen.

*Beispiel 6.1 (Forts.):* Bild 6.7 illustriert eine auf den vorher gewonnenen Zuweisungen basierende busorientierte Verbindungsstruktur. Die trapezförmigen Symbole repräsentieren jeweils Funktionsbausteine, die mit den Nummern der in ihnen durchzuführenden Operationen markiert sind. Die Rechtecke repräsentieren Register.

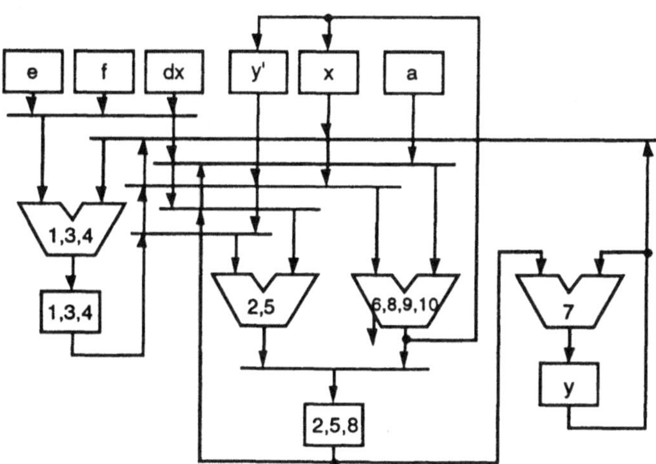


*Bild 6.7:* Struktur des resultierenden Datenpfades

Wählt man für die Register eine andere Zerlegung $\pi' = \{\{w_1, w_2, w_4\}, \{w_3, w_5, w_8\}\}$, wird die Auswahl von Daten an den Eingängen der beiden Register für Zwischenwerte aufwendiger, da das linke Register dann von zwei und das rechte Register von drei Funktionseinheiten gespeist wird.                    •

Nachdem das Scheduling durchgeführt wurde und die Struktur des Operationswerks bekannt ist, kann die Spezifikation des zugehörigen Steuerwerks generiert werden. Jeder Verarbeitungsschritt wird auf einen Zustand des Steuerwerks abgebildet, bei Verzweigungen im Steuerfluß sind eventuell noch zusätzliche Zustände nötig. Die Übergänge zwischen den Zuständen können unabhängig vom Operationswerk vorgegeben sein oder von im Operationswerk durchgeführten Vergleichsoperationen abhängen. In jedem Zustand sind die für den aktuellen Verarbeitungsschritt notwendigen Signale zur Steuerung der Funktionsbausteine, der Register und der Multiplexer bzw. Bustreiber zu erzeugen.

*Beispiel 6.1 (Forts.):* Für das Operationswerk in Bild 6.7 müssen im ersten Verarbeitungsschritt die Inhalte der Register e und x an die Eingänge des ersten Multiplizierers, y' und dx an den zweiten Multiplizierer und x und dx an den multifunktionalen Baustein angelegt werden. Dieser muß zudem so angesteuert werden, daß eine Addition ($+_6$) durchgeführt wird. Die Register sind so anzusteuern, daß bei der nächsten Taktflanke das Register für x und die beiden Register für Zwischenwerte geladen werden. Dabei muß das rechte Zwischenregister die Ausgabe des Multiplizierers ($*_2$) laden. •

### 6.1.4 Verarbeitungsalternativen

In Abschnitt 6.1.3 wurde gefordert, daß alle Operationen in einem Verarbeitungsschritt durchgeführt werden können. Da sich die Verknüpfungszeiten der verschiedenen Funktionsbausteine von Tabelle 6.1 sehr stark voneinander unterscheiden, würde die Erfüllung dieser Forderung voraussetzen, daß die Taktperiode gleich der längsten auftretenden Verknüpfungszeit inklusive eventueller zusätzlicher Verzögerungen gesetzt würde. In Funktionsbausteinen mit kürzerer Bearbeitungszeit bliebe ein Teil der Taktperiode ungenutzt. Dieses Problem kann durch *Multizyklusoperationen* und die *Verkettung* von Operationen verhindert werden.

Komplexe Operationen wie z. B. Gleitkomma-Multiplikationen, die sehr viel Zeit oder einen großen Hardware-Aufwand erfordern, können auf mehrere Taktperioden aufgeteilt werden. Der Funktionsbaustein enthält entsprechend mehrere Bearbeitungsstufen. Die Anzahl der Taktperioden, nach denen das Ergebnis einer solchen Multizyklusoperation zur Verfügung steht, entspricht der Anzahl der Bearbeitungsstufen.

Durch die Speicherung der Zwischenergebnisse zwischen den Bearbeitungsstufen und die Ausnutzung unterschiedlicher Verknüpfungselemente in verschiedenen Stufen wird es unter Umständen möglich, auf einer Funktionseinheit bereits eine neue Operation zu starten, wenn die vorhergehende Operation noch nicht vollständig abgeschlossen ist. Die Anzahl der Taktperioden, nach der eine neue Operation begonnen werden kann, wird als *Latenzzeit* bezeichnet. In Bild 6.8 ist für eine Stufenanzahl von drei und eine Latenzzeit von zwei die Bearbeitungsfolge für drei Operationen veranschaulicht. Während die erste Operation noch in Stufe III abgearbeitet wird, kann die zweite Operation bereits in Stufe I begonnen werden. Aufgrund ihrer Ähnlichkeit mit der Bearbeitung von Aufgaben an industriellen Fließbändern wird diese Form der Verarbeitung als *Fließbandverarbeitung (pipelining)* bezeichnet.

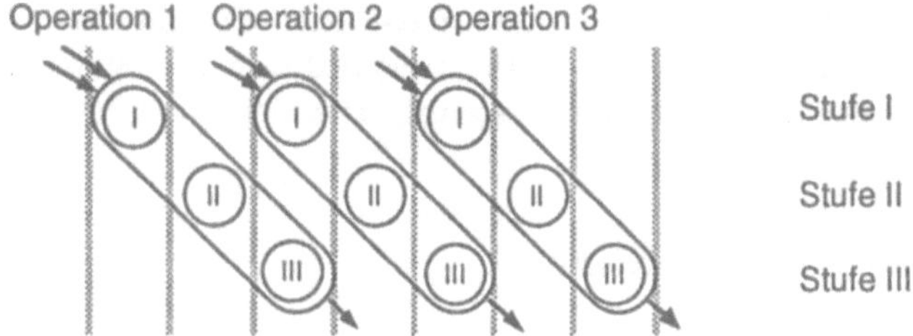


*Bild 6.8:* Fließbandverarbeitung von Operationen in einer Funktionseinheit

Beim Scheduling ist darauf zu achten, daß sich eine Mehrzyklusoperation über mehrere Schrittgrenzen hinweg erstrecken kann. Das Ergebnis der Operation steht erst zur Verfügung, wenn alle Stufen durchlaufen sind. Gleichzeitig kann eine neue Operation auf einer Fließband-Einheit gestartet werden, obwohl diese noch eine andere Operation bearbeitet, wenn ihre Latenzzeit verstrichen ist.

Durch die Verkettung von Operationen (*chaining*) ist es möglich, beim Scheduling mehrere Operationen in eine Taktperiode zu plazieren, wenn die Summe ihrer Bearbeitungszeiten kleiner oder gleich der Länge der gewählten Taktperiode ist. Die entsprechenden Funktionseinheiten werden dann in direkter Folge durchlaufen, ohne daß Zwischenwerte in Registern abgespeichert werden müßten.

*Beispiel 6.2:* Gegeben sei der Datenfluß in Bild 6.9, in dem eine Multiplikation parallel zu einer Addition und einer Schiebeoperation ausgeführt wird. Die Summe der Zeiten zur Ausführung der Addition und der Schiebeoperation sei kleiner als die Zeit zur Ausführung der Multiplikation, die aber auch in einem Takt abgeschlossen sein soll. Beim Scheduling können die Addition und die Schiebeoperation daher in einen Verarbeitungsschritt plaziert werden. Der Ergebniswert der Addition muß dann ohne Zwischenspeicherung in einem Register direkt zu einem Shifter geleitet werden.

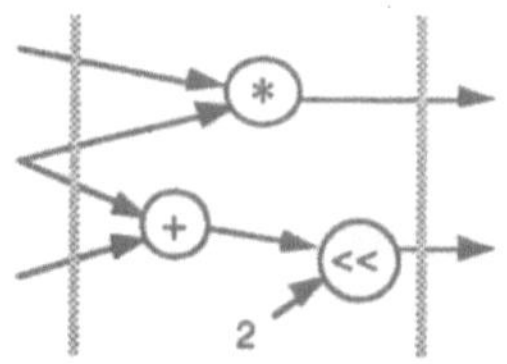


*Bild 6.9:* Verkettung zweier Operationen

Synthesewerkzeuge sind aus Effizienzgründen nicht in der Lage, sämtliche Lösungsalternativen zu berücksichtigen. Im allgemeinen wird deshalb eine bestimmte Basisstruktur des Datenpfades zugrunde gelegt, die für spezielle

Anwendungen, z. B. Schaltungen zur Signalverarbeitung oder anwendungsspezifische Prozessoren, besonders geeignet ist. Bereits durch die Wahl eines
Synthesewerkzeugs wird damit die Implementierung teilweise festgelegt.

## 6.2  Hardware-Beschreibungssprachen

### 6.2.1  Einführung

Für jedes Verfahren zur rechnergestützten Verarbeitung digitaler Schaltungen – sei es zur Simulation oder zur Synthese – muß eine rechnergerechte Beschreibung der Schaltung vorliegen. Neben der graphischen Eingabe von Layouts oder Netzlisten gewinnt dabei die Darstellung von Strukturen oder Funktionen mit Hilfe spezieller *Hardware-Beschreibungssprachen* eine immer größere Bedeutung. Hardware-Beschreibungssprachen ähneln höheren Program-
miersprachen, enthalten jedoch spezielle Sprachkonstrukte, die die Hardware-
Beschreibung vereinfachen.

Hardware-Beschreibungen sollen eine Vielzahl von Funktionen erfüllen:

- Sie sollen den Austausch von Daten zwischen verschiedenen Entwerfern
  und Entwurfssystemen ermöglichen, die unterschiedliche Phasen des Entwurfsprozesses bearbeiten.
- Sie sollen dem Entwerfer Bibliotheksdaten und andere Vorgaben des Halb-
  leiterherstellers in maschinenlesbarer Form zur Verfügung stellen.
- Sie sollen die Weitergabe der während des Entwurfs erzeugten Information
  an die Schaltungsfertigung ermöglichen. Hierzu gehört auch die Weitergabe von Testdaten.
- Sie sollen eine für Mensch und Rechner verständliche und lesbare Spezifikation und Dokumentation des Entwurfs ermöglichen und damit eine
  Schnittstelle zwischen Entwerfern und Entwurfssystemen zur Verfügung
  stellen.
- Sie sollen Mechanismen zur effizienten Manipulation und Speicherung
  von Entwurfsdaten zur Verfügung stellen.

Da die einzelnen Anforderungen sich teilweise widersprechen und zu unterschiedlichen Sprachcharakteristika führen, entwickelte sich zunächst eine
Vielzahl von Sprachen, die jeweils auf eine spezielle Entwurfsaufgabe, Ent-
wurfsmethodik oder Technologie zugeschnitten waren. In der Mitte der achtzi-
ger Jahre wurde jedoch immer deutlicher, daß zum Austausch von Entwurfsdaten ein standardisiertes Format unabdingbar ist. Während sich im Layout-
bereich EDIF etablierte [EIA 87], wurde für die Beschreibung auf höheren Ent-
wurfsebenen die Sprache VHDL genormt [IEEE 87]. Im folgenden werden diese beiden Sprachen nur kurz beispielhaft illustriert. Weitergehende Informationen zu VHDL können speziellen Monographien [z. B. Coel 89, LiSU 90,
BFMR 92, MaLa 92] entnommen werden.

## 6.2.2 EDIF

Die Abkürzung EDIF steht für *Electronic Design Interchange Format*. Die Sprache wurde entwickelt, um Entwurfsdaten für elektrische Schaltungen zwischen CAD-Entwurfssystemen und Halbleiterherstellern austauschen zu können. Halbleiterhersteller können in EDIF z. B. Informationen zur Verfügung stellen, die üblicherweise in einer Zellbibliothek enthalten sind (vgl. Abschnitt 2.3.1.2). Diese können direkt in das CAD-System des Entwerfers eingelesen werden. Die während des Entwurfs erzeugten Daten wie Netzlisten oder Layouts können in EDIF umgesetzt und an den Halbleiterhersteller zurückgesandt werden, um dort als Grundlage der Fertigung zu dienen.

Für diesen Zweck war die Forderung nach der Handhabbarkeit der Sprache durch Menschen ohne große Bedeutung. Dementsprechend erscheinen EDIF-Beschreibungen leicht etwas unübersichtlich. Die EDIF-Syntax, die der Programmiersprache LISP ähnelt, wurde relativ einfach gehalten, um die Entwicklung von Programmen zur Manipulation von EDIF-Beschreibungen zu erleichtern. Grundbaustein jeder EDIF-Beschreibung ist das *EDIF-Statement*

```
(Schlüsselwort {Ausdruck}) .
```

Es besteht aus einer linken Klammer, der ein wohldefiniertes EDIF-Schlüsselwort (z. B. *cell, view, interface, port*) und optional ein Ausdruck folgt und wird durch eine rechte Klammer abgeschlossen. Ein Ausdruck kann eine Folge von symbolischen Konstanten, Basis-Daten, Bezeichnern und/oder anderen EDIF-Statements sein:

- Symbolische Konstanten sind aus einer Aufstellung wohldefinierter EDIF-Namen (z. B. *INPUT, OUTPUT, SCHEMATIC*) zu entnehmen.
- Basis-Daten können Zahlen, Zeichenfolgen oder Logikwerte sein.
- Bezeichner repräsentieren Entwurfsobjekte oder Datengruppen, die durch andere EDIF-Statements definiert wurden.

*Beispiel 6.3:* Die Definition einer NAND-Zelle mit zwei Eingängen könnte in EDIF folgendermaßen aussehen:

```
(cell Nand2 (cellType GENERIC)
    (view Maske (viewType MASKLAYOUT) ...)
    (view Schema (viewType SCHEMATIC)
        (interface
            (port A (direction INPUT))
            (port B (direction INPUT))
            (port Z (direction OUTPUT))
            ...
        )
        (contents ...)
        ...
    )
)
```

Das EDIF-Schlüsselwort *cell* gibt an, daß eine Zelle definiert wird, sie wird
mit der Zeichenfolge *Nand2* benannt und kann unter diesem Namen später
verwendet werden. Innerhalb einer Zelldefinition können verschiedene Sichten (*view*) definiert werden. Die definierte Sicht wird durch eine beliebige
Zeichenfolge benannt (z. B. *Maske*), ihr Typ wird durch einen zulässigen
EDIF-Namen (z. B. *MASKLAYOUT*, Information über das Layout) spezifiziert. Innerhalb einer Sicht wird die für den Anschluß einer Zelle an andere
Zellen wichtige Information (*interface*) von der detaillierten Implementierung (*contents*) getrennt.

Um möglichst viele Facetten den Entwurfs zu erfassen, ist eine große Anzahl
unterschiedlicher EDIF-Konstrukte nötig. Diese werden für die meisten Anwendungen aber nicht in voller Allgemeinheit benötigt. Aus diesem Grund
werden drei Stufen von EDIF-Beschreibungen unterschieden. Beschreibungen
der Stufe 0 erlauben nicht den vollen Sprachumfang, gestatten damit aber
auch einfachere Manipulationsprozeduren. Beschreibungen der Stufe 0 sind
eine echte Teilmenge der Stufe 1-Beschreibungen, diese wiederum eine echte
Teilmenge der Stufe 2-Beschreibungen. Beschreibungen der Stufe 2 erlauben
es, den vollen Sprachumfang auszuschöpfen.

Jede EDIF-Beschreibung beginnt mit dem Schlüsselwort *edif*, einer Zeichenfolge zur Benennung der EDIF-Beschreibung und der Festlegung, welche EDIF-
Version und welche Stufe der Beschreibung zugrundeliegt. Ist ein Programm
nur in der Lage, EDIF-Beschreibungen einer niedrigeren Stufe zu bearbeiten,
kann so eine Fehlermeldung erzeugt werden. Im Anschluß an diese Steuerinformation können Daten wie Bibliotheken folgen, die ihrerseits z. B. aus Zellen
wie in Beispiel 6.3 bestehen.

*Beispiel 6.4:* Eine komplette EDIF-Beschreibung könnte folgenden Rahmen
   besitzen:

```
(edif Beispiel-Bibliothek
    (edifVersion 2 0 0) (edifLevel 2) ...
    (library Cmosbib (edifLevel 0) (technology Cmos ...)
        (cell Nand2 ...)
        ...
    )
)
```

### 6.2.3  VHDL

Die Abkürzung VHDL steht für *VHSIC Hardware Description Language*, wobei VHSIC selbst eine Abkürzung für ein Förderungsprogramm des US-ame-
rikanischen Verteidigungsministeriums (*very high speed integrated circuits*)
darstellt. VHDL ermöglicht Verhaltens- und Strukturbeschreibungen digitaler
Schaltungen von der Systemebene bis zur Gatterebene. Ziel war es, ein Stan-
dardmedium zum Austausch von Entwurfsdaten auf höherer als der Layout-
ebene zu schaffen. Anders als EDIF sollte VHDL auch für den Entwerfer hand-

habbar sein. Damit eignet sich VHDL gleichermaßen zur Spezifikation von
Schaltungen, als Grundlage der Simulation und Synthese und zur Dokumentation.

Vorläufer von VHDL waren u. a. Sprachen zur Schaltungsmodellierung für
Simulatoren. Die Semantik solcher Sprachen wurde durch die Arbeitsweise
des zugehörigen Simulators definiert. VHDL mußte als Standard eine von spezifischen Simulationswerkzeugen unabhängige Semantik aufweisen. Diese
Randbedingung wirkt sich vor allem auf die Beschreibung des dynamischen
Verhaltens einer Schaltung aus, die auf einem klaren Zeitmodell aufbauen
muß. In VHDL ist eine sehr genaue Modellierung des Zeitverhaltens, die zu relativ langen Simulationszeiten führt, genauso möglich, wie eine abstrakte Modellierung des Zeitverhaltens, die bei der Simulation zwar weniger detaillierte
Ergebnisse liefert, dafür aber schneller durchgeführt werden kann.

Die VHDL-Beschreibung einer Schaltungskomponente besteht aus einer
Schnittstellenbeschreibung der Entwurfseinheit (*entity*), über die die Komponente mit anderen Komponenten verbunden werden kann, und der Beschreibung ihrer internen Organisation (*architecture*), die z. B. zur Simulation oder
Synthese der Komponente benötigt wird. Dies ähnelt der Unterscheidung von
*interface* und *contents* in EDIF. Die interne Beschreibung kann bei VHDL eine
Strukturbeschreibung, eine prozedurale Beschreibung, eine Datenflußbe-
schreibung oder eine Mischung aus diesen Beschreibungsformen darstellen.
Dadurch wird es möglich, eine Komponente funktional zu spezifizieren, später
ihre Struktur zu entwerfen oder zu synthetisieren und sowohl die Spezifikation
als auch die Implementierung in VHDL zu modellieren und zu simulieren.

*Beispiel 6.5*: Zwei 1-Bit-Größen $x_1$ und $x_2$ seien durch die Antivalenz-Schaltung
in Bild 6.10 zu einem Ausgangsbit y zu verknüpfen.

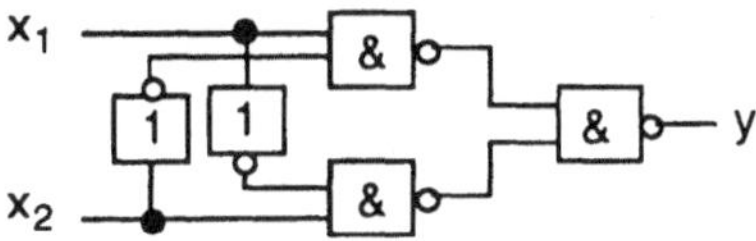


*Bild 6.10:* Struktur einer Schaltung zur Antivalenzverknüpfung

Die Schnittstelle der Schaltung nach außen wird durch folgende VHDL-Beschreibung spezifiziert.

```
entity Antivalenz is
    port (x1, x2: in Bit; y: out Bit);
end Antivalenz;
```

Die zugehörige interne Beschreibung der Struktur in Bild 6.10 ist der folgenden VHDL-Sequenz zu entnehmen.

```
architecture Strukturbeschreibung of Antivalenz is
    component Inv port (a: in Bit; c: out Bit);
    end component;
    component Nand2 port (a, b: in Bit; c: out Bit);
    end component;
    signal x3, x4, x5, x6: Bit;
begin
    g1: Inv port map(x1, x3);
    g2: Inv port map(x2, x4);
    g3: Nand2 port map(x1, x4, x5);
    g4: Nand2 port map(x2, x3, x6);
    g5: Nand2 port map(x5, x6, y);
end Strukturbeschreibung;
```

Zunächst werden die Schnittstellen der in Bibliotheken oder anderen VHDL-Beschreibungen definierten verwendeten Komponenten aufgeführt. Zusätzlich werden interne Signale der Beschreibung definiert. Danach wird die Verbindungsstruktur der Schaltung angegeben. Die mit g1 markierte Zeile legt fest, daß eine Inv-Komponente verwendet wird. Der Eingang a der Inv-Komponente wird mit dem Eingangssignal $x_1$ beschaltet, der Ausgang c mit dem internen Signal $x_4$, das zu einer Nand2-Komponente weitergeführt wird.                                                                        •

*Strukturbeschreibungen* legen die Hierarchie in einem Entwurf durch die Angabe von Komponenten und deren Verbindungen fest (vgl. Bild 1.9 oder Beispiel 6.5). Die Komponenten müssen selbst wieder durch eigene VHDL-Beschreibungen spezifiziert werden. *Verhaltensbeschreibungen* modellieren das (Ein-/Ausgangs-)Verhalten einer Komponente, ohne eine bestimmte interne Struktur der Komponente zu implizieren. Solche Beschreibungen stellen Algorithmen dar, die Ausgaben der Komponente abhängig von den anliegenden Eingaben berechnen.

*Beispiel 6.5 (Forts.):* Eine Modellierung der Antivalenzschaltung mit Hilfe einer Verhaltensbeschreibung ist im folgenden illustriert.

```
architecture Verhaltensbeschreibung of Antivalenz is
begin
    y <= x1 xor x2 after 5 ns;
end Verhaltensbeschreibung;
```

Die Funktionstabelle für die xor-Verknüpfung wird in einer Standardbibliothek zur Verfügung gestellt und braucht deshalb nicht aufgeführt zu werden. Die im Beispiel verwendeten *Signale* $x_1$, $x_2$ und y stellen Verbindungen zwischen einzelnen Komponenten her. Der Wert eines Signals kann durch die Zuweisungsoperation „<=" verändert werden. Signalzuweisungen werden nach einer gewissen spezifizierten Zeitspanne vorgenommen (hier 5 ns); damit können Verzögerungen der Schaltungskomponenten spezifiziert werden.                                                                        •

Eine *Konfigurationsbeschreibung* klärt die Frage, welche interne Beschreibung einer Schaltung bei der Simulation verwendet wird. Hier wird auch festgelegt, welche Bibliothek für die Definition der Komponenten auf unterster Ebene einzusetzen ist.

*Beispiel 6.5 (Forts.):* Eine Konfigurationsbeschreibung, die bei einer Simulation zur Verwendung der Strukturbeschreibung führt, könnte folgendermaßen aussehen.

```
configuration C1 of Antivalenz is
    for Strukturbeschreibung
        for g1, g2: Inv use entity lib.inv(behavior);
        end for;
        for g3, g4, g5: Nand2 use entity lib.nand2(behavior);
        end for;
    end for;
end C1;
```
•

## 6.3 Entwurfsumgebungen (Frameworks)

Die Fortschritte im Bereich des VLSI-Entwurfs führten zu einer Vielzahl spezialisierter und komplexer Entwurfswerkzeuge, von denen nur einige in den vorhergehenden Abschnitten und Kapiteln vorgestellt werden konnten. Diese Werkzeuge sind sehr heterogen und können nur selten mit anderen Werkzeugen ohne Schnittstellenprobleme kombiniert werden. Durch die Definition standardisierter Hardwarebeschreibungssprachen wie EDIF und VHDL wurde zwar prinzipiell die Möglichkeit geschaffen, Entwurfsdaten auszutauschen; die Erzeugung eines standardisierten textlichen Austauschformats aus einer rechnerinternen Datenrepräsentation und die Umsetzung des Austauschformats in eine andere rechnerinterne Repräsentation ist jedoch weder elegant noch effizient. Um die Interaktion zwischen den einzelnen Werkzeugen zu harmonisieren und den Entwurf und die Benutzung solcher Werkzeuge zu vereinfachen, wurden *Entwurfsumgebungen (Frameworks)* konzipiert. Sie sollen die Aufgabe sowohl des Werkzeugentwicklers als auch des Schaltungsentwerfers, der CAD-Werkzeuge benutzt, erleichtern. Eine ausführlichere Behandlung von CAD-Frameworks findet man z. B. in [BHNS 92].

Die gegenwärtig kommerziell verfügbaren Entwurfsumgebungen unterstützen vor allem die Einbindung von CAD-Werkzeugen in ein Entwurfssystem (*Werkzeugverwaltung*), indem sie einheitliche Mechanismen zur Datenverwaltung und zur Implementierung von Benutzerschnittstellen zur Verfügung stellen. Zukünftige Entwurfsumgebungen werden zusätzlich eine stärkere Unterstützung bei der Projekt- und Entwurfsverwaltung bieten. Die *Projektverwaltung* hat die Aufgabe, mehreren Benutzern das gleichzeitige und unabhängige Arbeiten an Teilen einer größeren Entwurfsaufgabe zu ermöglichen. Zu dieser Aufgabe gehören u. a. die Versionsverwaltung und die Verwaltung von Ressourcen, die von mehreren Entwerfern gemeinsam genutzt werden [z. B. BBEF 91, WaVi 91]. Die *Entwurfsverwaltung* unterstützt den Benutzer, indem sie den Datenfluß des Entwurfs analysiert und basierend auf einem Modell des Entwurfsprozesses jeweils zur Fortsetzung der Arbeit geeignete Werkzeuge anbietet [z. B. BKLH 90, AlRF 91, BoBW 91, DaDi 91, KEHK 92]. Falls notwendig sind zusätzliche Spezifikationen des Benutzers anzufordern, eventuell nötige Formatanpassungen zwischen Werkzeugen können automatisch vorgenommen werden.

Bild 6.11 veranschaulicht den idealisierten Aufbau einer Entwurfsumgebung. Auf der untersten Ebene ist eine Datenverwaltungskomponente enthalten, die den CAD-Werkzeugen die sichere, zuverlässige und kosteneffiziente Speicherung und Manipulation von Entwurfsdaten im Mehrbenutzerbetrieb abnimmt. Sie besitzt gegenüber einer üblichen Datenbank spezielle Eigenschaften, die sie zur Unterstützung allgemeiner Entwurfswerkzeuge befähigen [KFNP 90]. Auf der obersten Ebene ist eine standardisierte Benutzeroberfläche vorgegeben, die einerseits den CAD-Werkzeugen gewisse Dienste zur Kommunikation mit dem Entwerfer zur Verfügung stellt und andererseits dem Entwerfer eine einheitliche und systematische Unterstützung beim Einsatz der Werkzeuge bietet. Zusätzlich zu den eigentlichen Entwurfsdaten müssen in der Entwurfsumgebung weitere Daten verwaltet werden, die in Bild 6.11 unter dem Begriff Metadaten zusammengefaßt sind. Zum einen ist es zur Entwurfsunterstützung notwendig, ein Wissen über den aktuellen Status des Entwurfs zu besitzen, zum anderen müssen Informationen über die in der Umgebung integrierten Entwurfswerkzeuge vorhanden sein.

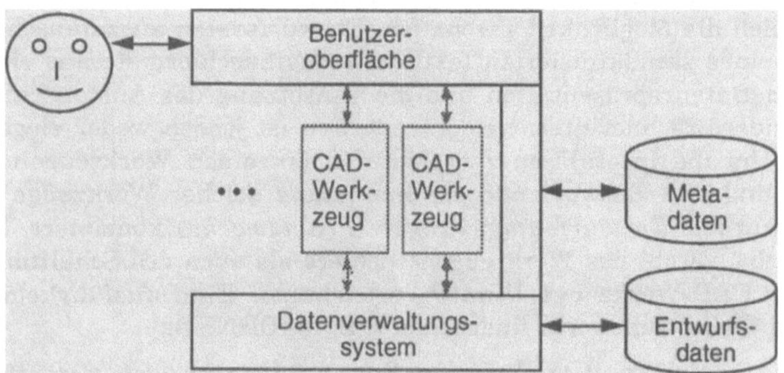


*Bild 6.11:* Vereinfachte Sicht einer Entwurfsumgebung

Ältere Entwurfswerkzeuge, die nicht für die Benutzung in einer Entwurfsumgebung entwickelt wurden, nutzen weder die Dienste des Datenverwaltungssystems noch diejenigen der Benutzeroberfläche. Um solche Werkzeuge ohne Neuprogrammierung in eine Entwurfsumgebung einbinden zu können, sind Umsetzungsprozeduren notwendig, die Ein- und Ausgaben des Werkzeugs an die zur Verfügung gestellten Schnittstellen anpassen.

# Literaturverzeichnis

## Kapitel 1


Elek 91    *Applikationsspezifische Bausteine: Ein Markt im Umbruch*; Elektronik, S. 20, 21/1991.

Fair 90    R. Fair: *Challenges to Manufacturing Submicron, Ultra-Large Scale Integrated Circuits*; Proc. of the IEEE, Band 78, S. 1687-1705, 1990.

Gajs 88    D. Gajski (Hrsg.): *Silicon Compilation*; Addison-Wesley, Reading, 1988.

GIKN 89    P. Gelsinger, S. Iyengar, J. Krauskopf, J. Nadir: *Computer Aided Design and Built In Self Test on the i486 CPU*; Proc. Int. Conf. on Computer Design, S. 199-202, 1989.

Höff 91    B. Höfflinger (Hrsg.): *ASIC-Praxis: Ein Intensivkurs mit Antworten für mittelständische ASIC-Anwender*; Institut für Mikroelektronik, Stuttgart, 1991.

Hofm 89    E. Hofmeister: *Mikroelektronik 2000*; Siemens Components, Band 27, S. 54-58, 1989.

HöNS 86    E. Hörbst, M. Nett, H. Schwärtzel: *VENUS - Entwurf von VLSI-Schaltungen*; Springer, Berlin, 1986.

ICE 91    *ASIC Outlook 1991*; Integrated Circuit Engineering Corporation, Scottsdale, Arizona, 1991.

Levi 92    M. Levitt: *ASIC Testing Upgraded*; IEEE Spectrum, S. 26-29, Mai 1992.

RoCa 89    W. Rosenstiel, R. Camposano: *Rechnergestützter Entwurf hochintegrierter MOS-Schaltungen*; Springer, Berlin, 1989.

Wein 90    H. Weinerth (Hrsg.): *Schlüsseltechnologie Mikroelektronik*; Franzis, München, 1990.


## Kapitel 2


Acte 91    *Actel Data Book*; Sunnyvale, 1991.

Alma 89    A. Almaini: *Electronic Logic Systems*; Prentice Hall, New York, 1989.

Alte 88    *Altera User-Configurable Logic Databook*; Santa Clara, 1988.

AMD 91    *AMD MACH Family Data Book*; Sunnyvale, 1991.

Auer 90    A. Auer: *Programmierbare Logik-IC*; Hüthig, Heidelberg, 1990.

BeKH 88    M. Beunder, J. Kernhof, B. Höfflinger: *The CMOS Gate Forest: An Efficient and Flexible High-Performance ASIC Design Environment*; IEEE J. of Solid-State Circuits, Band SC-23, S. 387-399, 1988.

BFRV 92    S. Brown, R. Francis, J. Rose, Z. Vranesic: *Field-Programmable Gate Arrays*; Kluwer, Boston, 1992.

Free 89    R. Freeman: *XC3000 Family of User-Programmable Gate Arrays*; Microprocessors & Microsystems, Band 13, S. 313-320, 1989.

FrEs 91    J. Frößl, B. Eschermann: *Module Generation for AND-/XOR-Fields (XPLAs)*; Proc. IEEE Int. Conf. on Computer Design, S. 26-29, Cambridge, 1991.

GoDe 83    N. Goncalves, H. DeMan: *NORA : A Racefree Dynamic CMOS Technique for Pipelined Logic Structures*; IEEE J. of Solid-State Circuits, Band SC-18, S. 261-266, 1983.

Hain 89    A. Haines: *Field-Programmable Gate Array with Non-Volatile Configuration*; Microprocessors and Microsystems, Band 13, S. 305-312, 1989.

HoJa 87    D. Hodges, H. Jackson: *Analysis and Design of Digital Integrated Circuits*; McGraw-Hill, New York, 1987.

Holl 87    E. Hollis: *Design of VLSI Gate Array ICs*; Prentice-Hall, Englewood Cliffs, 1987.

HöNS 86    E. Hörbst, M. Nett, H. Schwärtzel: *VENUS - Entwurf von VLSI-Schaltungen*; Springer, Berlin, 1986.

Hsue 81    M. Hsueh: *Symbolic Layout Compaction*; in Computer Design Aids for VLSI Circuits, P. Antognetti, D. O. Pederson, H. DeMan (Hrsg.), S. 499-541, 1981.

JEE 92     *Spotlighting Gate Arrays*; J. of Electronic Engineering, Band 29, Nr. 301, S. 58-75, 1992.

KeMe 89    A. Kemper, M. Meyer: *Entwurf von Semicustom-Schaltungen*; Springer, Berlin, 1989.

Kope 92    S. Kopec: *PLD-Anwendungen: Auf die Architektur kommt es an*; Markt & Technik, Nr. 14, S. 32-36, 1992.

KrLL 82    R. Krambeck, C. Lee, H.-F. Law: *High-Speed Compact Circuits with CMOS*; IEEE J. of Solid-State Circuits, Band SC-17, 1982.

KuOh 90    E. Kuh, T. Ohtsuki: *Recent Advances in VLSI Layout*; Proc. of the IEEE, Band 78, S. 237-263, 1990.

LaRu 71    B. Landman, R. Russo: *On a Pin Versus Block Relationship for Partitions of Logic Graphs*; IEEE Trans. on Computers, Band C-20, S. 1469-1479, 1971.

Leng 90    T. Lengauer: *Combinatorial Algorithms for Integrated Circuit Layout*; Wiley, Chichester, 1990.

Maly 87    W. Maly: *Atlas of IC Technologies*; Benjamin/Cummings, Menlo Park, 1987.

McSh 90    D. McCarty, T. Shergowski: *Leitfaden zum Beurteilen der Gatterdichte von FPGAs*; Elektronik, Nr. 14, S. 52-58, 1990.

MeCo 80    C. Mead, L. Conway: *Introduction to VLSI Systems*; Addison-Wesley, Reading, 1980.

PeHo 91    D. Pellerin, M. Holley: *Practical Design Using Programmable Logic*; Prentice Hall, New York, 1991.

RoCa 89    W. Rosenstiel, R. Camposano: *Rechnergestützter Entwurf hochintegrierter MOS-Schaltungen*; Springer, Berlin, 1989.

Sand 91    R. Sandige: *Modern Digital Design*; McGraw-Hill, New York, 1991.

SiEi 90    J. Siegl, H. Eichele: *Hardware-Entwicklung mit ASIC*; Hüthig, Heidelberg, 1990.

SIEM 87    *Siemens ACMOS2-Zellbibliothek*; Siemens, München, 1987.

SIEM 92   *Siemens Semicustom ICs*; Siemens, München, 1992.

Sham 91   K. Shambrook: *Overview of Multichip Module Technologies*; IEEE Multichip Module Workshop, S. 1-9, Santa Cruz, 1991.

Stap 89   C. Stapper: *Large-area Fault Clusters and Fault Tolerance in VLSI Circuits*; IBM J. on Research and Development, Band 33, S. 163-177, März 1989.

TeHo 89   S. Tewksbury, L. Hornak: *Wafer Level System Integration: A Review*; IEEE Circuits and Devices Magazine, Band 5, S. 22-30, Sept. 1989.

WeEs 85   N. Weste, K. Eshraghian: *Principles of CMOS VLSI Design – A Systems Perspective*; Addison-Wesley, Reading, 1985.

Wein 67   A. Weinberger: *Large Scale Integration of MOS Complex Logic: A Layout Method*; IEEE J. of Solid-State Circuits, Band SC-2, S. 182-190, 1967.

Xili 89   *Xilinx Programmable Gate Array Data Book*; Xilinx, San Jose, 1989.


# Kapitel 3


AhHU 74   A. Aho, J. Hopcroft, J. Ullman: *The Design and Analysis of Computer Algorithms*; Addison-Wesley, Reading, 1974.

Bell 57   R. Bellman: *Dynamic Programming*; Princeton University Press, Princeton, 1957.

BHMS 84   R. Brayton, G. Hachtel, C. McMullen, A. Sangiovanni-Vincentelli: *Logic Minimization Algorithms for VLSI Synthesis*; Kluwer, Boston, 1984.

BiBa 70   G. Birkhoff, T. Bartee: *Modern Applied Algebra*; McGraw-Hill, New York, 1970.

BRKM 91   K. Butler, D. Ross, R. Kapur, M. Mercer: *Heuristics to Compute Variable Orderings for Efficient Manipulation of Ordered Binary Decision Diagrams*; Proc. Design Automation Conf., S. 417-420, 1991.

Brya 86   R. Bryant: *Graph-Based Algorithms for Boolean Function Manipulation*; IEEE Trans. on Computers, Band C-35, S. 677-691, 1986.

ChKo 75   N. Christofides, S. Korman: *A Computational Survey of Methods for the Set Covering Problem*; Management Science, Band 21, S. 591-599, 1975.

Chri 75   N. Christofides: *Graph Theory: An Algorithmic Approach*; Academic Press, London, 1975.

Coho 78   J. Cohon: *Multiobjective Programming and Planning*; Academic Press, New York, 1978.

Even 79   S. Even: *Graph Algorithms*; Computer Science Press, 1979.

EvHö 92   H. Eveking, S. Höreth: *Optimierung und Resynthese komplexer Datenpfade*; ITG-Fachberichte 122, Rechnergestützter Entwurf und Architektur mikroelektronischer Systeme, S. 115-124, 1992.

FrSu 87   S. Friedman, K. Supowit: *Finding the Optimal Ordering for Binary Decision Diagrams*; Proc. 24th Design Automation Conf., S. 348-356, 1987.

FuFK 88   M. Fujita, H. Fujisawa, N. Kawato: *Evaluation and Improvements of Boolean Comparison Method Based on Binary Decision Diagrams*; Digest of Papers, Int. Conf. on Computer-Aided Design, S. 2-5, 1988.

GaJo 79   M. Garey, D. Johnson: *Computers and Intractability*; Freeman, New York 1979.

GiLi 80   W. Giloi, H. Liebig: *Logischer Entwurf digitaler Systeme*; Springer, Berlin 1980.

Gras 78    W. Grass: *Steuerwerke – Entwurf von Schaltwerken mit Festwertspeichern*;
           Springer, Berlin, 1978.

Iser 79    H. Isermann: *Strukturierung von Entscheidungsprozessen bei mehrfacher
           Zielsetzung*; Operations Research Spektrum, Band 1, S. 3-26, 1979.

IsSY 91    N. Ishiura, H. Sawada, S. Yajima: *Minimization of Binary Decision Diagrams
           Based on Exchanges of Variables*; Digest of Papers, Int. Conf. on Computer-Aided
           Design, S. 472-475, 1991.

John 75    D. Johnson: *Finding all the Elementary Circuits of a Directed Graph*; SIAM J. on
           Computing, Band 4, S. 77-84, 1975.

Karp 72    R. Karp: *Reducibility among Combinatorial Problems*; in Complexity of
           Computer Computations, R. E. Miller, J. W. Thatcher (Hrsg.), Plenum Press,
           New York, 1972.

MWBS 88    S. Malik, A. Wang, R. Brayton, A. Sangiovanni-Vincentelli: *Logic Verification
           Using Binary Decision Diagrams in a Logic Synthesis Environment*; Digest of
           Papers, Int. Conf. on Computer-Aided Design, S. 6-9, 1988.

Neum 75    K. Neumann: *Operations Research Verfahren*; Hanser, München, 1975.

PiSo 90    M. Pipponzi, F. Somenzi: *An Iterative Algorithm for the Binate Covering
           Problem*; Proc. 1st European Design Automation Conf., S. 208-211, 1990.

ScSW 73    D. Schmid, D. Senger, H. Wojtkowiak: *Technische Informatik*; Oldenbourg,
           München, 1973.

Tier 70    J. Tiernan: *An Efficient Search Algorithm to Find the Elementary Circuits of a
           Graph*; Comm. of the ACM, Band 13, S. 722-726, 1970.

Zele 82    M. Zeleny: *Multiple Criteria Decision Making*; McGraw-Hill, New York, 1982.


# Kapitel 4


Ashe 59    R. Ashenhurst: *The Decomposition of Switching Functions*; Proc. Int. Symp. on
           the Theory of Switching Functions, S. 74-116, 1959.

ASSP 90    P. Abouzeid, K. Sakouti, G. Saucier, F. Poirot: *Multilevel Synthesis Minimizing
           the Routing Factor*; Proc. 27th Design Automation Conf., S. 365-368, 1990.

AuWS 91    W. Au, D. Weise, S. Seligman: *Automatic Generation of Compiled Simulations
           through Program Specialization*; Proc. 28th Design Automation Conf., S. 205-210,
           1991.

BaCS 92    B. Babba, M. Crastes, G. Saucier: *Input Driven Synthesis on PLDs and PGAs*;
           Proc. 3rd European Design Automation Conf., S. 48-52, 1990.

BaLi 89    B. Baum, H. Lipp: *Ein verallgemeinertes Totzeitmodell unter Berücksichtigung
           von übergangsabhängigen und trägen Verzögerungen*; ntz-Archiv, Band 11,
           S. 53-62, 1989.

BBBC 87    R. Bryant, D. Beatty, K. Brace, K. Cho, T. Sheffler: *COSMOS: A Compiled
           Simulator for MOS Circuits*; Proc. 24th Design Automation Conf., S. 9-16, 1987.

BBHJ 87    K. Bartlett, D. Bostick, G. Hachtel, R. Jacoby, M. Lightner, P. Moceyunas, C.
           Morrison, D. Ravenscroft: *BOLD: A Multiple-Level Logic Optimization System*;
           Digest of Papers, Int. Conf. on Computer-Aided Design, 1987.

BBHJ 88    K. Bartlett et al.: *Multi-level Logic Minimization Using Implicit Don't Cares*;
           IEEE Trans. on Computer-Aided Design, Band CAD-7, S. 723-740, 1988.

BCHT 82    R. Brayton, J. Cohen, G. Hachtel, B. Trager, D. Yun: *Fast Recursive Boolean Function Manipulation*; Proc. Int. Symp. on Circuits and Systems, S. 49-54, 1982.

BCRR 87    Z. Barzilai, J. Carter, B. Rosen, J. Rutledge: *HSS - A High-Speed Simulator*; IEEE Trans. on Computer-Aided Design, Band CAD-6, S. 601-616, 1987.

Beis 74    J. Beister: *A Unified Approach to Combinational Hazards*; IEEE Trans. on Computers, Band C-23, S. 566-575, 1974.

BeJe 90    M. Berkelaar, J. Jess: *Gate Sizing in MOS Digital Circuits with Linear Programming*; Proc. 1st European Design Automation Conf., S. 217-221, 1990.

Berg 91    R. Bergamaschi: *SKOL: A System for Logic Synthesis and Technology Mapping*; IEEE Trans. on Computer-Aided Design, Band CAD-10, S. 1342-1355, 1991.

BeSt 91    J. Benkoski, A. Strojwas: *The Role of Timing Verification in Layout Synthesis*; Proc. 28th Design Automation Conf., S. 612-619, 1991.

BFRV 92    S. Brown, R. Francis, J. Rose, Z. Vranesic: *Field-Programmable Gate Arrays*; Kluwer, Boston, 1992.

BHJL 87    D. Bostick, G. Hachtel, R. Jacoby, M. Lightner, P. Moceyunas, C. Morrison, D. Ravenscroft: *The Boulder Optimal Logic Design System*; Digest of Papers, Int. Conf. on Computer-Aided Design, S. 62-65, 1987.

BHMS 84    R. Brayton, G. Hachtel, C. McMullen, A. Sangiovanni-Vincentelli: *Logic Minimization Algorithms for VLSI Synthesis*; Kluwer, Boston, 1984.

BoDS 91    D. Bochmann, F. Dresig, B. Steinbach: *A New Decomposition Method for Multilevel Circuit Design*; Proc. 2nd European Design Automation Conf., 1991.

BoLi 92    E. Bolender, H. Lipp: *Timing Verification: A New Understanding of False Paths*; Proc. 3rd European Conf. Design Automation, S. 383-387, 1992.

BrFr 76    M. Breuer, A. Friedman: *Diagnosis and Reliable Design of Digital Systems*; Computer Science Press, Woodland Hills, 1976.

BrHS 90    R. Brayton, G. Hachtel, A. Sangiovanni-Vincentelli: *Multilevel Logic Synthesis*; Proc. of the IEEE, Band 78, S. 264-300, 1990.

BrIy 88    D. Brand, V. Iyengar: *Timing Analysis Using Functional Analysis*; IEEE Trans. on Computers, Band C-37, S. 1309-1314, 1988.

BrMc 82    R. Brayton, C. McMullen: *The Decomposition and Factorization of Boolean Expressions*; Proc. 1982 Int. Symp. on Circuits and Systems, S. 49-54, 1982.

BRSW 87    R. Brayton, R. Rudell, A. Sangiovanni-Vincentelli, A. Wang: *MIS: A Multiple-Level Logic Optimization System*; IEEE Trans. on Computer-Aided Design, Band CAD-6, S. 1062-1081, 1987.

Brya 86    R. Bryant: *Graph-Based Algorithms for Boolean Function Manipulation*; IEEE Trans. on Computers, Band C-35, S. 677-691, 1986.

CaPr 87    P. Camurati, P. Prinetto: *Formal Verification of Hardware Correctness: An Introduction*; in Computer Hardware Description Languages and their Applications, M. R. Barbacci, C. J. Koomen (Hrsg.), S. 225-247, 1987.

ChMu 88    K.-C. Chen, S. Muroga: *Input Assignment Algorithm for Decoded-PLA's with Multi-Input Decoders*; Digest of Papers, Int. Conf. on Computer-Aided Design, S. 474-477, 1988.

ChMu 90    K.-C. Cheng, S. Muroga: *Timing Optimization for Multi-Level Combinational Networks*; Proc. 27th Design Automation Conf., S. 339-344, 1990.

ChPC 87    M. Chandrasekhar, J. Privitera, K. Conradt: *Application of Term Rewriting Techniques to Hardware Design Verification*; Proc. 24th Design Automation Conf., S. 277-282, 1987.

CoSa 83    J. Cohoon, S. Sahni: *Heuristics for the Circuit Realization Problem*; Proc. 20th Design Automation Conf., S. 560-566, 1983.

DaAR 86    M. Dagenais, V. Agarwal, N. Rumin: *McBOOLE: A New Procedure for Exact Logic Minimization*; IEEE Trans. on Computer-Aided Design, Band CAD-5, S. 229-238, 1986.

DADJ 84    A. Dunlop, V. Agrawal, D. Deutsch, M. Jukl, P. Kozak, M. Wiesel: *Chip Layout Optimization Using Critical Path Weighting*; Proc. 21st Design Automation Conf., S. 133-136, 1984.

DBGJ 84    J. Darringer, D. Brand, J. Gerbi, W. Joyner, L. Trevillyan: *LSS: A System for Production Logic Synthesis*; IBM J. on Research and Development, Band 28, S. 537-545, 1984.

DeNe 91    S. Devadas, A. Newton: *Exact Algorithms for Output Encoding, State Assignment, and Four-Level Boolean Minimization*; IEEE Trans. on Computer-Aided Design, Band CAD-10, S. 13-27, 1991.

DGRS 87    E. Detjens, G. Gannot, R. Rudell, A. Sangiovanni-Vincentelli, A. Wang: *Technology Mapping in MIS*; Digest of Papers, Int. Conf. on Computer-Aided Design, S. 116-119, 1987.

DLRB 92    F. Dresig, P. Lanchès, O. Rettig, U. Baitinger: *Functional Decomposition for Universal Logic Cells Using Substitution*; Proc. 3rd European Conf. on Design Automation, S. 38-42, 1992.

DuYG 89    D. Du, S. Yen, S. Ghanta: *On the General False Path Problem in Timing Analysis*; Proc. 26th Design Automation Conf., S. 555-560, 1989.

ErDe 91    S. Ercolani, G. DeMicheli: *Technology Mapping for Electrically Programmable Gate Arrays*; Proc. 28th Design Automation Conf., S. 234-239, 1991.

FrRC 90    R. Francis, J. Rose, K. Chung: *Chortle: A Technology Mapping Program for Lookup Table-Based Field Programmable Gate Arrays*; Proc. 27th Design Automation Conf., S. 613-619, 1990.

FrRV 91    R. Francis, J. Rose, Z. Vranesic: *Chortle-crf: Fast Technology Mapping for Lookup Table-Based FPGAs*; Proc. 28th Design Automation Conf., S. 227-233, 1991.

GaCV 80    J. Galiay, Y. Crouzet, M. Verginault: *Physical versus Logical Fault Models in MOS LSI Circuits*; IEEE Trans. on Computers, Band C-29, S. 527-531, 1980.

GaJo 79    M. Garey, D. Johnson: *Computers and Intractability*; Freeman, New York 1979.

GBGH 86    D. Gregory, K. Bartlett, A. de Geus, G. Hachtel: *SOCRATES: A System for Automatically Synthesizing and Optimizing Combinational Logic*; Proc. 23rd Design Automation Conf., S. 79-85, 1986.

Gimp 65    J. Gimpel: *A Method of Producing a Boolean Function Having an Arbitrarily Prescribed Prime Implicant Table*; IEEE Trans. on Electronic Computers, Band EC-14, S. 485-488, 1965.

Görk 73    W. Görke: *Fehlerdiagnose digitaler Schaltungen*; Teubner, Stuttgart, 1973.

Gras 78    W. Grass: *Steuerwerke – Entwurf von Schaltwerken mit Festwertspeichern*; Springer, Berlin, 1978.

GrLi 79    W. Grass, H. Lipp: *LOGE - A Highly Effective System for Logic Design Automation*; SIGDA Newsletter, Band 9, S. 6-13, 1979.

HaJa 87    G. Hachtel, R. Jacoby: *Verification Algorithms for VLSI Synthesis;* in Design Systems for VLSI Circuits, G. De Micheli, A. Sangiovanni-Vincentelli, P. Antognetti (Hrsg.), Martinus Nijhoff, 1987.

Hell 63    L. Hellerman: *A Catalog of Three-Variable Or-Invert and And-Invert Logical Circuits*; IEEE Trans. on Electronic Computers, Band EC-12, S. 198-223, 1963.

HeSc 92    M. Hermann, U. Schlichtmann: *Schnelle Logiksynthese für FPGAs mit Optimierung des Zeitverhaltens*; ITG-Fachberichte 122, Rechnergestützter Entwurf und Architektur mikroelektronischer Systeme, S. 125-134, 1992.

HJKM 89    G. Hachtel, R. Jacoby, K. Keutzer, C. Morrison: *On Properties of Algebraic Transformations and the Multifault Testability of Multilevel Logic*; Digest of Papers, Int. Conf. on Computer-Aided Design, S. 422-425, 1989.

HwOI 90   T.-T. Hwang, R. Owens, M. Irwin: *Exploiting Communication Complexity for Multilevel Logic Synthesis*; IEEE Trans. on Computer-Aided Design, Band CAD-9, S. 1017-1027, 1990.

HwOI 92   T. Hwang, R. Owens, M. Irwin: *Efficiently Computing Communication Complexity for Multilevel Logic Synthesis*; IEEE Trans. on Computer-Aided Design, Band CAD-11, S. 545-554, 1992.

IbSa 75   O. Ibarra, S. Sahni: *Polynomially Complete Fault Detection Problems*; IEEE Trans. on Computers, Band C-24, S. 242-249, 1975.

ISHI 88   J. Ishikawa, H. Sato, M. Hiramine, K. Ishida, S. Oguri, Y. Kazuma, S. Murai: *A Rule Based Logic Reorganization System LORES/EX*; Proc. Int. Conf. on Computer Design, S. 262-266, 1988.

Karp 91   K. Karplus: *Xmap: A Technology Mapper for Table-Lookup Field-Programmable Gate Arrays*; Proc. 28th Design Automation Conf., S. 240-243, 1991.

Karp 91a   K. Karplus: *Amap: A Technology Mapper for Selector-Based Field-Programmable Gate Arrays*; Proc. 28th Design Automation Conf., S. 244-247, 1991.

KeMS 90   K. Keutzer, S. Malik, A. Saldanha: *Is Redundancy Necessary to Reduce Delay?*; Proc. 27th Design Automation Conf., S. 228-234, 1990.

KeSR 92   U. Kebschull, E. Schubert, W. Rosenstiel: *Multilevel Logic Synthesis Based on Functional Decision Diagrams*; Proc. 3rd European Conf. on Design Automation, S. 43-47, 1992.

Keut 87   K. Keutzer: *DAGON: Technology Binding and Local Optimization by DAG Mapping*; Proc. 24th Design Automation Conf., S. 341-347, 1987.

Köhl 69   D. Köhler: *Computer Modeling of Logic Moduls Under Consideration of Delay and Waveshaping*; Proc. of the IEEE, Band 57, S. 1294-1296, 1969.

Lern 65   S. Lerner: *Hazard Correction in Asynchronous Logic*; IEEE Trans. on Electronic Computers, Band EC-14, S. 265-267, 1965.

Lewi 89   D. Lewis: *Hierarchical Compiled Event-Driven Logic Simulation*; Digest of Papers, Int. Conf. on Computer-Aided Design, S. 498-500, 1989.

LiWo 88   M. Lightner, W. Wolf: *Experiments in Logic Optimization*; Digest of Papers, Int. Conf. on Computer-Aided Design, S. 285-289, 1988.

MaBa 88   H.-J. Mathony, U. Baitinger: *Fast Efficient Algorithms for the Factoring of Multiple Output Logic Functions*; Proc. 1988 Int. Symp. on Circuits and Systems, S. 1851-1854, 1988.

MaBi 88   J.-C. Madre, J.-P. Billon: *Proving Circuit Correctness Using Formal Comparison Between Expected and Extracted Behaviour*; Proc. 25th Design Automation Conf., S. 205-210, 1988.

MaDe 90   F. Mailhot, G. DeMicheli: *Technology Mapping Using Boolean Matching and Don't Care Sets*; Proc. 1st European Design Automation Conf., S. 212-216, 1990.

Maly 87a   W. Maly: *Realistic Fault Modeling for VLSI Testing*; Proc. 24th Design Automation Conf., S. 173-180, 1987.

Marw 93   P. Marwedel: *Synthese und Simulation von VLSI-Systemen*; Hanser, München, 1993.

Math 89   H.-J. Mathony: *Universal Logic Design Algorithm and its Application to the Synthesis of Two-Level Switching Circuits*; IEE Proc., Teil E, Band 136, S. 171-177, 1989.

MBSS 91   P. McGeer, R. Brayton, A. Sangiovanni-Vincentelli, S. Sahni: *Performance Enhancement through the Generalized Bypass Transform*; Digest of Papers, Int. Conf. on Computer-Aided Design, S. 184-187, 1991.

McBr 89     P. McGeer, R. Brayton: *Consistency and Observability Invariance in Multi-Level Logic Synthesis*; Digest of Papers, Int. Conf. on Computer-Aided Design, S. 426-429, 1989.

McBr 89a    P. McGeer, R. Brayton: *Efficient Algorithms for Computing the Longest Viable Path in a Combinational Network*; Proc. 26th Design Automation Conf., S. 561-567, 1989.

McBr 91     P. McGeer, R. Brayton: *Integrating Functional and Temporal Domains in Logic Design: The False Path Problem and Its Implications*; Kluwer, Boston, 1991.

McCl 56     E. McCluskey: *Minimization of Boolean Functions*; Bell System Technical J., S. 1417-1427, 1956.

McCl 86     E. McCluskey: *Logic Design Principles with Emphasis on Testable Semicustom Circuits*; Prentice-Hall, Englewood Cliffs, 1986.

Mei 74      K. Mei: *Bridging and Stuck-At Faults*; IEEE Trans. on Computers, Band C-23, S. 720-727, 1974.

MeLi 90     S. Mensch, H. Lipp: *Fuzzy Specification of Finite State Machines*; Proc. 1st European Design Automation Conf., S. 622-626, 1990.

MNSB 90     R. Murgai, Y. Nishizaki, N. Shenoy, R. Brayton, A. Sangiovanni-Vincentelli: *Logic Synthesis for Programmable Gate Arrays*; Proc. 27th Design Automation Conf., S. 620-625, 1990.

Mott 60     T. Mott: *Determination of the Irredundant Normal Forms of a Truth Function by Iterated Consensus of the Prime Implicants*; IRE Trans. on Electronic Computers, Band EC-9, S. 245-252, 1960.

MWBS 88     S. Malik, A. Wang, R. Brayton, A. Sangiovanni-Vincentelli: *Logic Verification Using Binary Decision Diagrams in a Logic Synthesis Environment*; Digest of Papers, Int. Conf. on Computer-Aided Design, S. 6-9, 1988.

Nels 55     R. Nelson: *Simplest Normal Truth Functions*; J. of Symbolic Logic, Band 20, S. 105-108, 1955.

OCT 90      *Octtools Distribution 4.0*; Electronics Research Laboratory, University of California, Berkeley, 1990.

PaPo 89     P. Paulin, F. Poirot: *Logic Decomposition Algorithms for the Timing Optimization of Multi-Level Logic*; Proc. Int. Conf. on Computer Design, S. 329-333, 1989.

PeBh 91     M. Pedram, N. Bhat: *Layout Driven Technology Mapping*; Proc. 28th Design Automation Conf., S. 99-105, 1991.

RaVa 92     J. Rajski, J. Vasudevamurthy: *The Testability-Preserving Concurrent Decomposition and Factorization of Boolean Expressions*; IEEE Trans. on Computer-Aided Design, Band CAD-11, S. 778-793, 1992.

RoKa 62     J. Roth, R. Karp: *Minimization over Boolean Graphs*; IBM J. on Research and Development, Band 6, S. 227-238, 1962.

RuWG 76     A. Ruehli, P. Wolff, G. Goertzel: *Power and Timing Optimization of Large Digital Systems*; Proc. Int. Symp. on Circuits and Systems, S. 402-405, 1976.

SaBh 80     S. Sahni, A. Bhatt: *The Complexity of Design Automation Problems*; Proc. 17th Design Automation Conf., S. 402-411, 1980.

SaEF 93     J. Saul, B. Eschermann, J. Frößl: *Two-Level Logic Circuits Using EXOR Sums of Products*; IEE Proc., Teil E, 1993.

Sasa 81     T. Sasao: *Multiple-Valued Decomposition of Generalized Boolean Functions and the Complexity of Programmable Logic Arrays*; IEEE Trans. on Computers, Band C-30, S. 635-643, 1981.

SaSB 90     G. Saucier, P. Sicard, L. Bouchet: *Multi-Level Synthesis on PALs*; Proc. 1st European Design Automation Conf., S. 542-546, 1990.

SBSC 90    A. Saldanha, R. Brayton, A. Sangiovanni-Vincentelli, K.-T. Cheng: *Timing Optimization with Testability Considerations*; Digest of Papers, Int. Conf. on Computer-Aided Design, S. 460-463, 1990.

SmMB 87    S. Smith, M. Mercer, B. Brock: *Demand Driven Simulation: BACKSIM*; Proc. 24th Design Automation Conf., S. 181-187, 1987.

StLe 90    B. Steinbach, Le T. C.: *Entwurf testbarer Schaltungen*; Wiss. Schriftenreihe der Technischen Universität Chemnitz, Heft 12/1990.

SWBS 88    K. Singh, A. Wang, R. Brayton, A. Sangiovanni-Vincentelli: *Timing Optimization of Combinational Logic*; Digest of Papers, Int. Conf. on Computer-Aided Design, S. 282-285, 1988.

TBGP 83    C. Timoc et al.: *Logical Models of Physical Failures*; Proc. Int. Test Conf., S. 546-553, 1983.

VaRa 90    J. Vasudevamurthy, J. Rajski: *A Method for Concurrent Decomposition and Factorization of Boolean Expressions*; Digest of Papers, Int. Conf. on Computer-Aided Design, S. 510-513, 1990.

Veit 52    E. Veitch: *A Chart Method for Simplifying Boolean Functions*; Proc. of the ACM, S. 127-133, Mai 1952.

Wads 78    R. Wadsack: *Fault Modeling and Logic Simulation of CMOS and MOS Integrated Circuits*; Bell System Technical J., Band 57, S. 1449-1474, 1978.

WaMa 90    Z. Wang, P. M. Maurer: *LECSIM: A Levelized Event Driven Compiled Logic Simulator*; Proc. 27th Design Automation Conf., S. 491-496, 1990.

WeCh 88    C.-L. Wey, T.-Y. Chang: *PLAYGROUND: Minimization of PLAs with Mixed Ground True Outputs*; Proc. 25th Design Automation Conf., S. 421-426, 1988.

WeGo 88    M. Weyerer, G. Goldemund: *Prüfbarkeit elektronischer Schaltungen*; Teubner, Stuttgart, 1988.

Wend 82    S. Wendt: *Nachrichtentechnik Band III, Nachrichtenverarbeitung*; Springer, Berlin, 1982.

WeSa 86    R. Wei, A. Sangiovanni-Vincentelli: *PROTEUS: A Logic Verification System for Combinational Circuits*; Proc. Int. Test Conf., S. 350-359, 1986.

WHPZ 87    L. Wang, N. Hoover, E. Porter, J. Zasio: *SSIM: A Software Levelized Compiled-Code Simulator*; Proc. 24th Design Automation Conf., S. 2-8, 1987.

Wojt 88    H. Wojtkowiak: *Test und Testbarkeit digitaler Schaltungen*; Teubner, Stuttgart, 1988.

Woo 91    N. Woo: *A Heuristic Method for FPGA Technology Mapping Based on the Edge Visibility*; Proc. 28th Design Automation Conf., S. 248-251, 1991.

Wund 91    H.-J. Wunderlich: *Hochintegrierte Schaltungen: Prüfgerechter Entwurf und Test*; Springer, Berlin, 1991.

YITS 91    K. Yoshikawa, H. Ichiryu, H. Tanishita, S. Suzuki, N. Nomizu, A. Kondoh: *Timing Optimization on Mapped Circuits*; Proc. 28th Design Automation Conf., S. 112-117, 1991.


# Kapitel 5


AcCa 85    J. Acha, J. Calvo: *On the Implementation of Sequential Circuits with PLA Modules*; IEE Proc., Teil E, Band 132, S. 246-250, 1985.

Ager 76    T. Agerwala: *Microprogram Optimization: A Survey*; IEEE Trans. on Computers, Band C-25, S. 962-973, 1976.

AmEB 88   R. Amann, B. Eschermann, U. Baitinger: *PLA Based Finite State Machines Using Johnson Counters as State Memories*; Proc. Int. Conf. on Computer Design, S. 267-270, 1988.

Arms 62   D. Armstrong: *A Programmed Algorithm for Assigning Internal Codes to Sequential Machines*; IRE Trans. on Electronic Computers, Band EC-11, S. 466-472, 1962.

AsDN 91   P. Ashar, S. Devadas, A. Newton: *Sequential Logic Synthesis*; Kluwer, Boston, 1991.

AsDN 91a  P. Ashar, S. Devadas, A. Newton: *Optimum and Heuristic Algorithms for an Approach to Finite State Machine Decomposition*; IEEE Trans. on Computer-Aided Design, Band CAD-10, S. 296-310, 1991.

BaBR 91   K. Bartlett, G. Borriello, S. Raju: *Timing Optimization of Multiphase Sequential Logic*; IEEE Trans. on Computer-Aided Design, Band CAD-10, S. 51-62, 1991.

Berg 90   A. ten Berg: *Stepwise Decomposition in Controlpath Synthesis*; Microprocessing and Microprogramming, Band 30, S. 117-124, 1990.

BKKR 86   R. Brück, B. Kleinjohann, T. Kathöfer, F.Rammig: *Synthesis of Concurrent Modular Controllers from Algorithmic Descriptions*; Proc. 23rd Design Automation Conf., S. 285-292, 1986.

BoCB 89   M. Bolotski, D. Camporese, R. Barman: *State Assignment for Multi-Level Logic Using Dynamic Literal Estimation*; Digest of Papers, Int. Conf. on Computer-Aided Design, S. 220-223, 1989.

Brow 81   D. Brown: *A State-Machine Synthesizer - SMS*; Proc. 18th Design Automation Conf., S., 301-305, 1981.

BrSo 89   R. Brayton, F. Somenzi: *Boolean Relations and the Incomplete Specification of Boolean Networks*; Proc. IFIP Int. Conf. on Very Large Scale Integration, S. 231-240, 1990.

Burk 84   R. Burkard: *Quadratic Assignment Problems*; European J. of Operational Research, Band 15, S. 283-289, 1984.

CBRS 90   A. Champernowne, L. Bushard, J. Rusterholz, J. Schomburg: *Latch-to-Latch Timing Rules*; IEEE Trans. on Computers, Band C-39, S. 798-808, 1990.

CiSD 91   M. Ciesielski, J. Shen, M. Davio: *A Unified Approach to Input-Output Encoding for FSM State Assignment*; Proc. 28th Design Automation Conf., S. 176-181, 1991.

Copp 86   A. Coppola: *An Implementation of a State Assignment Heuristic*; Proc. 23rd Design Automation Conf., S. 643-649, 1986.

DaDe 92   M. Damiani, G. DeMicheli: *Synthesis and Optimization of Synchronous Logic Circuits from Recurrence Equations*; Proc. 3rd European Conf. on Design Automation, S. 226-231, 1992.

DeBS 85   G. DeMicheli, R. Brayton, A. Sangiovanni-Vincentelli: *Optimal State Assignment for Finite State Machines*; IEEE Trans. on Computer-Aided Design, Band CAD-4, S. 269-285, 1985.

DeMi 86   G. DeMicheli: *Symbolic Design of Combinational and Sequential Logic Circuits Implemented by Two-Level Logic Macros*; IEEE Trans. on Computer-Aided Design, Band CAD-5, S. 597-616, 1986.

DeMi 87   G. DeMicheli: *Synthesis of Control Systems*; in Design Systems for VLSI Circuits, G. De Micheli, A. Sangiovanni-Vincentelli, P. Antognetti (Hrsg.), Martinus Nijhoff, 1987.

DeMi 91   G. DeMicheli: *Synchronous Logic Synthesis: Algorithms for Cycle-Time Minimization*; IEEE Trans. on Computer-Aided Design, Band CAD-10, S. 63-73, 1991.

DeNe 88   S. Devadas, A. Newton: *Decomposition and Factorization of Sequential Finite State Machines*; Digest of Papers, Int. Conf. on Computer-Aided Design, S. 148-151, 1988.

DeNe 91     S. Devadas, A. Newton: *Exact Algorithms for Output Encoding, State Assignment, and Four-Level Boolean Minimization*; IEEE Trans. on Computer-Aided Design, Band CAD-10, S. 13-27, 1991.

DeSV 83     G. DeMicheli, A. Sangiovanni-Vincentelli, T. Villa: *Computer-Aided Synthesis of PLA-Based Finite State Machines*; Digest of Papers, Int. Conf. on Computer-Aided Design, S. 154-156, 1983.

Dill 88     T. Dillinger: *VLSI Engineering*; Prentice-Hall, Englewood Cliffs, 1988.

DMNS 88     S. Devadas, H.-K. Ma, A. Newton, A. Sangiovanni-Vincentelli: *Optimal Logic Synthesis and Testability: Two Faces of the Same Coin*; Proc. Int. Test Conference, S. 4-12, 1988.

DMNS 88a     S. Devadas, H.-K. Ma, A. Newton, A. Sangiovanni-Vincentelli: *MUSTANG: State Assignment of Finite State Machines Targeting Multilevel Logic Implementations*; IEEE Trans. on Computer-Aided Design, Band CAD-7, S. 1290-1300, 1988.

DoMc 64     T. Dolotta, E. McCluskey: *The Coding of Internal States of Sequential Circuits*; IRE Trans. on Electronic Computers, Band EC-13, S. 549-562, 1964.

DrHa 89     D. Drusinsky, D. Harel: *Using Statecharts for Hardware Description and Synthesis*; IEEE Trans. on Computer-Aided Design, Band CAD-8, S. 798-807, 1989.

EbKK 88     K. Ebata, T. Kutsuwa, N. Kadomaru: *Automatic Synthesis System of Sequential Circuits*; Proc. Int. Symp. on Circuits and Systems, S. 969-972, 1988.

Esch 92     B. Eschermann: *Testfreundliche Synthese hochintegrierter Schaltungen*; Springer, Berlin, 1992.

Esch 92a     B. Eschermann: *Synthesis and Self-Test of Random Logic Control Units*; Integration, Band 13, S. 209-230, Elsevier, 1992.

Esch 93     B. Eschermann: *State Assignment for Hardwired VLSI Control Units;* ACM Computing Surveys, erscheint 1993/94.

EsWu 92     B. Eschermann, H.-J. Wunderlich: *Optimized Synthesis Techniques for Testable Sequential Circuits*; IEEE Trans. on Computer-Aided Design, Band CAD-11, S. 301-312, 1992.

EvHö 92     H. Eveking, S. Höreth: *Optimierung und Resynthese komplexer Datenpfade*; ITG-Fachberichte 122, Rechnergestützter Entwurf und Architektur mikroelektronischer Systeme, S. 115-124, 1992.

Frie 75     A. Friedman: *Logical Design of Digital Systems*; Computer Science Press, Maryland, 1975.

GaJo 79     M. Garey, D. Johnson: *Computers and Intractability*; Freeman, New York 1979.

GaNe 72     R. Garfinkel, G. Nemhauser: *Integer Programming*; Wiley, New York, 1972.

GiLi 80     W. Giloi, H. Liebig: *Logischer Entwurf digitaler Systeme*; Springer, Berlin 1980.

GlDo 85     L. Glasser, D. Dobberpuhl: *The Design and Analysis of VLSI Circuits*; Addison-Wesley, Reading, 1985.

Gras 78     W. Grass: *Steuerwerke – Entwurf von Schaltwerken mit Festwertspeichern*; Springer, Berlin, 1978.

GrLu 68     A. Grasselli, F. Luccio: *Some Covering Problems in Switching Theory*; in Networks and Switching Theory, G. Biorci (Hrsg.), Academic Press, New York, 1968.

GrMo 70     A. Grasselli, U. Montanari: *On the Minimization of Read-Only Memories in Microprogrammed Digital Computers*; IEEE Trans. on Computers, Band C-19, S. 1111-1114, 1971.

GrMu 88     W. Grass, M. Mutz: *Modulare Implementierung von Schaltwerken unter Berücksichtigung topologischer Randbedingungen*; GI-Jahrestagung, S. 160-173, 1988.

Guim 87   T. Guima: *Analysis and Synthesis of Multivalued Logic Networks*; PhD Dissertation, University of Miami, 1987.

Hopc 71   J. Hopcroft: *An n log n Algorithm for Minimizing States in a Finite Automaton*; in Theory of Machines and Computations, Z. Kohavi, A. Paz (Hrsg.), Academic Press, New York, 1971.

Hump 58   W. Humphrey: *Switching Circuits with Computer Applications*; McGraw-Hill, New York, 1958.

HuQu 88   J. Huertas, J. Quintana: *A New Method for the Efficient State-Assignment of PLA-Based Sequential Machines*; Digest of Papers, Int. Conf. on Computer-Aided Design, S. 156-159, 1988.

Hurs 84   S. Hurst: *Multiple-Valued Logic – Its Status and its Future*; IEEE Trans. on Computers, Band C-33, S. 1160-1179, 1984.

Kais 89   K.-H. Kaiser: *Algorithmen zur Zustandscodierung synchroner Steuerwerke*; Fortschrittberichte VDI, Reihe 9, Nr. 90.

KiGV 83   S. Kirkpatrick, C. Gelatt, M. Vecci: *Optimization by Simulated Annealing*; Science, Band 220, S. 671-680, 1983.

Koha 70   Z. Kohavi: *Switching and Finite Automata Theory*; McGraw-Hill, New York, 1970.

Lamp 89   L. Lamport: *A Simple Approach to Specifying Concurrent Systems*; Comm. of the ACM, Band 32, S. 32-45, 1989.

LeSa 91   C. Leiserson, J. Saxe: *Retiming Synchronous Circuitry*; Algorithmica, Nr. 6, S. 5-35, 1991.

LeSh 81   T. Lewis, B. Shriver: *Introduction to Special Issue on Microprogramming*; IEEE Trans. on Computers, Band C-30, S. 457-459, 1981.

LiNe 89   B. Lin, A. Newton: *Synthesis of Multiple Level Logic from Symbolic High-Level Description Languages*; Proc. IFIP Int. Conf. on Very Large Scale Integration, S. 187-196, 1989.

LMBS 90   L. Lavagno, S. Malik, R. Brayton, A. Sangiovanni-Vincentelli: *MIS-MV: Optimization of Multi-Level Logic with Multiple-Valued Inputs*; Digest of Papers, Int. Conf. on Computer-Aided Design, S. 560-563, 1990.

MaBS 89   S. Malik, R. Brayton, A. Sangiovanni-Vincentelli: *Encoding Symbolic Inputs for Multi-Level Logic Implementation*; Proc. IFIP Int. Conf. on Very Large Scale Integration, S. 221-230, 1990.

MaNC 84   P. Marchal, M. Nicolaidis, B. Courtois: *Microarchitecture of the MC 68000*; NATO Advanced Study, Institute on Microarchitecture of VLSI Computers, Sogesto Urbino, 1984.

McCl 86   E. McCluskey: *Logic Design Principles with Emphasis on Testable Semicustom Circuits*; Prentice-Hall, Englewood Cliffs, 1986.

McUn 59   E. McCluskey, S. Unger: *A Note on the Number of Internal Variable Assignments for Sequential Switching Circuits*; IRE Trans. on Electronic Computers, Band EC-8, S. 439-440, 1959.

MeBM 89   T. Meng, R. Brodersen, D. Messerschmitt: *Automatic Synthesis of Asynchronous Circuits from High-Level Specifications*; IEEE Trans. on Computer-Aided Design, Band CAD-8, S. 1185-1205, 1989.

MeLi 90   S. Mensch, H. Lipp: *Fuzzy Specification of Finite State Machines*; Proc. 1st European Design Automation Conf., S. 622-626, 1990.

MSBS 91   S. Malik, E. Sentovich, R. Brayton, A. Sangiovanni-Vincentelli: *Retiming and Resynthesis: Optimizing Sequential Networks with Combinational Techniques*; IEEE Trans. on Computer-Aided Design, Band CAD-10, S. 74-84, 1991.

NoRh 76   T. Noe, V. Rhyne: *Optimum State Assignment for the D Flip-Flop*; IEEE Trans. on Computers, Band C-25, S. 306-311, 1976.

PaSa 83    C. Papachristou, D. Sarma: *An Approach to Sequential Circuit Construction in LSI Programmable Arrays*; IEE Proc., Teil E, Band 130, S. 159-164, 1983.

Pfle 73    C. Pfleeger: *State Reduction in Incompletely Specified Finite-State Machines*; IEEE Trans. on Computers, Band C-22, S. 1099-1102, 1973.

ReMe 86    B. Reusch, W. Merzenich: *Minimal Coverings for Incompletely Specified Sequential Machines*; Acta Informatica, S. 663-678, 1986.

Rine 77    D. Rine: *Computer Science and Multiple-Valued Logic*; North Holland, 1977.

RNRA 89    G. Rietsche, M. Neher, W. Rosenstiel, R. Amann: *CASTOR: FSM-Synthesis in a Digital Circuit Synthesis System*; Proc. 15th European Solid-State Circuits Conf., S. 105-108, 1989.

RoST 92    B. Rouzeyre, G. Sagnes, G. Tarroux: *A Structural Optimization Method for Symbolic FSMs*; Proc. 3rd European Conf. on Design Automation, S. 232-236, 1992.

RuSa 87    R. Rudell, A. Sangiovanni-Vincentelli: *Multiple-Valued Minimization for PLA Optimization*; IEEE Trans. on Computer-Aided Design, Band CAD-6, S. 727-750, 1987.

SaCS 87    G. Saucier, M. Crastes, P. Sicard: *ASYL: A Rule-Based System for Controller Synthesis*; IEEE Trans. on Computer-Aided Design, Band CAD-6, S. 1088-1097, 1987.

SaDP 89    G. Saucier, C. Duff, F. Poirot: *State Assignment Using a New Embedding Method Based on an Intersecting Cube Theory*; Proc. 26th Design Automation Conf., S. 321-326, 1989.

SaGo 76    S. Sahni, T. Gonzalez: *P-Complete Approximation Problems*; J. of the ACM, Band 23, S. 555-565, 1976.

SaMO 92    K. Sakallah, T. Mudge, O. Olukotun: *Analysis and Design of Latch-Controlled Synchronous Digital Circuits*; IEEE Trans. on Computer-Aided Design, Band CAD-11, S. 322-333, 1992.

ScSW 73    D. Schmid, D. Senger, H. Wojtkowiak: *Technische Informatik*; Oldenbourg, München, 1973.

Seit 79    C. Seitz: *Self-timed VLSI Systems*; Proc. CalTech Conf. on VLSI, 1979.

StHR 72    J. Story, H. Harrison, E. Reinhard: *Optimum State Assignment for Synchronous Sequential Circuits*; IEEE Trans. on Computers, Band C-21, S. 1365-1373, 1972.

Stol 82    P. Stoll: How to Avoid Synchronization Problems; VLSI Design, S. 56-59, Nov./Dez. 1982.

SVBS 91    A. Saldanha, T. Villa, R. Brayton, A. Sangiovanni-Vincentelli: *A Framework for Satisfying Input and Output Encoding Constraints*; Proc. 28th Design Automation Conf., S. 170-175, 1991.

ToBo 75    N. Topol'skii, V. Bozhich: *A Method of Coding Automata States from the Graphs of Possible Proximities*; Engineering Cybernetics, Band 13, S. 89-96, 1975.

Torn 68    H. Torng: *An Algorithm for Finding Secondary Assignments of Synchronous Sequential Circuits*; IEEE Trans. on Computers, Band C-17, S. 461-469, 1968.

Torn 72    H. Torng: *Switching Circuits – Theory and Logic Design*; Addison-Wesley, Reading, 1972.

Unge 69    S. Unger: *Asynchronous Sequential Switching Circuits*; Wiley, New York, 1969.

VaTr 88    D. Varma, E. Trachtenberg: *A Fast Algorithm for the Optimal State Assignment of Large Finite State Machines*; Digest of Papers, Int. Conf. on Computer-Aided Design, S. 152-155, 1988.

ViSa 89    T. Villa, A. Sangiovanni-Vincentelli: *NOVA: State Assignment of Finite State Machines for Optimal Two-Level Logic Implementations*; Proc. 26th Design Automation Conf., S. 327-332, 1989.

ViSa 90    T. Villa, A. Sangiovanni-Vincentelli: *NOVA:State Assignment of Finite State Machines for Optimal Two-Level Logic Implementation*; IEEE Trans. on Computer-Aided Design, Band CAD-9, S. 905-924, 1990.

WeEs 85    N. Weste, K. Eshraghian: *Principles of CMOS VLSI Design – A Systems Perspective*; Addison-Wesley, Reading, 1985.

Wend 74    S. Wendt: *Entwurf komplexer Schaltwerke*; Springer, Berlin, 1974.

WeSm 67    P. Weiner, E. Smith: *On the Number of Distinct State Assignments for Synchronous Sequential Machines*; IEEE Trans. on Electronic Computers, Band EC-16, S. 220-221, 1967.

WoKA 88    W. Wolf, K. Keutzer, J. Akella: *A Kernel-Finding State Assignment Algorithm for Multi-Level Logic*; Proc. 25th Design Automation Conf., S. 433-438, 1988.

YaCi 91    S. Yang, M. Ciesielski: *Optimum and Suboptimum Algorithms for Input Encoding and Its Relationship to Logic Minimization*; IEEE Trans. on Computer-Aided Design, Band CAD-10, S. 4-12, 1991.

Yoel 61    M. Yoeli: *The Cascade Decomposition of Sequential Machines*; IRE Trans. on Electronic Computers, Band EC-10, S. 587-592, 1961.

# Kapitel 6

AlRF 91    W. Allen, D. Rosenthal, K. Fiduk: *The MCC CAD Framework Methodology Management System*; Proc. 28th Design Automation Conf., S. 694-698, 1991.

BBEF 91    S. Banks, C. Bunting, R. Edwards, L. Fleming, P. Hackett: *A Configuration Management System in a Data Management Framework*; Proc. 28th Design Automation Conf., S. 699-703, 1991.

BFMR 92    J.-M. Bergé, A. Fonkoua, S. Maginot, J. Rouillard: *VHDL Designer's Reference*; Kluwer, Boston, 1992.

BHNS 92    T. Barnes, D. Harrison, A. Newton, R. Spickelmier: *Electronic CAD Frameworks*; Kluwer, Boston, 1992.

BKLH 90    F. Bretschneider, C. Kopf, H. Lagger, A. Hsu, E. Wei: *Knowledge-Based Design Flow Management*; Digest of Papers, Int. Conf. on Computer-Aided Design, S. 350-353, 1990.

BoBW 91    K. ten Bosch, P. Bingley, P. Wolf: *Design Flow Management in the NELSIS CAD Framework*; Proc. 28th Design Automation Conf., S. 711-716, 1991.

CaWo 92    R. Camposano, W. Wolf: *High-Level VLSI Synthesis*; Kluwer, Boston, 1992.

Coel 89    D. Coelho: *The VHDL Handbook*; Kluwer, Boston, 1989.

DaDi 91    J. Daniell, S. Director: *An Object Oriented Approach to CAD Tool Control Within a Design Framework*; IEEE Trans. on Computer-Aided Design, Band CAD-10, S. 698-713, 1991.

EIA 87     *Electronic Design Interchange Format, ANSI/EIA Standard 548*; Electronic Industries Association, Washington, 1987.

GDWL 92    D. Gajski, N. Dutt, A. Wu, S. Lin: *High-Level Synthesis – An Introduction to Cbip and System Design*; Kluwer, Boston, 1992.

GeEl 91    C. Gebotys, M. Elmasry: *Optimal VLSI Architectural Synthesis: Area, Performance and Testability*; Kluwer, Boston, 1991.

GiLi 80    W. Giloi, H. Liebig: *Logischer Entwurf digitaler Systeme*; Springer, Berlin 1980.

**IEEE 87**    *The IEEE Standard VHDL Language Reference Manual*; Institute of Electrical and Electronics Engineers, Standard 1076, 1987.

**KEHK 92**    E. Kwee-Christoph, B. Eschermann, O. Haberl, R. Kumar, A. Kunzmann: *The CADEC VLSI Design Support Methodology*; Proc. CompEuro, S. 550-555, 1992.

**KFNP 90**    T. Kathöfer et al.: *A Database Interface for Phased Tool Integration*; Proc. 1st European Design Automation Conf., S. 24-28, 1990.

**KuDe 92**    D. Ku, G. DeMicheli: *High Level Synthesis of ASICs Under Timing and Synchronization Constraints*; Kluwer, Boston, 1992.

**LiSU 90**    R. Lipsett, C. Schaefer, C. Ussery: *VHDL: Hardware Description and Design*; Kluwer, Boston, 1990.

**MaLa 92**    S. Mazor, P. Langstraat: *A Guide to VHDL*; Kluwer, Boston, 1992.

**MaRo 92**    P. Marwedel, W. Rosenstiel: *Synthese von Register-Transfer-Strukturen aus Verhaltensbeschreibungen*; Informatik-Spektrum, Band 15, S. 5-22, 1992.

**Marw 93**    P. Marwedel: *Synthese und Simulation von VLSI-Systemen*; Hanser, München, 1993.

**MiLD 92**    P. Michel, U. Lauther, P. Duzy: *The Synthesis Approach to Digital System Design*; Kluwer, Boston, 1992.

**PaKn 87**    P. Paulin, J. Knight: *Force-Directed Scheduling in Automatic Data Path Synthesis*; Proc. 24th Design Automation Conf., S. 195-202, 1987.

**Span 76**    O. Spaniol: *Arithmetik in Rechenanlagen: Logik und Entwurf*; Teubner, Stuttgart, 1976.

**TLWN 89**    D. Thomas, E. Lagnese, R. Walker, J. Nestor, J. Rajan, R. Blackburn: *Algorithmic and Register-Transfer Level Synthesis*; Kluwer, Boston, 1992.

**WaCa 91**    R. Walker, R. Camposano: *A Survey of High-Level Synthesis Systems*; Kluwer, Boston, 1992.

**WaVi 91**    F. Wagner, A. Viegas: *Design Version Management in the GARDEN Framework*; Proc. 28th Design Automation Conf., S. 704-710, 1991.

# Sachverzeichnis

Digraph 71
Disjunktionsbedingung 221
disjunktive Minimalform 82, 125
disjunktive Normalform 81
Division 150
Dominanzbedingung 218, 221, 225, 233
Domino-Logik 38
don't care 80, 206, 213, 219
–, interne don't cares 159
Drain 17
DRAM 57
duale Schaltung 29
dynamische Programmierung 171
dynamische Zeitanalyse 179

**E**

Ebene 8
EDIF 258, 259
EEPROM 57
effiziente Lösung 113
Eingabecodierung 206, 213
Eingabewürfel 83
elektrische Ebene 8
Elimination 162
enthält 86, 87
Entscheidungsproblem 102
Entwicklungssatz 88
Entwurf 9
Entwurfsregel 27
Entwurfsumgebung 263
Entwurfsverwaltung 264
EPROM 57
ereignisgesteuerte Simulation 175
Erfüllbarkeitsproblem 101
erschöpfende Suche 144
*espresso* 136, 140
Extraktion 11, 158

**F**

Faktor 149
–, W-Faktor 154
faktorisierte Form 147, 148

Faktorisierung 147, 156
–, maximale 149, 157
–, optimale 149
Fertigung 18, 25
Fertigungstest 11, 183
Fließbandverarbeitung 256
Flipflop 34, 192
Flipflop-Verschiebung 201
*Floorplan* 9
*Framework* 263
FSM 205
Funktion 8, 75
–, boolesche 80
–, Bündelfunktion 82
–, mehrwertige 213, 218
Funktionsgraph 90

**G**

GAL 59
Gate 17, 25
Gate-Array 19, 51, 55, 67
Gatter
–, AOI-Gatter 30
–, äquivalente Gatter 46
–, einfaches Gatter 30
–, Komplexgatter 30
–, Mischgatter 30
–, NAND-Gatter 30
–, NOR-Gatter 30
–, OAI-Gatter 30
–, Transfer-Gatter 33
Grad 72
Graph 71
–, bewerteter Graph 71
Gruppierung 145

**H**

Halbmatrix 75
Halbordnung 76
Hardware-Beschreibungssprache 258
Hasse-Diagramm 76
Heuristik 102

# Springer-Verlag and the Environment

We at Springer-Verlag firmly believe that an international science publisher has a special obligation to the environment, and our corporate policies consistently reflect this conviction.

We also expect our business partners – paper mills, printers, packaging manufacturers, etc. – to commit themselves to using environmentally friendly materials and production processes.

The paper in this book is made from low- or no-chlorine pulp and is acid free, in conformance with international standards for paper permanency.